住房和城乡建设领域专业人员岗位培训考核系列用书

施工员专业基础知识
（设备安装）

江苏省建设教育协会　组织编写

中国建筑工业出版社

图书在版编目(CIP)数据

施工员专业基础知识（设备安装）/江苏省建设教育协会组织编写.—北京：中国建筑工业出版社，2014.4
住房和城乡建设领域专业人员岗位培训考核系列用书
ISBN 978-7-112-16571-1

Ⅰ.①施… Ⅱ.①江… Ⅲ.①建筑工程—工程施工—岗位培训—教材②房屋建筑设备—设备安装—工程施工—岗位培训—教材 Ⅳ.①TU7

中国版本图书馆 CIP 数据核字(2014)第 052580 号

本书是《住房和城乡建设领域专业人员岗位培训考核系列用书》中的一本，依据《建筑与市政工程施工现场专业人员职业标准》编写。全书共分13章，包括安装工程识图、安装工程测量、安装工程材料、安装工程常用设备、工程力学与传动系统、起重与焊接、流体力学与热功转换、电路与自动控制、安装工程造价基础、安装工程专业施工图预算的编制、建设工程法律基础、建设工程职业健康安全与环境管理体系、职业道德。本书可作为设备安装专业施工员岗位考试的指导用书，又可作为施工现场相关专业人员的实用手册，也可供职业院校师生和相关专业技术人员参考使用。

* * *

责任编辑：刘　江　岳建江　范业庶
责任设计：张　虹
责任校对：张　颖　刘梦然

住房和城乡建设领域专业人员岗位培训考核系列用书
施工员专业基础知识
（设备安装）
江苏省建设教育协会　组织编写

*

中国建筑工业出版社出版、发行(北京西郊百万庄)
各地新华书店、建筑书店经销
北京千辰公司制版
北京市密东印刷有限公司印刷

*

开本：787×1092 毫米　1/16　印张：28¾　字数：700 千字
2014 年 9 月第一版　2015 年 3 月第四次印刷
定价：73.00 元
ISBN 978-7-112-16571-1
(25331)

版权所有　翻印必究
如有印装质量问题，可寄本社退换
(邮政编码 100037)

住房和城乡建设领域专业人员岗位培训考核系列用书

编审委员会

主　任：杜学伦

副主任：章小刚　陈　曦　曹达双　漆贯学
　　　　金少军　高　枫　陈文志

委　员：王宇旻　成　宁　金孝权　郭清平
　　　　马　记　金广谦　陈从建　杨　志
　　　　魏傅燕　惠文荣　刘建忠　冯汉国
　　　　金　强　王　飞

出版说明

为加强住房城乡建设领域人才队伍建设，住房和城乡建设部组织编制了住房城乡建设领域专业人员职业标准。实施新颁职业标准，有利于进一步完善建设领域生产一线岗位培训考核工作，不断提高建设从业人员队伍素质，更好地保障施工质量和安全生产。第一部职业标准——《建筑与市政工程施工现场专业人员职业标准》（以下简称《职业标准》），已于2012年1月1日实施，其余职业标准也在制定中，并将陆续发布实施。

为贯彻落实《职业标准》，受江苏省住房和城乡建设厅委托，江苏省建设教育协会组织了具有较高理论水平和丰富实践经验的专家和学者，以职业标准为指导，结合一线专业人员的岗位工作实际，按照综合性、实用性、科学性和前瞻性的要求，编写了这套《住房和城乡建设领域专业人员岗位培训考核系列用书》（以下简称《考核系列用书》）。

本套《考核系列用书》覆盖施工员、质量员、资料员、机械员、材料员、劳务员等《职业标准》涉及的岗位（其中，施工员、质量员分为土建施工、装饰装修、设备安装和市政工程四个子专业），并根据实际需求增加了试验员、城建档案管理员岗位；每个岗位结合其职业特点以及培训考核的要求，包括《专业基础知识》、《专业管理实务》和《考试大纲·习题集》三个分册。随着住房城乡建设领域专业人员职业标准的陆续发布实施和岗位的需求，本套《考核系列用书》还将不断补充和完善。

本套《考核系列用书》系统性、针对性较强，通俗易懂，图文并茂，深入浅出，配以考试大纲和习题集，力求做到易学、易懂、易记、易操作。既是相关岗位培训考核的指导用书，又是一线专业人员的实用手册；既可供建设单位、施工单位及相关高、中等职业院校教学培训使用，又可供相关专业技术人员自学参考使用。

本套《考核系列用书》在编写过程中，虽经多次推敲修改，但由于时间仓促，加之编者水平有限，如有疏漏之处，恳请广大读者批评指正（相关意见和建议请发送至JYXH05@163.com），以便我们认真加以修改，不断完善。

本书编写委员会

主　　编：刘延峰
副 主 编：张成林
编写人员：李本勇　谢上冬　陈　静　郝冠男　丁　卫
　　　　　董巍巍　余　雷　杨　志　王升其　佘峻锋
　　　　　占建波　夏明军　向天威　何冠锋　黄远强
　　　　　储　斌　郭海玲　吴莹莹　蒋　勇

前　言

为贯彻落实住房城乡建设领域专业人员新颁职业标准，受江苏省住房和城乡建设厅委托，江苏省建设教育协会组织编写了《住房和城乡建设领域专业人员岗位培训考核系列用书》，本书为其中的一本。

施工员（设备安装）培训考核用书包括《施工员专业基础知识（设备安装）》、《施工员专业管理实务（设备安装）》、《施工员考试大纲·习题集（设备安装）》三本，反映了国家现行规范、规程、标准，并以施工工艺技术、施工质量安全为主线，不仅涵盖了现场施工人员应掌握的通用知识、基础知识和岗位知识，还涉及新技术、新设备、新工艺、新材料等方面的知识。

本书为《施工员专业基础知识（设备安装）》分册，全书共分13章，内容包括：安装工程识图；安装工程测量；安装工程材料；安装工程常用设备；工程力学与传动系统；起重与焊接；流体力学与热功转换；电路与自动控制；安装工程造价基础；安装工程专业施工图预算的编制；建设工程法律基础；建设工程职业健康安全与环境管理体系；职业道德。

本书既可作为施工员（设备安装）岗位培训考核的指导用书，又可作为施工现场相关专业人员的实用手册，也可供职业院校师生和相关专业技术人员参考使用。

目 录

第1篇 安装工程专业识图与测量

第1章 安装工程识图 ·· 2
1.1 工程图样的一般规定 ·· 2
1.1.1 投影的基本原理及三视图 ·· 2
1.1.2 工程图样的一般规定 ·· 4
1.2 图样的表达方法 ·· 7
1.2.1 基本视图 ·· 7
1.2.2 剖视图 ·· 8
1.2.3 剖面图 ·· 14
1.3 建筑给水排水及采暖图识读 ·· 17
1.3.1 基本概念及常用图例 ·· 17
1.3.2 管道施工图识读 ·· 25
1.3.3 室内给水排水管道工程图 ·· 29
1.3.4 采暖工程图 ·· 33
1.4 通风与空调工程施工图识读 ·· 40
1.4.1 通风与空调工程施工图概述 ·· 40
1.4.2 通风与空调工程施工图识读 ·· 40
1.5 建筑电气工程施工图识读 ·· 43
1.5.1 建筑电气工程施工图概述 ·· 43
1.5.2 电气设备控制电路图 ·· 44
1.5.3 室内电气照明施工图 ·· 47
1.5.4 电气动力图 ·· 53
1.6 建筑施工图识读 ·· 54
1.6.1 基本概念及常用图例 ·· 54
1.6.2 建筑施工图识读 ·· 57
1.7 工程图样编排顺序及综合识读 ·· 60
1.7.1 工程图样编排顺序 ·· 60
1.7.2 工程图样综合识读 ·· 60

第2章 安装工程测量 ·· 62
2.1 工程测量概述 ·· 62
2.1.1 工程测量的原理 ·· 62

2.2 工程测量的程序和方法 63
2.2.1 工程测量的程序 63
2.2.2 工程测量的方法 63
2.3 设备基础施工的测量方法 65
2.3.1 测量步骤 65
2.3.2 连续生产设备安装测量 65
2.4 管线工程测量方法 65
2.4.1 测量步骤 66
2.4.2 测量方法 66
2.5 机电末端与装修配合测量定位 66
2.6 测量仪器的使用 66
2.6.1 水准仪 67
2.6.2 经纬仪 68
2.6.3 全站仪 69
2.6.4 红外线激光水平仪 70

第2篇 安装工程专业基础知识

第3章 安装工程材料 74
3.1 通用安装材料 74
3.1.1 黑色金属 74
3.1.2 有色金属 77
3.1.3 管材 78
3.1.4 管件 83
3.1.5 阀门 91
3.1.6 焊接材料 100
3.1.7 油漆及防腐材料 111
3.1.8 绝热材料 114
3.2 通风空调器材 117
3.2.1 风管 117
3.2.2 风口 119
3.2.3 调节阀 122
3.2.4 防火阀、排烟阀 123
3.2.5 消声器 127
3.3 水暖器材 128
3.3.1 卫生陶瓷及配件 128
3.3.2 消防器材 133
3.3.3 水表和转子流量计 139
3.3.4 压力表 140

  3.3.5 温度计 ················· 141
 3.4 建筑电气工程材料 ················· 142
  3.4.1 电线 ················· 142
  3.4.2 控制、通信、信号及综合布线电缆 ················· 150
  3.4.3 电力电缆 ················· 154
  3.4.4 母线、桥架 ················· 159
 3.5 照明灯具、开关及插座 ················· 163
  3.5.1 照明灯具 ················· 163
  3.5.2 开关 ················· 170
  3.5.3 插座 ················· 175

第4章 安装工程常用设备 178

 4.1 安装工程的分类 ················· 178
  4.1.1 机械设备工程 ················· 178
  4.1.2 静置设备与工艺金属结构工程 ················· 179
  4.1.3 电气工程 ················· 179
  4.1.4 自动化控制仪表工程 ················· 179
  4.1.5 建筑智能化工程 ················· 180
  4.1.6 管道工程 ················· 180
  4.1.7 消防工程 ················· 180
  4.1.8 净化工程 ················· 181
  4.1.9 通风与空调工程 ················· 181
  4.1.10 设备及管道防腐蚀与绝热工程 ················· 181
  4.1.11 工业炉工程 ················· 181
  4.1.12 电子与通信及广电工程 ················· 181
 4.2 安装工程通用机械设备的分类和性能 ················· 182
  4.2.1 泵的分类和性能 ················· 182
  4.2.2 风机的分类和性能 ················· 182
  4.2.3 压缩机的分类和性能 ················· 183
  4.2.4 连续输送设备的分类和性能 ················· 183
  4.2.5 金属切削机床的分类和性能 ················· 183
  4.2.6 锻压设备的分类和性能 ················· 184
  4.2.7 铸造设备的分类和性能 ················· 184
 4.3 安装工程专用机械设备的分类和性能 ················· 184
  4.3.1 专用设备的分类 ················· 184
  4.3.2 专用设备的性能 ················· 185
 4.4 机电工程项目静置设备的分类和性能 ················· 185
  4.4.1 静置设备的分类 ················· 185
  4.4.2 静置设备的性能 ················· 187

4.5 安装工程电气设备的分类和性能 ··· 187
     4.5.1 电动机的分类和性能 ··· 187
     4.5.2 变压器的分类和性能 ··· 188
     4.5.3 高压电器及成套装置的分类和性能 ······································ 188
     4.5.4 低压电器及成套装置的分类和性能 ······································ 188
     4.5.5 电工测量仪器仪表的分类和性能 ·· 188

第5章 工程力学与传动系统 ··· 190

   5.1 力矩和力偶基础理论 ·· 190
     5.1.1 力矩 ·· 190
     5.1.2 力偶基础理论 ··· 192
   5.2 基本变形与组合变形 ·· 194
     5.2.1 杆件的内力分析 ··· 194
     5.2.2 杆件横截面上的应力分析 ··· 195
     5.2.3 基本变形的变形分布 ··· 200
     5.2.4 组合变形分析 ··· 201
   5.3 压杆稳定问题 ··· 203
     5.3.1 概述 ·· 203
     5.3.2 两端铰支细长压杆的欧拉临界力 ·· 204
     5.3.3 中柔度杆的临界应力 ··· 206
   5.4 传动系统的特点 ·· 207
     5.4.1 摩擦轮传动 ··· 207
     5.4.2 齿轮传动 ··· 208
     5.4.3 蜗轮蜗杆传动 ··· 208
     5.4.4 带传动 ·· 209
     5.4.5 链传动 ·· 209
     5.4.6 轮系 ·· 209
     5.4.7 液压传动 ··· 210
     5.4.8 气压传动 ··· 210
   5.5 传动件的特点 ··· 211
     5.5.1 轴 ·· 211
     5.5.2 键 ·· 211
     5.5.3 联轴器与离合器 ··· 212
   5.6 轴承的特性 ··· 213
     5.6.1 轴承的类型 ··· 213
     5.6.2 轴承的特性 ··· 213
     5.6.3 轴承的润滑和密封方式 ·· 214

第6章 起重与焊接 ... 215

6.1 起重机械基础知识 ... 215
- 6.1.1 起重机械分类及使用特点 ... 215
- 6.1.2 起重机的基本参数 ... 215
- 6.1.3 荷载处理 ... 216

6.2 起重机的选用 ... 217
- 6.2.1 自行式起重机的选用 ... 217
- 6.2.2 桅杆式起重机的选用 ... 217

6.3 常用吊装方法与吊装方案的编制 ... 218
- 6.3.1 常用的吊装方法 ... 218
- 6.3.2 机电工程中常用的吊装方法 ... 219
- 6.3.3 吊装方案的编制 ... 219

6.4 焊接技术基础 ... 220
- 6.4.1 焊接的定义 ... 221
- 6.4.2 常用的焊接方法 ... 221
- 6.4.3 焊接材料与设备选用原则 ... 223
- 6.4.4 焊接应力与焊接变形及其控制 ... 225

6.5 焊接工艺评定及检测 ... 227
- 6.5.1 焊接工艺评定标准选用原则 ... 227
- 6.5.2 焊接工艺评定要求 ... 228
- 6.5.3 焊接检测 ... 228

第7章 流体力学与热功转换 ... 231

7.1 流体的物理性质 ... 231
- 7.1.1 流体力学的研究内容 ... 231
- 7.1.2 流体的主要物理性质 ... 231

7.2 流体机械能的特性 ... 234
- 7.2.1 流体静压强特性 ... 234
- 7.2.2 流体力学基本方程 ... 235
- 7.2.3 流量与流速 ... 237

7.3 热力系统工质能量转换关系 ... 237
- 7.3.1 热力学基本概念 ... 237
- 7.3.2 热力学常用参数 ... 238
- 7.3.3 热力学第一定律 ... 240
- 7.3.4 热力学第二定律 ... 241

7.4 流体流动阻力的影响因素 ... 241
- 7.4.1 流体流动阻力产生的原因 ... 241
- 7.4.2 流体流动类型 ... 242

  7.4.3 均匀流沿程水头损失的计算公式 ········· 243
  7.4.4 管路的总阻力损失 ········· 244
  7.4.5 管路的经济流速 ········· 244

第8章 电路与自动控制 ········· 245

 8.1 单相电路简介 ········· 245
  8.1.1 交流电的基本概念 ········· 245
  8.1.2 单一参数元件交流电路 ········· 246
  8.1.3 RLC 串联电路及电路谐振 ········· 249
  8.1.4 功率因数的提高 ········· 252
 8.2 三相交流电路的联接方法 ········· 252
  8.2.1 三相交流电路概述 ········· 252
  8.2.2 三相四线制-电源星形连接 ········· 253
  8.2.3 三相负载的星形连接 ········· 253
  8.2.4 三相负载的三角形连接 ········· 254
  8.2.5 三相负载的电功率 ········· 255
 8.3 变压器的工作特性 ········· 255
  8.3.1 变压器的分类 ········· 255
  8.3.2 变压器的工作原理 ········· 255
  8.3.3 基本结构 ········· 256
  8.3.4 变压器的特性参数 ········· 257
  8.3.5 额定值和运行特性 ········· 257
  8.3.6 其他常用变压器 ········· 258
 8.4 旋转电机工作特性 ········· 259
  8.4.1 旋转电机的分类 ········· 259
  8.4.2 三相交流异步电动机的基本结构 ········· 259
  8.4.3 三相异步电动机的工作原理 ········· 260
  8.4.4 三相异步电动机的特性 ········· 262
  8.4.5 三相异步电动机启动方法的选择和比较 ········· 262
  8.4.6 选用电动机的原则 ········· 264
 8.5 电气设备简介 ········· 265
  8.5.1 高压熔断器 ········· 265
  8.5.2 高压隔离开关 ········· 265
  8.5.3 高压负荷开关 ········· 266
  8.5.4 高压断路器 ········· 266
  8.5.5 成套配电装置 ········· 267
  8.5.6 低压电器 ········· 267
  8.5.7 变压器 ········· 268
 8.6 自动控制系统 ········· 268

  8.6.1 自动控制的方式 ……………………………………………………… 268
  8.6.2 自动控制系统的类型 …………………………………………… 271
  8.6.3 典型自动控制系统的组成 ……………………………………… 272

第3篇 安装工程项目造价

第9章 安装工程造价基础 …………………………………………………………… 276
9.1 工程定额的种类及计价依据 …………………………………………………… 276
  9.1.1 定额的种类 ………………………………………………………… 276
  9.1.2 江苏省建设工程计价依据 ……………………………………… 283
9.2 安装工程概预算概述 …………………………………………………………… 285
  9.2.1 概预算的性质 ……………………………………………………… 285
  9.2.2 概预算的作用 ……………………………………………………… 285
  9.2.3 概预算的分类 ……………………………………………………… 285
9.3 安装工程费用 …………………………………………………………………… 287
  9.3.1 《费用定额》简介 …………………………………………………… 288
  9.3.2 费用项目构成及内容 …………………………………………… 288
  9.3.3 安装工程费用的参考计算方法 ………………………………… 294
  9.3.4 工程类别划分标准 ……………………………………………… 297

第10章 安装工程专业施工图预算的编制 …………………………………………… 300
10.1 施工图预算的编制、审查与管理 ……………………………………………… 300
  10.1.1 施工图预算的概念和作用 …………………………………… 300
  10.1.2 施工图预算的编制 ……………………………………………… 300
  10.1.3 施工图预算的审查与管理 …………………………………… 304
10.2 电气设备安装工程施工图预算的编制 ……………………………………… 307
  10.2.1 电气设备安装工程基础知识 ………………………………… 307
  10.2.2 电气设备工程定额的应用 …………………………………… 313
10.3 给水排水工程施工图预算的编制 …………………………………………… 331
  10.3.1 给水排水工程基本知识 ……………………………………… 331
  10.3.2 给水排水工程工程量计算 …………………………………… 333
10.4 供暖工程施工图预算的编制 ………………………………………………… 334
  10.4.1 供暖工程基本知识 …………………………………………… 334
  10.4.2 供暖工程工程量计算 ………………………………………… 335
10.5 燃气安装工程施工图预算的编制 …………………………………………… 337
  10.5.1 燃气安装工程基本知识 ……………………………………… 337
  10.5.2 燃气安装工程量计算 ………………………………………… 340
10.6 通风空调施工图预算的编制 ………………………………………………… 341
  10.6.1 通风空调工程基础知识 ……………………………………… 341

10.6.2　通风空调工程量计算 ……………………………………………… 344
10.7　刷油、防腐蚀、绝热工程施工图预算的编制 ……………………………… 348
　　10.7.1　定额编制依据 ……………………………………………………… 348
　　10.7.2　定额中主要问题的说明 …………………………………………… 348
　　10.7.3　常用工程量的计算 ………………………………………………… 351
　　10.7.4　刷油、防腐蚀、绝热工程量计算 ………………………………… 352
10.8　工程量清单计价 ……………………………………………………………… 356
　　10.8.1　工程量清单的意义 ………………………………………………… 356
　　10.8.2　《建设工程工程量清单计价规范》GB 50500—2013 简介 …… 357
　　10.8.3　工程量清单的编制 ………………………………………………… 360
　　10.8.4　工程量清单计价与施工图预算计价的区别 ……………………… 362

第4篇　法律法规、职业健康与环境、职业道德

第11章　建设工程法律基础 ……………………………………………………… 366

11.1　建设工程合同的履约管理 …………………………………………………… 366
　　11.1.1　建设施工合同履约管理的意义和作用 …………………………… 366
　　11.1.2　目前建设施工合同履约管理中存在的问题 ……………………… 367
11.2　建设工程履约过程中的证据管理 …………………………………………… 369
　　11.2.1　民事诉讼证据的概述 ……………………………………………… 369
　　11.2.2　证据的分类 ………………………………………………………… 369
　　11.2.3　证据的种类 ………………………………………………………… 370
　　11.2.4　证据的收集与保全 ………………………………………………… 371
　　11.2.5　证明过程 …………………………………………………………… 373
11.3　建设工程变更及索赔管理 …………………………………………………… 374
　　11.3.1　工程量 ……………………………………………………………… 374
　　11.3.2　工程量签证 ………………………………………………………… 375
　　11.3.3　工程索赔 …………………………………………………………… 376
11.4　建设工程工期及索赔管理 …………………………………………………… 376
　　11.4.1　建设工程的工期 …………………………………………………… 376
　　11.4.2　建设工程的竣工日期及实际竣工时间的确定 …………………… 378
　　11.4.3　建设工程停工的情形 ……………………………………………… 378
　　11.4.4　工期索赔 …………………………………………………………… 379
11.5　建设工程质量管理办法 ……………………………………………………… 380
　　11.5.1　建设工程质量概述 ………………………………………………… 380
　　11.5.2　建设工程质量纠纷的处理原则 …………………………………… 382
11.6　建设工程款纠纷的处理 ……………………………………………………… 384
　　11.6.1　工程项目竣工结算及其审核 ……………………………………… 384
　　11.6.2　工程款利息的计付标准 …………………………………………… 385

        11.6.3 违约金、定金与工程款利息 386
        11.6.4 工程款的优先受偿权 388
    11.7 建筑安全、质量及合同管理相关法律法规节选 388
        11.7.1 《中华人民共和国建筑法》 388
        11.7.2 《建设工程质量管理条例》 388
        11.7.3 《建设工程安全生产管理条例》 391
        11.7.4 《安全生产许可证条例》 395
        11.7.5 《最高人民法院关于审理建设工程施工合同纠纷案件适用法律问题的解释》 396
        11.7.6 《中华人民共和国刑法修正案(六)》(2006年6月29日生效) 396

第12章 建设工程职业健康安全与环境管理体系 397
    12.1 建设工程职业健康安全与环境管理概述 397
        12.1.1 建设工程职业健康安全与环境管理的目的 397
        12.1.2 建设工程职业健康安全与环境管理的特点 397
        12.1.3 建设工程职业健康安全与环境管理的要求 398
    12.2 建设工程安全生产管理 399
        12.2.1 安全生产责任制度 399
        12.2.2 安全生产许可证制度 400
        12.2.3 政府安全生产监督检查制度 401
        12.2.4 安全生产教育培训制度 401
        12.2.5 安全措施计划制度 404
        12.2.6 特种作业人员持证上岗制度 405
        12.2.7 专项施工方案专家认证制度 405
        12.2.8 危及施工安全工艺、设备、材料淘汰制度 405
        12.2.9 施工起重机械使用登记制度 406
        12.2.10 安全检查制度 406
        12.2.11 生产安全事故报告和调查处理制度 407
        12.2.12 "三同时"制度 407
        12.2.13 安全预评价制度 408
        12.2.14 意外伤害保险制度 408
    12.3 建设工程职业健康安全事故的分类和处理 408
        12.3.1 职业伤害事故的分类 408
        12.3.2 建设工程安全事故的处理 410
        12.3.3 安全事故统计规定 412
    12.4 施工员职业能力标准 412
    12.5 建设工程环境保护的要求和措施 413
        12.5.1 建设工程施工现场环境保护的要求 413
        12.5.2 建设工程施工现场环境保护的措施 414

12.6　职业健康安全管理体系与环境管理体系 ················· 417
　　　　12.6.1　职业健康安全体系标准与环境管理体系标准 ············· 417
　　　　12.6.2　职业健康安全管理体系和环境管理体系的结构和模式 ······· 418
　　　　12.6.3　职业健康安全管理体系与环境管理体系的建立步骤 ········· 423
　　　　12.6.4　职业健康安全管理体系与环境管理体系的运行 ············ 425

第13章　职业道德 ··· 427

　　13.1　概述 ··· 427
　　　　13.1.1　基本概念 ··· 427
　　　　13.1.2　职业道德的基本特征 ··································· 429
　　　　13.1.3　职业道德建设的必要性和意义 ··························· 430
　　13.2　建设行业从业人员的职业道德 ································· 432
　　　　13.2.1　一般职业道德要求 ····································· 432
　　　　13.2.2　个性化职业道德要求 ··································· 433
　　13.3　建设行业职业道德的核心内容 ································· 435
　　　　13.3.1　爱岗敬业 ··· 435
　　　　13.3.2　诚实守信 ··· 435
　　　　13.3.3　安全生产 ··· 436
　　　　13.3.4　勤俭节约 ··· 437
　　　　13.3.5　钻研技术 ··· 437
　　13.4　建设行业职业道德建设的现状、特点与措施 ····················· 438
　　　　13.4.1　建设行业职业道德建设现状 ····························· 438
　　　　13.4.2　建设行业职业道德建设的特点 ··························· 438
　　　　13.4.3　加强建设行业职业道德建设的措施 ······················· 439

参考文献 ··· 441

第1篇

安装工程专业识图与测量

第1章 安装工程识图

1.1 工程图样的一般规定

1.1.1 投影的基本原理及三视图

1. 投影的概念

如图1-1、图1-2所示，物体在光线照射下，就会在相应平面上产生影子，这个影子在某些方面反映出物体的形状特征，人们根据这种现象，总结其几何规律，提出了形成物体图形的方法——投影法，即一组射线通过物体射向预定平面上而得到图形的方法。

在图1-1中，射线发出点S称为投射中心，射线称为投影线，预定平面P称为投影面，在P面上所得到的图形称为投影。

2. 投影法的分类

投影法分为中心投影法和平行投影法。

1) 中心投影法

投影线汇交于一点的投影法称为中心投影法，按中心投影法得到的投影称为中心投影，如图1-1所示。中心投影法绘制的图形立体感强，但它不能反映物体的真实大小。

2) 平行投影法

投影线相互平行的投影法称为平行投影法，按平行投影法得到的投影称为平行投影，如图1-2所示。

（1）斜投影

平行投影法中，投射线与投影面相倾斜时的投影称为斜投影，如图1-2中的$a_1b_1c_1d_1$。

（2）正投影

平行投影法中，投射线与投影面相垂直时的投影称为正投影，如图1-2中的abcd。

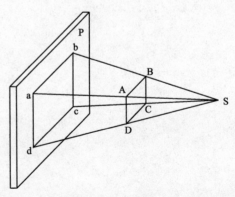

图1-1 中心投影法

在工程制图中，被广泛应用的是正投影法，它的投影能够反映其物体的真实轮廓和尺寸大小，因此能够方便地表现物体的形体状况。

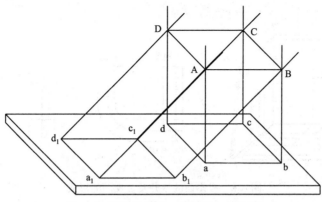

图 1-2　平行投影法、斜投影与正投影

3. 三视图及其投影规律

如图 1-3 所示，空间形体不同，但如仅从一个方向采用正投影法进行投影，则得出的正投影图是相同的。由此可见，在正投影法中用一个视图是无法完整确定物体的形状和大小，为了确切表示物体的总体形状，一般需要从几个方向对形体作投影图并且综合起来识读，这样才能确定形体的准确形状和尺寸大小。在实际绘图中，常用的是三视图。

1) 三视图的形成

为了表示物体的形状，通常采用互相垂直的三个投影面，建立一个三面投影体系。如图 1-4 所示，正立位置的投影面称为正投影面，用 V 表示；水平位置的投影面称为水平投影，用 H 表示；侧立位置的投影面称为侧投影面，用 W 表示。

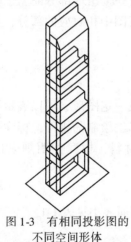

图 1-3　有相同投影图的
不同空间形体

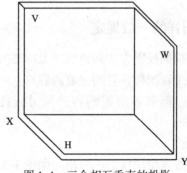

图 1-4　三个相互垂直的投影
V—主视平面；H—俯视平面；W—左视平面

研究物体的投影，就是把物体放在所建立的三个投影面体系中间，按图 1-5 所示的箭头方向，用正投影的方法，分别得到物体的三个投影，此三个投影称为物体的三视图，为了画图方便，须把互相垂直的三个投影面展开成一个平面，如图 1-6 所示。

三视图即主（正）视图、俯（水平）视图和左（侧）视图，在绘制三视图时，先将物体摆正，确定好主视图的位置，接下来将俯视图画在主视图的下方，将左视图画在主视图的右方。

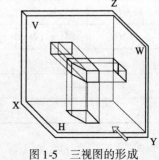

图 1-5　三视图的形成

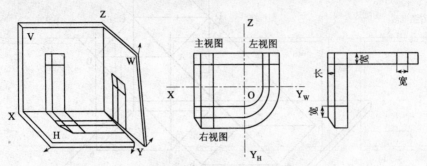

图 1-6 投影面的展开及三视图的形成

2) 三视图的投影规律

从图 1-5 可知，物体的三个视图在尺度上彼此相互关联，主视图反映了物体的长度和高度，俯视图反映了物体的长度和宽度，左视图反映了物体的宽度和高度，也即物体的长度由主视图和俯视图同时反映出来，高度由主视图和左视图同时反映出来，宽度由俯视图和左视图同时反映出来，由此可得到物体三视图的投影规律：

(1) 主视图和俯视图长对正；
(2) 主视图和左视图高对齐；
(3) 俯视图和左视图宽相等。

简称为"长对正，高对齐，宽相等"。

不仅整个物体的三视图符合上述规律，而且物体上的任一个组成部分的三个投影也符合上述投影规律，读图时必须以这些规律为依据，找出三视图中相对应的部分，从而想象出物体的结构形状。

1.1.2 工程图样的一般规定

工程技术上根据投影方法并遵照国家标准的规定绘制成一定图形，用以表示相关信息的技术文件称为工程图样，它的主要内容有：一组用正投影法绘制的视图，标注出用于制造、检验、安装、调试等所需的各种尺寸，技术要求，材料、构配件明细表以及标题栏等。

1. 图纸幅面

国家制图标准规定图样的图框格式如图 1-7 所示，其幅面大小见表 1-1。

图样幅面尺寸（mm）　　　　　　　　　　表 1-1

幅面代号	A0	A1	A2	A3	A4	A5
$L \times B$	841×1189	594×841	420×594	297×420	210×297	148×210
a	25					
c	10			5		
e	20			10		

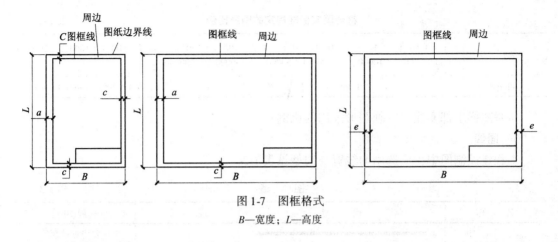

图 1-7 图框格式
B—宽度；L—高度

2. 标题栏和明细表

标题栏和明细表用于填写安装项目的名称、图号、数量、比例及责任者的签名和日期等内容。某图样标题栏格式如图 1-8 所示。

图 1-8 标题栏格式

3. 会签栏

会签栏按图 1-9 的格式绘制，其尺寸应为 100mm×20mm，栏内应填写会签人员所代表的专业、姓名、日期（年、月、日）；一个会签栏不够时，可另加一个，两个会签栏并列；不需要会签的图纸可不设会签栏。

4. 比例

图样上图形与实物相应要素的线性尺寸之比称为图形比例。国家标准规定的房屋建筑比例分为常用比例和可用比例，详见表 1-2。

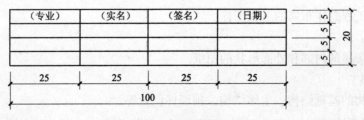

图 1-9 会签栏

符合国家标准规定的图形比例　　　　表1-2

名称	比例
常用比例	1:1、1:2、1:5、1:10、1:20、1:50、1:100、1:150、1:200、1:500、1:1000、1:2000、1:5000、1:10000、1:20000、1:50000、1:100000、1:200000
可用比例	1:3、1:4、1:6、1:15、1:25、1:30、1:40、1:60、1:80、1:250、1:300、1:400、1:600

每张图样上都要注出所画图形采用的比例。

5. 图线

工程建设制图中，应选用的线宽与线型见表1-3。

图　线　　　　表1-3

名　称		线　型	线　宽	一　般　用　途
实线	粗	———	b	主要可见轮廓线
	中	———	0.5b	可见轮廓线
	细	———	0.25b	可见轮廓线、图列线
虚线	粗	- - -	b	见各有关专业制图标准
	中	- - -	0.5b	不可见轮廓线
	细	- - -	0.25b	不可见轮廓线、图列线
点画线	粗	—·—·—	b	见各有关专业制图标准
	中	—·—·—	0.5b	见各有关专业制图标准
	细	—·—·—	0.25b	中心线、对称线等
折断线		～/～	0.25b	断开界线
波浪线		～～～	0.25b	断开界线

注：图线的宽度b，宜从下列线宽系列中选取：2.0、1.4、1.0、0.7、0.5、0.35mm。

6. 工程图纸编排顺序

工程图纸应按专业顺序编排，一般应为图样目录、设计说明、总平面图、建筑图、结构图、给水排水图、采暖通风图、电气图等。

1）图样目录

说明该工程各种图样组成及编号。

2）设计说明

主要说明工程的概况和总的技术要求等，其中包括设计依据、设计标准和施工要求。

3）总平面图

表达建设工程总体布局的工程图样。

4）建筑图

表示一栋房屋的内部和外部形状的图纸。

5）结构图

表示建筑物的基础结构、主体结构、预埋件位置等。

6）给水排水图

表示给水排水管道的布置、走向及支架的制作安装要求等。

7）采暖通风图

表示采暖通风工程布置、通风设备零部件的结构、安装、吊架制作安装、系统调试要求等。

8）电气图

表示电气线路的走向和具体安装要求等。

1.2 图样的表达方法

1.2.1 基本视图

前面介绍了用主、左、俯三面视图表达形体的方法，但在生产实践中，有时仅用三面视图常难以把复杂形体的内外有别结构形状等表达清楚，有时形状不同的构件，其三视图可能完全相同，如图1-10所示的两个形状不同的形体，但由于投影具有集聚性，其三视图却完全相同。

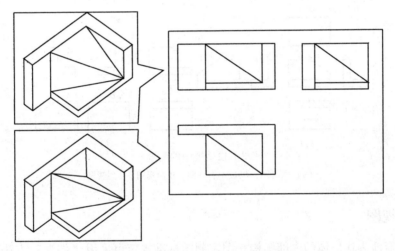

图1-10 形状不同、三视图相同的形体

为此，国家制图标准规定可用正六面体的六个面作为基本投影面，用正投影原理，分别向六个基本投影面进行投影，所得到的六个视图称为基本视图，如图1-11所示。

根据六个基本视图的投影方向、名称及配置分别得到主视图、左视图、右视图、俯视图、仰视图、后视图。其视图的配置如图1-12所示，视图按规定位置配置时，除后视图的上方应标注"后视"或"X向"外，其他各视图都可不标注名称，识读图样时可根据各视图的位置关系来确定它们的投影关系及名称，若基本视图不能按规定配置或各视图没有画在同一张图样上时，应在视图的上方标注相应的名称。

六个基本视图的投影给形体的表达带来了许多方便，但不是任何形体都要用六个基本视图来表达。相反，在将形体的结构、尺寸及形状表示清楚的前提下，视图数量尽量少，以便于作图。

除六个基本视图外，制图标准还规定有局部视图、斜视图、旋转视图等，用来表达形体上某些在基本视图上表示不清楚的结构和形状。

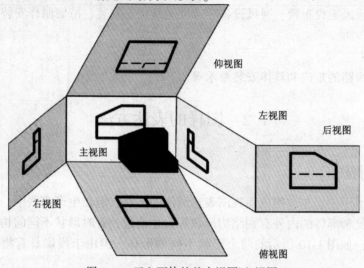

图 1-11　正六面体的基本视图-六视图

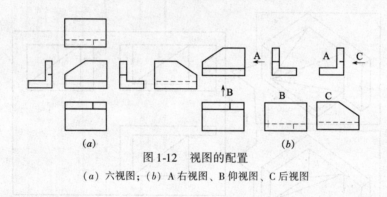

图 1-12　视图的配置
（a）六视图；（b）A 右视图、B 仰视图、C 后视图

1.2.2　剖视图

为了清晰地表达形体的内部结构，国家制图标准规定可采用"剖视"方法。

1. 剖视图的概念

剖视图是用假想的剖切平面，在适当的位置剖开形体，移去观察者和剖切平面之间的部分，将其余部分向投影面投影所得的图形，如图 1-13 所示。

为了分清形体的实心部分与空心部分，国家制图标准规定被剖切到的部位应画出剖面符号。不同的材料，采用不同的符号，机械制图中的剖面符号，如表 1-4 所示；制图中常用建筑材料的图例，如表 1-5 所示。

剖　面　符　号　　　　表 1-4

金属材料 （已有规定剖面符号者除外）	▨	液体	≡
非金属材料 （已有规定剖面符号者除外）	▨	胶合板（不分层）	▨

续表

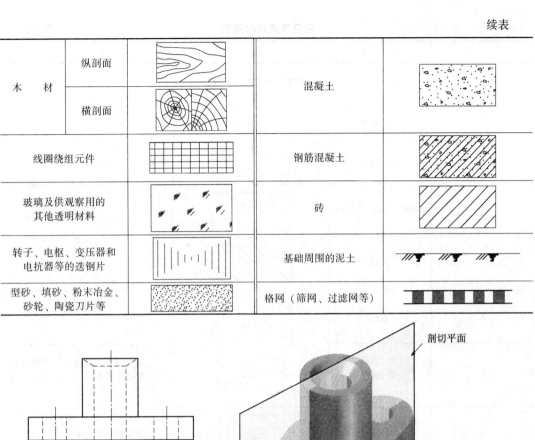

木材	纵剖面		混凝土	
	横剖面			
线圈绕组元件			钢筋混凝土	
玻璃及供观察用的其他透明材料			砖	
转子、电枢、变压器和电抗器等的迭钢片			基础周围的泥土	
型砂、填砂、粉末冶金、砂轮、陶瓷刀片等			格网（筛网、过滤网等）	

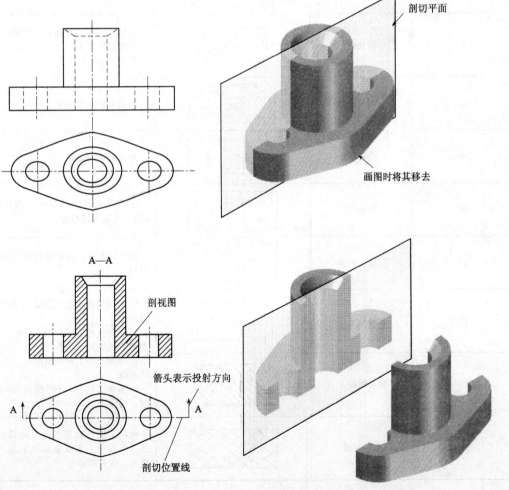

图 1-13　剖视图

常用建筑材料图例　　　　　　　　表 1-5

序号	名称	图例	备注
1	自然土壤		包括各种自然土壤
2	夯实土壤		
3	砂、灰土		靠近轮廓线绘较密的点
4	砂砾石、碎砖、三合土		
5	石材		
6	毛石		
7	普通砖		包括实心砖、多孔砖、砌块等砌体。断面较窄不易绘出图线时，可涂红
8	耐火砖		包括耐酸砖等砌体
9	空心砖		指非承重墙砌体
10	饰面砖		包括铺地砖、马赛克（陶瓷锦砖）、人造大理石等
11	焦渣、矿渣		包括与水泥、石灰等混合而成的材料
12	混凝土		1. 本图例指承重的混凝土及钢筋混凝土 2. 包括各种强度等级、骨料、添加剂的混凝土 3. 在剖面图上画出钢筋时，不画图例线 4. 断面图形小，不易画出图例线时，可涂黑
13	钢筋混凝土		
14	多孔材料		包括水泥珍珠岩、沥青珍珠岩、泡沫混凝土、非承重加气混凝土、软木、蛭石制品等

续表

序号	名称	图例	备注
15	纤维材料	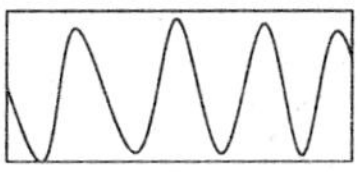	包括矿棉、岩棉、玻璃棉、麻丝、木丝板、纤维板等
16	泡沫塑料材料	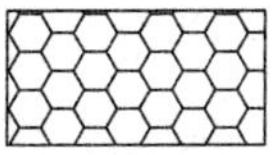	包括聚苯乙烯、聚乙烯、聚氨酯等多孔聚合物类材料
17	木材	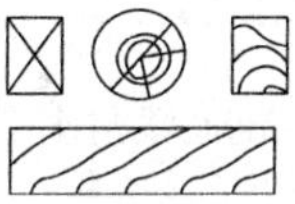	1. 上图为横断面，左上图为垫木、木砖或木龙骨 2. 下图为纵断面
18	胶合板	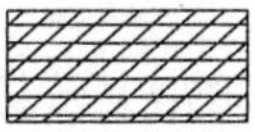	应注明为×层胶合板
19	石膏板	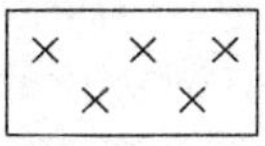	包括圆孔、方孔石膏板、防水石膏板等
20	金属	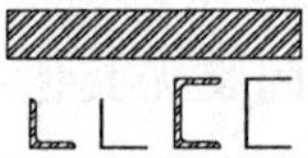	1. 包括各种金属 2. 图形小时，可涂黑
21	网状材料		1. 包括金属、塑料网状材料 2. 应注明具体材料名称
22	液体		应注明具体液体名称
23	玻璃	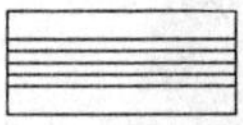	包括平板玻璃、磨砂玻璃、夹丝玻璃、钢化玻璃、中空玻璃、夹层玻璃、镀膜玻璃等
24	橡胶	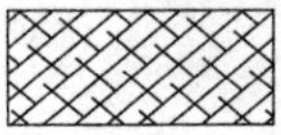	
25	塑料	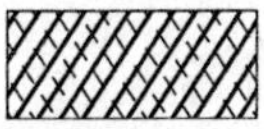	包括各种软、硬塑料及有机玻璃
26	防水材料		构造层次多或比例大时，采用上面图例
27	粉刷	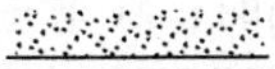	本图例采用较稀的点

注：序号1、2、5、7、8、13、14、16、17、18、22、23图例中的斜线、短斜线、交叉斜线等一律为45°。

如常用金属材料的剖面符号为一组间隔相等且与水平方向成45°的平行细实线，称剖面线，同一形体各剖视图上的剖面线倾斜方向及间隔应均匀一致。如图形中的主要轮廓线与水平成45°或接近45°时，则该图上的剖面线应为与水平线成30°或60°的平行线，但倾斜方向仍应与其他图形的剖面线一致，如图1-14所示。

2. 剖视图类型

由于形体内部结构形状变化较多，常需选用各种不同类型的剖视图来进行表达，常用的剖视方法有：全剖视、半剖视、局部剖视、阶梯剖视。

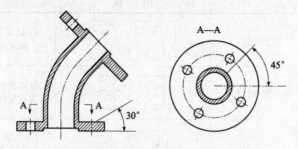

图 1-14　剖面线与水平线成 30°或 60°

1）全剖视图

全剖视图是用一个剖切平面完全地剖开形体后所得到的剖视图，如图 1-15 所示。

全剖视图的标注一般在剖视图上方用字母标出剖视图的名称"X—X"。

在相应的视图上用剖切符号表示剖切位置，在剖切符号的外端用箭头指明投射方向，并注有同样的字母，如图 1-15 中主视图、俯视图所示。当通过形体对称平面剖切时，且剖视图按投影关系配置，中间又无其他视图隔开时，可不标注，如图 1-15 中的主视图。

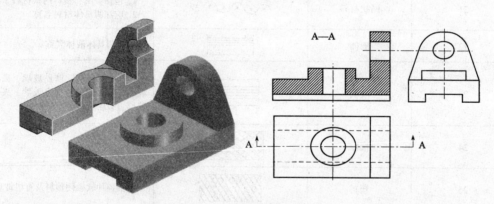

图 1-15　全剖视图及标注

2）半剖视图

半剖视图是当形体具有对称平面时，在垂直于对称平面的投影面上的投影以中心线为界，一半画成剖视图，另一半画成视图所得到的组合图形，如图 1-16 所示。

半剖视图读图时，一半表达形体的外部形状，另一半表达形体的内部结构。半剖视图的标注方法与全剖视图相似。

对于构件形状接近对称，而其不对称部分已在其相关视图中表达清楚时，也可画成半剖视图，如图 1-17 所示的键槽，已在左视图中表示清楚，故亦可用半剖视图进行表达，识读这类半剖视图时应加以注意。

3）斜剖视图

斜剖视图是用不平行于任何投影面的剖切平面剖开形体所得的视图，如图 1-18 所示。

斜剖视图一般配置在箭头所指的方向，并与基本视图保持对应的投影关系，标注为"X—X"剖视，如图1-18（a）所示，读图时应注意：有时为了合理地利用图纸，也有将图形放在其他适当的位置，如图1-18（b）所示；必要时亦可将图形旋转配置，表示该视图名称的大写拉丁字母"X-X"应靠近旋转符号的箭头端，见图1-18（c）。

4）阶梯剖面

阶梯剖视图是用几个相互平行的剖切平面剖开形体所得到的剖视图，如图1-19所示。

阶梯剖视须在其起讫和转折处用剖切符号表示剖切位置，在剖切符号外端用箭头指明投影方向，并在剖视图上方标注"X-X"，见图1-19。

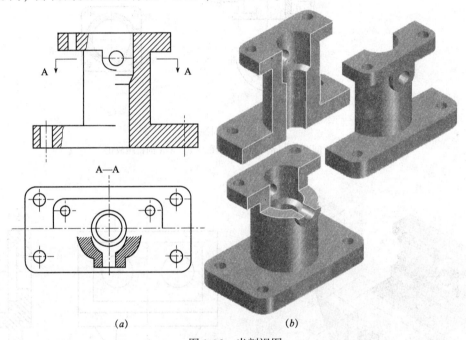

图 1-16 半剖视图

（a）半剖视图；（b）剖视图位置示意图

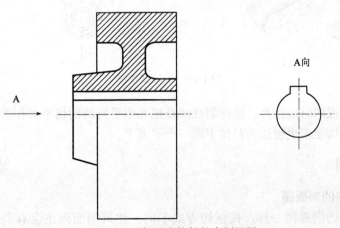

图 1-17 近似对称构件的半剖视图

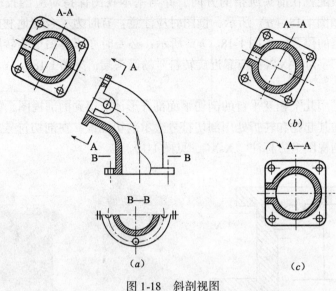

图 1-18 斜剖视图
(a) B-B 剖视图；(b) A-A 剖视图；(c) A-A 剖视图放正

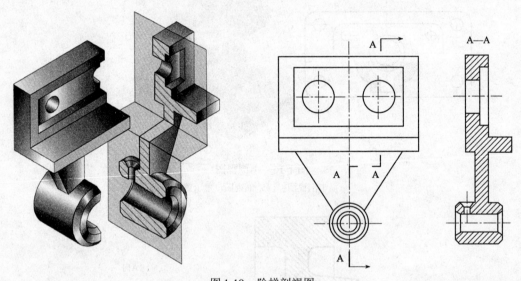

图 1-19 阶梯剖视图

识读阶梯剖视图时应注意：阶梯剖视图是把几个平行的剖切平面作为一个剖切平面考虑，被切到的结构要素也被认为是位于同一个平面上。

1.2.3 剖面图

1. 建筑图中的剖面图

与上节所述的剖视图一样，按剖切方式不同，建筑剖面图也会有全剖面图、半剖面图、阶梯剖面图和局部剖面图等类型，分别见图 1-20 ~ 图 1-23。

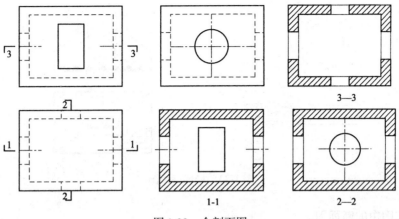

图 1-20 全剖面图

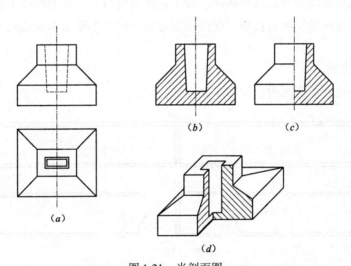

图 1-21 半剖面图
（a）俯视图；（b）全剖面图；（c）半剖面图；（d）三维模型

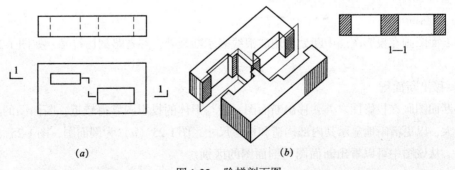

图 1-22 阶梯剖面图
（a）剖切位置示意；（b）三维剖切位置示意

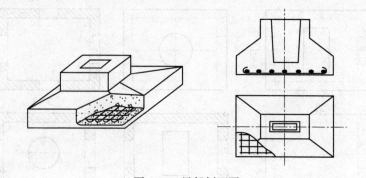

图 1-23　局部剖面图

2. 建筑图中的断面图

建筑图中的断面图与机械图中的断面图相似，机械断面图仅画出截断面的投影，即只画出形体与剖切平面相交的那部分图样，而不是像建筑图中剖面图那样需要画出沿投影方向看得到的其他部位的轮廓的投影，断面图在建筑工程中主要用来表达建筑构配件的断面形状。

1）重合断面图

将断面图重叠在投影图内，如图 1-24（a）所示。

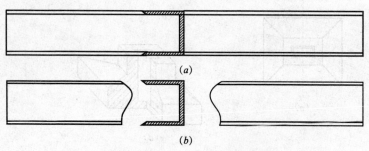

图 1-24　重合断面图与中断断面图
(a) 重合断面图；(b) 中断断面图

2）中断断面图

将断面图画在投影图的中断处，用波浪线表示断裂处，并省略剖切符号，如图 1-24（b）所示。

3）移出断面图

将断面图画在投影图之外，移出断面图一般与形体的投影图靠得较近，断面图的比例可较原图大，以更清晰地显示其内部构造和标注尺寸，图 1-25（a）为剖面图，图 1-25（b）为断面图。从该图中可以看出断面图与剖面图的区别。

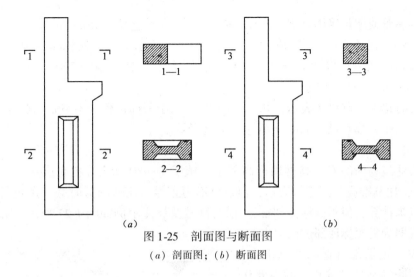

图 1-25 剖面图与断面图
（a）剖面图；（b）断面图

1.3 建筑给水排水及采暖图识读

1.3.1 基本概念及常用图例

给水排水及采暖工程是由管道组成件和管道支承件组成，用以控制介质的流动。

1. 管道图基本知识

1）管道双线图和单线图

管道的双线图和单线图一般按正投影原理绘制，但作了一些必要的简化，省去管子壁厚，而管子和管件仍用两根线条画出的图样为双线图；由于管道的截面尺寸比长度尺寸小得多，所以在小比例的施工图中可把管子投影成一条线，即用单粗实线来表示管子，这种图样称单线图，管道施工图中则多应用单线图。在管道图中，各种管线一般均用实线表示，如图 1-26 所示管道图有双线图和单线图两种，图 1-26（a）、（b）、（c）分别为用三视图形式表示的短管、用双线图表示的短管和用单线图表示的短管。

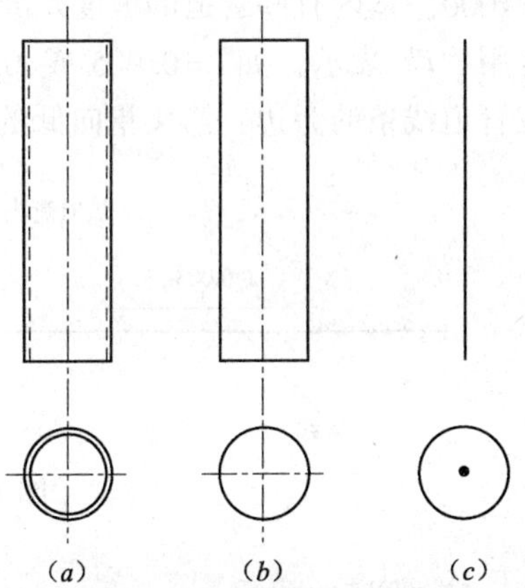

2）管径

管径分为内径和外径，以 mm 为单位。工程上，通常以公称直径（DN）来表示管道规格。

焊接钢管、给水铸铁管、排水铸铁管、热镀锌钢管及阀门，均以"DN"标注为公称直径管径，无缝钢管及有色金属管道则采用"外径×壁厚"的标注方式。

如公称直径为 100mm 的管道，则标注为"$DN100$"；外径为 108mm，壁厚为 4mm 的无缝钢管，标注为"$D108\times4$"。

图 1-26 双线图和单线图
（a）用三视图形式表示的短管；（b）用双线图表示的短管；（c）用单线图表示的短管

其他金属管或塑料管用"d"表示，如"d15"表示直径为15mm的管子。

圆形风管以直径符号"φ"值表示，如"φ200"表示直径为200mm的风管。

矩形风管（风道）以"A（长）×B（宽）"表示，如"200×300"表示截面尺寸为"200mm×300mm"的矩形风管。

管径有时也用英制尺寸表示，如"DN20"相当于公称直径为3/4in.（英寸）的管子，"DN25"相当于公称直径为1in.（英寸）的管子等。

3）标高

管道在建筑物内的安装高度用标高表示。施工中一般以建筑物底层室内地坪作基准（±0.000），比基准高时用正号表示，但也可不写正号；比基准低时必须用负号表示，标高的单位以米计算，但不需标注"m"。标高符号及标注示例如图1-27所示。标高符号尖端的水平线即为需要标注部位的引出线。

每个施工现场都有标高的基准点，施工中应明确标高的基准点，并以此作为标高的基准，室外管道的标高用基准点的相对标高表示。

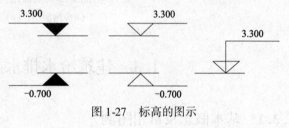

图1-27 标高的图示

中、小直径管道一般标注管道中心的标高，排水管等依靠介质的重力作用沿坡度下降方向流动的管道，通常标注管底的标高。大直径管道也较多地采用标注管底的标高。

4）坡度和坡向

水平管道往往需要按照一定的坡度敷设。室外管道和室内干管的坡度一般为2/1000~5/1000，室内有些管道的坡度差异较大，根据需要可在3/1000~2/100范围内变化。坡度常用"i"表示，如$i=0.005$或$i0.005$表示坡度为5/1000，以此类推。坡向则用箭头标注在管道线条的旁边，箭头指向低的方向，坡度及坡向的表示方式如图1-28所示。

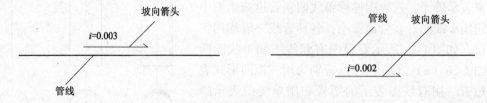

图1-28 坡度及坡向的表示方式

5）管道的图示

（1）管道的单、双线表示方法

管道的单、双线表示方法如图1-29所示。若管道只画出其中一段时，一般应在管子中断处画出折断符号。

弯管的单、双线表示方法如图1-30所示。

三通的单、双线绘制法如图1-31所示。

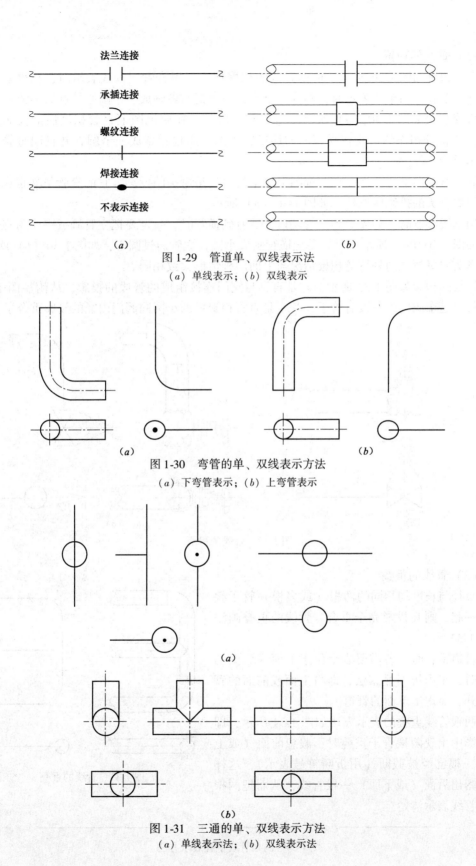

图 1-29 管道单、双线表示法
(a) 单线表示；(b) 双线表示

图 1-30 弯管的单、双线表示方法
(a) 下弯管表示；(b) 上弯管表示

图 1-31 三通的单、双线表示方法
(a) 单线表示法；(b) 双线表示法

（2）管线的积聚

直管积聚如图 1-30 所示，根据直线的积聚性，一根直管用双线表示时，积聚后的投影就是一个圆，用单线表示时，则为一个点，规定把后者画成一个圆心带点的小圆。

弯管积聚如图 1-30（a）所示，弯头向上弯时，在俯视图上直管积聚后的投影是一个圆，与直管相连的弯头在拐弯前的那段管子的投影也积聚成一个圆，并且同直管积聚的投影重合。

如果弯头向下弯，那么在俯视图上显示的仅仅是弯头的投影，它的直管虽然也积聚成圆，但被弯头的投影所遮挡，如图 1-30（b）所示。

用单线绘制时，如先看到立管端口，后看到横管时，一定要把立管画成一个带点的小圆，如图 1-30（a）所示。反之要把横管画成小圆，立管通过圆心，如图 1-30（b）所示。

弯头向里弯或向外弯的积聚情况与上面两种情形大致相同。

管线的积聚如图 1-32 所示，它是直管与阀门连接组成的管段的投影，从俯视图上看，好像仅仅是个阀门，并没有管子，其实是直管积聚成的小圆同阀门内径的投影重合了。

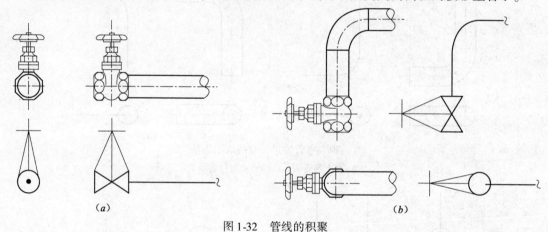

图 1-32　管线的积聚

（3）管线的重叠

直径与长度均相同的两根（或多根）管子叠合在一起，则其投影完全重合。管线的重叠画法如图 1-33 所示。

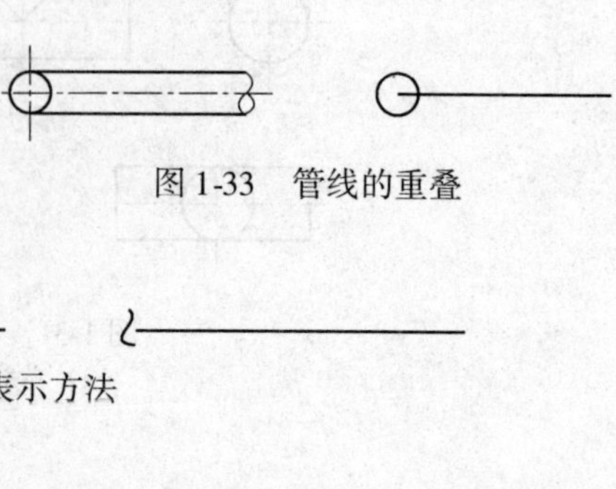

管道重叠时，若需要表示位于下面或后面的管道时，采用折断显露法，即将上面或前面的管道断开，显现出下面的管道。

两根管线重叠的表示方法如图 1-34 所示，即当投影中出现两根管子重叠时，假想前面（或上面）一根已经被截断（用折断符号表示），这样便显露出后面（或下面）一根管线，从而把两根重叠管线表示清楚。

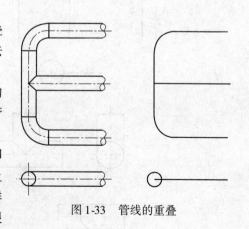

图 1-33　管线的重叠

图 1-34　两根管线重叠表示方法

图 1-35 所示是弯管和直管重叠时的平面图,当弯管高于直管时,它的平面图如图 1-35 (a)所示,画图时让弯管和直管稍微断开 3~4mm,以示区别弯、直两管不在同一个标高上。当直管高于弯管时,一般是用折断符号将直管折断,并显露出弯管。它的平面图如图 1-35 (b)所示。

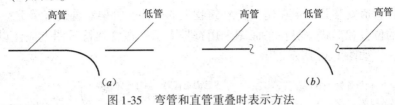

图 1-35　弯管和直管重叠时表示方法

多根管线重叠时的表示如图 1-36 所示,4 根管线重叠,通过平面图和立面图可以知道,1 号管线为最高,4 号管线为最低管。在单线图中,折断符号的画法也有一定的规定,只有折断符号相对应的(如一曲对一曲,二曲对二曲)管道,才能理解为是一根管道;在用折断符号表示时,一般其折断符号两端应相对应(一曲对一曲,二曲对二曲),不能混淆。

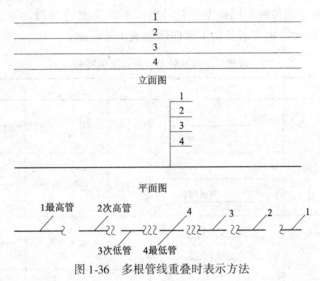

图 1-36　多根管线重叠时表示方法

(4) 管线的交叉

如果两根管线投影交叉,位置高的管线不论是用双线还是用单线表示,它都应该显示完整。位置低的管线画成单线时要断开表示,以此说明这两根管线不在同一标高上,如图 1-37 (a)所示;画成双线时,低的管线用虚线(重叠部分)表示,如图 1-37 (b)所示。

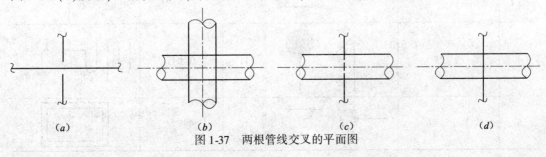

图 1-37　两根管线交叉的平面图

在单、双线绘制同时存在的平面图中，如果大管（双线）高于小管（单线），则小管与大管投影相交部分用虚线表示，如图1-37（c）所示；如果小管高于大管时则不存在虚线，如图1-37（d）所示。

6）管架

管架是将管道安装并固定在建（构）筑物上的构件，管架对管道有承重、导向和固定作用。管架的位置和形式一般在平面图上用符号表示，在管架符号图上应注以管架代号，标明管架形式，如图1-38所示。

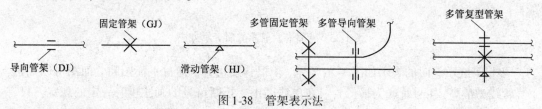

图1-38 管架表示法

2. 管道、设备符号及图例

1）工艺管道图中用各种不同线型及符号表示不同类型的管道，管道上的各种附件均用图例表示，常用给水排水管道及构配件图例如表1-6所示。

常用给水排水管道构配件图例符号　　　　　表1-6

序号	名称		图例	序号	名称	图例
1	管道	用于一张图内只有一种管道	———	6	室内消防栓（双口）	▶◀　⊗
		用汉语拼音字头表示管道类别	—— J（给水） —— —— W（污水） ——	7	截止阀	▷◁
		用图例表示管道类别	—— J —— — · — W — · —	8	放水龙头	┼　┐
2	检查口		⊢	9	多孔管	—木—木—木—
3	清扫口		○——	10	延时阀自闭冲洗阀	┤●
4	通气帽		↑　●	11	存水弯	⊔⊓∪
5	圆形地漏		●　⌒	12	洗涤盆	┼┼│○│

续表

序号	名称	图例	序号	名称	图例
13	污水池	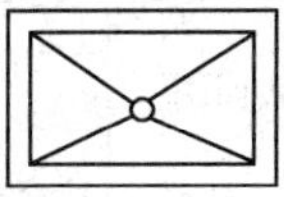	16	淋浴喷头	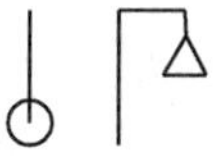
14	自动喷洒头	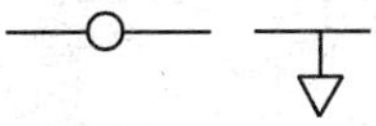	17	矩形化粪池	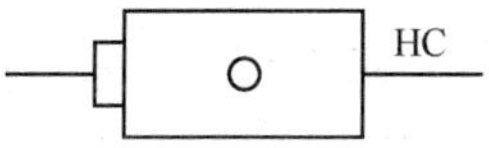 HC
15	座式大便器		18	水表井（与流量计同）	

2）管道图中常用阀门表示法如表1-7所示。

管道图中常用阀门表示法　　　　　　　　　　　表1-7

名称	俯视	仰视	主视	侧视	轴测投影
截止阀			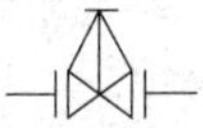		
闸阀		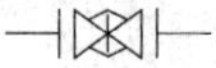	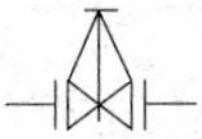		
蝶阀			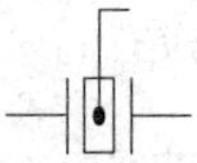		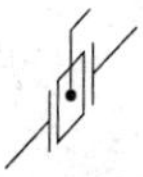
弹簧式安全阀			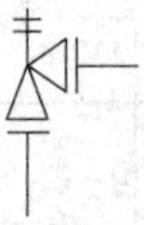		

注：本表以阀门与管道法兰连接为例编制。

3）工艺管线常用图例见表1-8。

工艺管线常用图例　　　　　　　　　　　表1-8

名称	图例符号	备注	名称	图例符号	备注
外露管		表示介质流向	闸阀	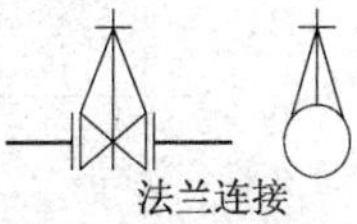 法兰连接 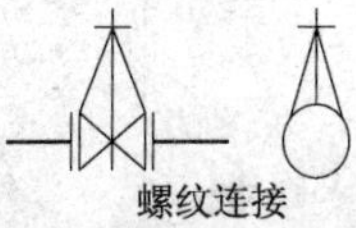 / 螺纹连接	应注明型号
管线固定支架					
保温管线	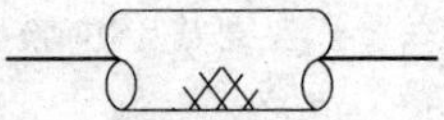				
带蒸汽伴热的保温管线	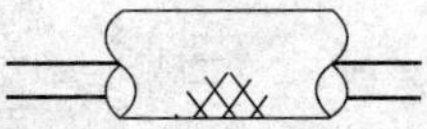		截止闸	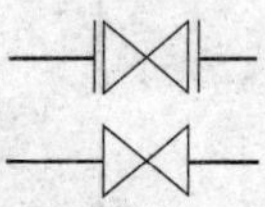	1. 应注明介质流向 2. 应注明型号
法兰盖（盲板）		注明厚度			

续表

名 称	图例符号	备 注	名 称	图例符号	备 注
8字盲板	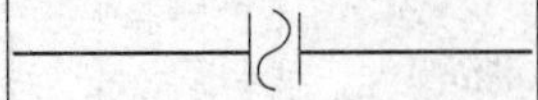	注明操作开或操作关	止回阀（单流阀）	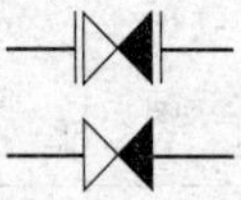	1. 应注明介质流向 2. 应注明型号
椭圆型封头			旋塞阀		应注明型号
过滤器		箭头表示介质流向	减压阀		应注明型号
孔板		注明法兰间距	取样阀		
活接头		内外螺纹连接（需要焊死螺纹接口时应予注明）	疏水阀		应注明型号
快速接头			角式截止阀		应注明型号
方形补偿器			液动阀（气动阀）		应注明型号
波形补偿器					

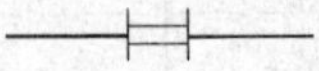

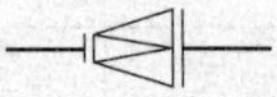

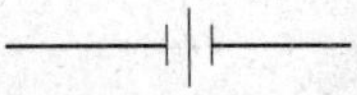

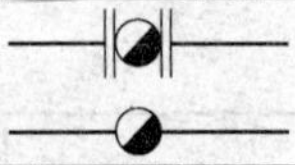

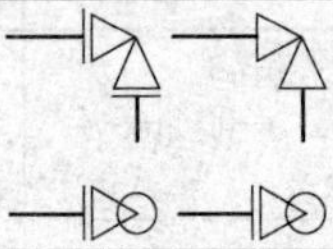

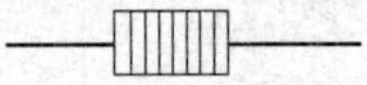

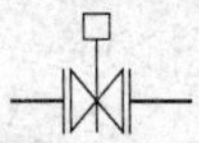

4）工艺管道经常与相应的设备相连接，这些设备的代号及图例如表1-9所示。

工艺图中的设备代号与图例　　　　　　表1-9

序 号	设备类别	代 号	图 例
1	泵	B	 （电动）离心泵　　（汽轮机）离心泵　　往复泵
2	反应器与转换器	F	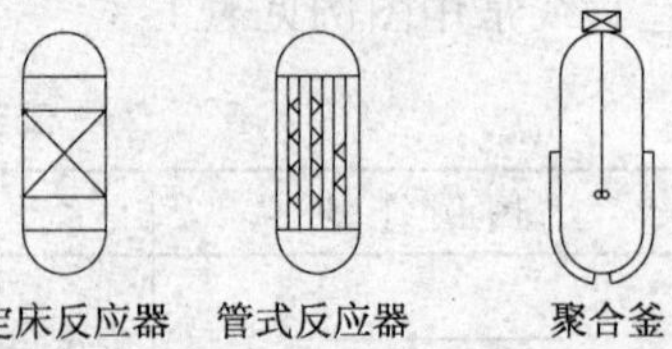 固定床反应器　　管式反应器　　聚合釜
3	热换器	H	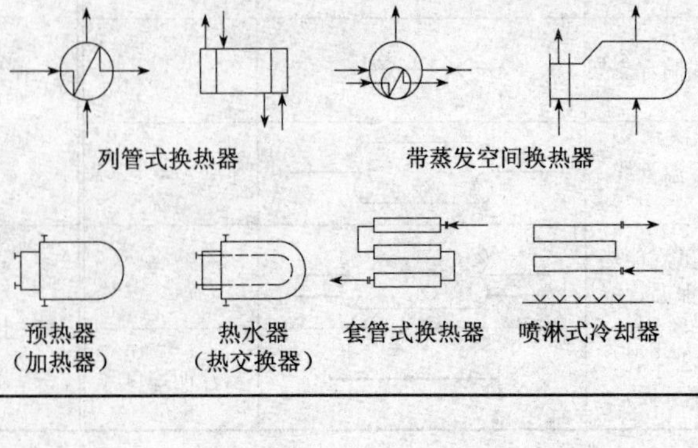 列管式换热器　　带蒸发空间换热器 预热器（加热器）　　热水器（热交换器）　　套管式换热器　　喷淋式冷却器

续表

序号	设备类别	代号	图例
4	压缩机 鼓风机 驱动机	J	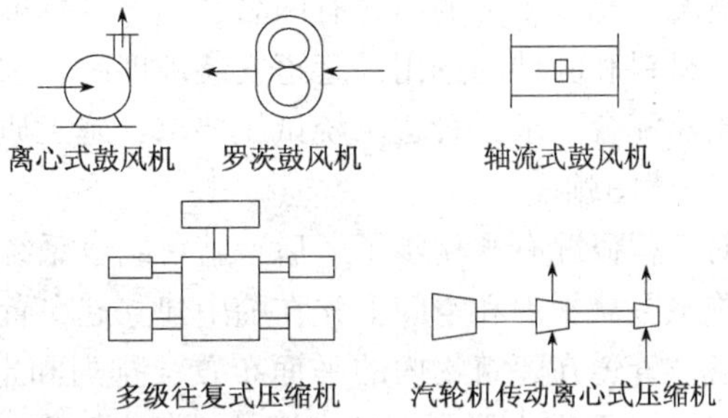 离心式鼓风机　罗茨鼓风机　轴流式鼓风机 多级往复式压缩机　汽轮机传动离心式压缩机
5	工业炉	L	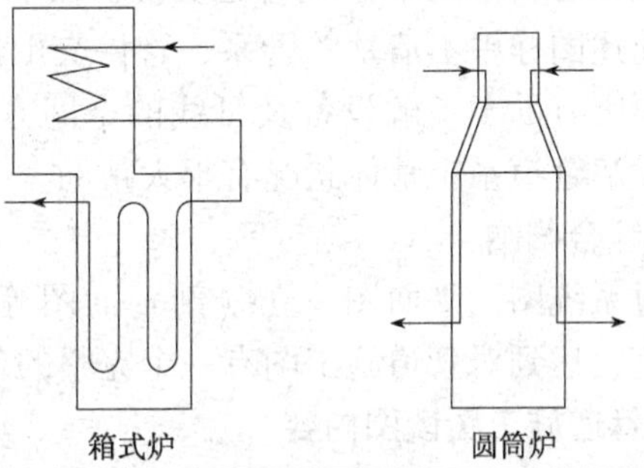 箱式炉　圆筒炉
6	储槽和分离器	R	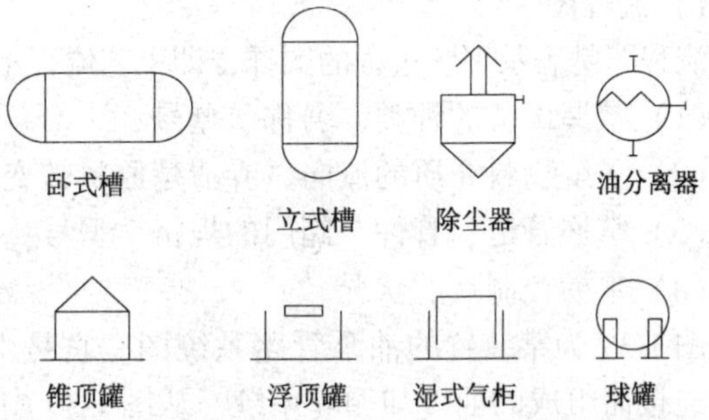 卧式槽　立式槽　除尘器　油分离器 锥顶罐　浮顶罐　湿式气柜　球罐

1.3.2 管道施工图识读

1. 管道施工图识读

管道作为建筑物或工艺设备的一部分，在图样上一般采用示意画法，图样中以不同线型来表示传输不同介质的管道或不同材质的管道，管件、附件、器具设备等都用相应的图例符号表示，这些图线和图例仅表示管线及其附件等安装位置，并不反映安装的具体尺寸和要求，因此要求读图时须具备管道安装的工艺知识，了解管道安装的基本方法，熟悉管道施工规范和质量标准，同时对建筑物构造及建筑施工图的表示方法有所了解，清楚管道与建筑物之间的关系，只有这样才能看懂图样。

2. 管道施工图读图方法

各种管道图均可分为基本图样和详图两大部分，基本图样包括图样目录、设计施工说明、材料表、设备表、工艺流程图、平面图、立面图、系统图等。

识读管道施工图时，一般应按照先整体后局部、从大到小、从粗到细的方式进行。

1) 总体了解

一般先看图样目录、设计说明、施工要求、工艺流程图及设备材料表,以便大致了解工程概况;总体了解的内容有图名、图号、标准、管道输送介质,运行介质的压力、温度要求,材料和附件的选用,管道安装坡度的要求,设备的保温、防腐、涂色要求,管道安装与土建配合要求,管道系统试压要求,施工质量要求和验收标准要求等。

2) 读图顺序

对工程概况有了初步了解后,就可结合系统图、平面图和立(剖)面图,大体对整个管道施工图从平面和空间上先在脑中建立起布置、走向的立体概念。从平面图中可以了解到设备、管道在建筑物内的平面布置、排列和走向、坡度、管径等具体尺寸和相应位置,从立(剖)面图上可了解到管道及设备在垂直高度方向上布置的具体数据,结合识读节点图,对前述图样中不清楚的管系、管件交汇部位等,经过节点放大图后进一步予以明确,而系统图则有助于了解设备及管线的空间方位及布置,系统图立体感强,空间直观效果好,对了解管道系统整体状况有很大帮助。

3) 综合归纳

经过系统图、平面图、立(剖)面图等各种图样、说明及技术要求等相互分析、对照、补充,达到对管道施工图有一个完整的理解。

3. 管道施工图读图内容

1) 流程图

流程图是表示工艺过程的图样,即工艺流程示意图,通过识读流程图可达到下列目的:

(1) 掌握设备的种类、名称、型号;

(2) 了解物料介质的流向,弄清楚原料转变为成品的过程,搞明白工艺流程;

(3) 掌握管道、管件、阀门的规格、型号;

(4) 掌握控制点的状况。

图 1-39 为某装置的油泵管路系统图,它是由油泵、冷却器、过滤器和传动箱通过管路的连接而组成的油冷却循环系统。从图 1-39 中可知,该油泵管路系统共有 5 台设备:油过滤器 301、油冷却器 302、两台油泵 303-1 和 303-2、传动箱 304。该系统工作时,润滑传动箱的油从传动箱 304 沿管路 L_1-$\phi38\times3$ 进入油泵 303-1 或 303-2,经加压后沿管路 L_2-$\phi32\times3$ 和 L_4-$\phi32\times3$ 流向冷却器 302 进行冷却,再沿管路 L_5-$\phi32\times3$ 流向过滤器 301 进行过滤,最后沿管路 L_6-$\phi32\times3$ 重新进入传动箱进行润滑。从流程图中还可知:油泵 303-1 及 303-2 的出口管上各有一只压力表 P_{303A} 和 P_{303B},在冷却器 302 的油管出口上有一只温度计 T_{302}。图中的两台油泵 303-1 和 303-2,一台是常用油泵,另一台是备用油泵,如运转的油泵需要维修或发生故障时,备用油泵工作。

2) 平面图

平面图是表示管道平面布置的图样,通过识读平面图可达到以下目的:

(1) 了解建筑物的基本构造、轴线分布及有关尺寸;

(2) 了解设备编号、名称、平面定位尺寸、接管方向及其标高;

(3) 掌握各条管线的编号、平面位置、介质名称、管子及管路附件的规格、型号、种类、数量;

(4) 管道支架的形式、作用、数量及其构造。

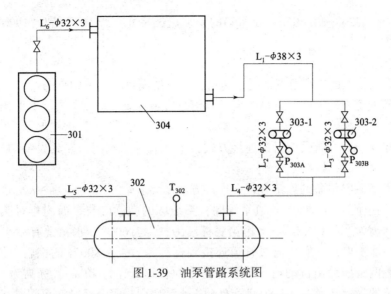

图 1-39 油泵管路系统图

图 1-40 为某地下室给水平面图,该地下室位于①、②轴和Ⓓ、Ⓔ轴间,从图的左方给水管入口开始读图,$DN70$ 的总进水管在室外地坪以下,水平方向通过基础外墙上洞底标高为 -1.750m、宽 300mm、高 400mm 的洞口伸进地下室。地下室内靠近墙洞口处的小圆表示向下拐弯的一段立管,水流通过截止阀和水表,再通过两个立管和浮球阀相连接,以控制流进水箱 2 中的水量。从水箱右侧偏下位置,引出两根带有截止阀的横管,通入自动给水装置,然后再从自动给水装置接出带有截止阀的管道进行供水。最后的供水管道低于从水箱中流入集水坑的横管。

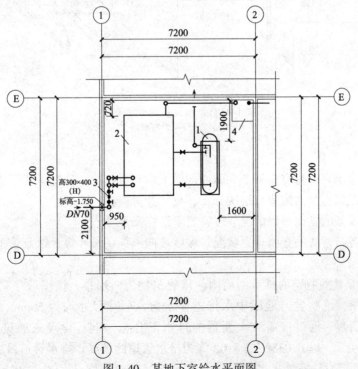

图 1-40 某地下室给水平面图
1—自动给水装置;2—方形水箱;3—水表;4—集水坑

图 1-40 中"720"和"950"是水箱的安装定位尺寸;"1600"和"1900"是自动给水装置的安装定位尺寸。

3) 系统图

系统图表示管道的空间位置情况，通过识读系统图可达到下列目的：

（1）掌握管道系统的空间立体走向，弄清楚管道标高、坡度坡向，管路出口和入口的组成；

（2）了解干管、立管及支管的连接方式，掌握管件、阀门、器具设备的规格、型号、数量；

（3）了解管路与设备的连接方式、连接方向及要求。

图 1-41 为上例的给水设备管道系统图，系统图的阅读应与平面图相对照，从总进水管看起，其标高为"-1.750"；水箱箱底标高为"-3.600"；水箱上有溢水出口，水箱底有一个清污泄水口，它们均通过管道连接到标高为"-3.800"的横管，排至集水坑。由水箱引出的两根横管至自动给水装置，横管的公称直径为 40mm，标高为"-3.460"；自动给水装置的底标高为"-3.800"；自动给水装置引出管道经过截止阀向立管送水。

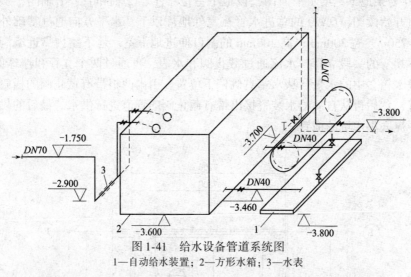

图 1-41 给水设备管道系统图
1—自动给水装置；2—方形水箱；3—水表

4) 立（剖）面图

立（剖）面图表示管道在某个立面或剖面上的布置情况，通过识读可达到以下目的：

（1）了解建筑物竖向构造、层次分布、尺寸及标高；

（2）了解设备的立面布置情况、接管要求及标高尺寸；

（3）掌握各条管线的立面布置状况、坡度坡向、标高尺寸等，以及管子、管道附件的各类参数。

图 1-42 为某建筑物室内排水剖面图，该建筑物为三层楼，读图顺序是从楼上开始逐步往下进行读图，洗脸盆与地漏中水排进存水弯，公称尺寸均为 50mm，经过 50mm 到 100mm 的异径管后，通过三通与大便器的排水汇合在一起，再经三通进入公称尺寸为 100mm 的排水立管。$i=0.035$、$i=0.02$ 等为排水管道的坡度。排水管道最后以 $i=0.02$ 的坡度，穿过基础墙直达室外集水井。

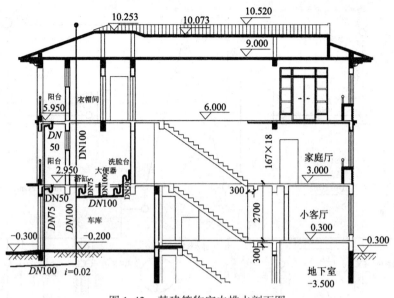

图 1-42 某建筑物室内排水剖面图

1.3.3 室内给水排水管道工程图

1. 给水排水系统概述

1) 给水系统

给水系统分室外给水系统和室内给水系统，室外给水系统是将水由当地供水干管供至建筑物外的线路图，室内给水系统把室外给水管网的水输配到建筑物内各种用水设备处，给水系统图表示出建筑物内部管线的走向和分布。

2) 排水系统

排水系统分室外排水系统和室内排水系统。室外排水系统把建筑物内排出的污（废）水、屋面雨水汇集至室外排水管道内；室内排水系统是将盥洗池、浴盆、污水池、大便池、小便池等卫生器具，通过连接卫生器具的横支管，以及承接来自各楼层横支管排出污水的立管，再通过承接立管排泄污水的横向排出管将污水排出室外。

2. 给水排水工程图识读方法

1) 室外给水排水图的识读

（1）室外给水排水图的识读方法

室外给水排水图按平面图→管道纵横剖面图→管道节点图的顺序进行读图，读图时注意分清管径、管件和构筑物，以及它们间的相互位置关系、流向、坡度坡向、覆土等有关要求和构件的详细长度、标高等。

（2）室外给水排水图的读图实例

图 1-43 为某施工项目给水排水总平面图，给水排水总平面图又称为给水排水外线图。图上标出了给水管的水源（干管），管子进入建筑物的起始点、阀门井、水表井、消防栓井，以及管径、标高等内容；另外图中还标出了排水管的出口、流向、检查井（窨井）、坡度、埋深标高等。

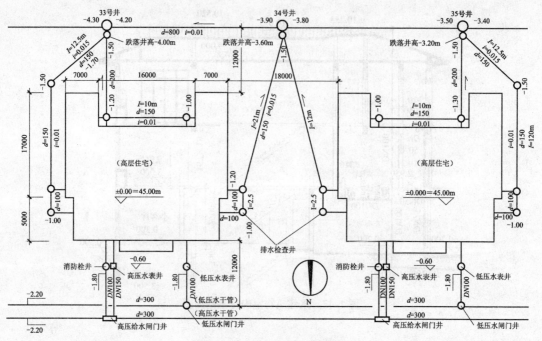

图 1-43　给水排水外线平面图

从图 1-43 看到给水系统是由当地供水干管引入，通过高压给水阀门井和低压给水阀门井接入给水管。低压给水管和消防给水管道管径 $d=100$，高压给水管管径 $d=150$，在进入建筑物前，设置了高压水表井、低压水表井和消防栓井。给水管的标高一般指管子中心的标高，即本例中管子标高"-1.80"指的是管子中心标高。

从给水排水总图上可看到排水管道要比给水管道多些，构造也稍复杂些，每栋房屋有 6 个起始窨井，由这些井再流入较深的井，最后流入城市污水总干管。图中标出了管子的首尾埋深标高，以及管子的管径、长度、流向和坡度。排水管的标高，一般指管底标高。

2）室内给水排水图的识读

室内给水排水系统一般都是通过平面图和系统图来表达，识读时应把平面图和系统图结合对照，整体了解室内给水排水管道工程。

给水平面图主要表示供水管线在室内的平面走向、管子规格、用水器具及设备、阀门、附件等。平面图上一般用实线（有时用点划线）表示给水管线，给水立管用符号"JL"表示，当给水立管超过一根时，一般采用编号加以区别，如 JL-1、JL-2 分别表示第一根给水立管和第二根给水立管。排水平面图主要表示室内排水管的走向、管径以及污水排出装置，如大便器、小便器、地漏等位置，平面图上一般用虚线表示排水管道，排水立管用符号"WL"表示，当排水立管超过一根时，也采用编号加以区别，如 WL-1、WL-3 分别表示第一根排水立管和第三根排水立管。

给水排水工程图的读图顺序为顺着水流的方向读图。给水工程图识读顺序：引入管→干管→立管→横管→支管→水龙头。排水工程图识图顺序：卫生器具→排水支管→排水横管→排水立管→排水干管→排出管。

【例1】 给水排水平面图—给水管道系统

图1-44为某住宅首层给水排水平面图，其给水管道均用实线表示。给水管道总管设在①轴线附近，给水干管沿建筑物外围敷设，其中沿建筑物的下面①~③轴线间引干管进入室内，进入房间分别是卫生间、厨房等，并在房屋中设立管(JL-1~JL-2)通向各楼层。外围给水管道距墙的距离为1.0m。

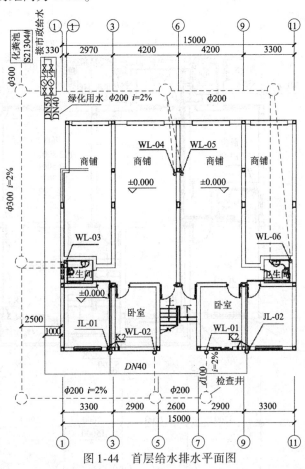

图1-44 首层给水排水平面图

图1-45为住宅二至五层给水排水平面图，其中JL-1、JL-2立管与水平干管相连，沿卫生间墙敷设，并在洗脸盆、蹲式大便器及淋浴头处设支管及水龙头供水，水平管预埋在楼面内，进入各房间的卫生间和厨房。给水管道均采用PPR给水管。

【例2】 给水排水平面图—排水管道系统

由图1-44可知，排水管道均用虚线表示，与每个用水设备连接的排水支管排出污水，污水流向水平的排水支管并集中到各层的排水立管，再流向底层直至排出污水。卫生间中各用水设备的支管，如洗脸盆的排水支管、地面地漏的排水支管、大便器的排水支管所排出的污水流向水平干管，再流向FL-1~FL-4立管直至流向底层排出，而WL-1~WL-6是将阳台与厨房地面地漏的污水及洗涤盆中的污水排向底层。

由图1-44可知，WL-01~WL-06均连接排水干管通向室外检查井并最终通向化粪池。排水干管均采用的是PVC管，管径分别有110mm、160mm、200mm、300mm等，排水坡度均为2%，其中室外排水管距外墙为2.5m。

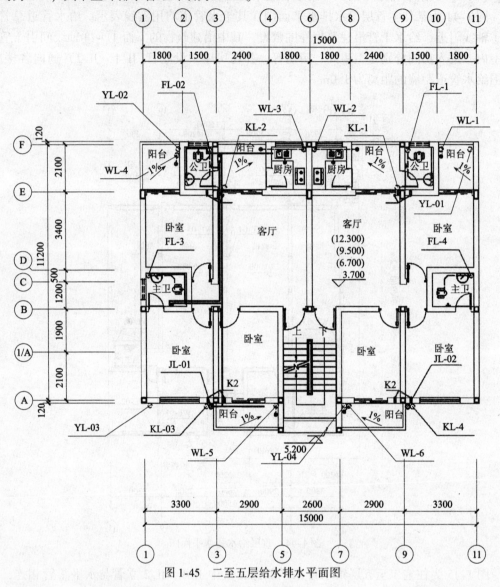

图1-45 二至五层给水排水平面图

【例3】 给水系统图

图1-46为例1中JL-01立管的给水系统图，由图中可知JL-01立管由室外地下-0.600处引进，直接通向顶层，其中在底层设一闸阀，管径为$DN40$，水表集中设在首层，进户管均为$DN25$。

【例4】 排水系统图

图1-47为例2中FL-1立管的排水系统图，由图中可知FL-1立管由各楼层用水设备的排水支管（存水弯、大便器等）接排水干管并按3%的坡度通向立管排向底层，最后从-1.00处排向室外。立管管径为$d110$，干管和支管管径分别为$d110$、$d50$，在立管上部设有通向顶层屋顶的通气管，上接通气帽，并在排水立管上距各楼层底平面1m处设有检查口，排水管采用PVC管，管径为110mm，排水坡度为$i=2\%$。

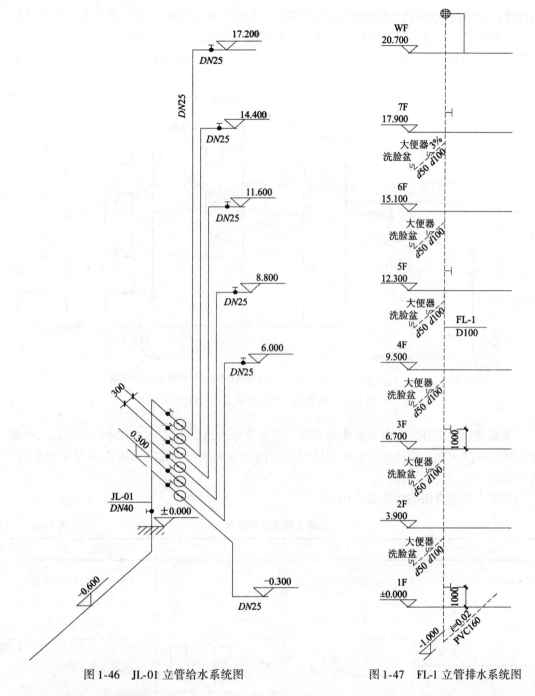

图 1-46 JL-01 立管给水系统图　　图 1-47 FL-1 立管排水系统图

1.3.4 采暖工程图

1. 采暖工程图概述

采暖是把热源所产生的蒸汽或热水通过管道输送到建筑内，通过散热器散热，提高室内温度，以改善人们的生活或生产环境。即采暖工程是由外界给房屋供给热量，保证其室内环境达到一定温度的工程。采暖方式有分散式和集中式，采用集中式供暖系统的方式较

33

为经济,故目前应用较广泛。集中式供暖系统,即由锅炉将热媒(蒸汽或热水)加热,经送热管道系统送至各房间的散热器,热媒通过散热器放热冷却后,再由回路管道系统送回锅炉,再次加热,往复循环,构成一个完整的系统装置。图1-48为机械循环热水供暖系统示意图。

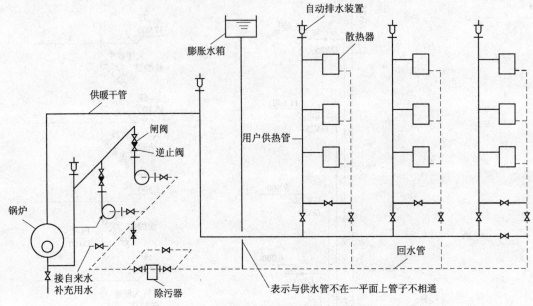

图1-48 机械循环热水供暖系统示意图

采暖工程图可分为室内和室外两部分。室外部分表示一个区域的供暖管网,有总平面图、管道横剖面图、管道纵剖面图和详图。室内部分表示一栋建筑物内的供暖工程系统,有平面图、立面图和详图。

采暖工程图常用图例见表1-10。

采暖工程图常用图例 表1-10

图 例	说 明	图 例	说 明
———	采暖供水干管		剖面、系统图中散热器
-----	采暖回水干管		平面图中散热器
○	铅直自上而下通过本楼层的立管		集气罐
●	自本楼层引下的立管		膨胀水箱
○	横管拐弯向下		截止阀
L_n	采暖供水立管编号		水泵

34

续表

图 例	说 明	图 例	说 明
R_n	采暖回水立管编号		锅炉
⊢——⊣	丝堵	0.003 ⟶	坡度

2. 采暖工程图识读

1) 室外采暖图识读

室外供热管道一般多采用暖气沟来作为架设管道的通道,并埋设在地下起到防护、保温作用。在工程图上一般用细的虚线表示出暖气沟的轮廓和位置。用粗线表示暖气管道,粗实线表示供热管线,粗虚线表示回水管线。

某集中采暖工程的外线平面图如图 1-49 所示,在该平面图上可看到锅炉房(热源)的平面位置,供热建筑包括办公楼、实验楼、两栋住宅楼和一个多功能厅。平面图上表示出了暖气沟的位置及尺寸、供热管线膨胀的方形补偿器位置,标注出了各条供热管线和回水管线的管径。图中绘有暖气沟横剖面的五个剖切位置(1-1 剖面~5-5 剖面),可对照相应的图样,明确管道埋设的详细情况。

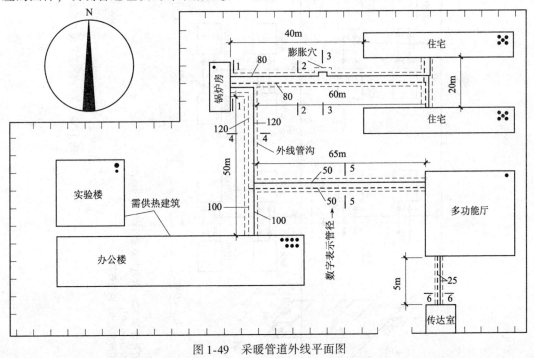

图 1-49 采暖管道外线平面图

2) 室内采暖图

(1) 采暖系统轴测图

采暖工程读图一般先阅读系统图,如图 1-50 是某办公楼采暖系统轴测图,其读图顺序如下:

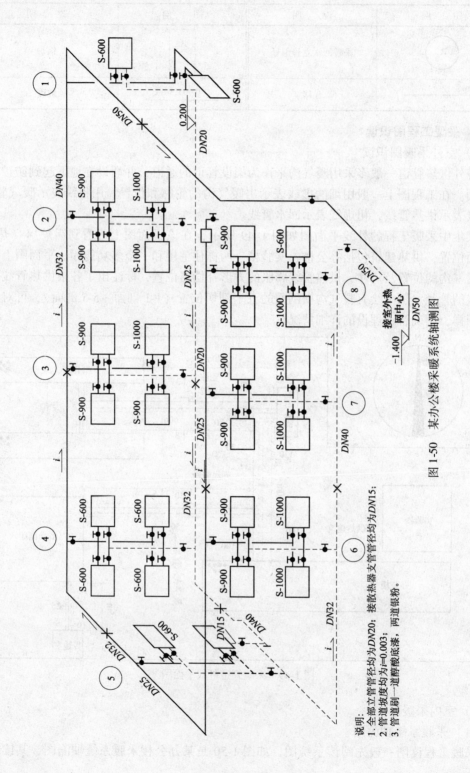

图 1-50 某办公楼采暖系统轴测图

说明：
1. 全部立管管径均为DN20；接散热器支管管径均为DN15；
2. 管道坡度均为i=0.003；
3. 管道刷一道醇酸底漆，两道银粉。

① 先查找采暖入口，如本例中接室外热网中心 $DN50$ 的主供水管和主回水管；

② 总立管连接上、下两层水平供水干管和回水干管；

③ 实线表示的顶部供水干管与虚线表示的底部回水干管分别连接①~⑧轴线位置的供水立管和回水立管；

④ 阀门的设置：主供水立管和主回水立管分别设有主阀门，各供水立管阀门设在上端，各回水立管阀门设在下端，每个散热器供水支管和回水支管均设有阀门；

⑤ 查阅标高：本例入口位置标高 $-1.400\mathrm{m}$，顶层标高 $-6.280\mathrm{m}$，底层标高 $0.200\mathrm{m}$，管道坡度 $i=0.003$；

⑥ 查阅各管管径；如顶层供水管直径从 $DN50$、$DN40$、$DN32$、$DN25$ 直至 $DN20$，底层回水管从 $DN20$、$DN25$、$DN32$、$DN40$ 直至 $DN50$；

⑦ 查阅散热器的型号，如本例散热器有 S-900、S-1000 等，其中 S 表示散热器，900 表示每排闭式散热器长度为 900mm，均为明装。

(2) 采暖平面图识读

采暖平面图主要表示管道、附件及散热器在建筑平面图上的位置及相互关系，是施工图中的主要图样。图 1-51 为某办公楼一层采暖平面图，图 1-52 为二层采暖平面图。

采暖平面图阅读时应对照系统图，其读图顺序为：

① 热媒入口及出口位置，本例中入口与出口位置均位于⑩、⑪轴线之间，穿过 A 轴线墙；

② 从总立管水平连接供水干管，供水干管分别连接各供水立管；

③ 各供水立管和各支管连接，各支管与散热器连接；

④ 散热器回水支管与各回水立管连接，各回水立管与回水干管连接，直至回水主管，构成上供下回采暖系统。

(3) 详图

由于系统图和平面图所用比例较小，管路及设备等均采用图例或符号表示，它们本身的构造及在建筑中安装情况都不能十分清楚地表示。因此，详图主要是根据工程施工中详细构造和具体做法等要求绘制而成，它是采暖施工图中必不可少的一部分。详图包括标准图和节点详图。标准图是室内采暖管道施工图的一个重要部分，热管、水管与散热器具体连接形式、详细尺寸和安装要求，一般用标准图反映出来。作为室内采暖管道施工图，设计人员通常只画平面图、系统图和通用标准图中没有的局部节点图。

目前，采暖通风工程标准图主要使用由中国建筑科学研究院标准设计研究所批准发行的《采暖通风国家标准图集》，各地方设计部门自行制定者除外。

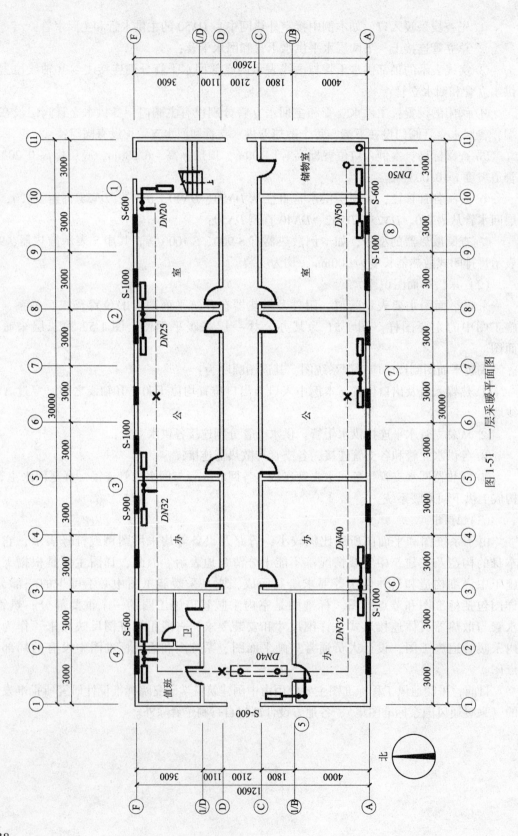

图 1-51 一层采暖平面图

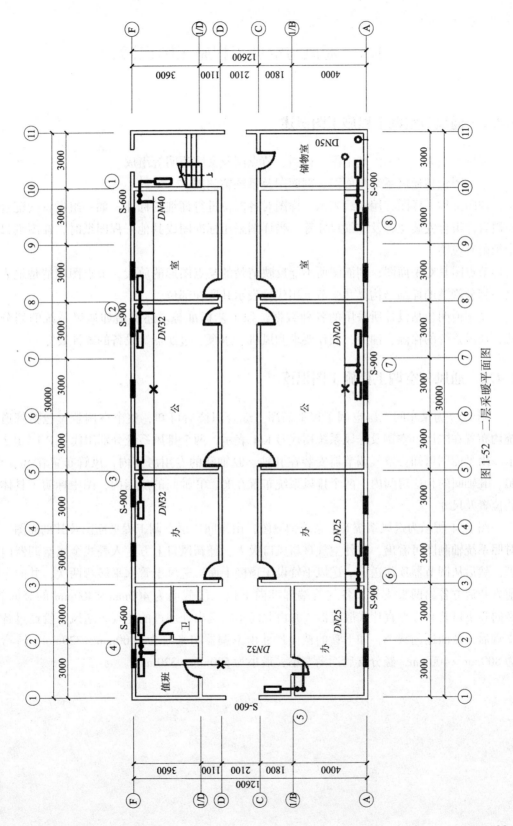

图 1-52 二层采暖平面图

1.4 通风与空调工程施工图识读

1.4.1 通风与空调工程施工图概述

通风与空调工程图由基本图、详图、节点图及文字说明等组成。

基本图包括通风系统平面图、剖面图及系统轴测图。

详图又称大样图，用双线表示。详图对各部位进行详细的标注，如一组设备的配管或一组管件组合安装位置及详细尺寸等。当详图采用标准图或其他工程图纸时，在图纸目录中须附有说明。

节点图是对平面图、剖面图所不能反映清楚的某点图形的放大，节点图能清楚地表示某一部分管道的详细结构尺寸，节点用代号表示其所在部位。

文字说明包括设计所采用的各种数据，如工艺标准等。还有诸如通风系统的划分方式，通风系统的保温、油漆、制作要求和风机、水泵、过滤器等设备的统计表等。

1.4.2 通风与空调工程施工图识读

图 1-53 为某车间二层空调工程平面图。综合识读后可知，整个空调装置包括管道系统均布置在二层，空调及送风系统用代号 K-1 表示，两个排风系统分别用代号 P-1、P-2 表示。由平面图可知：空气调节器安装在⑪轴、⑫轴间的专用房间内，风管布置在⑧、⑨、⑩、⑪轴间的相应房间内，两个排风系统布置在⑩、⑪轴间的房间内，图中标明了具体安装位置及尺寸。

图 1-54 所示为送风系统 K-1 系统轴测图，由车间二层空调工程平面图及其剖面图，并对照系统轴测图可看出，室外空气自新风口吸入，经新风口上方送入叠式金属空调器内处理，然后从调节器顶部送出。送风干管设于顶棚上面，送风干管水平转弯两次，并向车间前方和后方各出两根支管，各支管端部都向下接一段截面为 400mm×400mm 的竖向管，竖向管下口装有方形直片式散流器，并由此向车间送出处理过的空气。送风干管经过各分支管后，截面逐渐减小，如干管的截面尺寸由空调器出来时为 1000mm×320mm，转弯后为 800mm×400mm，经分支后逐渐变小，最小为 500mm×320mm。

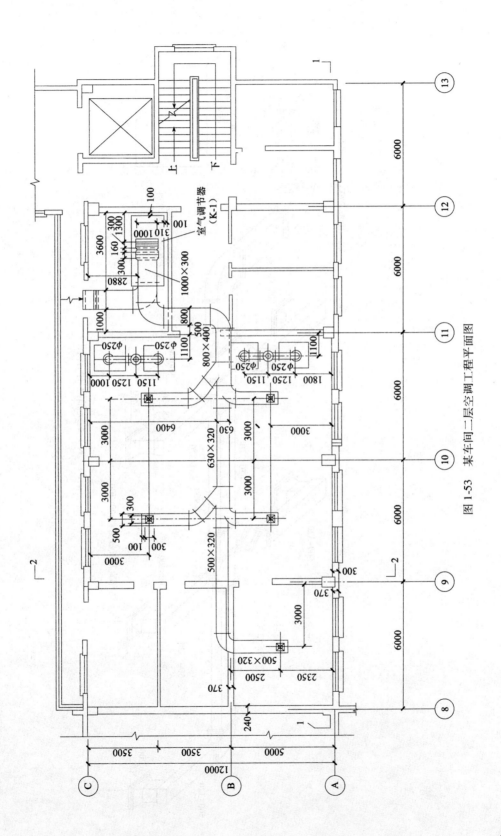

图 1-53 某车间二层空调工程平面图

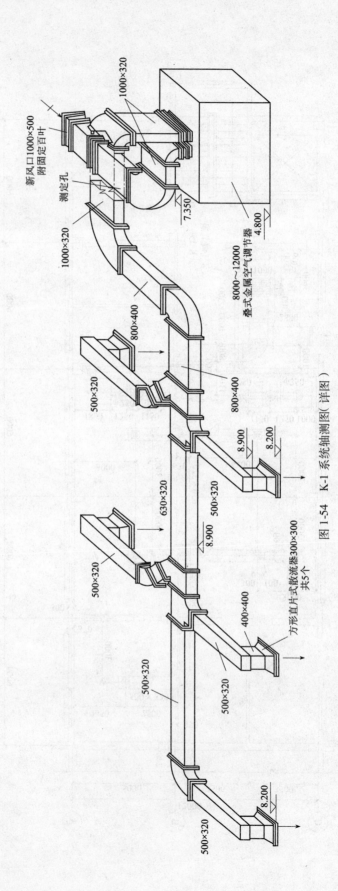

图1-54 K-1系统轴测图(详图)

1.5 建筑电气工程施工图识读

1.5.1 建筑电气工程施工图概述

现代房屋建筑中，都要安装许多电气设施和设备，如照明灯具、电源插座、电视、电话、消防控制装置、各种工业与民用的动力装置、控制设备与避雷装置等。每项电气工程或设施，都要经过专门的设计在图纸上表达出来。这些有关的图纸就是建筑电气施工图（也叫电气安装图）。它与建筑施工图、建筑结构施工图、给水排水施工图、暖通空调施工图组合在一起，就构成一套完整的施工图。

上述各种电气设施和设备在图中表达，主要有两个方面的内容：一是供电、配电线路的规格和敷设方式；二是各类电气设备及配件的选型、规格及安装方式。与建筑施工图不同的是，导线、各种电气设备及配件等在图纸中大多不是其投影，而是用国际规定的图例、符号及文字表示，按比例绘制在建筑物的各种投影图中（系统图除外）。

建筑电气施工图设计文件以单项工程为单位编制。文件由设计图样（包括图纸目录，设计说明，平、立、剖面图，系统图，安装详图等）、主要设备材料表及计算书等组成。

1. 图纸目录

图纸目录一般先列出新绘制的图纸，后列出本工程选用的标准图，最后列出重复使用图，内容有序号、图纸名称、编号、张数等。

2. 设计说明

电气施工图设计以图样为主，设计说明为辅。设计说明主要针对那些在图样上不易表达的或可以用文字统一说明的问题，如工程的土建概况，工程的设计范围，工程的类别、级别（防火、防雷、防爆及符合级别），电源概况，导线、照明、开关及插座选型，电气保安措施，自编图形符号，施工安装要求和注意事项等。

3. 平面图

电气照明平面图可表明进户点、配电箱、配电线路、灯具、开关及插座等的平面位置及安装要求。每层都应有平面图，但有标准层时，可以用一张标准的平面图来表示相同各层的平面布置。

在平面图上，可以表明以下几点：

1) 进户点、进户线的位置及总配电箱、分配电箱的位置。表示配电箱的图例符号还可表明配电箱的安装方式是明装还是暗装，同时根据标注识别电源来路。

2) 所有导线（进户线、干线、支线）的走向，导线根数，以及支线同路的划分，各条导线的敷设部位、敷设方式、导线规格型号、各回路的编号及导线穿管时所用管材管径都应标注在图纸上，但有时为了图面整洁，也可以在系统图或施工说明中统一表明。

电气照明图中的线路都是用单线来表示，在单线上打撇表示导线根数，如2根导线不打撇，3根导线打3撇，超过4根导线在导线上只打1撇，再用阿拉伯数字表示导线根数。

3) 灯具、灯具开关、插座、吊扇等设备的安装位置，灯具的型号、数量、安装容量、安装方式及悬挂高度。

常用的电气平面图有变配电所平面图、动力平面图、照明平面图、防雷平面图、接地平面图、弱电平面图等。

4. 系统图

电气照明系统图又称配电系统图，是表示电气工程的供电方式，电能输送，分配控制关系和设备运行情况的图纸。

系统图用单线绘制，虚线所框的范围为配电盘或配电箱。各配电盘、配电箱应标明其编号及所用的开关、熔断器等电器的型号、规格。配电干线及支线应用规定的文字符号标明导线的型号、截面、根数、敷设方式（如穿管敷设，还要标明管材和管径），对各支部应标出其回路编号、用电设备名称、设备容量及计算电流。

电气系统图有变配电系统图、动力系统图、照明系统图、弱电系统图等。电气系统图只表示电气回路中各元器件的连接关系，不表示元器件的具体情况、具体安装位置和具体接线方法。

大型工程的每个配电盘、配电箱应单独绘制其系统图。一般工程设计，可将几个系统图绘制到同一张图上，以便查阅。小型工程或较简单的设计，可将系统图和平面图绘制在同一张图上。

5. 安装详图

安装详图又称大样图，多以国家标准图集或各设计单位自编的图集作为选用的依据。仅对个别非标准工程项目，才进行安装详图设计。详图的比例一般较大，且一定要结合现场情况，结合设备、构件尺寸详细绘制。

6. 计算书

施工图设计阶段的计算书，只补充初步设计阶段时应进行计算而未进行计算的部分，修改因初步设计文件审查变更后，需重新进行计算的部分。

计算书经校审签字后，由设计单位作为技术文件归档，不外发。

7. 主要设备材料表及预算

电气材料表是把某一工程所需主要设备、元件、材料和有关数据列成表格，填注其名称、符号、型号、规格、数量、备注（生产厂家）等内容。一般置于图中某一位置，应与图联系来阅读。

1.5.2 电气设备控制电路图

1. 电气原理图识读方法与步骤

阅读电气原理图之前，应仔细阅读设备说明书，了解电气控制系统的总体结构、电气设备及控制元件的分布状况及控制要求等内容。

1）设备说明书

设备说明书一般由机械（包括液压部分）与电气两部分组成。通过阅读说明书了解设备的构造、主要技术指标、机械、液压气动部分的工作原理；明确电气传动方式，如电机、执行电器的数量、规格型号、安装位置、用途及控制要求；了解设备的使用方法，各操作手柄、开关旋钮、指示装置的布置以及在控制线路中的作用；明确与机械、液压部分直接关联的电器如行程开关、电磁阀、电磁离合器、传感器等的位置、工作状态及其在控制中的作用等。

2）电气原理图

电气原理图由主电路、控制电路、辅助电路、保护及联锁环节和特殊控制电路等部分组成。分析电气原理图时,应与其他技术资料相结合,如各种电动机及执行元件的控制方式、位置及作用,各种与机械有关的位置开关、电器状态等。

3)分析步骤

(1) 分析主电路

从主电路入手,根据每台电机和执行元件的控制要求分析各电动机和执行元件的控制内容,如电动机的启动、转向控制、调速、制动等基本控制环节。

(2) 分析控制电路

根据主电路中各电动机和执行元件的控制要求,找出控制电路中的每一个控制环节,将控制电路"化整为零",按功能不同分成若干个局部控制线路进行分析。

(3) 分析辅助电路

辅助电路包括执行元件的工作状态显示、电源显示、参数测定、照明和故障报警等部分,辅助电路中很多部分是由控制电路中的元件来控制的,所以在分析辅助电路时,还应对照控制电路进行分析。

(4) 分析联锁与保护环节

对于有较高安全性、可靠性要求的生产装置,为满足其要求,除了应合理地选择拖动、控制方案外,在控制线路中还设置了一系列电气保护和必要的电气联锁。电气联锁与电气保护环节是识读电气原理图的一个重要内容。

(5) 综合分析

经过"化整为零",逐步分析每一局部电路的工作原理及各部分之间的控制关系后,还必须用"集零为整"的方法,检查整个控制线路,防止遗漏,以达到清楚地理解原理图中每一个电气元件的作用、工作过程及主要参数的目的。

2. 常用基本控制电路

用电设备的控制电路通常由多种基本电路组成,常用的基本控制电路有以下四种:

1)正反转控制电路

图1-55为一台电动机的正反转控制电路,启动时,合上刀开关QS,接通电源,按下正向启动按钮SB_1,正向接触器KM_1线圈通电,其常开主触点闭合,使电动机正转,同时KM_1常开辅助触点闭合形成自锁。其常闭辅助触点同时断开,切断KM_2回路,形成互锁,以防止误按反向启动按钮造成电源短路。如需反转,必须先按下停止按钮SB_3,电动机停止后再按下反向启动按钮SB_2,电动机才可反转。

2)点动控制电路

图1-56(a)为一种简单的点动控制电路,接触器KM通电后主触点吸合,电动机运转。当手离开按钮SB时,电动机即停止运转。图1-56(b)为既能点动也能长动的电路,它是在自锁通路中接入一开关SA,点控时,将开关SA打开,按下启动按钮SB1时,接触

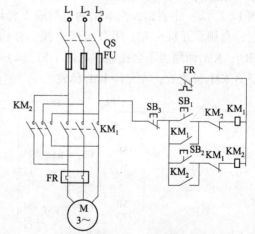

图1-55 电动机正反转控制电路

器 KM 线圈通电,其主触点闭合,电动机运转,手抬起时,电动机即停转。需要长动时,先将开关 SA 闭合,再按下启动按钮 SB1,KM 通电,电动机运转,自锁触点自锁,松开启动按钮,电动机仍可长期运转。

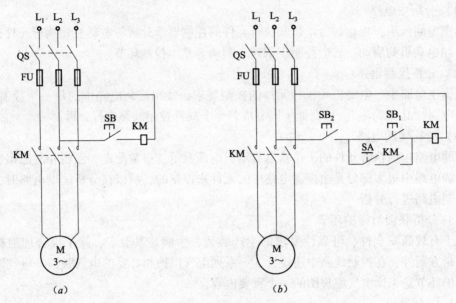

图 1-56 点动控制电路
(a) 简单点动控制电路;(b) 点动控制电路

3) 联锁控制电路

图 1-57 为联锁控制电路,联锁控制电路是能够实现多台电动机启动、运转的相互联系又相互制约的控制电路,如锅炉房的引风机和鼓风机之间的控制就需实现联锁控制。从图 1-57 (a) 中看出,当 KM_1 通电后应不允许 KM_2 通电,因为按下 SB_{11} 启动按钮,KM_1 通电,自锁常开触头 KM_1 闭合实现自锁。互锁常闭触头 KM_1 断开,实现互锁,此时再按下 SB_{12},KM_2 回路也不会接通;从图 1-57 (b) 中看出,只有 KM_1 通电后,才允许 KM_2 通电,只有 KM_2 释放后,才允许 KM_1 释放。

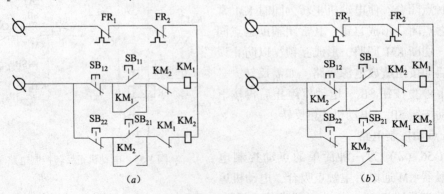

图 1-57 联锁控制电路

4）降压启动控制电路

异步电动机在启动时要产生较大的启动电流，使系统供电电压降低，从而会影响其他设备正常工作，所以一般较大的电动机多采用降压启动，常用的降压启动方法有电阻降压启动、自耦变压器降压启动、Y/△降压启动等。

3. 电气原理图识读实例

以电动葫芦的控制线路分析为例介绍电气原理图识读的方法。

电动葫芦一般由运输机构和提升机构两部分组成。如图1-58所示，运输机构由电动机M2带动电动葫芦的导轮，在工字梁上来回移动，用行程开关限制其行动范围。用手动点动控制行车的前进和后退，由可逆磁力启动器KM_3和KM_4接通行车电动机，使其正转或反转，以控制电动葫芦前进或后退。

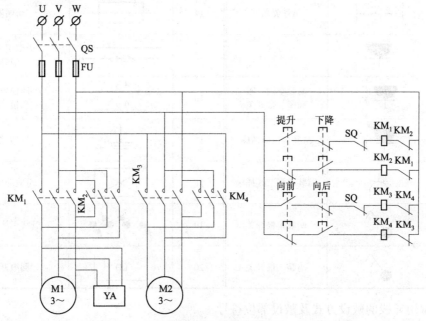

图1-58 电动葫芦控制线路

提升机构由电动机M1带动滚筒旋转，滚筒上缠绕有钢丝绳，用于起吊或放下物体。在提升机构的上端装有位置开关SQ。当物体被提升到上端时，撞开SQ，提升接触器KM1断电，自动切断电源，停止上升。为使提升的物体可靠准确地停止在空中，在提升电动机的端部有特制的电磁制动器YA。

电源经由开关QS、熔丝、滑线和电缆软线进入控制线路。电缆软线随着电动葫芦沿工字梁移动。电动葫芦的操作采用悬挂式按钮或无线遥控装置，使用者站在地面操作。前后行车或升降均采用点动控制，以保证操作者离开按钮时，电动葫芦自动断电，保证安全。

1.5.3 室内电气照明施工图

1. 常用电气原件、图例及符号

1）常用电气元器件图例

室内电气照明施工图主要有照明系统图、照明平面图和施工说明等内容。电气施工图中各种电气元器件均用图例及符号表示，表1-11为常用电气元器件图例与符号。

常用电气元器件图例及符号　　　　表1-11

序号	图例	名称	序号	图例	名称
1	⊗	白炽灯	11		声控开关
2		壁灯	12		电力配电箱（盘）
3		吸顶灯	13		照明配电箱（盘）
4		单管荧光灯	14		熔断器
5		暗装插座	15		电源引入线 三根导线
6	K	暗装空调三眼插座、带开关	16	4 6	四根导线 六根导线
7	P	暗装排风扇插座	17		接地端子
8		明装单相二线插座	18		事故照明箱
9		暗装单极开关	19		管线引线符号
10		暗装二极开关	20	LD	漏电开关

2）常用导线的敷设方式及敷设部位符号

施工图中导线的敷设方式及敷设部位一般要用文字进行标注，文字符号见表1-12，表中代号E表示明敷，C表示暗敷。

导线敷设方式和敷设部位的文字符号　　　　表1-12

序号	导线敷设方式和部位	文字符号	序号	导线敷设方式和部位	文字符号
1	用瓷瓶或瓷柱敷设	K	10	用电缆线桥架敷设	CT
2	用塑料线槽敷设	PR	11	用瓷夹敷设	PL
3	用钢线槽敷设	SR	12	用塑料夹敷设	PCL
4	穿水煤气管敷设	RC	13	穿金属软管敷设	CP
5	穿焊接钢管敷设	SC	14	沿钢索敷设	SR
6	穿电线管敷设	TC	15	沿屋架或跨屋架敷设	BE
7	穿聚氯乙烯硬质管敷设	PC	16	沿柱或跨柱敷设	CLE
8	穿聚氯乙烯半硬质管敷设	FPC	17	沿墙面敷设	WE
9	穿聚氯乙烯波纹管敷设	KPC	18	沿顶棚面或顶板敷设	CE

续表

序　号	导线敷设方式和部位	文字符号	序　号	导线敷设方式和部位	文字符号
19	在能进人的吊顶内敷设	ACE	23	暗敷设在地面内	FC
20	暗敷设在梁内	BC	24	暗敷设在顶板内	CC
21	暗敷设在柱内	CLC	25	暗敷设在不能进人的吊顶内	ACC
22	暗敷设在墙内	WC			

线路标注的一般格式为：a—d（exf）—g—h。

式中　a——线路编号或功能符号；

　　　d——导线型号，见表1-13和表1-14；

　　　e——导线根数；

　　　f——导线截面积（mm^2）；

　　　g——导线敷设方式的符号；

　　　h——导线敷设部位的符号。

电缆型号　　　　　　　　　　　　　　　表1-13

类　　别	导　体	绝　缘	内护套	特　征
电力电缆（省略不表示）	T：铜线（可省）	Z：油浸纸	Q：铅套	D：不滴油
K：控制电缆	L：铝线	X：天然橡胶	L：铝套	F：分相
P：信号电缆		(X) D：丁基橡胶	H：橡套	CY：充油
YT：电梯电缆		(X) E：乙丙橡胶	(H) P：非燃料	P：屏蔽
U：矿用电缆		V：聚氯乙烯	HF：氯丁胶	C：滤尘用或重型
Y：移动式软缆		Y：聚乙烯	V：聚氯乙烯护套	G：高压
H：市内电话缆		YJ：交联聚乙烯	Y：聚乙烯护套	
UZ：电钻电缆		E：乙丙胶	VF：复合物	
DC：电气化车辆用电缆			HD：耐寒橡胶	

电缆外护层代号　　　　　　　　　　　　表1-14

第一个数字		第二个数字	
代　号	铠装层类型	代　号	外护层类型
0	无	0	无
1	钢带	1	纤维线包
2	双钢带	2	聚氯乙烯护套
3	细圆钢丝	3	聚乙烯护套
4	粗圆钢丝	4	—

注：电缆型号写在前面，后面的数字是外护层的含义。

　　如ZLQ_{20}型电缆表示铝芯、纸绝缘、铅包、裸双钢带铠装电缆；

　　VLV_{22}型电缆表示铝聚氯乙烯绝缘、聚氯乙烯外套、双钢带铠装塑料电缆。

　　导线有裸导线和绝缘导线两种，裸导线有铜绞线、铝绞线和铜芯铝绞线，分别用J、LJ和LGJ表示；绝缘线有塑料导线和橡胶皮线，塑料线有BV型和BLV型，B表示布线用导线，V表示塑料绝缘，L表示铝芯导线，没有L的为铜芯导线；橡胶绝缘导线有BX、BLX、BXF、BLXF等型号，X表示橡胶绝缘，F表示氯丁橡胶绝缘，其余符号表示与塑料线相同。

　　例如："3MFG-BLV-3×6+1×2.5-PR-WE"表示：第三号照明分干线（3MFG）；铝芯

塑料绝缘导线（-BLV）；共有 4 根线，其中 3 根截面积为 6mm^2，1 根截面积为 2.5mm^2；配线方式为用塑料线槽敷设（PR）；敷设部位为沿墙面敷设（WE）。

3) 灯具的类型及安装方式代号

灯具的类型代号见表 1-15，灯具的安装方式代号见表 1-16。

灯具类型的代号　　　　　　　　　　表 1-15

灯具名称	文字符号	灯具名称	文字符号
普通吊灯	P	投光灯	T
壁灯	B	工厂一般灯具	G
花灯	H	荧光灯灯具	Y
吸顶灯	D	水晶底罩灯	J
柱灯	Z	防水防尘灯	F
卤钨探照灯	L	搪瓷伞罩灯	S

灯具安装方式的代号　　　　　　　　表 1-16

安装方式	文字符号	安装方式	文字符号
吊线式	CP	嵌入式	R
固定吊线式	CP1	顶棚上安装	CR
防水吊线式	CP2	墙壁上安装	WR
吊链式	Ch	台上安装	T
吊杆式	P	支架上安装	SP
壁装式	W	柱上安装	CL
吸顶或直附式	S	座装式	HM

2. 照明系统图

照明系统图主要包括照明装置在内的用电设施及其线路连接图，如所用的配电系统和容量分配情况，配电装置，导线型号，导线截面，敷设方式及穿管管径，开关与熔断器的规格型号等。

识读系统图的顺序一般按线路走向进行：电源经电缆线路或架空线路进入主配电箱或总配电箱，再从主配电箱经配电线路进入各分配电箱，最后由配电支路管线到用电设备。所以读图时从主配电箱、分配电箱直到用电设备，即从主电路、分电路直至用电器。

图 1-59 为某住宅照明系统图，该住宅楼为六层、三单元，每单元每层有两户。系统图下部为电缆线路，电缆接头终端箱 DJR 的箱体尺寸为 300mm（宽）×400mm（高）×160mm（深），安装高度距地面 0.5m。AL-1-1 主配电箱型号 DJPR（DJ 表示产品系列号，P 表示动力箱，R 表示嵌入式安装），箱体尺寸（宽×高×深）为 600mm×600mm×180mm，安装高度距地面 1.2m。箱内主开关及分开关均使用 GM 系列断路器，主开关型号为 GM225H-3300/160A；三个输出回路分开关型号为 GM100H-3300/63A；主配电箱内另一支路使用型号为 XA10-1P-C6A 单极组合式断路器，为电视设备箱提供电源。

从配电箱 AL-1-1 中引出四条支路 1L、2L、3L、4L。每条支路均为三相电源，直接接入各单元配电箱。其中 1L、2L、3L 三条分别向各单元供电，支路上方 3×25＋2×16-SC50-FC.WC 表示：三条支路 3 根导线截面积为 25mm^2（3×25），2 根导线截面积为 16mm^2（2×16），穿直径 50mm 焊接钢管（SC50），沿地面内、墙内暗敷设（FC.WC）；另一支路 4L 为电视设备箱供电，导线均为塑料绝缘铜芯导线。

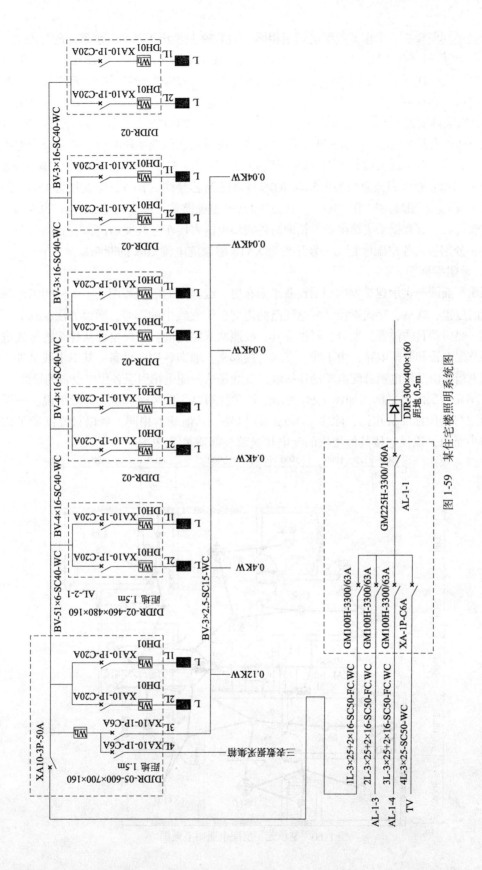

图1-59 某住宅楼照明系统图

该住宅同一楼层三个单元的配电情况相同，图1-59只绘出了其中一个单元的配电图。各单元主配电箱AL-1-2、AL-1-3、AL-1-4（AL-1-3、AL-1-4图中省略）均设在一楼，型号为DJDR-05。其中DJ表示产品系列号，DR表示电能表箱为嵌入式安装。配电箱内装有三块电能表，两块为本层两户户表，另一块为本单元公用电能表。箱体尺寸为600mm×700mm×160mm，安装高度为1.5m。配电箱内主开关为XAl0-3P-50A型断路器，三极开关（3P），额定电流50A。主开关控制全单元用电，配电箱内三块电能表均为DH01型。单元公用电能表接在主开关后，该电能表后分为两支路，分别为3L和4L。3L为楼道公共照明，BV-3×2.5-SC15-WC表示：有3根截面积为2.5mm²的塑料绝缘铜芯导线（BV），穿直径为15mm的焊接钢管（SC15），沿墙内暗敷（WC）。开关为XA10型断路器，额定电流6A。4L为水表、电能表、煤气表三表数据采集箱电源。箱内另外两块电能表接在分开关后面，表后面两条支路1L、2L，分别接入各户配电箱L，分开关为XA10型额定电流20A的断路器。

3. 照明平面图

照明平面图是表示建筑物内照明设备平面布置、线路走向的工程图，图上标明了电源实际进线的位置、规格、穿线管径、配电线路的走向，干支线中的编号、敷设方法，开关、单相插座、照明器具的位置、型号、规格等。一般照明线路走向：室外电源从建筑物某处进户后，经总配电箱和分配电箱，由干线、支线连接起来，通向各用电设备。其中干线是外线引入总配电箱及由总配电箱分配电箱的连接线，支线是从分配电箱引至各用电设备的导线。

某单元一层配电平面图如图1-60所示。该单元有A、B两种户型。一般来说，一层配电平面图与其他标准层相比，除多了单元门厅以外，其他基本相同，所以只要读懂了该单元一层平面图，该住宅楼其他楼层的配电状况就全部清楚了。

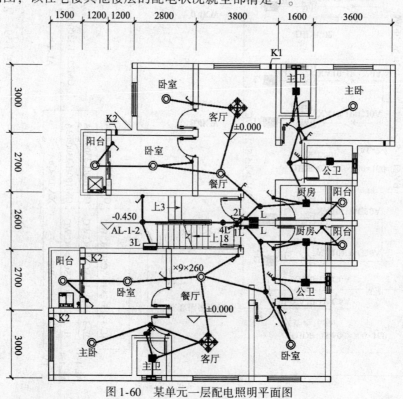

图1-60 某单元一层配电照明平面图

单元配电箱引出线，从 AL-1-2 箱引出了 1L、2L、3L、4L 共 4 条支路。其中 1L、2L 分别接到两户户内配电箱 L（具体位置如图 1-60 所示），其连接线路采用 3 根截面积 $4mm^2$ 塑料绝缘铜导线连接，穿直径 20mm 焊接钢管，沿墙内暗敷设。支路 3L 为楼梯照明线路，4L 为预留线路。预留箱安装在楼道墙上。两条支路均用 2 根截面积 $2.5mm^2$ 塑料绝缘铜导线连接，穿直径 15mm 焊接钢管，沿地面、墙面内暗敷设。支路 3L 从箱内引出后，接吸顶灯，并向上引至二层的吸顶灯。吸顶灯使用声光开关控制。

1.5.4 电气动力图

动力系统图与照明系统图的读图方法基本相同，图 1-61 为某锅炉房的动力系统图。该系统图中有 5 台配电箱，其中 AP1、AP2、AP3 为控制配电箱，在其中装有接触器，另 ANX1 和 ANX2 为按钮箱，内装有操作按钮。

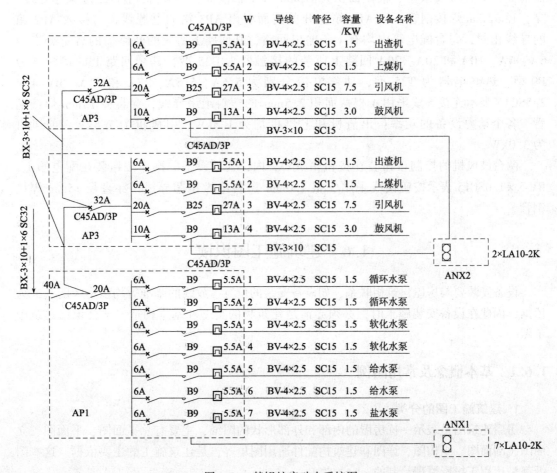

图 1-61 某锅炉房动力系统图

AP1 箱控制各种水泵，BX-3×10+1×6SC32 表示电源从 AP1 箱左端引入，使用 3 根截面积 10mm² 和 1 根截面积 6mm² 的 BX 型橡胶绝缘铜芯导线，穿直径 32mm 焊接钢管。电源进入配电箱后接型号为 C45AD/3P 的主开关，该开关容量为 40A。主开关后是本箱主开关，使用容量为 20A 的 C45A 型断路器。AP1 箱共有 7 条输出支路，分别控制 7 台水泵。每条支路均使用容量为 6A 的 CA 型断路器。后接 B9 型交流接触器，控制电动机运行；热继电器为 T25 型，动作电流 5.5A，作电动机过载保护，操作按钮装在按钮箱 ANX1 中，箱内为 7 只 LA10-2K 型双联按钮。控制线符号 BV-21×1.0SC25 表示连接线为 21 根截面积 1.0mm² 塑料绝缘铜芯导线，穿直径 25mm 钢管。锅炉房动力设备均放置在地面，因此所有管线均为地面暗敷设。BV-4×2.5SC15 表示从配电箱到各台水泵的线路，均为 4 根截面积 2.5mm² 塑料绝缘铜芯导线，穿直径 15mm 焊接钢管，4 根导线中的 3 根为相线，1 根为保护零线，各台水泵功率为 1.5kW。

AP2 与 AP3 是两台完全相同的配电箱，分别控制两台锅炉的鼓风机、引风机、上煤机和出渣机。进 AP2 箱的电源从 AP1 箱 40A 开关后面引出，接在 AP2 箱 32A 断路器前面，其连接线采用 3 根截面积为 10mm² 和 1 根截面积为 6mm² 塑料绝缘铜芯导线，穿直径 32mm 焊接钢管。从 AP2 箱主开关前面引出 AP3 箱的电源线，与接入 AP2 箱的导线相同，每台配电箱内均有 4 条输出回路，其回路上所装的断路器的容量分别为 6A、6A、10A 和 20A。20A 回路上所装的接触器为 B25 型，其余回路上的接触器为 B9 型。热继电器为 T25 型，动作电流分别为 5.5A、5.5A、27A 和 13A。BV-4×2.5SC15 表示连接导线采用 4 根截面积 2.5mm² 的塑料绝缘导线，穿直径 15mm 焊接钢管。各个动力设备的功率：出渣机和上煤机均为 1.5kW，引风机为 7.5kW，鼓风机为 3.0kW。

两台鼓风机的控制按钮装在按钮箱 ANX2 内，其他设备的操作按钮装在配电箱上。BV-3×1.0SC15 表示按钮接线采用 3 根 1.0mm² 塑料绝缘铜芯导线，穿直径 15mm 焊接钢管。

1.6　建筑施工图识读

设备安装要与房屋建筑相联系，如设备安装的位置、放线的基准等均以房屋的基准为依据，因此在设备安装施工时，必须弄清楚建筑物的类型和基本构造，学会识读建筑施工图。

1.6.1　基本概念及常用图例

1. 建筑施工图的分类

房屋建筑图是表示一栋房屋的内部和外部形状的图纸，主要有总平面图、平面图、立面图、剖面图、结构图、详图和建筑构配件通用图集等，是建筑施工的主要依据。这些图纸都是运用正投影原理绘制的。

1）总平面图

将新建工程四周一定范围内的新建、拟建、原有和拆除的建筑物、构建物连同其周围的地形、地貌状况用水平投影方法和相应的图例所画出的图样，即为总平面图。主要表示新建房屋的位置、朝向与原有建筑物的关系，以及周围道路、绿化和给水、排水、供电条件等方面的情况，作为新建房屋施工定位、土方施工、设备管网平面布置、安排在施工时进入现场的材料和构件、配件堆放场地、构件预制的场地以及运输道路的依据。

2）平面图

建筑平面图主要表示房屋占地的大小，内部的分隔，房间的大小，台阶、楼梯、门窗等局部的位置和大小，墙的厚度等。平面图有许多种，如总平面图、基础平面图、楼板平面图、屋顶平面图、吊顶或顶棚仰视图等。

3）立面图

房屋建筑的立面图，就是一栋房子的正立投影图与侧立投影图，通常按建筑各个立面的朝向，将几个投影图分别叫做东立面图、西立面图、南立面图、北立面图等。立面图主要表明建筑物外部形状，房屋的长、宽、高尺寸，屋顶的形式，门窗洞口的位置，外墙饰面、材料及做法等。

4）剖面图

房屋建筑的剖面图系假想用一平面把建筑物沿垂直方向切开，切面后的部分的正立投影图就叫做剖面图。剖面图主要表明建筑物内部在高度方面的情况，如屋顶的坡度、楼房的分层、房间和门窗各部分的高度、楼板的厚度等，同时也可以表示建筑物所采用的结构形式。剖面位置一般选择建筑内部做法有代表性和空间变化比较复杂的部位。

从以上介绍可以看出，平、立、剖面图相互之间既有区别，又紧密联系。平面图可以说明建筑物各部分在水平方向的尺寸和位置，却无法表明它们的高度；立面图能说明建筑物外形的长、宽、高尺寸，却无法表明它的内部关系；而剖面图则说明建筑物内部高度方向的布置情况。因此只有通过平、立、剖三种图互相配合才能完整地说明建筑从内到外，从水平到垂直的全貌。

5）结构施工图

结构施工图是根据建筑的要求，经过结构造型和构件布置以及力学计算，确定建筑各承重构件的形状、材料、大小和内部构造等，把这些构件的位置、形状、大小不一和连接方式绘制成图样，指导施工，这种图样称为结构施工图。结构施工图是施工定位、放线、基槽开挖、支模板、绑扎钢筋、设置预埋件、浇注混凝土以及安装梁、板、柱，编制预算和施工进度计划的重要依据。

6）详图和构件图

将房屋细部及构配件的形状大小、材料做法等用较大的比例按正投影的方法详细表达出来的图样，表示方法根据详图和构件的特点有所不同。

2. 建筑施工图的常用图例

1）图线　工程图样都是由各种不同的图线绘制而成的，不同的图线表示不同的含义，详见本书第一节表1-3图线。

2）比例建筑施工图选用的比例一般如下：

总平面图为1∶500、1∶1000、1∶2000；

平、立、剖面图为 1：50、1：100、1：150、1：200；
详图为：1：1、1：2、1：5、1：10、1：20、1：50。

3）定位轴线及编号

建筑施工图中的定位轴线是确定建筑结构构件平面布置及标志尺寸的基线，是设计和施工中定位放线的依据。凡主要的墙、柱、大梁等承重构件，都应画上轴线并用该轴线编号来确定其位置。

定位轴线用细点划线绘制并编号，编号应注写在定位轴线端部细实线的轴线圆内，其直径为 8～10mm。

横向编号采用阿拉伯数字从左至右编号，竖向编号采用大写拉丁字母（I、Z、O 三字母除外）由下至上编写，两根轴线之间，如需附加轴线时，应以分数表示，分母表示前一轴线的编号，分子表示附加轴的编号。

4）索引符号

对于需要表达细部的形状、尺寸、材料、构造等工程图中的局部、构件、配件等，则可在它的旁边绘制索引符号。索引符号为一中间有分数线的圆圈，分子的号码是详图序号，分母的号码是放大后的详图所在图纸的页数，如图 1-62（b）、（c）所示。如果详图在标注索引的同一张图纸上，则在分母处画一横划即可，如图 1-62（a）所示。详图的放大比例标注在详图处，如图 1-62（d）所示。如果详图是采用建筑配件通用图集的图，则在分数线的外伸线上标注出图集名称，分母表示图集的页码，如图 1-62（c）表示详图采用建筑配件通用图 J101 第 5 页中的图。

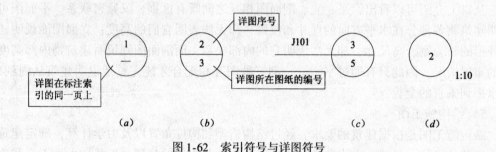

图 1-62 索引符号与详图符号

索引符导与详图符号的应用如图 1-63 所示。

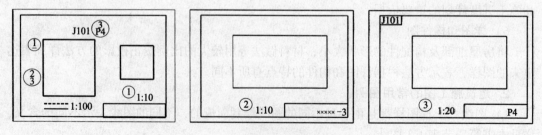

图 1-63 索引符号与详图符号的应用

1.6.2 建筑施工图识读

1. 总平面图

图 1-64 所示为某工业厂房建筑施工平面图，该图的比例为 1∶200。读图顺序一般为：先墙外，后墙内；即从最外围开始，逐步向内部深入。

先分析总尺寸和建筑面积，该厂房从①轴至⑦轴总长为 36.240m，宽度自上而下为 18.240m，建筑面积 36.24m×18.24m=661.02m²。

接下来分析柱子间距和厂房跨度，该厂房有纵向柱子 14 根，横向柱子 4 根；纵向柱距 6m，横向柱距 6m；厂房跨度 6m×3=18m，外墙厚度 240mm。

该厂房共有四个 M-1 门，窗有 C-1、C-2 两种，其中"C-1" 14 个，"C-2" 22 个。

厂房中有起重机一部，其起重量为 3t，跨度 16.5m；顺着纵向柱的两条点划线表示两条吊车的轨道；厂房内的两端各有一部钢梯。

图中有两个索引详图。

2. 立面图

图 1-65 为某工业厂房的建筑立面图，读图时，先看图名、比例和说明。阅读时注意与平面图相对照，门和窗的具体形式在立面图上得到了很好的反映，③、④编号为各个详图的索引号。

消防梯的详图为③号详图，天窗消防梯的详图为④详图，可查相应建筑配件通用图集。

3. 剖面图

阅读剖面图时，首先看图名、比例，并与平面图核对剖切位置及其剖视投影。接下来看其标注的尺寸、标高等，从而逐步分析建筑物的构造。

对于设备安装施工，在阅读剖面图时，要特别注意与设备安装相关构件的形状、尺寸等要素。剖面图中标高也是识读剖面图的一项重要内容。

4. 详图

在平面图、立面图及剖面图都有详图的索引，具体阅读时，可查阅相关的图样。

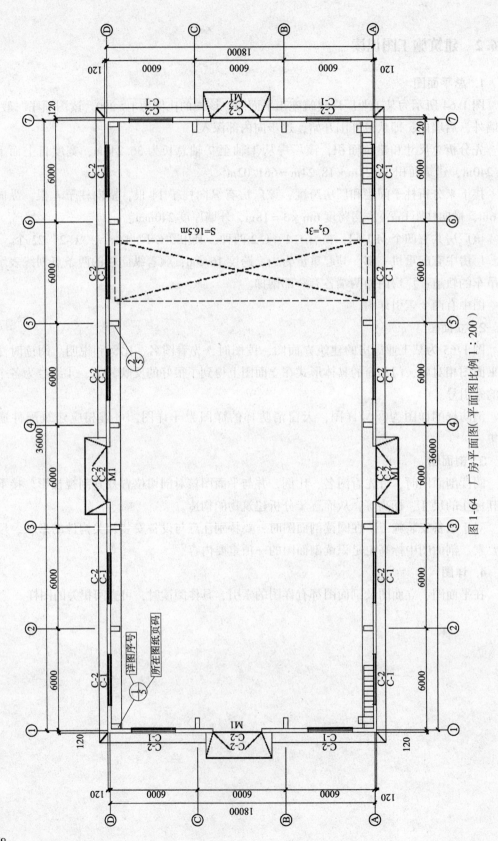

图1-64 厂房平面图（平面图比例1：200）

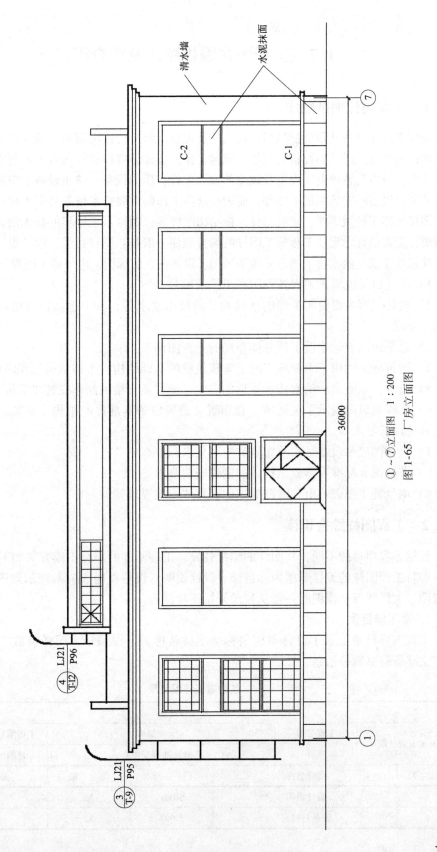

图 1-65 厂房立面图
①~⑦立面图 1:200

1.7 工程图样编排顺序及综合识读

1.7.1 工程图样编排顺序

安装工程是设备从设计制造后，进入安装现场直到运行使用前不可缺少的关键环节，它包括的内容十分广泛，如设备的起吊、搬运工作，各种静置设备和运转设备的安装、检验和调试工作，设备的各种电气设备及线路的安装工作，压力设备、热工设备、空调设备、制冷设备和环保设备的安装调试工作等，而做好这些工作的重要技术依据就是工程图样，故安装工程图样包括了机械图样、建筑图样、钢结构图样等，图样是工程界的技术语言，它表达设计意图，交流设计思想。工程施工图样的编排顺序一般是：图样目录、设计说明书、总平面图、建筑施工图、给水排水图、采暖通风图、设备图、非标图、电气施工图等。

1）图样目录说明该工程各种图样组成及编号。

2）设计说明主要说明工程的概况和总的技术要求等，其中包括设计依据、设计标准和施工要求。

3）总平面图表达建设工程总体布局的工程图样。

4）建筑施工图用于工程施工时了解建筑物的基础结构、主体结构、预埋件位置等。

5）给水排水图表示给水排水管道的布置、走向及支架的制作安装要求等。

6）采暖通风图表示采暖通风工程布置、通风设备零部件的结构、安装、吊架制作安装、系统调试要求等。

7）设备图表示设备结构及布置和安装要求。

8）非标图非标准容器或结构件的制作安装要求等。

9）电气施工图表示电气线路的走向和具体安装要求等。

1.7.2 工程图样综合识读

根据工程项目的不同，其图样的编排各异，工程图样的综合识读方法如下：

项目工程图样的编排顺序为：目录、设计说明、设备材料表、系统示意图、专业平面布置图、大样图等。读图时一般从目录开始逐步深入。

1. 读图样目录

工程图样目录记录了设计单位名称、项目名称、工程编号、图样页数、单项图样名称、文字资料页数等信息。

某管道工程图目录　　　　　　　　　　　　　　　表 1-17

图 样 目 录

×××设计院	工程名称	××油品库		工程编号	
	项目	乙醇汽油调配中心		日期	
序　号	图样名称	图　号	图　幅	备　注	
1	设计说明	S-001	A2		
2	设备材料表	S-002	A2		

续表

图 样 目 录					
×××设计院	工程名称	××油品库		工程编号	
	项目	乙醇汽油调配中心		日期	
序 号	图样名称	图 号	图 幅	备 注	
3	工艺系统图	S-003	A2		
…	……				
…	管道布置图	S-006	A1		
…	……				
…	设备安装大样图	S-012	A2		
…	……				
编制		校对		审核	

2. 设计说明

设计说明中阐明了设计依据、设计范围、施工图表示法等有关规定，设备安装说明、设备安装要求、工艺管道设计及其他需要说明的内容等。

3. 设备材料表

设备材料表中列出了工程的设备名称、技术规格、型号、计量单位、材料材质及数量等。

4. 工艺系统图

工艺系统图中描述了系统的工艺变化过程原理（包括设备名称、系统的温度、压力、流量控制点等），对了解系统的工作状况有重要作用，同时对管道的规格、编号、输送的介质、流向以及主要控制阀门等有确切的了解，对于理解施工图及设备安装工程的施工十分重要。

5. 管道平面布置图

从管道平面布置图上可以了解管路的平面布置、编号、规格；管件、阀门的平面位置；厂房平面图概况、厂房定位轴线尺寸，设备的平面布置、编号和名称等。

6. 设备安装大样图

设备安装大样图中主要是阐述平面布置图不能清楚表达设备安装定位，是小比例图；描述设备定位尺寸和管路的定位尺寸，设备接管规格和接管高度等。

第2章 安装工程测量

2.1 工程测量概述

在机电项目实施过程中,机电工程测量是一项重要工作,它直接影响工程质量,是保证工艺生产线达到安全运行,功能满足设计及规范要求的关键工作之一。工程测量包括控制网测量和施工过程控制测量两部分内容,两者的目标均是保证工程质量,控制网测量是工程施工的先导,施工过程控制测量是施工进行过程的眼睛。

2.1.1 工程测量的原理

1. 水准测量原理

水准测量原理是利用水准仪和水准标尺,根据水平视线原理测定两点高差的测量方法,测定待测点高程的方法有高差法和仪高法两种。

1) 高差法

采用水准仪和水准尺测定待测点与已知点之间的高差,通过计算得到待测点高程的方法。

2) 仪高法

采用水准仪和水准尺,只需计算一次水准仪的高程,就可以简单地测算几个前视点的高程。

当安置一次仪器,同时需要测出多个前视点的高程时,使用仪高法比较方便,所以在高程测量中仪高法被广泛地采用。

2. 基准线测量原理

基准线测量原理是利用经纬仪和检定钢尺,根据两点成一线原理测定基准线。测定待定点的方法有水平角测量和竖直角测量,这是确定地面点位的基本方法。每两个点位都可连成一条直线(或基准线)。

1) 保证量距精度的方法

返测丈量,当全段距离量完之后,尺端要调头,读数员互换,同法进行反测。往返丈量一次为一测回,一般应测量两测回以上。量距精度以两测回的差值与距离之比表示。

2) 安装基准线的设置

安装基准线一般都是直线,只要定出两个基准中心点,就构成一条基准线。平面安装基准线不少于纵横两条。

3) 安装标高基准点的设置

根据设备基础附近水准点,用水准仪测出的标志具体数值。相邻安装基准点高差应在0.3mm以内。

2.2 工程测量的程序和方法

2.2.1 工程测量的程序

建筑安装或工业安装测量的基本程序：建立测量控制网→设置纵横中心线→设置标高基准点→设置沉降观测点→设置过程检测控制→实测记录。

2.2.2 工程测量的方法

1. 平面控制测量

平面控制测量的目的是确认控制点的平面位置，并最终建立平面控制网，平面控制网建立的方法有三角测量法、导线测量法、三边测量法等。

如图2-1所示，A、B、C、D、E、F组成互相邻接的三角形，观测所有三角形的内角，并至少测量其中一条边长作为起算边，通过计算就可以获得它们之间的相对位置。这种三角形的顶点称为三角点，构成的网形称为三角网，这种测量方法称为三角测量。

如图2-2所示的控制点1、2、3…用折线连接起来，测量各边的长度和各转折角，通过计算同样可以获得它们之间的相对位置。这种控制点称为导线点，这种控制测量方法称为导线测量。导线测量法主要用于隐蔽地区、带状地区、城建区及地下工程等控制测量。

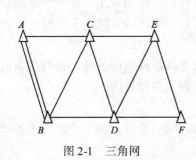

图2-1 三角网

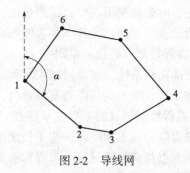

图2-2 导线网

依据《城市测量规范》CJJ/T 8—2011，城市平面控制网的等级划分见表2-1。

城市平面控制网的等级关系　　　　　　表2-1

控制范围	城市基本控制	小地区首级控制
三角（三边）网	二等、三等、四等	一级小三角、二级小三角
城市导线网	三等、四等	一级、二级、三级

1）平面控制网技术要求

平面控制网的坐标系统，应满足测区内投影长度变形值不大于2.5cm/km。

三角测量的网（锁），各等级的首级控制网，宜布设不近似等边三角形的网（锁），其三角形的内角不应小于30°。当受地形限制时，个别角可放宽，但不应小于25°。

导线测量法的网,当导线平均边长较短时,应控制导线边数。导线宜布设成直伸形状,相邻边长不宜相差过大;当导线网用作首级控制时,应布设成环形状,网内不同环节上的点不宜相距过近。

使用三边测量法时,各等级三边网的起始边至最远边之间的三角形个数不宜多于10个。各等级三边网的边长宜近似相等,其组成的各内角应符合规定。

应保证平面控制网的基本精度要求,使四等以下的各级平面控制网的最弱边边长中误差不大于0.1mm。

2) 常用测量仪器

平面控制测量的常用测量仪器有光学经纬仪和全站仪。

光学经纬仪的主要功能是测量纵、横轴线(中心线)以及垂直的控制测量等。机电工程建筑物建立平面控制网的测量以及厂房(车间)柱安装铅垂度的控制测量,用于测量纵、横向中心线,建立安装测量控制网并在安装全过程进行测量控制应使用光学经纬仪。

全站仪是一种采用红外线自动数字显示距离的测量仪器。主要应用于建筑工程平面控制网水平距离的测设、安装控制网的测设、建安过程中水平距离的测量等。

应当指出的是,所有测量仪器必须经过专门检测机构的检定且在检定合格有效期内方可投入使用,否则测量数据不具备法律效应。

2. 高程控制测量

高程控制测量的目的是确定各控制点的高程,并最终建立高程控制网。测量方法有水准测量法、电磁波测距三角高程测量法,其中水准测量法较为常用。高程控制测量等级依次划分为二、三、四、五等。各等级视需要,均可作为测区的首级高程控制。

1) 高程控制点布设的原则

测区的高程系统,宜采用国家高程基准。在已有高程控制网的地区进行测量时,可沿用原高程系统。当小测区联测有困难时,亦可采用假定高程系统。

2) 高程控制测量的主要技术要点

水准点应选在土质坚硬、便于长期保存和使用方便的地点;墙水准点应选设在稳定的建筑物上,点位应便于寻找、保存和引测。

一个测区及其周围至少应有3个水准点,水准点之间的距离,应符合规定。

各等级的水准点,应埋设水准标石,水准观测应在标石埋设稳定后进行。

两次观测超差较大时应重测。将重测结果与原测结果分别比较,其差均不超过限值时,可取三次结果的平均数。

设备安装测量时,最好使用一个水准点作为高程起算点。当厂房较大时,可以增设水准点,但其观测精度应提高。

3) 高程控制测量常用的测量仪器

高程控制测量常用的测量仪器为S3光学水准仪。其主要应用于建筑工程测量控制网标高基准点的测设及厂房、大型设备基础沉降观察的测量,在设备安装工程项目施工中,用于连续生产线设备测量控制网标高基准点的测设及安装过程中对设备安装标高的控制测量。

标高测量主要分为绝对标高测量和相对标高测量两种。

绝对标高是指所测标高基准点、建（构）筑物及设备的标高相对于国家规定的±0.00标高基准点的高程。

相对标高是指建（构）筑物之间及设备之间的相对高程或相对于该区域设定的±0.00标高基准点的高程。

2.3 设备基础施工的测量方法

2.3.1 测量步骤

第一步：设置大型设备内控制网。
第二步：基础定位，绘制大型设备中心线测设图。
第三步：基础开挖与基础底层放线。
第四步：设备基础上层放线。

2.3.2 连续生产设备安装测量

1. 安装基准线的测设

1）中心标板埋设。中心标板应在浇灌基础时，配合土建埋设，或在基础养护期满后埋设。

2）放线。根据施工图，按建筑物的定位轴线来测定机械设备的纵、横中心线并标注在中心标板上，作为设备安装的基准线。设备安装平面基准线不少于纵、横两条。

2. 安装标高基准点的测设

标高基准点一般有两种：一种是简单的标高基准点；另一种是预埋标高基准点。简单的标高基准点一般作为独立设备安装的基准点，预埋标高基准点主要用于连续生产线上设备的安装。采用钢制标高基准点，应是靠近设备基础边缘便于测量处，不允许埋设在设备底板下面的基础表面。

2.4 管线工程测量方法

管线工程测量包括：给水排水管道、各种介质管道、长输管道等的测量。管理工程测量的主要内容包括：管道中线测量、管线纵横断面测量和管道施工测量。

管线中线测量的任务是将设计管道中心线的位置在地面测设出来。中线测量的内容有管线转点桩的测设、交点桩的测设、线路转折角测量、里程桩和加桩的标定。

管道纵断面测量任务是根据管道中心线所测的桩点高程和桩号绘制成纵断面图。根据管线附近的水准点，用水准测量方法测出管道中心线上各里程桩和加桩点的高程，绘制纵断面图，为设计管道埋深、坡度和计算土方量提供资料。管道横断面测量是测定各里程桩和加桩处垂直于中线两侧地面特征点到中线的距离和各点与桩点间的高差，据此绘制横断面图，供管道设计时计算土石方量和施工时确定开挖边界之用。

管道施工测量的主要任务是根据工程进度的要求，为施工测设各种基准标志，以便在施工中能随时掌握中线方向和高程位置。

2.4.1 测量步骤

第一步：根据设计施工图纸，按实际地形做好实测数据记录，绘制施工平面草图和断面草图。

第二步：按平、断面草图对管线进行测量、放线并对管线施工过程进行控制测量。

第三步：在管线施工完毕后，以最终测量结果绘制平、断面竣工图。

2.4.2 测量方法

1. 管线中心定位的测量方法

管线中心定位是将设计的主点位置测设到地面上，并用木桩标定。主点位置可根据地面上已有建筑物进行定位，也可根据控制点进行定位。

2. 管线高程控制的测量方法

1）定位的依据

定位时可根据地面上已有建筑物进行管线定位，也可根据控制点进行管线定位。例如：管线的起点、终点及转折点称为管道的主点，其位置已在设计时确定，管线中心定位就是将主点位置测设到地面上去，并用木桩标定。

2）管线高程控制的测量方法

为了便于管线施工时引测高程及管线纵、横断面的测量，应设管线临时水准点。其定位允许偏差应符合规定。水准点一般都选在旧建筑物墙角、台阶和基岩等处；如无适当的地物，应提前埋设临时标桩作为水准点。

3. 地下管线工程测量

地下管线工程测量必须在回填前，测量出起、止点，窨井的坐标和管顶标高，并根据测量资料编绘竣工平面图和纵断面图。

2.5 机电末端与装修配合测量定位

在装修阶段，机电末端的安装需要与装修进行配合定位，一般涉及的机电末端有：喷头的安装、风口的安装、灯具的安装、喇叭的安装、烟感温感的安装、插座及开关的安装等。

配合装修测量步骤如下：

第一步：根据主体结构建筑标高水准点，确定并设置装修区域内装修标高水准点；

第二步：与装修配合，完成机电末端点位深化设计图纸；

第三步：根据装修标高水准点，利用红外线激光水平仪、水准仪等测量工具进行机电末端点位的放线；

第四步：在装修面层上确定机电末端的具体位置，并做好标记，由装修单位配合进行装修面层上的开孔。

2.6 测量仪器的使用

机电安装工程常用的测量仪器主要有：水准仪、经纬仪、全站仪、红外线激光水平仪等。

2.6.1 水准仪

水准仪的使用包括仪器的安置、粗略整平、瞄准水准尺、精确整平和读数等操作步骤。

1. 安置仪器

在测站打开三脚架，按观测者的身高调节三脚架支腿的高度。为便于整平仪器，应使三脚架的架头大致水平，并将三脚架的三个脚尖踩实，使三脚架稳定，然后从仪器箱内取出水准仪，平稳地放在三脚架头上，一手握住仪器，一手将三脚架连接螺旋旋入仪器基座的中心螺孔内，适度旋紧。

2. 粗略整平

初步整平仪器是通过调节三个脚螺旋使圆水准器气泡居中，从而使仪器的竖轴大致铅垂，视准轴粗略水平。具体做法是：如图2-3（a）所示，外围三个圆圈为脚螺旋，中间为圆水准器，虚线圆圈代表气泡所在位置。首先用双手按照箭头所示方向转动脚螺旋1、2，使圆气泡移到这两个脚螺旋连线方向的中间，然后按图2-3（b）中箭头所示方向，用左手转动脚螺旋3，使圆气泡移至小黑圆圈中央。在整平的过程中，气泡移动的方向与左手大拇指转动脚螺旋时的移动方向一致。

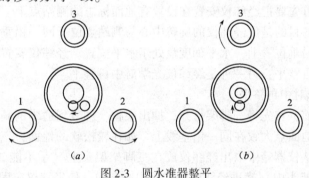

图 2-3 圆水准器整平

3. 瞄准水准尺

首先将望远镜对着明亮的背景（如天空或白色明亮物体），转动目镜对光螺旋，使望远镜内的十字丝像十分清晰（此后瞄准目标时一般不需要再调整目镜对光螺旋）。然后松开制动扳手，转动望远镜上方的缺口和准星瞄准水准尺，大致进行物镜对光使在望远镜内看到水准尺像。此时立即紧固制动扳手，转动水平微动螺旋，使十字丝的竖丝对准水准尺或靠近水准尺的一侧，可检查水准尺在左右方向是否倾斜。再转动物镜对光螺旋进行仔细对光，使水准尺的分划像十分清晰，并注意消除视差。

4. 精确整平

转动位于目镜下方的微倾螺旋，从气泡观察窗内看到符合水准气泡严密吻合（居中）。此时视线即为水平视线。

由于粗略整平不很完善（因圆水准器灵敏度较低），故当瞄准某一目标精平后，仪器转到另一目标时，符合水准气泡将会有微小的偏离（不吻合），因此在进行水准测量中，务必记住每次瞄准水准尺进行读数时，都应先转动微倾螺旋，使符合水准气泡严密吻合后，才能在水准尺上读数。

5. 读数

仪器精平后，应立即用十字丝的中丝在水准尺上读数，直接读出米、分米、厘米，估读出毫米。读数应迅速、果断、准确。读数后应立即重新检视符合水准气泡是否仍旧居中，如居中，则读数有效；否则应重新使符合水准气泡居中后再读数。

随着测量仪器不断发展，自动安平水准仪已广泛应用到测绘和工程建设中，它的构造特点是没有水准管和微倾螺旋，而只有一个圆水准器进行粗略整平。当圆水准器气泡居中后，尽管仪器视线仍有微小的倾斜，但借助仪器内补偿器的作用，视准轴在数秒钟内自动成水平状态，从而读出视线水平时的水准尺读数值。不仅在某个方向上，而且在任何方向上均可读出视线水平时的读数。因此自动安平水准仪不仅仅能缩短观测时间，简化操作，而且对于施工场地的微小震动、松软土地的仪器下层以及大风吹刮时的视线微小倾斜等不利状况，能迅速自动地安平，能有效地减弱外界的影响，有利于提高观测精度。

2.6.2 经纬仪

1. 经纬仪的安置

在测量之前，首先要把经纬仪安置在设置有地面标志的测站点上。安置工作包括对中和整平两项。对中的目的是使经纬仪的旋转中心与测站点位于同一铅垂线上；整平的目的是使经纬仪竖轴在铅垂位置上，水平刻度盘处于水平位置。经纬仪安置有两种方法，一种是经纬仪垂球对中再整平；另一种是经纬仪光学对中再整平。

1) 经纬仪垂球对中再整平

在安置仪器之前，首先将三脚架打开，抽出架腿，调节到适中的高度，旋紧架腿的固定螺旋，且中心与地面点大致在同一铅垂线上。如在较松软的地面，三脚架的架腿尖头应稳固地插入土中。从仪器箱中取出经纬仪放在三脚架架头上（手不能放松），另一只手把中心螺旋（在三脚架头内）旋进经纬仪的基座中心孔中，使经纬仪牢固地与三脚架连接在一起。用垂球对中时，先将垂球挂在三脚架的连接螺旋上，并调整垂球线的长度，使垂球尖刚刚离开地面。再看垂球尖是否与测站点在同一铅垂线上。如果偏离，则将测站点与垂球尖连成一条方向线，将最靠近连线的一条腿，沿连线方向前后移动，直到垂球与地面点对准。这时如果架头平面倾斜，则移动与最大倾斜方向垂直的一条腿，从较高的方向向低的方向划一以地面顶点为圆心的圆弧，直至架头基本水平，且对中偏差不超过 2mm 为止。最后将架腿踩实。为使精确对中，可稍稍松开连接螺旋，将仪器在架头平面上移动，直至准确对中，最后再旋紧连接螺旋。

整平时要先用脚螺旋使水准气泡居中，以粗略整平，再用管水准器精确整平。

2) 经纬仪光学对中再整平

由于大多数经纬仪设有光学对中器，且光学对中器的精度较高，又不受风力影响，经纬仪的安置方法以光学对中器进行对中整平较为常见。使用光学对中器对中时，一边观察光学对中器，一边移动脚器，使光学对中器的分划圈中心与地面点对中。伸缩架腿时，应先稍微旋松伸缩螺旋，待气泡居中后，立即旋紧。整平时只需用脚螺旋使管水准器精确整平，方法同上。待仪器精确整平后，仍要检查对中情况。因为只有在仪器整平的条件下，光学对中器的视线才居于铅垂位置，对中才是正确的。

2. 瞄准

瞄准的实质是安置在地面点上的经纬仪的望远镜视准轴对准另一地面点的中心位置。一般地，被瞄准的地面点上设有观测目标，目标的中心在地面点的垂线上，目标是瞄准的主要对象。首先进行目镜对光，即把望远镜对着明亮背景，转动目镜调焦螺旋使十字丝成像清晰。再松开制动螺旋，转动照准部和望远镜，用望远镜筒上部的粗瞄器（或准星和照门）大致对准目标后，拧紧制动螺旋。然后从望远镜内观察目标，调节物镜调焦螺旋，使成像清晰，并消除视差，最后用微动螺旋转动照准部和望远镜，对准目标，并尽量对准目标底部，测水平角时，视目标的大小，用十字丝纵丝平分目标（单丝）或夹准目标（双丝）；测竖直角时，用中丝与目标顶部（或某一部位）相切即可。

3. 读数

读数时要先调节反光镜，使读数窗明亮，旋转显微镜调焦螺旋，使刻画数字清晰，然后读数。测竖直角时注意调节竖盘指标水准气泡微动螺旋，使气泡居中后再读数。如果是配有竖盘指标自动归零补偿器的经纬仪，要把补偿器的开关打开再读数。

2.6.3 全站仪

全站仪具有角度测量、距离（斜距、平距、高差）测量、三维坐标测量、导线测量、交会定点测量和放样测量等多种用途。内置专用软件后，功能还可进一步拓展。

1. 仪器安置

仪器安置包括对中与整平，其方法与光学经纬仪相同。全站仪也配有光学对中器，有的还配有激光对中器，使用十分方便。仪器有双轴补偿器，整平后有气泡略有偏移，对观测并无影响。采用电子水准器的全站仪整平更方便、精确。

2. 开机和设置

开机后仪器进行自检，自检通过后，显示主菜单。测量工作中进行的一系列相关设置，全站仪除了厂家进行的固定设置外，主要包括以下内容：①各种观测量单位与小数点位数的设置，包括距离单位、角度单位及气象参数单位等；②指标差与视准差的存储；③测距仪常数的设置，包括加常数、乘常数以及棱镜常数设置；④标题信息、测站标题信息、观测信息。

根据实际测量作业的需要，如导线测量、交点放线、中线测量、断面测量、地形测量等不同作业建立相应的电子记录文件。主要包括建立标题信息、测站标题信息、观测信息等。标题信息内容包括测量信息、操作员、技术员、操作日期、仪器型号等。测站标题信息即仪器安置好后，应在气压或温度输入模式下设置当时的气压和温度。在输入测站点号后，可直接用数字键输入测站点的坐标，或者从存储卡中的数据文件直接调用。按相关键可对全站仪的水平置零或输入一个已知值。观测信息内容包括附注、点号、反射镜高、水平角、竖直角、平距、高差等。

3. 角度距离坐标测量

在标准测量状态下，角度测量模式、斜距测量模式、平距测量模式、坐标测量模式之间可相互转换，全站仪精确照准目标后，通过不同测量模式之间的切换，可得到所需要的观测值。

4. 对边测量

对边测量的特点是不受地形限制，待测点间不需要通视就可测出待测点间的距离和高差。所以对边测量也称遥距测量。全站仪内置主要有两种功能：连接式和幅射式。工程测量中较常见的是连续式的对边测量。

当测量完第一个点时，全站仪显示出测站点到目标点的斜距、高差和平距。当再按一次测距键测第二个目标点，则显示出第一个被测点至第二个被测点的斜距、高差和平距。

5. 全站仪使用的注意事项

使用全站仪前，应认真阅读仪器使用说明书。先对仪器有全面的了解，然后着重学习一些基本操作，如测角、测距、测坐标、数据存储、系统设置等。在此基础上再掌握其他如导线测量、放样等测量方法。另外，需要掌握存储卡、电池的使用，以及设备保存、运输、使用时的一些注意事项。

2.6.4 红外线激光水平仪

1. 红外线激光水平仪特点

一般的红外线激光水平仪具备以下特点：

1）采用自动安平（重力摆-磁阻尼）方式，使用方便、可靠；
2）采用波长为635nm的半导体激光器，激光线条清晰明亮；
3）可产生两条垂直线和一条水平线，带下对点；
4）可360°转动带微调机构，便于精确找准目标；
5）可用于室内和室外；
6）可带刻度盘，定位更准，操作更精确。

2. 红外线激光水平仪的使用方法

1）了解激光水平仪技术指标

一般的产品具备以下技术指标：水平精度、垂直精度、正交精度、下对点精度、自动安平范围、发射角度、激光波长、工作距离、激光射出功率、电源、连续工作时间、工作温度、重量。

2）仪器的安置

将仪器安装在脚架上，或直接安置在一个稳固的平面上，大致整平仪器，水平仪上应该有一个自动校正系统（上面有水珠校正，水珠在圈子里就可以了）。不平的话，打开电源后，它会自动发出声音的，水平之后就没有声音了。仪器倾斜度过大，超出安平范围，激光管将自动关闭。

3）仪器的开启

顺时针方向转动开关旋转，打开仪器，仪器顶端绿色指示灯亮，同时发出激光束。传感器系统类产品无开关旋钮，直接按操作键盘上的 ON/OFF 键，以控制仪器电源开关。

选择红外线激光的类型，一般有单水平线模式、单垂直线模式、十字线模式、双垂线单水平线模式等。根据自身测量需要，选择好模式。

4）仪器的测量

仪器打开并水平后，转动仪器，使激光束指向工作目标。调节微动旋钮，找准方位进行工作。工作结束，逆时针方向转动开关旋钮，关闭仪器。

5）仪器使用注意事项

请勿长时间直视发光源，以免对眼睛产生伤害。不用请尽量关闭仪器，以保证其使用寿命。尽量轻拿轻放仪器，切勿摔碰。如光线较暗时，说明电量不足，尽快更换新电池。

第 2 篇

安装工程专业基础知识

第3章 安装工程材料

3.1 通用安装材料

机电工程通用安装材料主要有：黑色金属、有色金属、管材、管件、阀门、焊接材料、油漆及防腐材料、隔热材料、通风空调器材、水暖器材、建筑电气工程材料等。工程中常用的国内及国外标准代号如表3-1、表3-2所示。

国内常用标准及代号 表3-1

代 号	标准类别	代 号	标准类别
GB	国家标准（强制性）	SH	石油化工行业标准
GB/T	国家标准（推荐性）	DL	电力行业标准
GJB	国家军用标准	CJ	城镇建设行业标准

常用国际标准、国外标准代号 表3-2

代 号	标准类别	代 号	标准类别
ISO	国际标准化组织标准	JIS	日本工业标准
ANSI	美国国家标准	EN	欧盟标准
BS	英国标准	KBS	韩国标准

3.1.1 黑色金属

钢是最重要的工程金属材料，钢是铁与碳以及少量的其他元素所组成的合金。钢按化学成份分为碳钢、合金钢两大类。碳钢除了以铁、碳为主要成份外，还含有少量的锰、硅、硫、磷等杂质元素。碳钢即含碳量低于2.16%的铁碳合金。

黑色金属主要指铁、锰、铬及其合金，如钢、生铁、铁合金、铸铁等。安装材料中常用的黑色金属有：碳钢、低合金高强度结构钢、铸铁等。

1. 碳素结构钢

碳素结构钢牌号表示方法是由代表屈服点的字母 Q，屈服点的数值，质量等级符号 A、B、C、D 以及脱氧方法符号 F、b、Z、TZ 等四部分按顺序组成，其钢号对应为 Q195、Q215、Q235 和 Q275，其中数字为屈服强度的下限值。

碳素结构钢具有良好的塑性和韧性，易于成型和焊接，常以热轧态供货，一般不再进行热处理，能够满足一般工程构件的要求，所以使用极为广泛。

碳素钢有以下几种分类方法：

1）按化学成份分为低碳钢、中碳钢和高碳钢。

（1）低碳钢——含碳量小于等于0.25%。

（2）中碳钢——含碳量为0.25%~0.60%。

（3）高碳钢——含碳量大于0.60%。

2）按用途分为结构钢、工具钢、特殊用钢和专业用钢。

（1）建筑及工程用结构钢——又称建造用钢，是指用于建筑、桥梁、船舶、管道、锅炉或其他工程上制作金属结构件的钢。这类钢大多为低碳钢，主要用于焊接施工。

（2）工具钢——是指用于制造各种工具的钢。通常分为碳素工具钢、合金工具钢和高速钢；按照用途又可分为刃具钢、模具钢和量具钢。

（3）特殊用钢——是指用特殊方法生产，具有特殊物理、化学性能或力学性能的钢。主要有：①不锈耐酸钢；②耐热不起皮钢；③高电阻合金；④低温用钢；⑤耐磨钢；⑥磁钢；⑦抗磁钢；⑧超高强度钢。

（4）专业用钢——是指各个工业部门有专业用途的钢，如：机床用钢、锅炉用钢、焊条用钢等。

3）按钢的品质分：

（1）普通碳素钢。钢中杂质元素较多，硫、磷含量较高。一般硫含量不大于0.055%，磷含量不大于0.045%。

（2）优质碳素钢。钢中杂质元素较少，硫、磷含量较低。硫含量不大于0.045%，磷含量不大于0.04%。

（3）高级优质碳素钢。钢中杂质元素极少，硫、磷杂质含量较低，硫含量不大于0.03%，磷含量不大于0.035%。

4）按冶炼方法分：

（1）沸腾钢——是脱氧不完全的钢。其特点是收得率高、成本低、表面质量及深冲性能好，但成份偏析大、质量不均匀，抗腐蚀和机械强度较差。这类钢大量用以轧制普通碳素钢的型板和钢板。

（2）镇静钢——是脱氧完全的钢。其特点是成份偏析少、质量均匀，但金属的收得率低（缩孔多），成本比较高。一般合金钢和优质碳素钢都是镇静钢。

（3）半镇静钢——钢的质量、成本和收得率介于沸腾钢和镇静钢之间。它的生产较难控制，故目前在钢的生产中所占比重不大。

2. 低合金结构钢

低合金结构钢也称为低合金高强度钢，按照现行国家标准《低合金高强度结构钢》GB/T 1591，根据屈服强度划分，其共有Q345、Q390、Q420、Q460、Q500、Q550、Q620、Q690八个强度等级。

低合金结构钢是在普通钢中加入微量元素，而具有较好的综合力学性能。主要适用于锅炉汽包、压力容器、压力管道、桥梁、重轨和轻轨等制造。

例如：某600MW超临界电站锅炉汽包使用的就是Q460型钢；机电工程施工中使用的

起重机就是Q345型钢制造的。

3. 铸铁

铸铁在工业上得到广泛的应用，其原因是铸铁有优良的铸造性能、较高的强度和较好的耐腐蚀性，熔炼、浇注工艺与设备简单、成本低廉。

铸铁是含碳量大于2.11%（一般为2.5%~4%）的铁碳合金。它是以铁、碳、硅为主要组成元素，比碳钢含有较多锰、硫、磷杂质的多元合金，为了提高铸铁的力学、物理、化学等性能，还可以加入一些合金元素。

1）白口铸铁

在白口铸铁中，除有少量的碳融入铁素体外，其余的碳都以渗碳体的形式存在于铸铁中，其断口呈银白色，故称白口铁。这类铸铁硬而脆，很难切削加工，所以很少用来制造零件，主要用来作炼钢原料及生产可锻铸铁的毛坯。

2）灰铸铁

在灰铸铁中，碳全部或大部分以粒状石墨存在，其断口呈暗灰色。在铸铁的总产量中，灰铸铁要占80%以上，常用来作机器底座、机架、泵体、管道、阀体等。

3）球墨铸铁

球墨铸铁是在浇注前，向一定成份的铁水中加入适量的球化剂和孕育剂，即获得石墨呈球状存在的球墨铸铁。球墨铸铁的力学性能比灰铸铁好，广泛应用于重要机械零件、阀门壳体和给水铸铁管的铸造。

4）可锻铸铁

可锻铸铁有马铁或玛钢。铸铁中石墨呈团絮状存在，其力学性能，特别是韧性和塑性较灰铸铁高，接近球墨铸铁。但可锻铸铁是不能锻压加工的。可锻铸铁分为黑心可锻铸铁、珠光体可锻铸铁、白心可锻铸铁三类。目前，我国生产以黑心可锻铸铁和珠光体可锻铸铁为主，在安装工程中主要用于螺纹管件的铸造。

4. 钢材的类型及应用

1）型钢

在机电工程中常用型钢主要有：圆钢、方钢、扁钢、H型钢、工字钢、T型钢、角钢、槽钢、钢轨等。例如：电站锅炉钢架的立柱通常采用宽翼缘H型钢（HK300b），为确保炉膛内压力波动时炉墙有一定的强度，在炉墙上设计有足够强度的刚性梁，一般每隔3m左右装设一层，其大部分采用足够强度的工字钢制成。

2）板材

（1）按其厚度可分为厚板、中板和薄板。

（2）按其轧制方式可分为热轧板和冷轧板两种，其中冷轧板只有薄板。

（3）按其材质有普通碳素钢板、低合金结构钢板、不锈钢板、镀锌钢薄板等。

例如：油罐、电站锅炉中的汽包就是用钢板（10~100多毫米厚）焊制成的圆筒形容器。其中，中、低压锅炉的汽包材料常为专用的锅炉碳素钢，高压锅炉的汽包材料常用低合金钢制造。

3）管材

在机电工程中常用的有普通无缝钢管、螺旋缝钢管、焊接钢管、无缝不锈钢管、高压无缝钢管等，广泛应用在各类管道工程中。

例如：锅炉水冷壁和省煤器使用的无缝钢管一般采用优质碳素钢管或低合金钢管，但过热器和再热器使用的无缝钢管根据不同壁温，通常采用15CrMo或12Cr1MoV等钢材。

4）钢制品

在机电工程中，常用的钢制品主要有焊材、管件、阀门等。

3.1.2 有色金属

有色金属又称非铁金属，是铁、锰、铬以外的所有金属的统称。有色金属主要分类：

（1）重金属：一般密度在$4.5g/cm^3$以上，如铜、锌、镍等；

（2）轻金属：密度小（$0.53\sim4.5g/cm^3$），化学性质活泼，如铝、镁等；

（3）贵金属：地壳中含量少，提取困难，价格较高，密度大，化学性质稳定，如金、银、铂等；

（4）稀有金属：如钨、钼、锗、锂、镧、铀等。

其中，贵金属及稀有金属在机电工程中甚少使用，本节仅介绍常用的重金属及轻金属。

1. 重金属

1）铜及铜合金

工业纯铜密度为$8.96g/cm^3$，具有良好的导电性、导热性以及优良的焊接性能，纯铜强度不高，硬度较低，塑性好。在纯铜中加入合金元素制成铜合金，除了保持纯铜的优良特性外，还具有较高的强度，主要品种有黄铜、青铜、白铜。

2）锌及锌合金

纯锌具有一定的强度和较好的耐腐蚀性。锌合金分为变形锌合金、铸造锌合金、热镀锌合金。

镀锌具有优良的抗大气腐蚀性能，在常温下表面易生成一层保护膜，因此锌最大的用途是用于镀锌工业，主要用于钢材和钢结构件的表面镀层（如镀锌板），广泛用于汽车、建筑、船舶、轻工等行业。

3）镍及镍合金

纯镍是银白色金属，强度较高，塑性好，导热性差，电阻大。镍表面在有机介质溶液中会形成钝化膜保护层而具有极强的耐腐蚀性，特别是耐海水腐蚀能力突出。

镍合金是镍中加入铜、铬、钼等而形成的，可耐高温、耐酸碱腐蚀。镍合金可作为电子管用材料、精密合金（磁性合金、精密电阻合金、电热合金等）、镍基高温合金以及镍基耐蚀合金和形状记忆合金等。

2. 轻金属

1）铝及铝合金特性

工业纯铝密度小，具有良好的导电性和导热性，塑性好，但强度、硬度低，耐磨性差，可进行各种冷、热加工。

铝合金分为变形铝合金、铸造铝合金。

2）镁及镁合金特性

纯镁强度不高，室温塑性低，耐腐蚀性差，易氧化，可用作还原剂。

镁合金可分为变形镁合金、铸造镁合金，用于飞机、宇航结构件和高气密零部件。

3）钛及钛合金特性

纯钛的强度低，塑性及低温韧性好，耐腐蚀性好。随着钛的纯度降低，强度升高，塑性大大降低。在纯钛中加入合金元素对其性能进行改善和强化，形成钛合金，其强度、耐热型、耐腐蚀性可得到很大提高。

3.1.3 管材

1. 钢管

1）输送流体用无缝钢管

根据《输送流体用无缝钢管》GB/T 8163 的规定，此类钢管由优质碳素钢 10、20 及低合金高强度结构钢 Q295/Q345 制造。输送流体用无缝钢管有热轧和冷拔（冷轧）两种生产方法，每一种外径规格可以按需要生产多种壁厚。

2）结构用无缝钢管

根据《结构用无缝钢管》GB/T 8162 的规定，此类钢管可由优质碳素钢、低合金钢和合金钢管制造。结构用无缝钢管适用于一般金属结构和机械结构，有热轧和冷拔（冷轧）两种生产方法，同一种外径规格可以按需要生产多种壁厚。

3）石油裂化用无缝钢管

根据《石油裂化用无缝钢管》GB 9948 的规定，此类钢管适用于石油精炼厂的炉管、热交换器管和管道。钢管出厂前应逐根进行水压试验，试验压力按下式计算。最大试验压力为 20MPa，稳压时间不少于 10s。

$$P_S = 2SR/D \tag{3-1}$$

式中 P_S——试验压力（MPa）；

       S——钢管公称壁厚（mm）；

       D——钢管公称外径（mm）；

       R——允许应力，优质碳素钢和合金钢规定为屈服点的 80%，耐热钢和不锈钢为 70%。

4）不锈钢无缝钢管

根据《输送流体用不锈钢无缝钢管》GB/T 14976 的规定，此类钢管有热轧和冷拔（冷轧）两种生产方法。

根据 GB/T 14976 的规定，在工艺性能方面，有水压试验、压扁试验和扩口试验三个试验项目，其中压扁试验和扩口试验应由需方提出并在合同中注明。钢管的水压试验应逐根进行，试验压力按下式计算：

$$P_S = 2St/D \tag{3-2}$$

式中 P_S——试验压力（MPa）；

       S——钢管的壁厚（mm）；

       D——钢管的外径（mm）；

       t——钢号规定屈服点的 60%（MPa）。

5）低压流体输送用焊接钢管和镀锌焊接钢管

（1）低压流体输送用焊接钢管

此类钢管适用于输送水、煤气、空气、油和采暖蒸汽等较低压力的流体。钢管按壁厚分为普通钢管和加厚钢管,按管端形式分为带螺纹和不带螺纹(光管),带螺纹交货需要需方在合同中注明。钢管一般采用 Q195、Q215A、Q235A 制造,供方也可以选择易于焊接的其他软钢制造。

普通钢管应能承受 2.5MPa 的水压试验,加厚钢管应能承受 3.0MPa 的水压试验。钢管的水压试验可由涡流探伤代替。

(2)低压流体输送用镀锌焊接钢管

此类钢管适用于输送水、煤气、空气、油和采暖蒸汽等较低压力的流体。在安装工程中的给水、消防和热水供应管道中广泛采用。

镀锌焊接钢管是由前述焊接钢管(俗称黑管)热浸镀锌而成,所以它的规格与焊接钢管相同。镀锌层要求均匀、完整,不得有未镀上锌的黑斑和气泡存在,但允许有不大的粗糙面和局部的锌瘤存在。根据需方要求,并在合同中注明,镀锌钢管可做镀锌层的重量测定,其平均值应不小于 $500g/m^2$,但其中任何一个试样不得小于 $480g/m^2$。

6)螺旋缝焊接钢管

螺旋缝焊接钢管的强度一般比直缝焊管高,能用较窄的坯料生产管径较大的焊管,还可以用同样宽度的坯料生产管径不同的焊管。但是与相同长度的直缝管相比,焊缝长度增加 30%~100%,而且生产速度较低。因此,较小口径的焊管大都采用直缝焊,大口径焊管则大多采用螺旋焊。此类钢管适用于大孔径空调水管道及石油天然气输送管道。

钢管应由厂方做水压试验,试验压力按下式计算,但最大压力不得超过 20.7MPa,并且保持压力不少于 10s。

$$P_S = 2[\sigma]t/D \qquad (3-3)$$

式中 P_S——静水压试验的试验压力(MPa);

$[\sigma]$——静水压试验的试验应力(MPa);

t——钢管公称壁厚(mm);

D——钢管公称外径(mm)。

7)涂塑钢管

涂塑钢管是根据用户需求,以无缝或有缝钢管为基材,采取喷砂化学双重前处理、预热、内外涂装、固化、后处理等工艺制作而成的钢塑复合管。此种新型管材具有优良的综合性能,很强的耐腐蚀性和机械性,良好的耐化学稳定性和耐水性,具有减阻、防腐、抗压、抗菌等作用。它一般不受输送介质的制约,涂塑层与钢铁有极强的结合力。涂层材质:聚乙烯或环氧树脂适用于 80℃ 以下的工作环境,钢管涂层有极高的附着力,其涂层硬度高、耐冲击性好,且有较好的耐化学腐蚀性能。

涂塑钢管既有钢管的高强度,又具有新型管材干净卫生、不污染水质的特点。管件接头处内衬塑料衬芯,当未能采用衬芯时,应在管端涂好密封剂,以保证管内介质只与内涂层接触。

8)波纹金属软管

金属软管是采用不锈钢板卷焊热挤压成型后,再经热处理制成。

波纹金属软管可实现温度补偿、消除机械位移、吸收振动、改变管道方向,其工作温度为-196~450℃。波纹金属软管在高温工作时，其工作压力应作修正。

波纹金属软管的试验压力为公称压力的1.5倍，爆破压力为公称压力的3~4倍。

2．有色金属管

有色金属管主要分为铜及铜合金管、铝及铝合金圆管、铅及铅锑合金管、钛及钛合金管、镍及镍铜合金管。机电工程最常见的有色金属管为铜及铜合金管。

铜和铜合金管分为拉制管和挤制管，根据《无缝铜水管和铜气管》GB/T 18033的规定，此类铜管适用于输送饮用水、卫生用水或民用天然气、煤气、氧气及对铜无腐蚀作用的其他介质。建筑冷、热水用紫铜管所用的材质应符合GB/T 1527的有关规定。铜管一般采用焊接、扩口或压紧的方式与管接头连接。

3．铸铁给水排水管

在市政给水和厂区、小区给排水工程中，应用最广泛的仍然是材质为灰口铸铁的给水排水铸铁管。根据铸造方法的不同，分为砂型铸铁管、连续铸铁管。支管及管件均采用承插式，按承口的形状，直管及管件分为A型和B型。

另外，球墨铸铁给水管具有较高的强度，壁厚较薄，重量较轻，在给水工程中应用越来越广泛。

1) 砂型离心铸铁管

根据《砂型离心铸铁管》GB/T 3421的规定，此种管材按壁厚的不同，压力等级分为P级和G级，选用时应根据工作压力、埋设深度及其他条件进行验算。

2) 连续铸铁管

连续铸铁管是用连续铸造法生产的灰铸铁管，根据GB/T 3422的规定，其压力等级分为LA级、A级和B级三个等级。连续铸铁管与砂型铸铁管的外观区别是其插口端没有凸缘。

3) 球墨铸铁给水管

根据《离心铸造球墨铸铁管》GB/T 13295的规定，其承插接口不再采用油麻或圆截面胶圈加水泥类密封填料的传统方式，而是采用以滑入式梯式胶圈的T型接口，属于柔性接口，具有施工简便、劳动强度低和抗震性能好的特点。

4．混凝土输水管

混凝土输水管分为预应力和自应力两种。

1) 预应力混凝土输水管

预应力混凝土输水管按生产工艺的不同分为两种：一种是震动挤压工艺，标准号为GB 5695，公称直径范围为400~200mm；另一种是管芯缠丝工艺，标准号为GB 5696，公称直径范围为400~300mm。两者均为承插式双向预应力混凝土管。管材按静水压力分为五个等级，分别为Ⅰ级（0.4MPa）、Ⅱ级（0.6MPa）、Ⅲ级（0.8MPa）、Ⅳ级（1.0MPa）、Ⅴ级（1.2MPa）。超出上述压力等级时应根据地面荷载、埋设深度、静水压力等进行设计计算。

2) 自应力混凝土输水管

自应力混凝土输水管按配筋分为钢筋管和钢丝管两类，钢丝管又分为两半模成型和整体模成型管两种。以上三种管材按顺序称为Ⅰ型管、Ⅱ型管、Ⅲ型管。管材按工作压力均分为六个压力等级，分别为工压-4（0.4MPa）、工压-5（0.5MPa）、工压-6（0.6MPa）、工压-8（0.8MPa）、工压-10（1.0MPa）、工压-12（1.2MPa）。

5. 塑料管材

塑料管材是以合成的或天然的树脂作为主要成分，添加一些辅助材料（如填料、增塑剂、稳定剂、防老剂等）在一定温度、压力下加工成型。

塑料和传统材料不同，技术进步的步伐更快，不断出现的新技术、新材料、新工艺使塑料管相对传统材料的优势越来越突出。塑料管材与传统的金属管和水泥管相比，具有重量轻的优点，质量一般仅为金属管的1/6~1/10，有较好的耐腐蚀性、抗冲击和抗拉强度，塑料管内表面比铸铁管光滑的多、摩擦系数小、流体阻力小、可降低输水能耗5%以上，综合节能好，制造能耗可降低75%，运输方便，安装简单。

塑料管材主要有：硬质聚氯乙烯（UPVC）管、氯化聚氯乙烯（CPVC）管、聚乙烯（PE）管、交联聚乙烯（PE-X）管、三型聚丙烯（PP-R）管、聚丁烯（PB）管、工程塑料（ABS）管等。

1）硬质聚氯乙烯（UPVC）管

硬质聚氯乙烯（UPVC）管以卫生级聚氯乙烯树脂为主要原料，经挤压或注塑制成。管材生产的现行标准是GB/T 10002.1，管件生产执行GB/T 10002.2标准。管材不会使自来水产生气味、味道和颜色，符合饮用水卫生标准，可用于输送生活用水。

2）氯化聚氯乙烯（CPVC）管

CPVC树脂由聚氯乙烯（PVC）树脂氯化改性制得，是一种新型工程塑料。PVC树脂经过氯化后，分子键的不规则性增加，极性增加，使树脂的溶解性增大，化学稳定性增加，从而提高了材料的耐热性、耐酸、碱、盐、氧化剂等腐蚀性，最高使用温度可达110℃，长期使用温度为95℃。用CPVC制造的管道，有重量轻、隔热性能好的特点，主要用于生产板材、棒材、管材输送热水及腐蚀性介质，并且可以用作工厂的热污水管、电镀溶液管道、热化学试剂输送管和氯碱厂的湿氯气输送管道。在不超过100℃时可以保持足够的强度，而且在较高的内压下可以长期使用。

3）聚乙烯（PE）管

PE树脂，是由单体乙烯聚合而成，由于在聚合时因压力、温度等聚合反应条件不同，可得出不同密度的树脂，因而又有高密度聚乙烯、中密度聚乙烯和低密度聚乙烯之分。国际上把聚乙烯管的材料分为PE32、PE40、PE63、PE80、PE100五个等级，而用于燃气管和给水管的材料主要是PE80和PE100。聚乙烯（PE）管具有良好的卫生性能、卓越的耐腐蚀性能、长久的使用寿命、较好的耐冲击性、可靠的连接性能、良好的施工性能等特点。可用于饮用水管道，化工、化纤、食品、林业、印染、制药、轻工、造纸、冶金等工业的料液输送管道，通信线路、电力电线保护套管。

4）交联聚乙烯（PE-X）管

交联聚乙烯（PE-X）管比聚乙烯（PE）管具有更好的耐热性、化学稳定性和持久性，同时又无毒无味，可广泛用于生活给水和低温热水系统中。交联聚乙烯（PE-X）管采用专用配件连接，当与金属管件连接时，宜将聚乙烯（PE）管件作为外螺纹，金属管件作为内螺纹。

5）三型聚丙烯（PP-R）管

三型聚丙烯（PPVR）管道材质属于高分子量碳氢化学物，具有生物惰性，不溶于水，在生产过程中不产生有害物质,完全能达到食品卫生标准的要求,且(PP-R)材料可以回收循环使用,作为热水管道可在70℃以下长期使用,能满足建筑热水供应管道的要求,一般可不再保温。

必须注意的是,PP-R材料刚性及抗冲击性能较差,在低温环境下应尤为注意保护;抗紫外线性能差,在阳光下容易老化,不适于在室外明装敷设;PP-R材料属于可燃性材料,必须注意防火。

6) 聚丁烯(PB)管

聚丁烯(PB)管,是由聚丁烯、树脂添加适量助剂,经挤出成型的热塑性加热管,通常以PB为标记。聚丁烯(PB)是一种高分子惰性聚合物,它具有很高的耐温性、持久性、化学稳定性和可塑性,无味、无臭、无毒。该材料重量轻,柔韧性好,耐腐蚀,用于压力管道时耐高温特性尤为突出,可在95℃下长期使用,最高使用温度可达110℃。管材表面粗糙度为0.007,不结垢,无需作保温,保护水质,使用效果很好。可用于直饮水工程用管、采暖用管材、太阳能住宅温水管、融雪用管、工业用管。

7) 工程塑料(ABS)管

工程塑料(ABS)管的耐腐蚀、耐温及耐冲击性能均优于聚氯乙烯管,它由热塑性丙烯腈丁二烯-苯乙烯三元共聚体粘料经注射、挤压成型加工制成,使用温度为-20~70℃,压力等级分为B、C、D三级。工程塑料(ABS)管可用于给水排水管道、空调工程配管、海水输送管、电气配管、压缩空气配管、环保工程用管等。冷水管工作温度为-40~96℃,热水管工作温度为20~95℃,在正常状态下,室内可使用50年以上。

6. 复合管

1) 铝塑复合管

铝塑复合管是以焊接铝管为中间层,内外均为聚乙烯塑料,采用专用热熔剂,通过挤出成型方法复合成一体的管材,如图3-1所示。

铝塑复合管分为铝合金/聚乙烯型(PAP)和铝合金/交联聚乙烯型(XPAP)。按用途分类可分为:冷水用铝塑复合管(以L表示);热水用铝塑复合管(以R表示);燃气用铝塑复合管(以Q表示);特种流体用铝塑复合管(以T表示)。以上不同用途的管材,其外层聚乙烯的颜色如下:冷水用管为白色;热水用管为橙红色;燃气用管为黄色;特种流体用管为红色。铝塑复合管的连接适用配套的金属管件,管件由管材生产厂家配套供应。

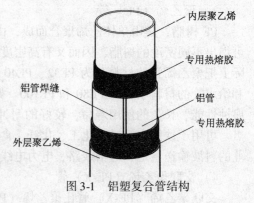

图3-1 铝塑复合管结构

2) 钢塑复合管

钢塑复合管是一种新型金属与塑料复合的管材,以焊接钢管为中间层,内外层为聚乙(丙)烯塑料,采用专用热熔胶,通过挤出成型方法复合成一体的管材,如图3-2所示。

此管材的缩写为 PSP。该管材克服了钢管存在的易锈蚀、有污染、笨重、使用寿命短和塑料管存在的强度低、膨胀量大、易变形的缺陷，而又具有钢管和塑料管的共同优点，如隔氧性好、有较高的刚性和较高的强度、埋地管容易探测等。产品根据用途不同分为冷水用复合管（L）、热水用复合管（R）、燃气用复合管（Q）、特种流体用复合管（T）、保护套管用复合管（B）。可广泛应用于城镇和建筑内外冷热水、饮用水、供暖、燃气、特种流体（包括工业废水、腐蚀性流体、固体粉末、煤矿井下供水、排水、压风、喷浆等）输送用复合管以及电力电缆、通信电缆、光缆保护套管用复合管等。

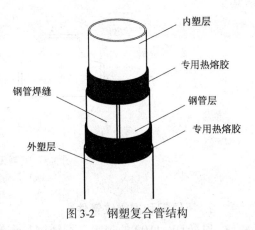

图 3-2 钢塑复合管结构

3.1.4 管件

1．钢制无缝管件

各种工业和民用管道安装工程中，所需要的对焊无缝管件，应符合《钢制对焊无缝管件》GB/T 12459 的要求。选用的管件，材质应与管道材质相同，外径相同，壁厚相同或稍厚。

1）弯头

钢制无缝管件 45°弯头和 90°弯头外形如图 3-3 所示。

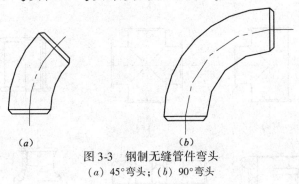

图 3-3 钢制无缝管件弯头
(a) 45°弯头；(b) 90°弯头

2）异径接头

异径接头（即大小头）的外形如图 3-4 所示。

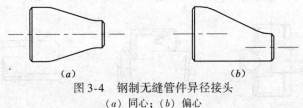

图 3-4 钢制无缝管件异径接头
(a) 同心；(b) 偏心

3）三通和四通接头

三通和四通接头的外形如图 3-5 所示。

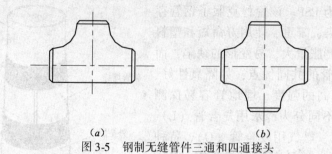

图 3-5 钢制无缝管件三通和四通接头
(a) 三通接头; (b) 四通接头

2. 不锈钢和铜螺纹管件

根据 QB 1109 的规定，不锈钢和铜螺纹管件的品种、外形、结构与可锻铸铁管件相似。不锈钢管件用 ZGCr18Ni9Ti 不锈钢制造；铜管件用 ZCuZn40Pb2 铸造黄铜制造。不锈钢和铜螺纹管件按适用压力分为两个系列：Ⅰ系列 $PN \leqslant 3.4MPa$，Ⅱ系列 $PN \leqslant 1.6MPa$，其试验压力 $P_s = 1.5PN$。管件上的螺纹，除通丝外接头需采用 55°圆柱管螺纹外，均采用 55°圆锥管螺纹。不锈钢和铜螺纹管件的品种见图 3-6。

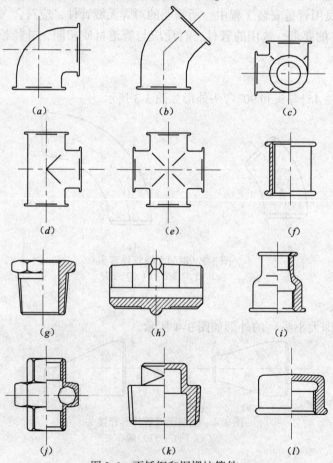

图 3-6 不锈钢和铜螺纹管件
(a) 弯头；(b) 45°弯头；(c) 侧孔弯头；(d) 三通；(e) 四通；(f) 通丝外接头；
(g) 内外接头；(h) 内接头；(i) 异径外接头；(j) 活接头；(k) 管堵；(l) 管帽

3. 建筑用铜管件

管件与管道采用承插式接口，钎焊连接。管件公称压力有 1.0MPa、1.6MPa 两种，工作温度应小于等于 135℃，材料采用 T2 或 T3 铜。常用铜管件的种类见图 3-7，并符合下列标准，如表 3-3 所示。

建筑用铜管件标准　　　　　　　　　　　　　　表 3-3

建筑用铜管件	建筑工业行业标准
三通接头	JG/T 3031.2
异径三通接头	JG/T 3031.3
45°弯头	JG/T 3031.4
90°弯头	JG/T 3031.5
异径接头	JG/T 3031.6
套管接头	JG/T 3031.7
管帽	JG/T 3031.8

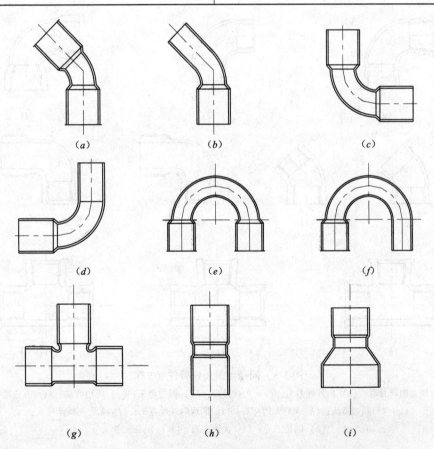

图 3-7 建筑用铜管件
(a) 45°弯头（A 型）；(b) 45°弯头（B 型）；(c) 90°弯头（A 型）；(d) 90°弯头（B 型）；
(e) 180°弯头（A 型）；(f) 180°弯头（B 型）；(g) 异径三通接头；(h) 套管接头；(i) 套管异径接头

4. 可锻铸铁管件

可锻铸铁管件又称为马铁管件或玛钢管件，用于焊接钢管的螺纹连接，适于压力不超过1.6MPa、工作温度200℃以内，输送一般液体和气体介质的管道。表面镀锌管件多用于输送生活冷、热水及燃气管道；表面不镀锌管件多用于输送采暖热水、蒸汽及油品管道。同径及异径管件的品种和规格见图3-8～图3-10。

5. 管道用橡胶接头

管道用橡胶接头应符合 CJ/T 208 的要求。

1）单球体法兰连接橡胶接头

单球体法兰连接橡胶接头的结构见图3-11，技术参数见表3-4。

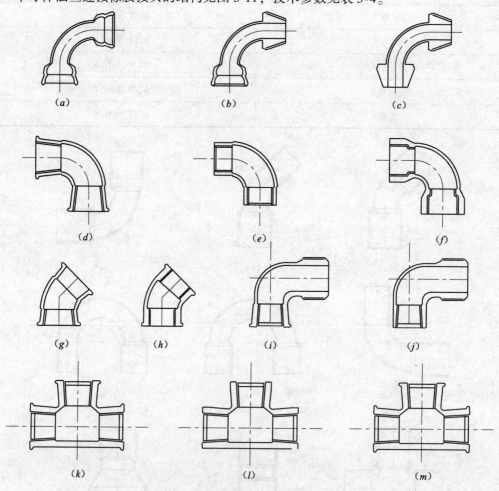

图3-8 同径可锻铸铁管件（一）

(a）圆边内丝月弯；(b）内外丝月弯；(c）外丝月弯；(d）圆边弯头；(e）无边弯头；(f）方边弯头；
(g）45°圆边弯头；(h）45°无边弯头；(i）圆边内外丝弯头；(j）无边内外丝弯头；
(k）圆边三通；(l）无边三通；(m）方边三通

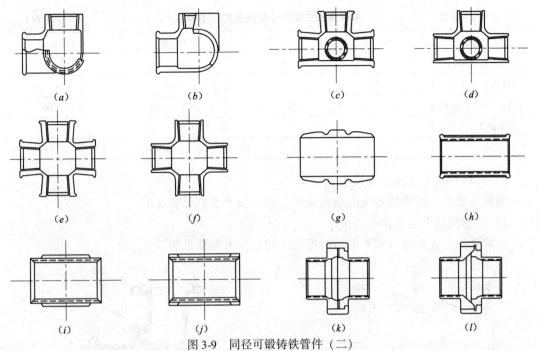

图 3-9 同径可锻铸铁管件（二）

(a) 圆边侧孔弯头；(b) 无边侧孔弯头；(c) 圆边侧孔三通；(d) 无边侧孔三通；(e) 圆边四通；(f) 无边四通；(g) 内接头；(h) 圆边外接头；(i) 无边外接头；(j) 方边外接头；(k) 平形活接头；(l) 锥形活接头

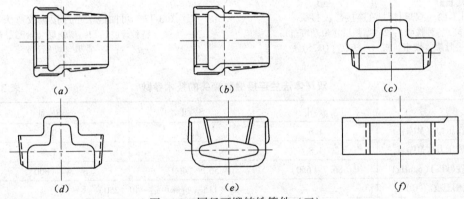

图 3-10 同径可锻铸铁管件（三）

(a) 圆边内外丝接头；(b) 无边内外丝接头；(c) 圆边外方管堵；
(d) 无边外方管堵；(e) 圆边管帽；(f) 锁紧螺母

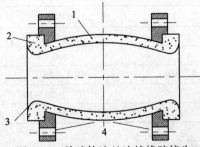

图 3-11 单球体法兰连接橡胶接头

1—主体（特种橡胶）；2—增强层（聚酯帘布）；3—骨架（硬钢丝）；4—法兰（Q235）

87

单球体法兰连接橡胶接头的技术参数　　　　表 3-4

型　号	DF-Ⅰ	DF-Ⅱ	DF-Ⅲ	DF-Ⅳ
工作压力（MPa）	2.5	1.6	1.0	0.6
爆破压力（MPa）	7.5	4.8	3.0	1.8
真空度（kPa）（mmHg）	100（750）	100（750）	86.7（650）	53.3（400）
适用温度（℃）	-30~115			
适用介质	压缩空气、冷热水、海水、弱酸碱等			

2）双球体法兰连接橡胶接头

双球体法兰连接橡胶接头的结构见图 3-12，技术参数见表 3-5。

3）可曲挠法兰连接橡胶弯头

可曲挠法兰连接橡胶弯头的结构见图 3-13，技术参数见表 3-6。

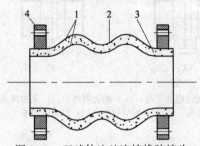

图 3-12　双球体法兰连接橡胶接头
1—主体（特种橡胶）；2—增强层（聚酯帘布）；
3—骨架（硬钢丝）；4—法点（Q235）

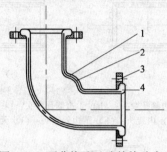

图 3-13　可曲挠法兰连接橡胶弯头
1—主体（特种橡胶）；2—增强层（聚酯帘布）；
3—法兰；4—骨架（硬钢丝）

双球体法兰连接橡胶接头的技术参数　　　　表 3-5

型　号	SF-Ⅰ	SF-Ⅱ	SF-Ⅲ
工作压力（MPa）	1.6	1.0	0.6
爆破压力（MPa）	4.8	3.0	1.8
真空度(kPa)(mmHg)	86.7（650）	53.3（400）	40（300）
适用温度（℃）	-30~115（特殊可达-40~250）		
适用介质	压缩空气、冷热水、海水、弱酸碱、油品等		

可曲挠法兰连接橡胶弯头的技术参数　　　　表 3-6

型　号	WF-Ⅰ	WF-Ⅱ	WF-Ⅲ
工作压力（MPa）	1.6	1.0	0.6
爆破压力（MPa）	4.5	3.0	1.8
真空度（kPa）（mmHg）	86.7（650）	53.3（400）	40（300）
适用温度（℃）	-30~100		
适用介质	压缩空气、冷热水、海水、弱酸碱等		

4）双球体螺纹连接橡胶接头

双球体螺纹连接橡胶接头结构见图 3-14，技术参数见表 3-7。

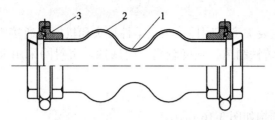

图 3-14 双球体螺纹连接橡胶接头
1—主体（特种橡胶）；2—增强层（聚酯帘布）；3—活接头（可锻铸铁）

双球体螺纹连接橡胶接头的技术参数 表 3-7

项　目	指　标
工作压力（MPa）	1.0
爆破压力（MPa）	3.0
偏转角度（$a_1 + a_2$）	45°
真空度(kPa)(mmHg)	53.3（400）
适用温度（℃）	−30～150
适用介质	压缩空气、冷热水、海水、弱酸碱等

5）风机盘管专用橡胶接头

风机盘管专用橡胶接头结构见图 3-15，技术参数见表 3-8。

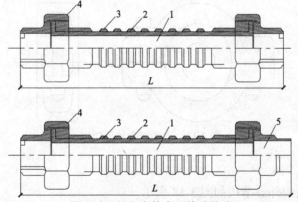

图 3-15 风机盘管专用橡胶接头
1—内胶层（特种橡胶）；2—外胶层（EPDM）；3—增强层（聚酯帘布）；
4—平形活接头（可锻铸铁）；5—外螺纹活接头（可锻铸铁）

风机盘管专用橡胶接头的技术参数 表 3-8

项　目	指　标
工作压力（MPa）	1.6
爆破压力（MPa）	4.8
适用温度（℃）	−10～105
适用介质	压缩空气、冷热水

6. 沟槽式管接头

沟槽式管接头的主要类型有刚性接头、柔性接头和机械三通接头，其材质采用牌号不低于 QT450-10 的球磨铸铁制造，强度较高、耐腐蚀。密封圈采用天然橡胶、合成橡胶或硅橡胶。

1）刚性接头

刚性接头的外形结构如图 3-16 所示。

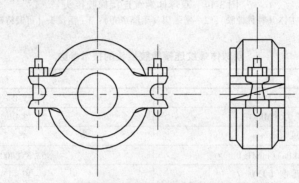

图 3-16　刚性接头外形结构

2）柔性接头

柔性接头的外形结构如图 3-17 所示。

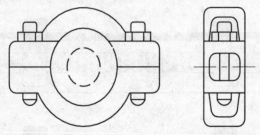

图 3-17　柔性接头外形结构

3）机械三通

沟槽式机械三通的外形结构如图 3-18 所示。

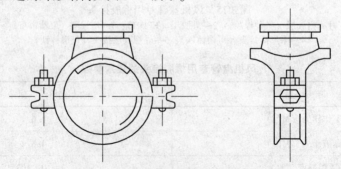

图 3-18　沟槽式机械三通外形结构

丝口式机械三通的外形结构如图 3-19 所示。

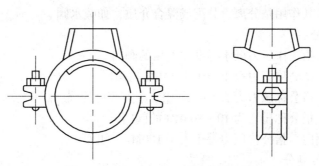

图 3-19 丝口式机械三通的外形结构

7. 金属波纹管补偿器

轴向膨胀节的结构如图 3-20 所示，由波纹管、接头、附件三部分组成。可根据工程中的具体要求，选择不同的膨胀节。

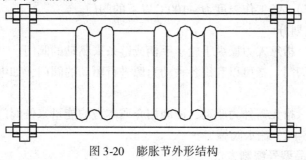

图 3-20 膨胀节外形结构

3.1.5 阀门

1. 阀门的分类

工业和民用安装工程中的通用阀门可分为 11 类，即：闸阀、截止阀、旋塞阀、球阀、蝶阀、隔膜阀、止回阀、节流阀、安全阀、减压阀和疏水阀。

阀门的作用是通过改变阀门内部通道截面积来控制管道内介质的流动参数，主要有以下几种功能：接通或截断介质；调节介质的压力、流量参数；防止介质倒流；混合或分配介质；防止介质压力超过规定数值，以保证管道或容器、设备的安全。

按不同的分类方法，阀门可分为不同的种类。

1）按作用和用途划分

（1）截断阀。其作用是接通或截断管路中的介质，如闸阀、截止阀、球阀、旋塞阀、蝶阀和隔膜阀等。

（2）止回阀。其作用是防止管路中介质倒流，又称单向阀或逆止阀，离心水泵吸水管的底阀也属此类。

（3）安全阀。其作用是防止管路或装置中的介质压力超过规定数值，以起到安全保护作用。

（4）调节阀。其作用是调节介质的压力和流量参数，如节流阀、减压阀，在实际使用过程中，截断类阀门也常用来起到一定的调节作用。

(5) 分流阀。其作用是分离、分配或混合介质，如疏水阀。

2) 按压力划分

(1) 真空阀。指工作压力低于标准大气压的阀门。

(2) 低压阀。指公称压力等于小于 1.6MPa 的阀门。

(3) 中压阀。指公称压力为 2.5~6.4MPa 压力等级的阀门。

(4) 高压阀。指公称压力为 10~80MPa 的阀门。

(5) 超高压阀门。指公称压力等于大于 100MPa 的阀门。

3) 按工作温度划分

(1) 高温阀门。指工作温度高于 450℃ 的阀门。

(2) 中温阀门。指工作温度高于 120℃、而低于 450℃ 的阀门。

(3) 常温阀门。指工作温度为 -40~120℃ 的阀门。

(4) 低温阀门。指工作温度为 -40~-100℃ 的阀门。

(5) 超低温阀门。指工作温度为 -100℃ 以下的阀门。

4) 按驱动方式划分

(1) 手动阀门。指靠人力操纵手轮、手柄或链条来驱动的阀门。

(2) 动力驱动阀门。指可以利用各种动力源进行驱动的阀门，如电动阀、电磁阀、气动阀、液动阀等。

(3) 自动阀门。指无需外力驱动，而利用介质本身的能量来使阀门动作的阀门，如止回阀、安全阀、减压阀、疏水阀等。

2. 通用阀门产品型号编制方法

根据我国现行标准的规定，阀门产品型号由七个单元组成，各单元表示的意义如下：

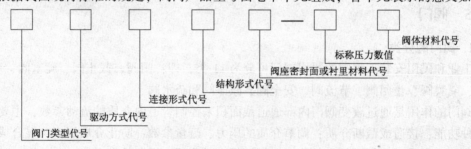

1) 阀门类型代号用汉语拼音字母表示，见表 3-9。

阀门类型代号　　　　　　　　　表 3-9

类　型	代　号	类　型	代　号
闸阀	Z	旋塞阀	X
截止阀	J	止回阀、底阀	H
节流阀	L	安全阀	A
球阀	Q	减压阀	Y
蝶阀	D	疏水阀	S
隔膜阀	G		

2）阀门的驱动方式用一位阿拉伯数字表示，见表3-10。

阀门的驱动方式　　　　　　　　　　　表3-10

驱动方式	代号	驱动方式	代号
电磁动	0	锥齿轮	5
电磁-液动	1	气动	6
电-液动	2	液动	7
蜗轮	3	气-液动	8
正齿轮	4	电动	9

注：手轮、手柄和扳手传动以及安全阀、减压阀、疏水阀省略本单元代号。

3）阀门连接形式代号用一位阿拉伯数字表示，见表3-11。

阀门连接形式代号　　　　　　　　　　表3-11

连接形式	代号	连接形式	代号
内螺纹	1	焊接	6
外螺纹	2	对夹	7
两种不同连接	3	卡箍	8
法兰	4	卡套	9

注：焊接包括对焊和承插焊。

4）阀门的结构形式代号用一位阿拉伯数字表示。
5）座密封面或衬里材料代号用汉语拼音字母表示，见表3-12。

阀座密封面或衬里材料代号　　　　　　　表3-12

密封面或衬里材料	代号	密封面或衬里材料	代号
铜合金	T	橡胶	X
蒙乃尔合金	M	塑料	S
18-8系不锈钢	E	尼龙塑料	N
Cr13系不锈钢	H	氟塑料	F
Mo2Ti系不锈钢	R	衬胶	J
渗氮钢	D	衬铅	Q
渗硼钢	P	搪瓷	C
锡基轴承合金	B	玻璃	G
硬质合金	Y		

注：1. 由阀体直接加工的阀座密封面材料代号用"W"表示；
　　2. 当阀座和阀瓣（闸板）密封面材料不同时，用低硬度材料代号表示（隔膜阀除外）。

6）公称压力（PN）用压力数值表示，并用短横线与前五个单元分开。
7）阀体材料用汉语拼音字母表示，见表3-13。

阀体材料代号　　　　　　　　　　　　　表 3-13

阀体材料	代号	阀体材料	代号
灰铸铁	Z	铬镍不锈钢（1Cr18Ni9Ti）	P
可锻铸铁	K	铬镍钼耐酸钢（Cr18Ni12Mo2Ti）	R
球墨铸铁	Q	铬钼钒钢（12Cr1MoV）	V
碳钢（铸钢）	C	钛及钛合金	A
铜及铜合金	T	铝合金	L
铬钼钢（Cr5Mo）	I	塑料	S

注：对于 $PN \leq 1.6$ Mpa 的灰铸铁阀体和 $PN \geq 2.5$ MPa 的碳钢阀体，省略本代号。

8) 阀门名称的命名。一般按传动方式、连接方式、结构形式、衬里材料和类型命名。

3. 通用阀门标志

阀体上要用铭牌或其他方式，标明阀门的型号及其特性。

1) 阀体标志识别涂漆

阀体材质与阀体外表涂漆颜色的关系见表 3-14。

阀体材质与阀体外表涂漆颜色的关系　　　　　　　表 3-14

阀体材质	颜色	阀体材质	颜色
灰铸铁，可锻铸铁	黑色	碳素钢	中灰色
球墨铸铁	银色	不锈钢、耐酸钢	天蓝色
		合金钢	中蓝色

注：不锈钢、耐酸钢阀体，可不涂颜色；铜合金阀体不涂颜色。

2) 密封面标志识别涂漆

表示密封面材质的颜色，涂在阀门手轮、手柄或扳手上。密封面材质与涂漆颜色的关系见表 3-15。

不同密封面材质的涂漆颜色　　　　　　　　　表 3-15

密封面材料	涂漆颜色	密封面材料	涂漆颜色
铜合金	大红色	蒙乃尔合金	深黄色
锡基轴承合金（巴氏合金）	淡黄色	塑料	紫红色
耐酸钢、不锈钢	天蓝色	橡胶	中绿色
渗氮钢、渗硼钢	天蓝色	铸铁	黑色
硬质合金	天蓝色		

注：1. 当阀座和启闭件材质不同时，按低硬度材质涂色漆；
　　2. 止回阀的识别颜色在阀盖顶部，安全阀、疏水阀涂在阀罩或阀帽上。

4. 通用阀门常用形式

1) 闸阀

闸阀用于截断或接通管路中的介质，结构分类有多种不同的方式，其主要区别是所采用的密封元件结构形式不同，根据密封元件的结构，常常把闸阀分成几种不同的类型，而最常见的形式是平行式闸阀和楔式闸阀；根据阀门的连接方式，还可分为内螺纹闸阀和法兰闸阀，如图 3-21 所示。

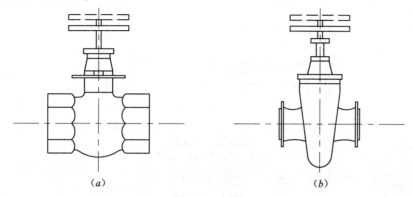

图 3-21　闸阀
（a）内螺纹闸阀；（b）法兰闸阀

2）截止阀

截止阀的启闭件是塞形的阀瓣，密封面呈平面或锥面，阀瓣沿阀座的中心线作直线运动。根据阀瓣的这种移动形式，阀座通口的变化是与阀瓣行程成正比例关系。由于该类阀门的阀杆开启或关闭行程相对较短，而且具有非常可靠的切断功能，又由于阀座通口的变化与阀瓣的行程成正比例关系，非常适合于对流量的调节。因此，这种类型的截流截止阀阀门非常适合作为切断或调节以及节流用。根据阀门的连接方式，还可分为内螺纹截止阀和法兰截止阀，如图 3-22 所示。

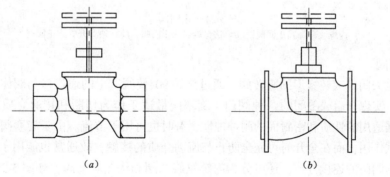

图 3-22　截止阀
（a）内螺纹截止阀；（b）法兰截止阀

3）节流阀

节流阀是通过改变节流截面或节流长度以控制流体流量的阀门。由于节流阀的流量不仅取决于节流口面积的大小，还与节流口前后的压差有关，阀的刚度小，故只适用于执行元件负载变化很小且速度稳定性要求不高的场合。对于执行元件负载变化大及对速度稳定性要求高的节流调速系统，必须对节流阀进行压力补偿来保持节流阀前后压差不变，从而达到流量稳定。节流阀按通道方式可分为直通式和角式两种，如图 3-23 所示。

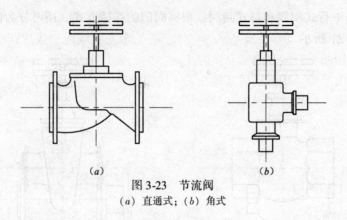

图 3-23 节流阀
(a) 直通式；(b) 角式

4）止回阀

止回阀又称单向阀或逆止阀，其作用是防止管路中的介质倒流。水泵吸水管的底阀也属于止回阀类。止回阀按结构和连接方式划分，可分为内螺纹升降式止回阀、法兰旋启式止回阀和法兰升降式止回阀三种，如图 3-24 所示。

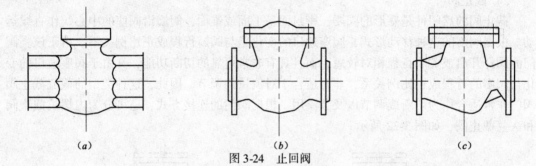

图 3-24 止回阀
(a) 内螺纹升降式止回阀；(b) 法兰旋启式止回阀；(c) 法兰升降式止回阀

5）旋塞阀

旋塞阀是关闭件或柱塞形的旋转阀，通过旋转 90°使阀塞上的通道口与阀体上的通道口相同或分开，实现开启或关闭的一种阀门。旋塞阀最适于作为切断和接通介质以及分流使用，但是依据适用的性质和密封面的耐冲蚀性，有时也可用于节流。由于旋塞阀密封面之间运动带有擦拭作用，而在全开时可完全防止与流动介质的接触，故通常也能用于带悬浮颗粒的介质。根据阀门的连接方式，还可分为内螺纹旋塞阀和法兰旋塞阀，如图 3-25 所示。

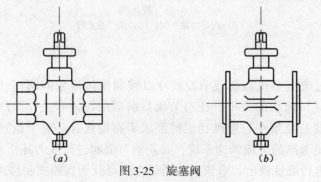

图 3-25 旋塞阀
(a) 内螺纹旋塞阀；(b) 法兰旋塞阀

6）球阀

球阀具有旋转90°的动作，旋塞体为球体，有圆形通孔或通道通过其轴线。球阀在管路中主要用来做切断、分配和改变介质的流动方向，它只需要用旋转90°的操作和很小的转动力矩就能关闭严密。球阀最适宜做开关、切断阀使用。根据阀门的连接方式，还可分为内螺纹球阀和法兰球阀，如图3-26所示。

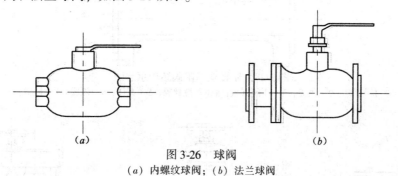

图3-26 球阀
（a）内螺纹球阀；（b）法兰球阀

7）蝶阀

蝶阀是结构简单的调节阀，同时也可用于低压管道介质的开关控制。蝶阀是指关闭件（阀瓣或蝶板）为圆盘，围绕阀轴旋转来达到开启与关闭的一种阀，在管道上主要起切断和节流作用。蝶阀启闭件是一个圆盘形的蝶板，在阀体内绕其自身的轴线旋转，从而达到启闭或调节的目的。蝶阀适用于发生炉、煤气、天然气、液化石油气、城市煤气、冷热空气、化工冶炼和发电环保等工程系统中输送各种腐蚀性、非腐蚀性流体介质的管道上，用于调节和截断介质的流动，如图3-27所示。

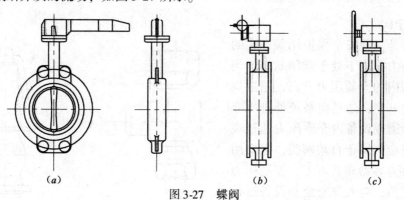

图3-27 蝶阀
（a）对夹式蝶阀；（b）电动蝶阀；（c）螺杆传动蝶阀

8）隔膜阀

隔膜阀是一种特殊形式的阀门，其启闭件是用柔软的橡胶或塑料制成的隔膜，把阀体和内腔与阀盖内腔隔开，因此，它的阀杆部分没有填料函，不存在阀杆被腐蚀或填料函的泄露问题，因而其密封性能比其他阀门好。隔膜阀的结构有屋脊式、截止式和闸板式。其中屋脊式隔膜阀应用最广，其结构如图3-28所示。隔膜阀中，由于工作介质接触的仅仅是隔膜和阀体，二者均可以采用多种不同的材料，因此该阀能理想地控制多种工作介质，尤其适合带有化学腐蚀性或悬浮颗粒地介质。按驱动方式可分为手动、电动和气动三种，如图3-29所示。

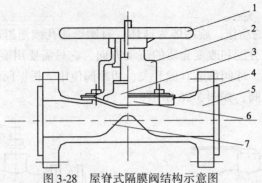

图 3-28 屋脊式隔膜阀结构示意图
1—手轮；2—阀盖；3—压闭圆板；4—弹性橡胶；5—阀体；6—隔膜；7—衬里

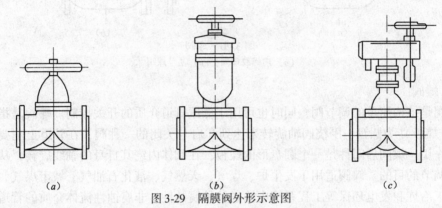

图 3-29 隔膜阀外形示意图
（a）衬胶隔膜阀；（b）气动隔膜阀；（c）电动隔膜阀

9）安全阀

安全阀是一种安全保护用阀，它的启闭件在外力作用下处于常闭状态，当设备或管道内的介质压力升高，超过规定值时自动开启，通过向系统外排放介质来防止管道或设备内介质压力超过规定数值。安全阀属于自动阀类，主要用于锅炉、压力容器和管道上，控制压力不超过规定值，对人身安全和设备运行起重要保护作用，根据阀门的连接方式，还可分为外螺纹弹簧安全阀和法兰弹簧安全阀，如图 3-30 所示。

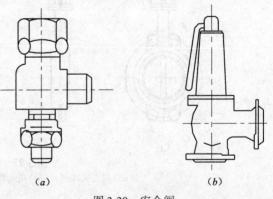

图 3-30 安全阀
（a）外螺纹弹簧安全阀；（b）法兰弹簧安全阀

10）疏水阀

疏水阀的基本作用是将蒸汽系统中的凝结水、空气和二氧化碳气体尽快排出；同时最大限度地自动防止蒸汽的泄露，分为机械型、热静力型、热动力型。因其国内生产疏水阀的厂家比较多，连接尺寸也大多不统一，本文仅介绍机械型的浮球式疏水阀及杠杆式疏水阀，如图 3-31 所示。

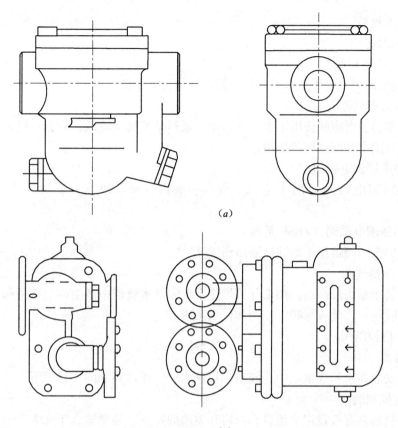

图 3-31 疏水阀
(a) 浮球式疏水阀；(b) 杠杆式疏水阀

11）减压阀

减压阀是通过调节，将进口压力减至某一需要的出口压力，并依靠介质本身的能量，使出口压力自动保持稳定的阀门。从流体力学的观点看，减压阀是一个局部阻力可以变化的节流元件，即通过改变节流面积，使流速及流体的动能改变，造成不同的压力损失，从而达到减压的目的。然后依靠控制与调节系统的调节，使阀后压力的波动与弹簧力相平衡，使阀后压力在一定的误差范围内保持恒定，按结构形式可分为薄膜式、弹簧薄膜式、活塞式、杠杆式和波纹管式，这里以活塞式减压阀及波纹管式减压阀举例，如图 3-32 所示。

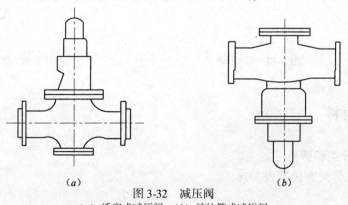

图 3-32 减压阀
(a) 活塞式减压阀；(b) 波纹管式减压阀

12）其他阀类

(1) 电磁阀

① ZCLF 型电磁阀

ZCLF 型电磁阀主要用于水、气体及低黏度油类等介质。

② ZDF 型多功能电磁阀

ZDF 型多功能电磁阀适用于水、气、油、氟利昂等黏度较低、对铜不腐蚀的气体和液体介质，在管路中起控制调节作用。

③ 小型不锈钢电磁阀

小型不锈钢电磁阀适用于空气、煤气、蒸汽、水、油类、氟利昂及一些酸碱性介质。

④ 全不锈钢电磁阀（ZBSF 系列）

全不锈钢电磁阀适用于腐蚀性液体和气体。

(2) 自动排气阀

一种安装于系统最高点，用来释放供热系统和供水管道中产生的气穴的阀门，广泛用于分水器、暖气片、地板采暖、空调和供水系统。

(3) 水位控制阀

① 浮球阀

浮球阀安装在水箱或水池中，能自动控制水位。浮球阀如图 3-33 所示。

② 水位控制阀

水位控制阀具有按设定水位自动开启和关闭的特点，特别适合于无人看管等间歇供水的场合使用，其构造如图 3-34 所示。

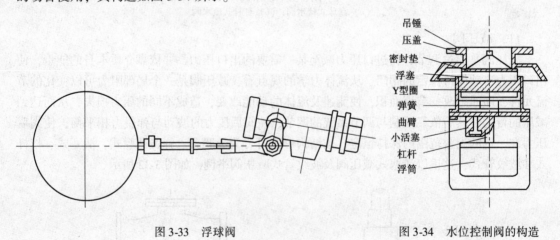

图 3-33　浮球阀　　　　图 3-34　水位控制阀的构造

3.1.6　焊接材料

1. 焊条的分类和牌号

电焊条常见分类方法见表 3-16。

电焊条的分类方法　　　　　　　　　　　　　　　　表 3-16

按焊条用途分类	结构钢焊条	按药皮成分分类	氧化钛型
	不锈钢焊条		氧化钛钙型
	低温钢焊条		钛铁矿型
	堆焊焊条		氧化铁型
	铸铁焊条		纤维素型
	钼和铬钼耐热钢焊条		低氢钾型
	镍和镍合金焊条		低氢钠型
	铝和铝合金焊条		石墨型
	铜和铜合金焊条		盐基型
按焊条性能分类	低尘低毒焊条	按熔渣酸碱性分类	酸性焊条
	铁粉高效焊条		碱性焊条
	底层焊条		
	抗潮焊条		
	立向下焊条		
	水下焊条		
	重力焊条		

电焊条牌号表示方法如下：

| 代号 | 1 | 2 | 3 | 补充代号 |

电焊条牌号中各单元表示方法：

1) 代号——用汉语拼音字母表示电焊条的类型；

2) 第1、2位——用数字表示电焊条的强度等级、具体用途或焊缝金属主要化学成分组成等级；

3) 第3位——用数字表示电焊条的药皮类型和适用电源；

4) 补充代号——用字母和数字表示电焊条的性能补充说明。

在各种电焊条的国家标准中，规定了电焊条的型号。但电焊条行业在电焊条产品样本、目录或说明书中，仍习惯采用牌号表示，另用"符合国标型号××××"表示（例如，J422 结构钢焊条，符合国标型号 E4303）。

2. 碳钢焊条和低合金钢焊条

碳钢焊条和低合金钢焊条是安装工程中使用最为广泛的焊条。碳钢焊条的现行标准是《碳钢焊条》GB/T 5117，低合金钢焊条的现行标准是《低合金钢焊条》GB/T 5118。

常用碳钢焊条和低合金钢焊条的牌号、国际型号见表 3-17。

常用碳钢焊条和低合金钢焊条的牌号、国际型号　　　　表 3-17

焊条牌号	符合国标型号	焊条名称	药皮类型	适用电源	主要用途
J421	E4313	碳钢焊条	氧化钛型	交、直流	焊接低碳钢薄板结构

续表

焊条牌号	符合国标型号	焊条名称	药皮类型	适用电源	主 要 用 途
J422	E4303	碳钢焊条	氧化钛钙型	交、直流	焊接较重要的低碳钢和同强度等级的低合金钢结构
J422FeL3	E4323	碳钢铁粉焊条	铁粉钛钙型	交、直流	高效率焊接较重要的低碳钢结构
J423	E4301	碳钢焊条	钛铁矿型	交、直流	焊接较重要的低碳钢结构
J426	E4316	碳钢焊条	低氢钾型	交、直流	焊接较重要的低碳钢和同强度等级的低合金钢结构
J427	E4315	碳钢焊条	低氢钠型	直流	焊接较重要的低碳钢和同强度等级的低合金钢结构
J502	E5003	碳钢焊条	氧化钛钙型	交、直流	焊接16Mn等低合金钢结构
J506	E5016	碳钢焊条	低氢钾型	交、直流	焊接中碳钢和某些重要低合金结构
J506Fe	E5018	碳钢焊条	铁粉低氢钾型	交、直流	与J506同，但熔敷效率较高
J506X	E5016	立向下焊专用焊条	低氢钾型	交、直流	用于垂直向下角焊缝的焊接
J507	E5015	碳钢焊条	低氢钠型	直流	与J506同
J507X	E5015	立向下焊专用焊条	低氢钠型	直流	立向下焊等结构的角接和搭接焊缝
J507CuP	E5015-G	耐大气腐蚀焊条	低氢钠型	直流	焊接铜磷系统抗大气、耐海水腐蚀的低合金钢结构
J557	E5515-G	低合金钢焊接	低氢钠型	直流	焊接中碳钢和15MnTi、15MnV等低合金钢结构
J606	E6016-D1	低合金高强度钢焊条	低氢钠型	交、直流	焊接中碳钢和15MnVN等低合金高强度钢结构
J607	E6015-D1	低合金高强度钢焊条	低氢钠型	直流	与J606同
J707	E7015-D2	低合金高强度钢焊条	低氢钠型	直流	焊接15MnMoV、14MnMoVB、18MnMoNB等低合金高强度钢结构
J807	E6015-G	低合金高强度钢焊条	低合金高强度钢焊条	直流	焊接14MnMoNbB等低合金高强度钢结构
J857	E8515-G	低合金高强度钢焊条	低合金高强度钢焊条	直流	焊接相应强度等级低合金高强度钢结构
J107	E10015-G	低合金高强度钢焊条	低合金高强度钢焊条	直流	焊接相应强度等级低合金高强度钢结构
J107Cr	E10015-G	低合金高强度钢焊条	低合金高强度钢焊条	直流	焊接30CrMnSi、35CrMo等低合金高强度钢结构

3. 耐热钢焊条

耐热钢焊条要求在电弧焊接高温下有良好的化学稳定性和足够的强度，常用耐热钢焊条的牌号、名称和用途见表3-18。

常用耐热钢焊条的牌号、名称和用途　　　　表 3-18

牌　号	符合国标型号	焊条名称	主　要　用　途	
R107	E5015-A1	钼珠光体耐热钢焊条	焊接工作温度≤510℃	15钼等珠光体耐热钢
R207	E5515-B1	铬钼珠光体耐热钢焊条	焊接工作温度≤510℃	12铬钼等珠光体耐热钢
R307	E5515-B2	铬钼珠光体耐热钢焊条	焊接工作温度≤540℃	15铬钼等珠光体耐热钢
R317	E5515-B2-V	铬钼钒珠光体耐热钢焊条	焊接工作温度≤540℃	铬钼钒珠光体耐热钢
R327	E5515-B2-VW	铬钼钒钨珠光体耐热钢焊条	焊接工作温度≤570℃	15铬钼钒耐热钢
R337	E5515-B2-VNb	铬钼钒铌珠光体耐热钢焊条	焊接工作温度≤570℃	15铬钼钒耐热钢
R347	E5515-B3-VWB	铬钼钒钨硼珠光体耐热钢焊条	焊接工作温度≤620℃	相应的珠光体耐热钢
R407	E6015-B3	铬钼珠光体耐热钢焊条	焊接工作温度≤550℃	15铬2.5钼类珠光体耐热钢
R417	E5515-B3-VNb	铬铝钒铌珠光体耐热钢焊条	焊接工作温度≤620℃	12铬3钼钒硅钛硼类珠光体耐热钢
R507	E5MoV-15	铬钼珠光体耐热钢焊条	焊接工作温度≤400℃	铬5钼类珠光体耐热钢

4. 不锈钢焊条

不锈钢焊条可分为铬不锈钢焊条和铬镍不锈钢焊条两大类。

1) 铬不锈钢焊条

铬不锈钢具有较好的耐蚀（氧化性酸、有机酸、气蚀）、耐热和耐磨性能。但铬不锈钢一般焊接性较差，应注意焊接工艺、热处理条件及选用合适的电焊条。

(1) 铬13不锈钢

铬13不锈钢焊接后硬化性较大，容易发生裂纹，若采用同类型的铬不锈钢焊条（G202、G207）焊接，则必须进行300℃以上的预热和焊后700℃左右的回火缓冷处理；若焊件不能进行焊后处理，则应采用铬镍不锈钢焊条（如A107、A207等）进行焊接。

(2) 铬17不锈钢

此类铬钢通常为改善耐蚀性能及焊接性而加入适量的稳定性元素钛、铌、钼等元素，焊接性较铬13不锈钢为好，可采用同类型的铬不锈钢焊条（G302、G307）焊接。焊前应进行200℃左右的预热，焊后进行800℃左右的回火处理，也可采用铬镍不锈钢焊条（如A107、A207等）焊后可不进行热处理。

2) 铬镍不锈钢焊条

铬镍不锈钢焊条具有良好的耐腐蚀性和抗氧化性，应用广泛。

3) 不锈钢焊条的型号

GB/T 983标准中完整的焊条型号举例如下：

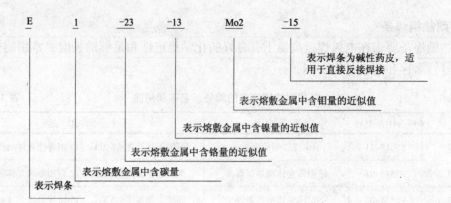

4）常用不锈钢焊条
常用不锈钢焊条见表3-19。

常用不锈钢焊条　　　　表3-19

牌号	符合国标型号	焊条名称	主要用途
G202	E410-16	铬13不锈钢焊条	焊接0铬13、1铬13不锈钢和耐磨耐蚀表面堆焊
G207	E410-15	铬13不锈钢焊条	
G217	相当E410-15	铬13不锈钢焊条	焊接0铬13、1铬13、2铬13不锈钢和耐磨耐蚀表面堆焊表面堆焊
G302	E430-16	铬17不锈钢焊条	焊接铬17不锈钢结构
G307	E430-15	铬17不锈钢焊条	
A002	E308L-16	超低碳铬19镍10不锈钢焊条	焊接超低碳19镍11型不锈钢结构和0铬19镍11钛型不锈钢设备
A102	E308-16	铬19镍10不锈钢焊条	焊接工作温度≤300℃的同类型不锈钢结构
A107	E308-15	铬19镍10不锈钢焊条	
A132	E347-16	铬19镍10铌不锈钢焊条	焊接重要的耐腐蚀的0铬18镍11钛型不锈钢结构
A137	E347-15	铬19镍10铌不锈钢焊条	
A232	E318V-16	铬18镍12钼2钒不锈钢焊条	焊接具有一般耐热和一定耐蚀性的铬19镍10和0铬18镍12钼2不锈钢结构
A237	E318V-15	铬18镍12钼2钒不锈钢焊条	
A302	E309-16	铬23镍13不锈钢焊条	焊接同类型不锈钢、异种钢及高铬钢、高锰钢等
A307	E309-15	铬23镍13不锈钢焊条	
A312	E309Mo-16	铬23镍13钼2不锈钢焊条	焊接耐硫酸介质腐蚀的同类型不锈钢容器，也可作不锈钢衬里、复合钢板、异种钢的焊接
A402	E310-16	铬26镍21不锈钢焊条	焊接同类型耐热不锈钢，或硬化性大的铬钢（如铬5钼、铬9钼、铬13、钼28等）和异种钢
A407	E310-15	铬26镍21不锈钢焊条	
A412	E310Mo-16	铬26镍21钼2不锈钢焊条	焊接在高温下工作的耐热不锈钢，或不锈钢衬里、异种钢，在焊接淬硬性高的碳钢、低合金钢时韧性极好

续表

牌 号	符合国标型号	焊条名称	主要用途
A502	E16-25MoN-16	铬16镍25钼6氮不锈钢焊条	焊接淬火状态下低、中合金钢、异种钢和相应的热强钢，如30铬锰硅钢
A507	E16-25MoN-16	铬16镍25钼6氮不锈钢焊条	

注：焊条的国际型号中，E表示焊条；左起一组数字表示熔敷金属化学成分分类代号；如有特殊要求的化学成分，则用该成分的元素符号标注在数字后，另用字母L和H，分别表示较低、较高碳含量；R表示碳、磷、硅含量均较低；短划后的一组数字：15表示低氢型药皮、全位置焊接、直接反接；16表示钛钙型药皮、全位置焊接、交直流两用；17表示钛酸型药皮、全位置焊接、交直流两用。

5. 铜及铜合金焊条

在铜和铜合金的焊接中，除了用纯铜焊条焊接纯铜外，目前采用较多的是用青铜焊条来焊接各种铜和铜合金、铜与钢等。

常用铜及铜合金焊条的品种及用途见表3-20。

常用铜及铜合金焊条的品种及用途　　　表3-20

牌 号	符合国际型号	焊条名称	焊芯材质	主要用途
T107	TCu	纯铜焊条	纯铜	焊接导电铜排、铜零件，也可用于堆焊耐海水腐蚀的碳钢零件
T207	TCuSi-B	硅青铜焊条	硅青铜	适用于铜、硅青铜及黄铜的焊接，化工机械管道等内衬的堆焊
T227	TCuSn-B	磷青铜焊条	锡磷青铜	焊接铜、磷青铜、黄铜及异种金属，或堆焊磷青铜轴衬等
T237	TCuAl-C	铝青铜焊条	铝锰青铜	用于铝青铜及其他铜合金、铜合金与钢的焊接和铸铁的焊补
T307	TCuNi-B	铜镍耐蚀焊条	铜镍合金	用于焊接70~30铜镍合金或70~30铜镍合金/654-Ⅲ钢复合金属及70~30铜镍合金作覆层，645-Ⅲ钢作基层的衬里结构的复合金属

6. 铝及铝合金焊条

铝及铝合金焊条主要用于纯铝、铝锰、铸铝及部分铝镁合金结构的焊接和补焊。

常用铝及铝合金焊条的品种及用途见表3-21。

常用铝及铝合金焊条的品种及用途　　　表3-21

GB/T 3669—2001型号	GB/T 3669—1983型号	旧牌号	焊条名称	焊芯材质	主要用途
E1100	TAl	L109	纯铝焊条	纯铝	焊接纯铝板，纯铝容器
E3003	TAlMn	L309	铝锰焊条	铝锰合金	焊接铝锰合金，纯铝及其他铝合金
E4043	TAlSi	L209	铝硅焊条	铝硅合金	焊接铝板、铝硅铸件、一般铝合金、锻铝、硬铝（铝镁合金除外）

注：按现行标准规定，焊条直径为2.5、3.2、4.0、5.0、6.0mm，焊条长度为340~360mm。

7. 焊丝与焊剂

1）**碳素钢、合金钢及不锈钢用实芯焊丝**

采用气焊、埋弧焊和气体保护焊等方法焊接碳素钢、合金钢和不锈钢，通常使用实芯焊丝，其化学成分应符合 GB/T 14957、GB/T 14958 的规定。

实芯焊丝牌号的表示方法如下：

（1）牌号以"H"字开头，表示实芯焊丝；

（2）H 后面的一位数字或两位数字表示含碳量的百分之零点几；

（3）化学元素符号及其后面的数字，表示该元素大致含量的百分之几；合金元素含量小于 1% 时，该合金元素化学符号后面的数字省略；

（4）在碳素结构钢或合金结构钢焊丝牌号末尾，有时标有"A"或"E"，其中"A"表示是优质产品，该焊丝的硫、磷含量比普通焊丝低；"E"表示是高级优质产品，其硫、磷含量更低。

实芯焊丝牌号表示举例如下：

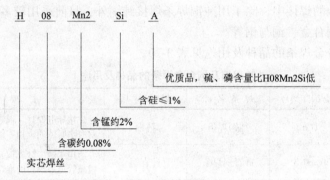

2) 铜及铜合金焊丝

根据 GB/T 9460 的规定，铜及铜合金焊丝的牌号、规格和用途见表 3-22。

铜及铜合金焊丝的牌号、规格和用途　　　　表 3-22

名称	牌号	符合国际型号	规格（mm）	熔点（℃）	用途
特制紫铜焊丝	HS201	HSCu	1.0, 1.2,	1050	同于紫铜气焊、氩弧焊
低磷铜焊丝	HS202	HSCu	1.6, 2.0,	1060	同于紫铜气焊、碳弧焊
锡黄铜焊丝	HS221	HSCuZn-3	1.5, 3.0,	890	同于黄铜的气焊、碳弧焊及钎焊铜、铜、铜镍合金，灰铸铁，镶嵌硬质合金刀具
铁黄铜焊丝	HS222	HSCuZn-2	1.0, 5.0,	860	
硅黄铜焊丝	HS224	HSCuZn-4	6.0	905	

3) 铝及铝合金焊丝

根据 GB/T 10858 的规定，铝及铝合金焊丝的牌号、规格和用途见表 3-23。

铝及铝合金焊丝的牌号、规格和用途　　　　表 3-23

名称	牌号	符合国际型号	规格（mm）	熔点（℃）	用途
纯铝焊丝	HS301	SAl-3	1.0, 1.2, 1.6, 2.0, 1.5, 3.0, 1.0, 5.0, 6.0	660	纯铝及焊接要求不高的铝合金的气焊及氩弧焊
铝硅合金焊丝	HS311	SAlSi-1		580～610	除铝镁合金外的铝合金的气焊及氩弧焊
铝锰合金焊丝	HS321	SAlMn		632～554	铝锰合金及其他铝合金的气焊及氩弧焊
铝镁合金焊丝	HS331	SAlMg-5		638～660	铝锰合金的气焊及氩弧焊

4) 气焊溶剂

用气焊焊接某些金属时,要用气焊溶剂作助燃剂,以驱除焊接过程中形成的氧化物,对熔敷金属起到精炼作用,获得致密的焊接组织。常用气焊溶剂牌号、规格和用途见表 3-24。

常用气焊溶剂牌号、规格和用途　　　　表 3-24

溶剂名称	牌号	性能	用途
不锈钢及耐热钢气焊溶剂	CJ101	熔点约900℃,有良好的润湿作用,能防止熔化金属被氧化,除渣容易	用于不锈钢及耐热钢气焊
铸铁气焊溶剂	CJ201	熔点约650℃,易潮解,能有效驱除铸铁焊接过程中产生的硅酸盐和氧化物,并加速金属熔化	用于铸铁焊接
钢气焊溶剂	CJ301	熔点约为650℃,呈酸性反应,能有效地溶解氧化铜和氧化亚铜,焊接时呈液态覆盖在金属表面,防止金属氧化	铜及铜合金的气焊
铝气焊溶剂	CJ401	熔点约为560℃,呈碱性反应,能有效地破坏氧化铝箔膜焊后应将残渣从焊缝表面清除干净	铝、铝合金及铝青铜件的气焊

8. 自动焊丝

1) 气体保护焊丝

气体保护焊丝是指利用 CO_2 或 ($Ar+CO_2$) 作为气体的电弧焊接使用的焊丝。气体保护焊具有效率高、质量好,易于实现焊接施工机械化和自动化等特点。根据现行国家标准《气体保护电弧焊用碳钢、低合金钢焊丝》GB/T 8110 的规定,常用气体保护焊丝的品种及性能用途见表 3-25。

常用气体保护焊丝的品种及性能用途　　　　表 3-25

牌号	合格国标型号	规格(mm)	性能及用途
MG50-4	ER50-4	以焊丝盘、焊丝卷盘、焊丝筒的形式供货,直径为 0.8、1.0、1.2、1.6	焊接工艺性能良好、电弧稳定、飞溅少、适用于碳钢板材和管材的焊接
MG50-6	ER50-6		焊接工艺性能良好,焊丝熔化速度快,焊接效率高,电弧稳定,飞溅极小,焊缝美观,适用于碳钢及500MPa级强度钢的焊接和板材和管材的焊接

2) 埋弧焊丝

埋弧焊在施焊过程中需配用相应的焊剂,使电弧在焊剂层下燃烧,其特点是无弧光,保护完善,能力损失小,焊接效率高,但只能在平焊位置施焊,故一般只适用于在工厂中使用。根据国家标准《熔化焊用钢丝》GB/T 14957 的规定,常用埋弧焊丝及配用焊剂的品种及性能用途见表 3-26。

常用埋弧焊丝及配用焊剂的品种及性能用途　　　　表 3-26

牌　号	焊丝直径	焊丝及配用焊剂的性能用途
H08A	2.0、2.5、3.2、4.0、5.0	配用焊剂 HJ430、HJ431、HJ433 等，焊接低碳钢及某些低合金钢结构，如 16Mn，应用最为广泛
H08MnA		配用焊剂 HJ431 等，焊接低碳钢及某些低合金钢压力容器
H10Mn2		镀铜焊丝，配用焊剂 HJ130、HJ330、HJ350、HJ360 等，焊接低碳钢及低合金钢（如 16Mn、14MnNb）结构
H10Mn2G		镀铜焊丝，配用焊剂 HJ130、HJ330、HJ350、HJ360 等，焊接低碳钢及低合金钢（如 16Mn、14MnNb）结构

9. 焊条的选择与保管

1）焊条的选择

选择焊条一般原则是根据被焊金属的化学成分、机械性能、抗裂性能等要求，同时结合焊接结构形状、工作条件、焊接设备情况等多方面进行考虑。

（1）对于低碳钢及普通低合金钢的焊接，一般都要求焊缝金属与母材等强度。所以，可根据钢材的强度等级来选用相应的焊条，只要焊接金属强度等于或稍高于母材强度即可。焊缝强度过高，往往也是不利的。在选用焊条时要注意，钢材是按屈服强度定等级的，而结构钢焊条的等级是指其抗拉强度的最低保证值。另外，还需要根据钢材的可焊性、焊接结构尺寸、形状、坡口和受力情况等影响进行全面考虑。

对同一等级的酸性焊条或碱性焊条的选用，主要取决于焊接件的结构形状、钢板厚度、焊后构件的工作条件及钢材的抗裂性能等多方面因素。一般情况下，对要求塑性好、冲击韧性高、低温性能好、抗裂性好的，选用碱性焊条。如果在施工中使用直流电源有困难，可选用交直流两用碱性焊条。如果碱性焊条与酸性焊条都可以满足焊接要求的需要，应尽量用酸性焊条。

对于低碳钢与普通低合金钢，普通低合金钢与普通低合金钢之间的异种钢的焊接接头，如果没有特殊要求，应侧重选用与强度等级较低的钢材相适应的焊条。

（2）由于珠光体耐热钢中含有铬、钼、钒、铌等合金元素，所以在高温下具有化学稳定性和足够的强度。因此在选用珠光体耐热钢的焊条时，应主要根据焊件的工作温度，但是也必须使焊缝金属的主要合金成分与母材相同或相近，以保证焊接接头的高温性能。

（3）对于不锈钢焊条，应根据焊件的工作条件（工作温度及介质种类）来选择。

（4）各厂家出产的焊条虽然牌号可能一样，但质量并不相同，在使用前应做有关试验。

钢材焊接常用焊条、焊丝和焊剂见表 3-27。

钢材焊接常用焊条、焊丝和焊剂　　　　表 3-27

钢　号	焊　条	焊　丝	气体保护焊、埋弧焊焊丝及埋弧焊焊剂	备　注
Q235A，Q235A-F	J422	H08，H08A	H08，H08A；HJ430	一般碳素结构钢

续表

钢 号	焊 条	焊 丝	气体保护焊、埋弧焊焊丝及埋弧焊焊剂	备 注
10,20	J422,J423,J424	H08A,H08Mn	H08A,H08Mn,H08MnA;HJ430	用于工作温度350℃以内
	J426,J427			用于工作温度350~450℃
16Mn	J426,J427	H10MnSi	H08A,H08MnA,H10Mn2;HJ430	用于厚度小、坡口窄的焊接
	J502,J503			用于工作温度350℃以内
	J506,J507			用于工作温度350~450℃
15MnV	J506,J507	H08Mn2Si	H08MnA,H10MnSi,H08Mn2Si;HJ431	用于工作温度350℃以内
	J556,J557			用于工作温度350~450℃
12CrMo	A107	H10CrMoA	H13CrMoA;HJ260	采用A107焊前可不预热,焊后不热处理
	R107,R207			
15CrMo	A107	H10CrMoA	H13CrMoA;HJ260	采用A107焊前可不预热,焊后不热处理
	R107,R307			
Cr5Mo	A107		H1Cr5Mn;HJ260	采用A107焊前可不预热,焊后不热处理
	R107,R507			
12CrMoV	R317		H08CrMoV;HJ260	
12Cr2MoWVB	R347	H08Cr2MoVNB		
12Cr3MoVSiTiB	R417			
12Cr1MnV	R317		H08CrMoV;HJ260	
1Cr13	G207,G202		H1Cr13;HJ260	采用A107、A207焊后可不热处理
1Cr18Ni9Ti	A107,A132,A137		H1Cr18Ni9Ti;HJ260	A107用于工作温度300℃以内,A137可用于300~600℃
Cr18Ni12Mo2Ti	A207,A237		HCr18Ni11Mo;陶质焊剂	

锅炉、压力容器及重要管道焊接常用焊条及适用钢种见表3-28。

锅炉、压力容器及重要管道焊接常用焊条及适用钢种　　　表3-28

焊条类别	焊条牌号	适用焊接钢种
低碳钢和低合金钢焊条	J422,J427	Q235A,Q235A-F,20g,10,20
	J502,J503	16Mn等低合金结构钢
	J506,J507	16Mn,16Mng,09Mn2Si,09Mn2V等低合金钢和中碳钢
	J507R	16Mn,16MnR等低合金钢的压力容器焊接
	J557	15MnV,15MnVR
	J607	15MnVN
	J707	14MnMoV,18MnMoNB

续表

焊条类别	焊条牌号	适用焊接钢种
钼和铬钼耐热钢焊接	R202，R207	12CrMo
	R302，R307	15CrMo
	R317	12Cr1MoV
	R507	1Cr5Mo
不锈钢焊条	G202，G207	0Cr13，1Cr13
	G302，G307	1Cr17
	A002	0Cr18Ni9，0Cr18Ni9Ti
	A102，A107，A132	0Cr18Ni9，1Cr18Ni9Ti
	A202，A207，A237	0Cr17Ni13Mo2Ti，Cr18Ni3Mo2Ti
	A302	Cr25Ni13
	A402	Cr25Ni20
低温钢焊条	W707	09Mn2V，09Mn2VR，09MnTiCuRe 工作温度 −70℃以上
	W707Ni	09Mn2V，09Mn2VR，06MnVAl，3.5Ni 工作温度 −70℃以上
	W907Ni	3.5Ni 工作温度 −70℃以上
	W107Ni	06AlNbCuN，06MnNb，3.5Ni 工作温度 −70℃以上

常用异种钢材焊接的焊条选用见表 3-29。

常用异种钢材焊接的焊条选用　　　　表 3-29

钢　种	焊接方法	焊接材料
合金钢（$\sigma_s \leqslant 450$MPa）与碳钢	手工电弧焊	J507，J557
合金钢（$\sigma_s \leqslant 450$MPa）与 12CrMo、15CrMo		J607
12CrMo 与碳钢		J507，R207
15CrMo 与碳钢		J507，R307
5CrMo 与碳钢、12CrMo、15CrMo		R507
12Cr1MoV 与碳钢	手工电弧焊	J507，J307
	气体保护焊	焊丝 H08Mn2Si，气体 Ar
12Cr1MoV 与 15CrMo	手工电弧焊	R507，J307
	气体保护焊	焊丝 H08Mn2Si，气体 Ar
12Cr2MoWVTiB 与 15CrMo、12Cr1MoV	手工电弧焊	R307
	气体保护焊	焊丝 H13CrMo，气体 Ar
12Cr2MoWVTiB 与碳钢	手工电弧焊	R307
	气体保护焊	焊丝 H08Mn2Si，H13CrMo，H08CrMoV，气体 Ar
奥氏体不锈钢与碳钢、12CrMo、15CrMo、Cr5Mo	手工电弧焊	A107，A137

2）焊条的保管

焊接材料的保管要求：

(1) 焊条必须分类、分牌号存放，避免混乱，每盒焊条的标志、合格证必须齐全。

(2) 焊条必须存放在通风良好、干燥的地方。

(3) 焊条需垫高0.3m以上分开堆放，最好放在货架上，以便于上下左右通风。

(4) 焊条堆放与墙的距离大于0.3m，以防受潮变质。

(5) 低氢型焊条最好存放在专用仓库，仓内保持一定的温度和湿度。

(6) 碱性低氢型焊条在使用前必须烘干，以降低焊条含氢量，否则将在焊缝中引起气孔、裂缝、白点等缺陷。一般烘干温度采用350～400℃，时间为1～2h。如焊条说明书中有要求，则按说明书要求进行烘干。经烘干的低氢型焊条应放入另一个温度控制在80～100℃的低温烘箱中存放，随时取用。

(7) 酸性焊条每包开启后最好及时用完，如存放时间过长，使用前也需烘干，烘干温度一般为150～200℃，烘1～2h。

(8) 对于过期的焊条，必须经过严格的工艺和机械性能试验后才可决定能否使用。

3.1.7 油漆及防腐材料

1. 油漆简介

油漆原指防锈防腐蚀的各种油性漆料。由于化学工业的发展，各种有机合成树脂原料被广泛采用，使传统的油漆产品的面貌发生根本变化，故应当称之为有机涂料或简称涂料。

涂料主要按成膜物质来划分种类，成膜物质又可以分为主要成膜物质和辅助材料两个部分。主要成膜物质可以单独成膜，也可以粘结颜料成膜，它是涂料的基础，因此也称为基料、漆料或漆基。

根据涂料命名的有关规定，涂料的全名为：

涂料全名＝颜料或颜色名称＋成膜物质＋基本名称

例如：灰醇酸磁漆。

涂料的型号组成规定为：

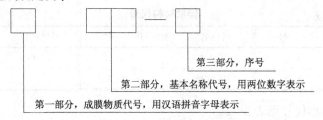

第三部分，序号
第二部分，基本名称代号，用两位数字表示
第一部分，成膜物质代号，用汉语拼音字母表示

例如：H52-3 为各色环氧防腐漆。

辅助材料的型号组成规定为：

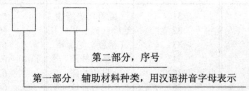

第二部分，序号
第一部分，辅助材料种类，用汉语拼音字母表示

根据《涂料产品分类、命名和型号》GB/T 2705 的规定，涂料成膜物质的分类及代号见表 3-30。辅助材料可按不同用途再加区分，见表 3-31。

涂料的类别、代号及主要成膜物质   表 3-30

序号	涂料类别	代号	主要成膜物质
1	油脂漆类	Y	天然植物油、鱼油、合成油
2	天然树脂类	T	松香及其衍生物、虫胶、动物胶、大漆及其衍生物等
3	酚醛树脂漆类	F	酚醛树脂、改性酚醛树脂、二甲苯树脂等
4	沥青漆类	L	甘油醇酸树脂、煤焦沥青、石油沥青、硬脂酸沥青等
5	醇酸树脂漆类	C	甘油醇酸树脂、改性醇酸树脂、季戊四醇及其他醇类的醇酸树脂
6	氨基树脂漆类	A	脲醛树脂、三聚氰胺甲醛树脂等
7	硝基树脂漆类	Q	硝基纤维素、改性硝基纤维素等
8	纤维素漆类	M	乙酸纤维、苯基纤维、乙基纤维、羟甲基纤维、乙酸丁酸纤维等
9	过氯乙烯漆类	G	过氯乙烯树脂、改性过氯乙烯树脂等
10	乙烯漆类	X	聚二乙烯基乙炔树脂、氯乙烯共聚树脂、聚醋酸乙烯及其共聚物、聚乙烯醇缩醛树脂、聚苯乙烯树脂、含氟树脂、氯化聚丙烯树脂、石油树脂等
11	丙烯酸漆类	B	丙烯酸树脂、丙烯酸共聚树脂及其改性树脂等
12	聚酯漆类	Z	饱和聚酯树脂、不饱和聚酯树脂等
13	环氧树脂漆类	H	环氧树脂、改性环氧树脂等
14	聚氨酯漆类	S	聚氨基甲酸酯
15	元素有机漆类	W	有机硅、有机钛、有机铝等
16	橡胶漆类	J	天然橡胶及其衍生物，合成橡胶及其衍生物
17	其他漆类	E	以上 16 种之外的成膜物质，如无机高分子、聚酰亚胺树脂等

辅助材料代号   表 3-31

材料名称	代号	材料名称	代号	材料名称	代号
稀释剂	X	催干剂	G	固化剂	H
防潮剂	F	脱漆剂	T		

涂料的基本名称代号见表 3-32。

涂料的基本名称代号   表 3-32

代号	基本名称	代号	基本名称	代号	基本名称
00	清油	31	（覆盖）绝缘漆	55	耐水漆
01	清漆	32	绝缘（磁、烘）漆	60	防火漆
02	厚漆	33	（粘合）绝缘漆	61	耐热漆
03	调和漆	34	漆包线漆	62	变色漆
04	磁漆	35	硅钢片漆	63	涂布漆
05	烘漆	36	电容器漆	64	可剥漆

续表

代　号	基本名称	代　号	基本名称	代　号	基本名称
06	底漆	37	电阻漆，电位器漆	65	粉末涂料
07	腻子	38	半导体漆	80	地板漆
08	水溶漆，乳胶漆	40	防污漆、防蛆漆	81	渔网漆
09	大漆	41	水线漆	82	锅炉漆
10	锤纹漆	42	甲板漆、甲板防滑漆	83	烟囱漆
11	皱纹漆	43	船壳漆	84	黑板漆
12	裂纹漆	44	船底漆	85	调色漆
14	透明漆	50	耐酸漆	86	标志漆，路线漆
20	铅笔漆	51	耐碱漆	98	胶液
21	木器漆	52	防腐漆	99	其他
23	罐头漆	53	防锈漆		
30	（浸渍）绝缘漆	54	耐油漆		

注：表3-33中，00~09代表基本品种，10~19代表美术漆，20~29代表轻工用漆，30~39代表绝缘漆，40~49代表船舶漆，50~59代表防腐蚀漆，60~99代表其他漆。

2. 油漆的品种和选用

油漆分为底漆和面漆两种。油漆的选择主要取决于金属材质和腐蚀性质。不同金属常用底漆的选择见表3-33。

不同金属常用底漆的选择　　　　　　　　　　表3-33

金属类别	底漆品种
钢、铸铁	Y53~31 红丹油性防锈漆，F53-31 红丹酚醛防锈漆，C53-31 红丹醇酸防锈漆，Y53-32 铁红油性防锈漆，F53-33 铁红酚醛防锈漆，F53-39 硼钡酚醛防锈漆，X06-1 乙烯磷化底漆（分装）
锌及镀锌表面	X06-1 乙烯磷化底漆（分装），H06-2 锌黄环氧酯底漆，F53-34 锌黄酚醛防锈漆
铝及铝合金	X06-1 乙烯磷化底漆（分装），F53-34 锌黄酚醛防锈漆，H06-2 锌黄环氧酯底漆，H06-19 锌黄环氧酯底漆
铜及铜合金	X06-1 乙烯磷化底漆（分装），H06-2 锌黄环氧酯底漆

3. 溶剂和稀释剂

1）溶剂及其有关剂类

（1）溶剂。凡是用于溶解动物、植物、树脂、沥青、纤维素衍生物和增塑剂等成膜物质的挥发性液体，都称为溶剂。

（2）助溶剂。助溶剂也称为潜溶剂。单独的某一液体（例如酒精）对另一种物质（例如硝化棉）并无溶解力，但当它和后者的真溶剂（例如醋酸酯类）适当混合时，就可以比单独使用真溶剂获得更好的溶解力，因此称为该液体的助溶剂；另一种情况是，如果两种液体单独使用任何一种，对某物质均无溶解力。如果两种液体混合使用，则成为非常良好的溶剂，这时两者均称为助溶剂。

（3）冲淡剂。某物质对于涂料的成膜物质无溶解力，但对辅助成膜物质则有溶解力，如苯类用于硝基漆中，具有稀释硝基纤维及溶解组分中其他树脂的双重作用，此类物质称为冲淡剂。

（4）稀释剂。稀释剂用于溶解及稀释涂料，以达到适宜的黏度，以便于喷涂或刷涂。

稀释剂的组分可能全部是溶剂或冲淡剂，也可能是二者的混合物，有时也加助溶剂。

（5）催干剂。某些重金属的氧化物或有机酸的金属盐（即皂类），加入干性油或清漆等成膜物质中，能促进干燥，具有此种作用的添加剂称为催干剂。

（6）防潮剂。防潮剂也称为防白剂。能防治硝基漆或其他挥发性漆在成膜时由于潮湿作用，表面上发生发白现象的物质称为防潮剂。

2）各种油漆（涂料）所用的稀释剂

（1）油基漆类。一般采用200号溶剂油或松节油作为稀释剂。如果漆中树脂含量高或者油脂含量低，就应将两者以一定比例混合使用，或加入少量芳香烃溶剂，如二甲苯。

（2）沥青漆类。多用200号煤焦溶剂、200号溶剂油、二甲苯作为稀释剂，在沥青烘漆中，有时添加少量煤油来改善流平性，有时还加一些丁醇。

（3）醇酸树脂类。醇酸漆的含油量在50%以下为短油度，50%~60%中油度，60%以上为长油度，这里的油度是指油漆中油与树脂的比例。

醇酸漆采用的稀释剂与漆的含油量有关。长油度的可用200号溶剂油；中油度的可用200号溶剂油和二甲苯，按1∶1混合使用；短油度的用二甲苯。如X-4醇酸稀释剂不但可以用于稀释醇酸漆，也可以用来稀释油基漆。

（4）氨基漆类。一般用丁醇与二甲苯（或200号煤焦溶剂）的混合溶液（各50%）作稀释剂，也可以采用二甲苯80%，丁醇10%，醋酸丁酯10%的混合溶液作为稀释剂。

（5）硝基漆类稀释剂又称香蕉水，因成分中含有醋酸戊酯的香味而得名，如X-1、X-2均是。它们是由酯、酮、醇和芳香烃溶剂组成。

（6）过氯乙烯漆采用X-3稀释剂。配置稀释剂采用稀释剂采用酯、酮及苯类等混合溶剂，但不能用醇类溶剂。

（7）环氧漆稀释剂的配方采用环己酮、丁醇、二甲苯等混合溶剂。

（8）聚氨酯漆稀释剂的配方采用无水二甲苯、无水环己酮、无水醋酸丁酯等混合溶剂。

4. 沥青及其制品

沥青是由石油原油炼制出汽油、煤油、柴油及润滑油等油品后的副产品，再经过处理而成。沥青是一种有机胶结材料，具有良好的粘结性、塑性、耐化学腐蚀性和不透水性，并能抗大气的风化作用。根据用途不同，沥青分为道路石油沥青、建筑石油沥青、专用石油沥青和普通石油沥青四大类。在安装工程中，沥青及其制品主要用作防锈、防腐蚀涂料和防漏填料等。由于安装工程中埋地钢管使用沥青防腐层，石油化工行业制订了行业标准《管道防腐沥青》SH 0098规范管道防腐沥青的技术质量指标。

3.1.8 绝热材料

在建筑中，习惯上将用于控制室内热量外流的材料叫作保温材料，防止室外热量进入室内的材料叫作隔热材料。保温、隔热材料统称为绝热材料。常用的保温绝热材料按其成分可分为有机、无机两大类。根据《建筑材料及制品燃烧性能分级》GB 8624—2006，建筑材料的燃烧性能等级划分，保温绝热材料的燃烧性能等级被划分为A1、A2、B、C、D、E、F等七个级别。下面就一些比较常见的材料作介绍。

1. 有机隔热材料

1）模塑聚苯乙烯泡沫塑料（EPS）

模塑聚苯乙烯泡沫塑料是采用可发性聚苯乙烯珠粒经加热预发泡后，在磨具中加热成型而制得的，具有闭孔结构的，使用温度不超过75℃的聚苯乙烯泡沫塑料板材。

特点：具有优异持久的保温隔热性、独特的缓冲抗震性、抗老化性和防水性能。

主要用途：在日常生活、农业、交通运输业、军事工业、航天工业等许多领域都得到了广泛的应用。特别是大型泡沫板材的市场需求量很大，作为彩钢夹芯板、钢丝（板）网架轻质复合板、墙体外贴板、屋面保温板以及地热用板等。它更广泛地被应用在房屋建筑领域，用作保温、隔热、防水和地面的防潮材料等。

2）挤塑聚苯乙烯泡沫塑料（XPS）

XPS即绝热用挤塑聚苯乙烯泡沫塑料，俗称挤塑板，它是以聚苯乙烯树脂为原料加上其他的原辅料与聚合物，通过加热混合同时注入催化剂，然后挤塑压出成型而制造的硬质泡沫塑料板。

特点：具有完美的闭孔蜂窝结构，其结构的闭孔率达到了99%以上，这种结构让XPS板有极低的吸水性（几乎不吸水）、低热导系数、高抗压性、抗老化性（正常使用几乎无老化分解现象）。

主要用途：广泛用于墙体保温、平面混凝土屋顶及钢结构屋顶的保温；用于低温储藏地面、泊车平台、机场跑道、高速公路等领域的防潮保温。

3）聚氨酯硬质泡沫塑料

聚氨酯硬质泡沫塑料是异氰酸酯和羟基化合物经聚合发泡制成，按其硬度可分为软质和硬质两类，聚氨酯硬质泡沫塑料一般为室温发泡，成型工艺比较简单。按施工机械化程度可分为手工发泡及机械发泡；按发泡时的压力可分为高压发泡及低压发泡；按成型方式可分为浇注发泡及喷涂发泡。

特点：聚氨酯硬泡多为闭孔结构。具有绝热效果好，重量轻、比强度大、施工方便等优良特性，同时还具有隔声、防震、电绝缘、耐热、耐寒、耐溶剂等特点。

主要用途：食品等行业冷冻冷藏设备的绝热材料；工业设备保温，如储罐、管道等；建筑保温材料；灌封材料等。

4）橡塑发泡材料

橡塑发泡保温材料是采用自动化生产线，以性能优异的丁腈橡胶、聚氯乙烯为主要原料，经密炼、硫化发泡等特殊工艺制成。

其主要特点：低密度，密闭式气泡结构，导热系数、水汽透过率、吸水率低、富柔软性，施工方便。适用温度范围广，自40℃至105℃抗老化性能好，经久耐用。阻燃效果达到国家原B1级标准。

主要用途：广泛用于中央空调冷冻机房、建筑、船舶、车辆等行业的各类水汽管道的保温、隔热。

2. 无机保温绝热材料

1）矿物棉、岩棉及其制品

矿物棉是以工业废料矿渣为主要原料，经熔化，用喷吹法或离心法而制成的棉状绝热材料。岩棉是以天然岩石为原料制成的矿物棉。常用岩石如玄武岩、辉绿岩、角闪岩等。

矿物棉特点：矿物棉及制品是一种优质的保温材料，已有100余年生产和应用的历史。其质轻、保温、隔热、吸声、化学稳定性好、不燃烧、耐腐蚀，并且原料来源丰富，成本较低。

矿物棉主要用途：其制品主要用于建筑物的墙壁、屋顶、天花板等处的保温绝热和吸声，还可制成防水毡和管道的套管。

2）玻璃棉及制品

玻璃棉是用玻璃原料或碎玻璃熔融后制成的一种纤维状材料，它包括短棉和超细棉两种。

玻璃棉特点：在高温、低温下能保持良好的保温性能；良好的弹性恢复力；良好的吸音性能，对各种声波、噪声均有良好的吸音效果；化学稳定性好，无老化现象，长期使用性能不变，产品厚度、密度和形状可按用户要求加工，但是加工时会有纤维粉尘，对人体造成不适。

主要用途：短棉主要制成玻璃棉毡、卷毡，用于建筑物的隔热和隔声，通风、空调设备的保温、隔声等。超细棉主要制成玻璃棉板和玻璃棉管套，用于大型录音棚、冷库、仓库、船舶、航空、隧道以及房建工程的保温、隔声，还可用于供热、供水、动力等设备管道的保温。

3）硅酸铝棉及制品

硅酸铝棉即直径3～5μm的硅酸铝纤维，又称耐火纤维，是以优质焦宝石、高纯氧化铝、二氧化硅、锆英砂等为原料，选择适当的工艺处理，经电阻炉熔融喷吹或甩丝，使化学组成与结构相同与不同的分散材料进行聚合纤维化制得的无机材料，是当前国内外公认的新型优质保温绝热材料。

特点：质轻、耐高温、低热容量，导热系数低、优良的热稳定性、优良的抗拉强度和优良的化学稳定性。

主要用途：广泛用于电力、石油、冶金、建材、机械、化工、陶瓷等工业环境中的高温绝热封闭以及用作过滤、吸声材料。

4）石棉及其制品

石棉又称"石绵"，为商业性术语，指具有高抗张强度、高挠性、耐化学和热侵蚀、电绝缘且具有可纺性的硅酸盐类矿物产品。它是天然的纤维状硅酸盐类矿物质的总称。

特点：具有高度耐火性、电绝缘性和绝热性，是重要的防火、绝缘和保温材料。

主要用途：主要用于机械传动、制动以及保温、防火、隔热、防腐、隔声、绝缘等方面，其中较为重要的是汽车、化工、电器设备、建筑业等制造部门。

5）无机微孔材料

（1）硅藻土

硅藻土由无定形的SiO_2组成，并含有少量Fe_2O_3、CaO、MgO、Al_2O_3及有机杂质。

特点：硅藻土通常呈浅黄色或浅灰色，质软，多孔而轻，其空隙率为50%～80%，因此具有良好的保温绝热性能。硅藻土的化学成分为含水的非晶质SiO_2，其最高使用温度可达到900℃。

主要用途：工业上常用来作为保温材料、过滤材料、填料、研磨材料、水玻璃原料、脱色剂及催化剂载体等。

（2）硅酸钙及其制品

硅酸钙保温材料是以65%氧化硅（石英砂粉、硅藻土等）、35%氧化钙（也有用消石灰、电石渣等）和5%增强纤维（如石棉、玻璃纤维等）为主要原料，经过搅拌、加热、凝胶、成型、蒸压硬化、干燥等工序制成的一种新型保温材料。

特点：表观密度小，抗折强度高，导热系数小，使用温度高，耐水性好，防火性强，无腐蚀，经久耐用，其制品易加工、易安装。

主要用途：广泛用于冶金、电力、化工等工业的热力管道、设备、窑炉的保温隔热材料，房屋建筑的内外墙、平顶的防火覆盖材料，各类舰船的舱室墙壁及过道的防火隔热材料。

6）无机气泡状保温材料

（1）膨胀珍珠岩及其制品

膨胀珍珠岩是天然珍珠岩煅烧而得，呈蜂窝泡沫状的白色或灰白色颗粒，是一种高效能的绝热材料。

特点：密度小，导热系数低，化学性稳定，使用温度范围宽，吸湿能力小，无毒无味，不腐蚀，不燃烧，吸声和施工方便。

主要用途：建筑工程中膨胀珍珠岩散料主要用作填充材料、现浇水泥珍珠岩保温、隔热层、粉刷材料以及耐火混凝土方面，其制品广泛用于较低温度的热管道、热设备及其他工业管道设备和工业建筑的保温绝热，以及工业与民用建筑围护结构的保温、隔热、吸声。

（2）加气混凝土

加气混凝土是一种轻质多空的建筑材料，它是以水泥、石灰、矿渣、粉煤灰、砂、发气材料等为原料，经磨细、配料、浇注、切割、蒸压养护和铣磨等工序而制成的，因其经发气后制品内部含有大量均匀而细小的气孔，故名加气混凝土。

特点：重量轻，体内孔隙达70%～80%，体积密度一般为400～700kg/m³，相当于实心黏土砖的1/3，普通混凝土的1/5，保温性能好，有良好的耐火性能，不散发有害气体，具有可加工性，良好的吸声性能，原料来源广、生产效率高、生产能耗低。

用途：主要用于建筑工程中的轻质砖、轻质墙、隔音砖、隔声砖、隔热砖和节能砖。

3.2 通风空调器材

3.2.1 风管

风管就是用于空气输送和分布的管道系统。风管可按截面形状和材质分类。按截面形状，风管可分为圆形风管、矩形风管、扁圆风管等多种，其中圆形风管阻力最小，但高度尺寸最大，制作复杂。目前主要以矩形风管应用为主。风管可按材质分为金属风管、非金属风管等。

1. 金属风管

1）镀锌钢板风管

镀锌钢板风管是以镀锌钢板为主要原材料，经过咬口、机械加工成型，现场制作方便，同时具有可设计性，是传统的通风、空调用管道。同时随着技术的发展，由以前的手工制作改变为现在的全部机械化生产，具有效率高、加工尺寸精确等优点。

适用范围：作为传统风管镀锌钢板风管广泛用于各种空调场合，但在高湿度环境下使用会使风管寿命降低。

2）不锈钢板风管

不锈钢板风管是以不锈钢板为原料，制作过程与镀锌钢板风管类似，因其优异的耐蚀性、耐热性、高强度等物化性能，在特殊场合代替镀锌钢板风管使用。

适用范围：主要应用于多种气密性要求较高的工艺排气系统、溶剂排气系统、有机排气系统、废气排气系统及普通排气系统室外部分、湿热排气系统、排烟除尘系统等。

2. 非金属风管

1）酚醛复合风管

酚醛复合风管中间层为酚醛泡沫，内外层为压花铝箔复合而成。酚醛泡沫材料阻燃性能好，导热系数小，吸声性能优良，使用年限长，防火等级能达到复合材料不燃A级。

适用范围：适用于低、中压空调系统及潮湿环境，不适用于高压及洁净空调、酸碱性环境和防排烟系统。

2）复合玻纤板风管

复合玻纤风管是以超细纤板为基础，经特殊加工复合而成，集保温、消声、防潮防火、防腐、美观、外层强度高、内层表面防霉抗菌等多项功能于一体，具有重量轻、漏风量小、制作安装快、占用空间小、通风好、性能价格比较合理等优点。产品应符合现行建材行业标准《复合玻纤风管》JC/T 591 的要求。

适用范围：复合玻纤风管是低、中压空调通风系统中使用的一种通风管道，但在医院、食品加工厂、地下室等有防尘要求和高湿度场所不能使用。

3）无机玻璃钢风管

无机玻璃钢风管是以改性氯氧镁水泥为胶结材料，以中碱或无碱玻璃纤维布为增强材料制成的风管，具有防火、使用寿命长、隔声性能好、导热系数小等特点。防火等级为不燃A级，但是重量大，搬运困难，质脆易碎，且修补困难，耐水性差，会出现吸潮后返卤及泛霜现象，仅在特殊防火的场合使用。产品应符合现行建材行业标准《玻璃纤维氯氧镁水泥通风管道》JC 646 的要求。

适用范围：一般只应用于防排烟系统。

4）聚氨酯复合风管

聚氨酯复合风管的板材一般使用压花（或光面）铝箔为表面，夹层为难燃性B级的高密度硬质聚氨酯发泡材料所制成。采用这种材料制成的风管具有外表美观、内里光洁平滑、良好的隔热和隔声性能、重量较轻、制作安装方便、维修简易和耐用性高等多项优点。但是硬质聚氨酯发泡材料易燃，且燃烧时会产生带火熔滴，释放出有毒气体。

适用范围：适用于低、中、高压洁净空调系统及潮湿环境，但对酸碱性环境和防排烟系统不适用。

5）玻镁复合风管

玻镁复合风管使用氧化镁、氯化镁、耐碱玻纤布及无机粘合剂经现代工艺技术滚压而成，具有重量轻、强度高、不燃烧、隔声、隔热、防潮、抗水、使用寿命长等特点。

适用范围：主要应用于建筑、装饰、消防等领域，尤其适合餐厅、宾馆、商场等人流密集场所的装修以及地下室、人防和矿井等潮湿环境的工程。

3.2.2 风口

通风空调风口是指通风空调系统中用于送风、回风、排风的末端设备，属于一种空气分配设备。按其结构可分为：活动百叶风口、固定百叶风口、散流器、风口过滤器、圆形喷射式送风口、扩散孔板等。

1. 活动百叶风口

1) 双层百叶风口

双层百叶风口多用于通风空调送风口，也可以直接与风机盘管配套使用。同时可配置调节阀，以控制风量。双层百叶风口的型式分为前排叶片垂直于长边的 A 型和前排叶片平行于长边的 B 型两种，如图 3-35 所示。双层百叶风口的外形如图 3-36 所示。

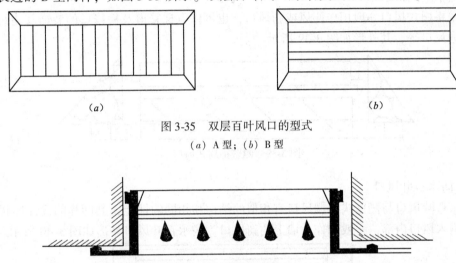

图 3-35 双层百叶风口的型式
（a）A 型；（b）B 型

图 3-36 双层百叶风口

2) 单层百叶风口

单层百叶风口可用于送风和回风。作为回风口使用时可与铝合金过滤器配套使用，叶片可上下或左右调节，便于控制气流出口风向和风量。单层百叶风口与铝合金过滤器的配套方式如图 3-37 所示。

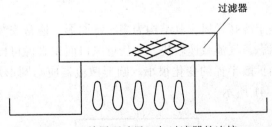

图 3-37 单层百叶风口与过滤器的连接

3) 双层和单层百叶安装图

双层和单层百叶风口的安装方式如图 3-38 所示。

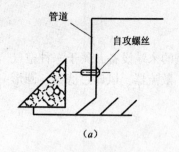 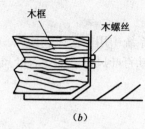 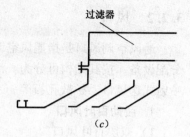

图 3-38 风口的安装方式

2. 固定百叶风口

1) 侧壁格栅式风口

侧壁格栅式风口一般用作回风或新风口，也可作电梯管道及检修口的装饰及建筑物和外墙的通风口等，其外形如图 3-39 所示。

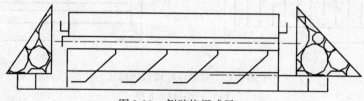

图 3-39 侧壁格栅式风口

2) 防水百叶风口

防水百叶风口与侧壁式格栅风口有相似的结构和相同的性能，其叶片的设计形状能防止雨水溅入风口内部，一般用作外墙上的新风口。防水百叶风口外形如图 3-40 所示。

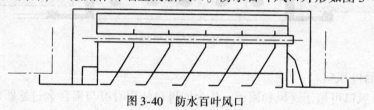

图 3-40 防水百叶风口

3. 散流器

1) 圆形散流器

圆形散流器一般用于冷暖送风，其结构为多次锥面形，通常安装在顶棚上。圆形散流器吹出的气流呈平送状态，气流减速较快，对任意风口面积来说可以供给较大的风量，而且在给定的风量范围内扩散半径的变化很小。圆形散流器应与圆形风口调节阀配套使用。圆形散流器外形如图 3-41 所示。

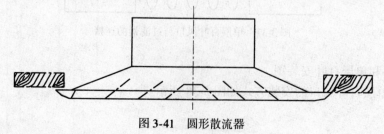

图 3-41 圆形散流器

2）方形散流器

方形散流器适用于剧场、教室、音乐厅、图书馆、游艺厅、办公室、商场、宾馆及体育馆等场所，其叶片为固定式，不能随意调节。若需调节风量及气流分布时，需另行配置风口调节阀。方形散流器的叶片与边框为分离结构，叶片能整体取出，以便安装与调整风口调节阀。方形散流器外形如图3-42所示，安装方式如图3-43所示。

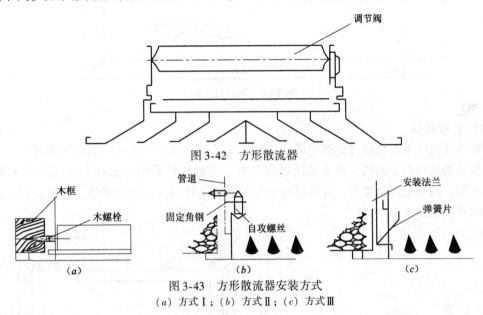

图3-42 方形散流器

图3-43 方形散流器安装方式
（a）方式Ⅰ；（b）方式Ⅱ；（c）方式Ⅲ

3）条缝散流器

条缝散流器突出了线性设计效果，布置于室内线形和环形分布的送、回风装置，可在侧墙、吊顶上安装。条缝散流器外形如图3-44所示。条缝散流器的叶片分为双向倾斜（A型）和单倾斜（B型），如图3-45所示。

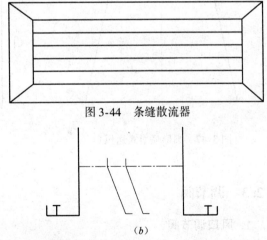

图3-44 条缝散流器

图3-45 A型和B型条缝散流器
（a）A型；（b）B型

4. 风口过滤器

风口过滤器用于铰式活芯回风百叶风口之后，对空气进行有效的过滤，具有结构美观、阻力小、重量轻、除尘率高、防潮、寿命长和清洗方便等特点。风口过滤器的外形如图3-46所示。

5. 圆形喷射式送风口

圆形喷射式送风口适用于大型生产车间、体育馆、电影院、候车厅等高大建筑的通风空调送风。该风口有较小的收缩角度，无叶片遮挡，因此喷口具有噪声低、紊流系数小、气流射程长等特点。圆形喷射式送风口的外形如图3-47所示。

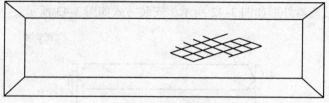

图3-46 风口过滤器

6. 扩散孔板

扩散孔板既可与高效过滤器组成高效过滤送风口，用于洁净室终端送风装置，又可以单独作为送风口用于通风空调系统的送风装置。扩散孔板采用1.5mm厚的合金铝板模压冲孔成型，四角采用氩弧焊，并经过磨平及阳极氧化处理，其表面平整，外形美观。扩散孔板的外形如图3-48所示。

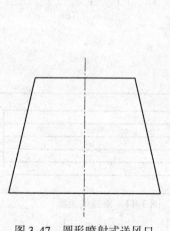

图3-47 圆形喷射式送风口

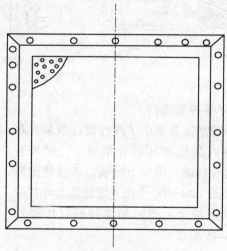

图3-48 扩散孔板

3.2.3 调节阀

1. 风口调节阀

风口调节阀是为了调节风口或散流器的流量而设置的一种可调节的对开、对合式风闸，阀的尺寸按各类风口颈部尺寸配制，高度约50mm。

2. 方形密闭多叶调节阀

方形密闭多叶调节阀的手动调节机构为蜗轮蜗杆运动，叶片转轴设有简易轴承，故开启平稳，无冲击噪声，调节方便灵活，并设有开度显示机械装置；叶片构造简单，并采用对开搭接方式，阻力小，漏风量小，因此适用于既有调节要求又有密闭要求的系统。方形密闭多叶调节阀如图3-49所示。

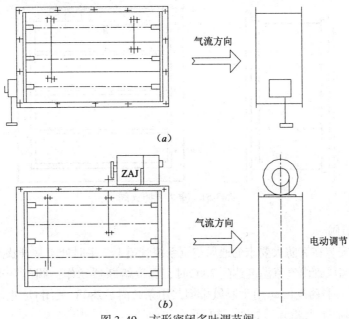

图3-49 方形密闭多叶调节阀
（a）手动；（b）电动

3. 圆形密闭式多叶调节阀

圆形密闭式多叶调节阀通过叶片和手动调节机构的改变，阀门的流通性、密闭性和调节性良好，广泛应用于工业与民用建筑通风空调及空气净化工程，其特点与方形密闭多叶调节阀相似。圆形密闭式多叶调节阀如图3-50所示。

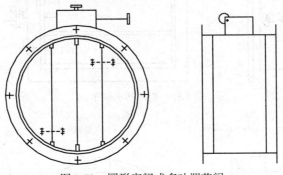

图3-50 圆形密闭式多叶调节阀

3.2.4 防火阀、排烟阀

1. 防火阀

1）重力式防火阀

重力式防火阀安装在通风空调系统管道中，平时处于常开状态，当空气温度达到70℃时，易熔片熔断，阀门叶片在重力作用下自动关闭，从而起到防火作用。重力式防火阀如图3-51所示。

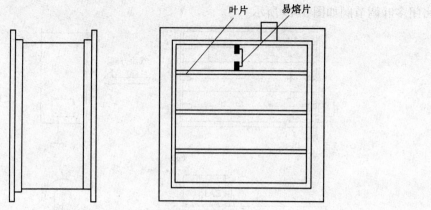

图 3-51 重力式防火阀

2) 防火调节阀

防火调节阀安装在有防火要求的通风空调系统管道上,平时处于常开状态,并在 0~90°之间调节风量。当风管内气流温度达到 70℃时,温度熔断器动作,阀门自动关闭。防火调节阀可手动关闭、手动复位(用于通风排烟共用系统时,280℃关闭)。矩形防火调节阀如图 3-52 所示,圆形防火调节阀如图 3-53 所示。

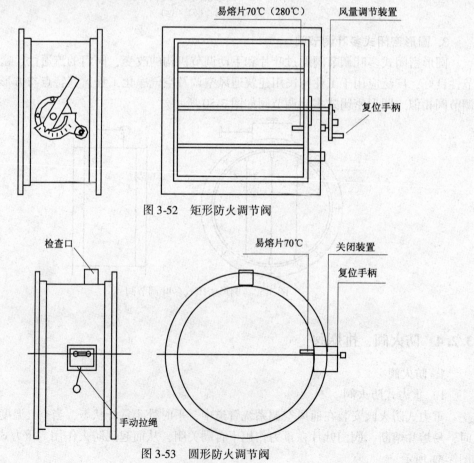

图 3-52 矩形防火调节阀

图 3-53 圆形防火调节阀

3）防烟防火调节阀

防烟防火调节阀安装在有防烟防火要求的通风空调系统上，其性能特点是：阀门常开，手动关闭，手动复位；根据火灾信号自动关闭；风管中空气温度达70℃时自动关闭；阀门叶片可在0～90°之间调节；输出阀门关闭信号，与有关消防控制设备联锁。防烟防火调节阀如图3-54所示。

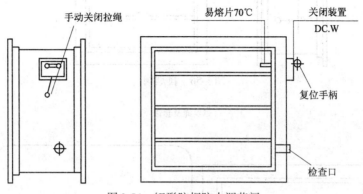

图3-54 矩形防烟防火调节阀

4）防火风口

防火风口用于有防火要求的通风空调系统的送、排风出入口。防火风口由铝合金送、排风口与防火阀组合而成，如图3-55所示。风口可调节送风气流方向，防火风口可在0～90°范围内调节通过风口的气流量，在风口内设置电磁式执行机构，可接受电气控制中心的信号阀门迅速关闭。同时可在介质温度达到70℃时，易熔片断开，使防火风口关闭，切断火势和烟气沿风管蔓延。

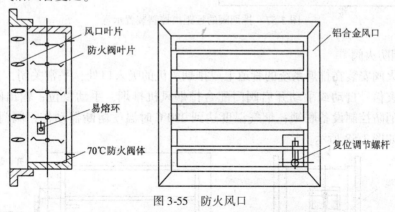

图3-55 防火风口

2．排烟阀

1）排烟阀

排烟阀安装在排烟系统上，平常关闭，火灾时自动或手动开启进行排烟，其外形如图3-56所示。排烟阀的性能特点是：根据火灾信号自动或手动开启、手动复位；输出阀门开启信号，与有关消防控制设备联锁；配置远距离自动、手动开启装置，如图3-57所示。

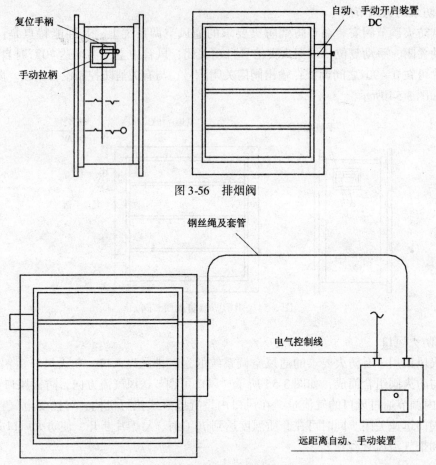

图 3-56 排烟阀

图 3-57 排烟阀的远距离控制装置示意

2）排烟防火阀

排烟防火阀安装在排烟系统的管道上或排烟风机的吸入口处，平常关闭，其性能特点是：根据火灾信号自动或手动开启阀门配合排烟风机排烟，手动复位；输出阀门开启信号，与有关消防控制设备联锁；烟气温度达到 280℃ 时温度熔断器动作，阀门自动关闭。排烟防火阀如图 3-58 所示。

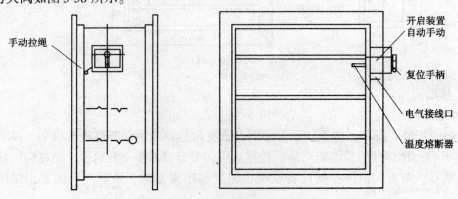

图 3-58 排烟防火阀

3）板式排烟口

板式排烟口安装在走道或防烟前室、无窗房间的排烟系统上或侧墙及吊顶上，配合排烟风机进行排烟。其性能特点是：平常关闭，根据火灾信号自动开启；烟气温度达到280℃时熔断器动作，排烟口关闭；输出排烟口开启信号，与有关的消防控制设备联锁；配置远距离自动、手动开启装置，如图3-59所示。

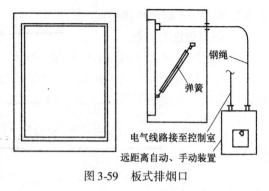

图 3-59 板式排烟口

3.2.5 消声器

根据消声原理、结构型式和应用场合的不同，消声器划分为不同的种类，有组合消声器、末端消声器、阻抗复合式消声器、微孔板消声器、折半消声器、弯头消声器、风口消声器等。

1. 组合消声器

组合消声器适用于各种大、中型通风、空调管道系统。可按风速、风量及消声量的要求选型，消声器长度有1500、2500、3500mm 三种，其外形及接口尺寸相同，也可按设计和用户要求的长度生产。组合消声器如图3-60 所示。

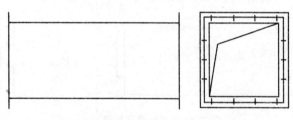

图 3-60 组合消声器

2. 末端消声器

末端消声器为矩形断面的阻性消声器，适用于宾馆及类似建筑，防止串音用消声器，也可作为末端小风量消声器用。组合消声器如图3-61 所示。

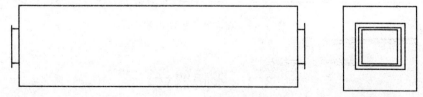

图 3-61 末端消声器

3. 矩形阻抗复合式消声器

矩形阻抗复合式消声器由超细玻璃棉阻性吸声片构成，它对中、高频有良好的消声效果，抗性消声器是由内管截面的突变及内外管之间膨胀室的作用所构成，它对低频及部分中频噪声有较好的消声作用，主要用于降低通风空调系统中风机的噪声。矩形阻抗复合式消声器外形与末端消声器类似。

4. 圆形阻性消声器

圆形阻性消声器为阻抗直管形消声元件，采用超细玻璃棉为吸声材料。该消声器能在较宽的中频范围而降低消声量。圆形阻性消声器主要用于离心通风机、锅炉引风机等通风机排气空气动力性噪声，进、排气口空气动力性噪声。圆形阻性消声器如图3-62所示。

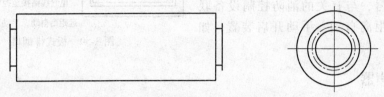

图3-62 圆形阻抗复合式消声器

5. 微孔板消声器

微孔板消声器是采用不同的穿孔率及腔深组合的金属微孔消声器，其性能特点是采用金属结构、耐高温、不怕油雾和水蒸气，即使气流中带有大量水分，消声器也可照常工作，不受影响；消音频带宽，对高、中、低频均有良好的消声效果；消声性能好阻力小，微孔板穿孔率低，可直接安装于风机的排风口，也可串接在管道上，水平或垂直安装均可，以接近风机为宜。微孔板消声器如图3-63、图3-64所示。

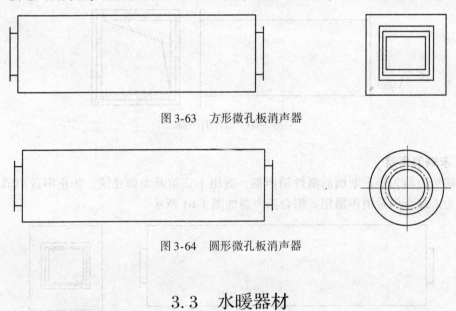

图3-63 方形微孔板消声器

图3-64 圆形微孔板消声器

3.3 水暖器材

3.3.1 卫生陶瓷及配件

卫生陶瓷的型号规格种类繁多，不同厂家的产品结构尺寸不尽相同，这里以现行国家标准《卫生陶瓷》GB/T 6952为准，介绍常用卫生陶瓷的型号规格。

1. 洗脸盆

洗脸盆常见的有立柱式、台式及托架式洗脸盆。

1）立柱式洗脸盆

立柱式洗脸盆外形如图 3-65 所示。

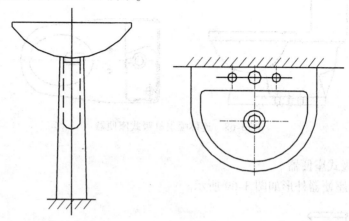

图 3-65　立柱式洗脸盆

2）台式洗脸盆

台式洗脸盆外形如图 3-66 所示。

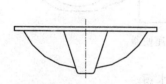 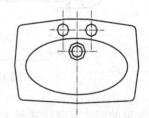

图 3-66　台式洗脸盆

3）托架式洗脸盆

托架式洗脸盆外形如图 3-67 所示。

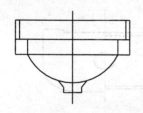 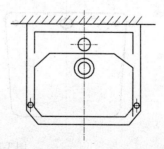

图 3-67　托架式洗脸盆

2. 座式大便器及低水箱

座式大便器常见的有连体喷射虹吸式座便器及挂箱虹吸式座便器。

1）连体喷射虹吸式座便器

连体喷射虹吸式座便器外形如图 3-68 所示。

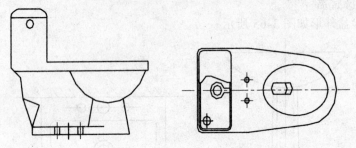

图 3-68　连体喷射虹吸式座便器

2）挂箱虹吸式座便器

挂箱虹吸式座便器外形如图 3-69 所示。

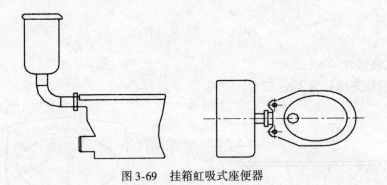

图 3-69　挂箱虹吸式座便器

低水箱常见的形式有壁挂式低水箱及坐箱式低水箱。

3）壁挂式低水箱

壁挂式低水箱外形如图 3-70 所示。

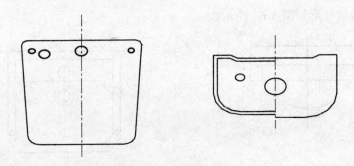

图 3-70　壁挂式低水箱

4）坐箱式低水箱

坐箱式低水箱外形如图 3-71 所示。

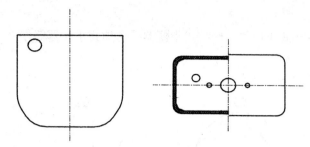

图 3-71　坐箱式低水箱

3. 蹲式大便器及高水箱

1）蹲式大便器

蹲式大便器外形如图 3-72、图 3-73 所示。

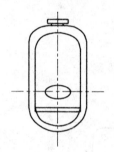 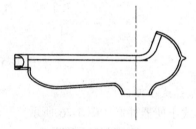

图 3-72　蹲式大便器（一）

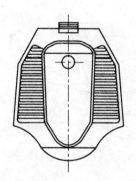 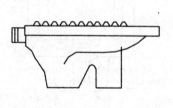

图 3-73　蹲式大便器（二）

2）高水箱

高水箱外形如图 3-74 所示。

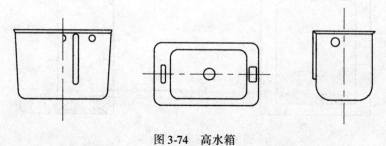

图 3-74　高水箱

4. 小便器
小便器常见的有斗式小便器、壁挂式小便器、落地式小便器等。
1）斗式小便器
斗式小便器外形如图 3-75 所示。

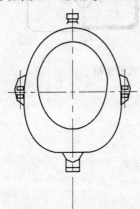 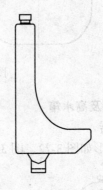

图 3-75　斗式小便器

2）壁挂式小便器
壁挂式小便器外形如图 3-76 所示。

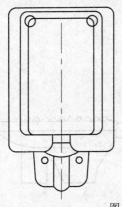 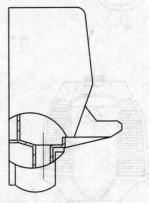

图 3-76　壁挂式小便器

3）落地式小便器
落地式小便器外形如图 3-77 所示。

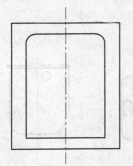 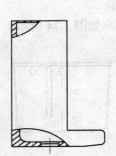

图 3-77　落地式小便器

5．净身盆

净身盆外形如图 3-78 所示。

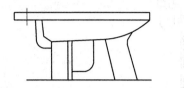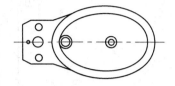

图 3-78　净身盆

6．普通洗涤盆

普通洗涤盆形如图 3-79 所示。

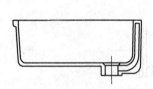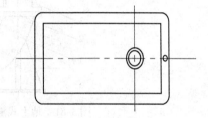

图 3-79　普通洗涤盆

7．铸铁搪瓷浴盆

铸铁搪瓷浴盆如图 3-80 所示。

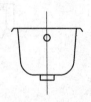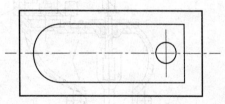

图 3-80　铸铁搪瓷浴盆

3.3.2　消防器材

1．室外消火栓

室外消火栓是室外给水管网向火场供应消防用水的主要设备，分为地上式消火栓及地下式消火栓两种，其外形分别见图 3-81、图 3-82。

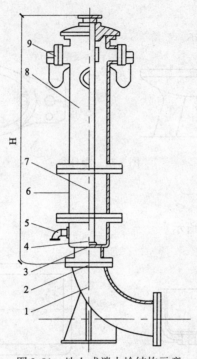

图 3-81 地上式消火栓结构示意

1—弯管；2—阀体；3—阀塞；4—阀瓣；5—放水阀；6—法兰接管；7—阀杆；8—本体；9—接口

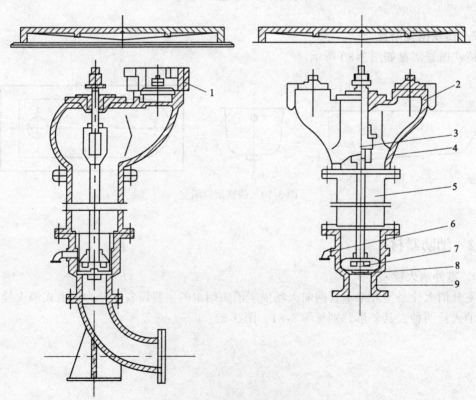

图 3-82 地下式消火栓结构示意

1—连接器座；2—KWX 型接口；3—阀杆；4—本体；5—法兰接管；6—放水阀；7—阀瓣；8—阀座；9—阀体

2. 消防水泵接合器

消防水泵接合器是为建筑物配套的自备消防设施，用以连接消防车、机动泵向建筑物的消防管网供水，型号有地上式、地下式、墙壁式和多用式，其型号标示方法为：

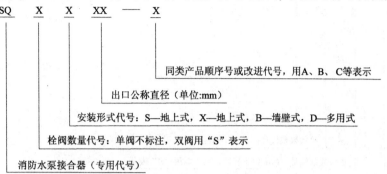

较常用的地上式消防水泵接合器的组件和结构见图3-83。

地下室和墙壁式消防水泵接合器的组件和结构基本上与地上式消防水泵接合器相同，都设有闸阀、安全阀、止回阀、放水阀、弯管、法兰接管，只是接合器本体的形状和安装方式不同。

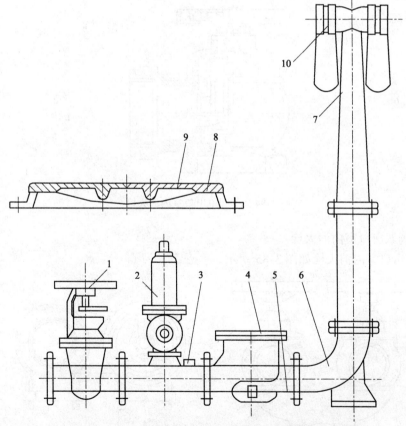

图 3-83 消防水泵接合器结构示意
1—闸阀；2—安全阀；3—止回阀；4—放水阀；5—弯管；6—法兰接管；
7—接合器本体；8—井盖座；9—井盖；10—WSK 固定接口

3. 室内消火栓

室内消火栓的常用类型主要分为单阀单出口室内消火栓、双阀双出口室内消火栓及减压型单阀单出口室内消火栓等。室内消火栓型号的表示方法为：

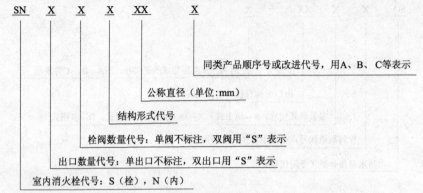

1) 单阀单出口室内消火栓

常用的单阀单出口室内消火栓如图 3-84 所示。

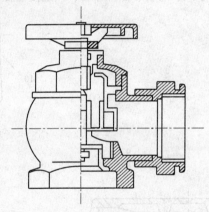

图 3-84 单阀单出口室内消火栓

2) 双阀双出口室内消火栓

双阀双出口室内消火栓如图 3-85 所示。

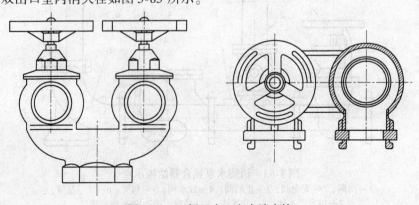

图 3-85 双阀双出口室内消火栓

3）减压型单阀单出口室内消火栓

减压型单阀单出口室内消火栓结构如图 3-86 所示。

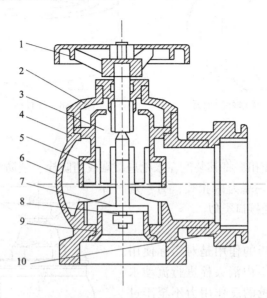

图 3-86　减压型单阀单出口室内消火栓结构示意
1—手轮；2—栓盖；3—弹簧；4—活塞盖；5—活塞；6—栓体；
7—阀瓣；8—密封垫；9—阀座；10—固定接口

4）消防水带

消防水带按材料分为两大类：无衬里消防水带，包括棉水带和麻水带（亚麻水带和苎麻水带）；有衬里消防水带，包括衬胶水带和涂塑水带。

无衬里消防水带特点：重量轻、体积小、使用方便、膨胀性好、耐压低、内壁粗糙、容易漏水、水压损失大，使用寿命短、成本高。

有衬里消防水带特点：耐压高、耐磨损、经久耐用；涂层紧密、光滑、不渗漏、水流阻力小；带体柔软、弯曲折叠方便；不受地形条件限制、各地适用、四季皆宜。

5）内扣式消防接口

内扣式消防接口应符合 GB 3265 的规定，常用的接口有水带接口、异径接口及管牙接口等。

（1）水带接口

消防水带接口是消防水带的附件。消防水带接口用于消防水带与消防水带、消防车、水枪之间的连接，便于输送水或泡沫混合液进行灭火。水带接口由本体、密封圈座、橡胶密封圈等零件组成。密封圈座上有沟槽，用来捆扎水带，本体上有两个扣爪和内滑槽，为快速内扣式接口。水带接口密封性好，连接既快又省力，不易脱落。其外形见图 3-87。

（2）异径接口

异径接口也称异径接扣，用它来连接两个不同口径的水带、水枪、消火栓等。接口为内扣式。异径接口的外形见图 3-88。

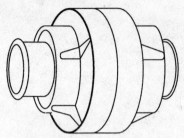
图3-87 消防水带接口外形示意

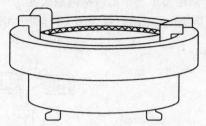
图3-88 异径接口外形示意

（3）管牙接口

管牙接口也称管牙接扣，将其装配在水枪进口端或消防栓、消防泵的出口端，用以连接水带。接口连接水带一端为内扣式，另一端为螺纹式，其外形与异径接口类似。

6）减压孔板

室内消火栓减压孔板的作用是对实际使用中压力超过使用要求的室内消火栓进行流动水减压，以保证灭火时水枪的反作用力不至于过大和水箱的消防储水不致过快用完。使用减压孔板在室内消火栓处对流动水进行减压，简单有效，在高层建筑中广为采用。

减压孔板的材质采用不锈钢或黄铜板。可以在栓前的管道活接头或夹在法兰中安装倒角扩口型减压孔板，或者在栓后的固定接口内安装直口型减压孔板。减压孔板外形结构如图3-89所示。

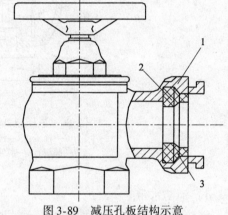
图3-89 减压孔板结构示意
1—消火栓固定接口；2—减压孔板；3—密封垫

7）消防水枪

消防水枪的功能是把水带内的水流转化成水枪的高速水流，并把这种射流（直流或雾状射流）喷射到火场的物体上，以达到灭火、冷却或防护的目的。目前在室内消火栓向内配置的水枪常为直流水枪。直流水枪外形结构如图3-90所示。

8）消火栓箱

消火栓箱是将室内消火栓、消防水带、水枪以及相关电气装置（消防泵启动、控制按钮）集装于一体，具有给水、灭火、控制、报警灯功能的箱状固定式消防装置。

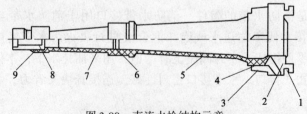
图3-90 直流水枪结构示意
1—管牙接口；2—密封圈；3—密封圈座；4—平面垫圈；5—枪体；
6—密封圈；7—喷嘴；8—密封圈；9—13mm 喷嘴

(1) 消火栓箱的分类

消火栓箱按水带安置方式可分为：挂置式、盘卷式及卷置式栓箱。如图 3-91 所示。

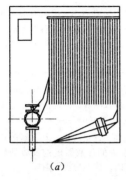 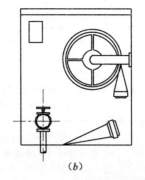 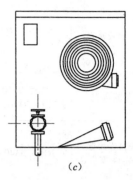

图 3-91　消火栓箱分类示意

(a) 挂置式栓箱；(b) 盘卷式栓箱；(c) 卷置式栓箱

(2) 消火栓箱的基本参数、基本型号及型号表示方法

① 基本参数：栓箱的基本参数以箱体的边长、短边和厚度尺寸表示。

② 基本型号：栓箱的基本型号表示箱体的基本参数以及箱内主要消防器材的配置情况。

③ 型号表示方法：栓箱由"基本型号"和"型式代号"两部分组成，其形式如下：

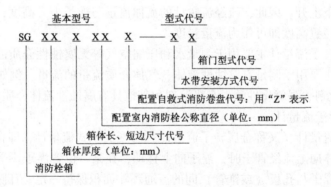

3.3.3　水表和转子流量计

1. 水表

一般情况下，应根据室内给水管网的设计流量不超过水表的额定流量来选定水表的规格。所选水表的直径，通常等于或略小于进水管直径。常用水表类型见表 3-34。

水表类型　　表 3-34

类　型	适用条件	性能及特点
旋翼式水表	DN15～DN150，DN40 以内内螺纹连接，DN50 以上法兰连接	旋翼式亦称叶轮式、水伞式，是最常用的型号，直径较小，价格便宜，适用于中、小用户

续表

类型	适用条件	性能及特点
螺翼式水表	$DN80\sim DN400$，均为法兰连接	螺翼式水表直径范围大、流量大、阻力小，因而适合大用户或在干线上使用。此型水表对涡流敏感，当水流有涡流时，会有较大计量误差。根据安装位置的不同，有水平螺翼式水表与垂直螺翼式水表之分
复式水表	主表 $DN50\sim DN400$，副表 $DN15\sim DN40$，法兰连接	当用水量变化较大时，可使用此种有主表和副表组成的复式水泵，无论流量大小均可记录，且较准确，但价格较高
磁传多流速 KBM-11 型水表	$N15\sim DN40$ 螺纹连接	自国外引进的新产品，灵敏度高、计量准确，其灵敏性指针可对管道漏水情况进行测定。水表的计数器机构及传动齿轮系，均与水隔绝，密封在计量室内，故不易污染损坏

2．转子流量计

1）玻璃转子流量计

玻璃转子流量计主要用于化工、石油、医药、化纤、食品、燃料、环保及科学研究等行业中，用来测量单相非脉动（液体或气体）流体的流量，具有压力损失小、性能可靠、读数方便、直观、结构简单，安装使用方便、价格便宜等特点。

玻璃转子流量计的主要测量元件是一根垂直安装的下小上大的锥形玻璃管和一个可在其内上下移动的浮子。当流体自下而上流经锥形玻璃管时，在浮子上下之间产生压差，浮子在此压差作用下上升。因此，流经流量计的流体流量与浮子上升高度，存在着一定的比例关系，浮子的位置高度即可作为流量量度。

普通型玻璃转子流量计主要用于测量水和压缩空气等无腐蚀性介质的流量；耐腐蚀型玻璃转子流量计主要用于测量有腐蚀性液体、气体介质流量的流量，例如强酸（氢氟酸除外）、强碱、氧化剂、强氧化性酸、有机溶剂和其他具有腐蚀性流体介质的流量检测。

2）金属管浮子流量计

金属管浮子流量计（又称金属转子流量计）为变面积式流量计，即在流量计测量的垂直管道中，当流体向上流经管子时，浮子向上移动，在某一位置浮子所受升力与浮子重力达到平衡，此时浮子与孔板（或锥管）间的流通环隙面积保持一定。环隙面积与浮子的上升高度成比例，即浮子的某一高度代表流量的大小。浮子上下移动时，以磁耦合的形式将位置传递到外部指示器，使指示器的指针跟随浮子移动，并借助凸轮板使指针线性地指示流量值的大小。电远传型转子流量计是在现场指针指示的同时，再通过角位移传感器及电变送电路，把流量值转换成 $0\sim 10mA$ 或 $4\sim 20mA$ 的标准信号。

金属管浮子流量计具有结构简单、工作可靠、适用范围广、精度较高、安装方便等特点。与玻璃转子流量计相比，具有耐高压、高温、安全性好、读数简明等特点，并可适用于不透明介质和腐蚀性介质的流量测量。

3.3.4 压力表

1．Y 型压力表

Y 型压力表是最常见的压力表，结构型式如图 3-92 所示，安装方式如表 3-35 所示。

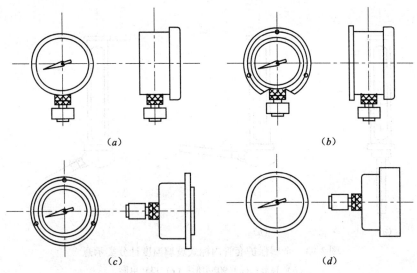

图 3-92 压力表分类示意
(a) Ⅰ型；(b) Ⅱ型；(c) Ⅲ型；(d) Ⅳ型

压力表类型   表 3-35

型　式	安　装　方　式	接　头　位　置
Ⅰ型	直接安装式	径向
Ⅱ型	凸装式	径向
Ⅲ型	嵌装式	轴向
Ⅳ型	直接安装式	轴向

2．其他压力表

除了常用的 Y 型压力表外，还有压力真空表、真空表、电接点压力表、装用压力表、标准压力表等。

3.3.5 温度计

安装工程中常用的温度计有内标式温度计、压力式温度计和双金属温度计。

1．内标式温度计

内标式玻璃温度计结构简单，价格便宜，读数直观、准确。在温度计内充入不同的液体，便能满足不同测温范围的需要，玻璃温度计内的常用液体，根据其测温范围，可以采用水银或甲苯、乙醇、石油醚、戊烷等有机液体。金属保护套管内标式玻璃温度计的外形有直形、90°角形及 135°角形三种，如图 3-93 所示。

2．压力式温度计

压力式温度计适用于远距离测量非腐蚀性液体、气体或蒸汽的温度，被测介质的压力不能超过 6MPa，温度不能超过 400℃。压力式温度计主要由温泡、毛细管和指示机构（即表头）组成。压力式温度计外形如图 3-94 所示。

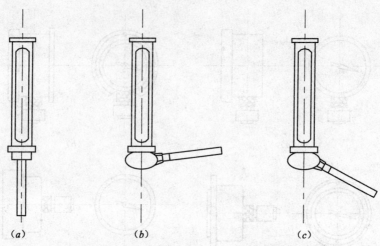

图 3-93　金属保护套管内标式玻璃温度计分类示意
(a) 直形；(b) 90°角形；(c) 135°角形

3. 双金属温度计

WSS 系列双金属温度计外形如图 3-95 所示。

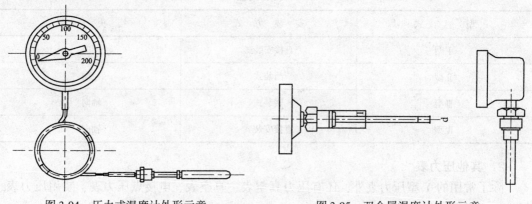

图 3-94　压力式温度计外形示意　　　图 3-95　双金属温度计外形示意

3.4　建筑电气工程材料

电气材料主要是电线和电缆。其品质规格繁多，应用范围广泛，在电气工程中以电压和使用场所进行分类的方法最为实用。

3.4.1　电线

1. 电线简介

1）概述

电线是把电能输送到负荷终端的载体，是电器元件连接和实现电能转换过程中不可缺少的材料之一。可作为导电材料制造电线的金属种类很多，而铜、铝是选用最多的导电材料。在某些特殊用途上，也采用其他金属用来制造导电体。

2）电线的分类

电线主要采用铜和铝制造，按有无绝缘分为两大类如图3-96所示。

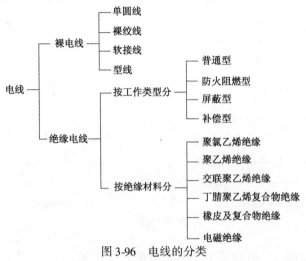

图3-96 电线的分类

2. 裸电线

1）裸电线

裸电线是没有绝缘层的电线，包括铜线、铝线、架空绞线、复合型线。各种型线如铜排、铝排、硬圆母线等。裸电线主要用于户外架空、绝缘导线线芯、室内汇流排和配电柜、箱内连接。

裸电线制品按结构和用途的不同，分类如下：

（1）单圆线：包括圆铜线、圆铝线、镀锡圆铜线、铝合金线、铝包钢圆线、铜包钢圆线和镀银圆线等。

（2）裸绞线：包括铝绞线、钢芯铝绞线、轻型钢芯铝绞线、加强钢芯铝绞线、防腐钢芯铝绞线、扩径空心内铝绞线、扩径钢芯铝绞线、铝合金绞线和硬铜绞线等。

（3）软接线：包括有铜电刷线、铜天线、铜软绞线、铜特软绞线和铜编织线等。

（4）型线：包括有扁铜线、铜母线、铜带、扁铝线、铝母线、管型母线（铝锰合金管）、异性铜排和电车线等。

裸电线的型号、类别、用途等用汉语拼音字母表示，如表3-36所示。

裸电线型号及字母、代号含义表　　　　　　　　　　　　　表3-36

类别、用途	特　征			派　生
（或以导体区分）	加　工	形　状	软、硬	
T-铜线	J-胶制	Y-圆形	R-柔软	A或1：第一种（或一级）
L-铝线	X-镀锡		Y-硬	B或2：第二种（或二级）
LH-铝合金	N-镀镍		F-防腐	3：第三种（或三级）
T-天线	K-扩径	G-沟形		185：标称截面（mm²）
M-母线	Z-编织		G-钢芯	630：标称截面（mm²）不显示

注：裸电线试验方法尺寸测量见标准GB/T 4909.2。

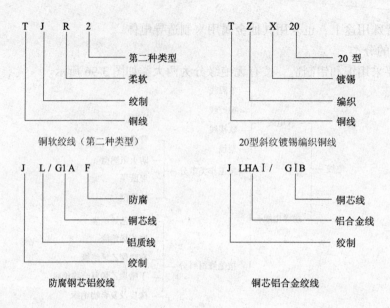

2) 单圆线

单圆线的品种、型号、特性及主要用途如表 3-37 所示。

单圆线品种、型号、特性及主要通途　　　　表 3-37

型 号	产品名称		技术标准	特 性	主要用途
TR TY TYT	圆铜线	软圆铜线 硬圆铜线 特硬圆铜线	GB/T 3953	软线的延伸率高；硬线的抗拉强度比软线约大一倍	硬线主要用作架空导线；半硬线和软线主要用作电线、电缆及电磁线的线芯及电子电器的元件接线用，亦用于其他电器制品
LR LY4 LY6 LY8 LY9	圆铝线	0状态软圆铝线 H4状态硬圆铝线 H6状态硬圆铝线 H8状态硬圆铝线 H9状态硬圆铝线	GB/T 3955 JB/T 8134		
TRX	镀锡软圆铜线		JB 1071 GB/T 4910	具有良好的焊接性及耐蚀性，并起铜线与被覆绝缘（如橡胶）之间的隔离作用	电线、电缆用线芯及其他电气制品
HL HL2	铝合金圆线		JB/T 8134—97	具有比纯铝线更高的抗拉强度	HL用于制造架空导线，HL2主要用于电线、电缆芯线等
GL	铝包钢圆线		GB/T 17937—1999	抗拉强度更高	架空导线、通信用载波避雷线，大跨越导线制造绞线用
GTA GTB	铜包钢圆线				
	镀银圆铜线		JB/T 3135—99	耐高温性好	航空用氟塑料导线，射频电缆芯等

3）裸绞线

裸绞线的结构如图 3-97 所示，品种型号及主要用途等如表 3-38 所示。

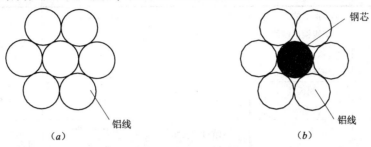

图 3-97　裸绞线分类示意

(a) 铝绞线结构示意图；(b) 钢芯铝绞线结构示意图

裸绞线标识分类　　　　　　　　　　　　　　表 3-38

型号	产品名称	执行标准	截面范围（mm²）	主要用途
JL	铝绞线	GB/T 1179 GB/T 17048	10~600	高压输电线路
JL/G1A；JL/G2A JL/G1B	钢芯铝绞线	GB/T 1179	10~400	
JL/G1AF 等	防腐型钢芯铝绞线	GB/T 1179	10~800	
LGJQ	轻型钢芯铝绞线	GB/T 1179	150~700	
LGJJ	加强型钢芯铝绞线	GB/T 1179	150~400	
LGKK	扩径空心铝钢绞线		587~1400	
LGJK	扩径钢芯铝绞线 （软母线）		600~1400	
TJ	硬铜绞线		16~400	
JLHA1（HLJ）	热处理型铝镁 （硅）合金绞线	JB/T 8134 GB/T 1179	10~600	
LHBJ	热处理型铝镁硅 稀土合金绞线	JB/T 8134 GB/T 1179	10~600	
HL2J	非热处理型 铝镁合金绞线	JB/T 8134 GB/T 1179	10~600	
HL2GJ	钢芯非热处理型 铝镁合金绞线	JB/T 8134 GB/T 1179	10~800	
JLHA2/G1A JLHA2/G2A 等	钢芯铝合金绞线	JB/T 8134 GB/T 1179	10~800	
JLHA2/LB1A	铝包钢芯铝合金绞线	GB/T 17937	10~600	

4）软接线

软接线的品种、型号、截面范围及主要用途等如表 3-39 所示。

软件线品种、型号、截面范围及主要用途 表3-39

型 号	产品名称	技术标准	截面范围（mm²）	主要用途
TS	铜电刷线	GB/T 12970	0.3~16	电刷连接线
TSX	镀锡铜电刷线			
TSR	软铜电刷线		0.16~2.5	
TSXR	镀锡软铜电刷线			
T T	铜天线		1~25	通讯架空天线
T TR	软铜天线			
TJR-1	铜软绞线（软铜绞线）		0.06~500	电气装置用接线或接地线
TJXR-1			6~50	
TJR-2			0.012~300	电子电器设备或元件用接线
TJXR-2				
TJR-3				
TJXR-3				
TTJR	铜特软绞线		0.5~6	电气装置或电子元件的耐振连接线
TZZ-07、10	直纹铜编织线	JB/T 6313.2—92	16~800	电气装置（设备）、开关电器、电炉及蓄电池等连接线
TZ-10	斜纹铜编织线		4~120	
TZX-10				
TZ-15			4~35	
TZX-15				
TZ-20			0.03~0.3	电子电气设备或元件用接线
TZX-20				
TZQ	扬声器音圈用斜纹铜编织线		0.012~0.2	扬声器音圈接线
TZXQ	扬声器音圈用镀锡斜纹铜编织线			
TZXP	镀锡斜纹铜编织套		1~60（套径）	屏蔽保护用

5）型线

型线的品种、型号、规格及主要用途等如表3-40所示。

型线品种、型号、规格及主要用途 表3-40

型 号	产品名称	技术标准	规格范围（mm）	主要用途
TBX	扁铜线	GB/T 4948.2	厚0.80~7.1 宽2.00~35.5	供电机、电器、配电设备及其他电工方面应用
TBR				
TMY	铜母线	HGB 5585.	厚4.0~31.5 宽16.0~25	
TMR				
TDY	铜带	GB/T 4948.4	厚1.0~3.55 宽9.0~100	
TDR				
LBY	扁铝线	GB/T 4948.3	厚0.80~7.1 宽2.00~35.5	
LBBY				
LBR				
LMY	铝母线	GB 5585.3—1985	厚4.0~31.5 宽16~125	
LMR				

续表

型　号	产品名称	技术标准	规格范围（mm）	主　要　用　途
TPT TYPT	梯形铜排	JB/T 9612.2-1999	厚 3~18 宽 10~120	电机换向器的整流片
TBRK	空心铜导线		厚 5~18 宽 5~18	电机、变压器绕组用
LBRK	空心铝导线		厚 6.5~14 宽 8.5~22.5	

3. 绝缘电线

1）绝缘电线的分类

绝缘电线用于电气设备、照明装置、电工仪表、输配电线路的连接等。它一般是由导线的导电线芯、绝缘层和保护层组成。绝缘层的作用是防止漏电。

绝缘电线按绝缘材料可分为聚氯乙烯绝缘、聚乙烯绝缘、交联聚乙烯绝缘、橡胶绝缘和丁腈聚氯乙烯复合物绝缘等。电磁线也是一种绝缘线，它的绝缘层是涂漆或包缠纤维如丝包、玻璃丝及纸等。

绝缘导线按工作类型可分为普通型、防火阻燃型、屏蔽型及补偿型等。

导线芯按使用要求的软硬又分为硬线、软线和特软线等结构类型。

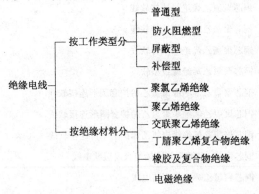

2）绝缘电线的表示方法

绝缘电线的表示方法如表 3-41 所示。

绝缘符号表示方法　　　　　　表 3-41

符　号	绝缘材料	符　号	绝缘材料
X	橡胶绝缘	VV	聚氯乙烯绝缘聚氯乙烯护套
XF	氯丁橡胶绝缘	Y	聚乙烯绝缘
V	聚氯乙烯绝缘	YJ	交联聚乙烯绝缘

3）绝缘电线型号、名称及用途

绝缘电线型号、名称及用途如表 3-42 所示。

常用绝缘电线型号、名称及用途　　　　表 3-42

型 号	名 称	用 途
BX	铜芯橡胶绝缘电线	适用于交流额定电压 500V 及以下或直流电压 1000V 及以下的电气设备及照明装置用
BXF	铜芯氯丁橡胶绝缘电线	
BLX	铝芯橡胶绝缘电线	
BLXF	铝芯氯丁橡胶绝缘电线	
BXR	铜芯橡胶绝缘电线	
BXS	铜芯橡胶绝缘棉纱编织双绞软线	
BV	铜芯聚氯乙烯绝缘电线	适用于各种交流、直流电气装置、电工仪器、仪表、电讯设备、动力及照明线路固定敷设用
BV-CK-I	铜芯聚氯乙烯绝缘电线	
BLV	铝芯聚氯乙烯绝缘电线	
BVR	铜芯聚氯乙烯绝缘软线	
BVV	铜芯聚氯乙烯绝缘聚氯乙烯护套线（简称铜芯护套线）	
BVV-CK-I	铜芯聚氯乙烯绝缘聚氯乙烯护套线	
BLVV	铝芯聚氯乙烯绝缘聚氯乙烯护套线（简称铝芯护套线）	
BVVB	铜芯聚氯乙烯绝缘及护套平行线	
BLVVB	铝芯聚氯乙烯绝缘及护套平行线	
BV-105	铜芯耐热 105℃ 聚氯乙烯绝缘电线	
RV	铜芯聚氯乙烯绝缘连接软线	适用于额定电压 450/750V 交流、直流电气、电工仪表、家用电气、小型电动工具、动力及照明装置的连接用
RV-CK-I	铜芯聚氯乙烯绝缘连接软线	
RVB	铜芯聚氯乙烯绝缘平行软线	
RVS	铜芯聚氯乙烯绝缘绞型软线	
RVV	铜芯聚氯乙烯绝缘聚氯乙烯护套圆形连接软线	
RVV-CK-I	铜芯聚氯乙烯绝缘聚氯乙烯护套圆形连接软线	
RVVB	铜芯聚氯乙烯绝缘聚氯乙烯护套平行连接软线	
BV-105	铜芯耐热 105℃ 聚氯乙烯绝缘连接软电线	
AV	铜芯聚氯乙烯绝缘安装电线	用于额定电压 300/300V 及以下电气、仪表、电子设备及自动化装置接线
AV-CK-II	铜芯聚氯乙烯绝缘安装电线	
AV-105	铜芯耐热 105℃ 聚氯乙烯绝缘安装电线	
AVR	铜芯聚氯乙烯绝缘安装软电线	
ARV-CK-II	铜芯聚氯乙烯绝缘安装软电线	
AVR-105	铜芯耐热 105℃ 聚氯乙烯绝缘安装软电线	
AVVR	铜芯聚氯乙烯绝缘聚氯乙烯护套圆形安装软线	
AVP	铜芯聚氯乙烯绝缘屏蔽电线	适用于交流额定电压 250V 及以下的电气、仪表、电信电子设备及自动化装置屏蔽线路用
AVP-105	铜芯耐热 105℃ 聚氯乙烯绝缘屏蔽电线	
RVP	铜芯聚氯乙烯绝缘屏蔽软电线	
RVP-105	铜芯耐热 105℃ 聚氯乙烯绝缘屏蔽软电线	
RVVP	铜芯聚氯乙烯绝缘聚氯乙烯护套屏蔽软电线（话筒线）	

续表

型　号	名　称	用　途
RFB RFFB RFS	丁腈聚氯乙烯复合物绝缘软线 方平型丁腈聚氯乙烯复合物绝缘软线 丁腈聚氯乙烯复合物绝缘绞型软线	适用于交流额定电压250V及以下或直流500V以下的各种移动电气、仪表、无线电设备和照明灯插座
RVFP	聚氯乙烯绝缘丁腈复合物护套屏蔽软电线	适用于交流额定电压250V及以下的电气、仪表、电讯、电子设备及自动化装置对外移动频繁，要求特别柔软的屏蔽接线用
HRV HRVB HRVT	铜芯聚氯乙烯绝缘聚氯乙烯护套电话软线 铜芯聚氯乙烯绝缘聚氯乙烯护套扁形电话软线 铜芯聚氯乙烯绝缘聚氯乙烯套弹簧形电话软线	连接电话机基座与接线盒及话机手柄
HRBB HRBBT	聚丙烯绝缘聚氯乙烯护套扁形电话软线 聚丙烯绝缘聚氯乙烯护套弹簧形电话软线	连接电话机基座连接接线盒及话机手柄
HR HRH	橡胶绝缘纤维编织电话软线 橡胶绝缘橡胶护套电话软线	用途同上，具有防水防爆性能
HRE HRJ	橡胶绝缘纤维编织耳机软线 橡胶绝缘纤维编织交换机插塞软线	连接话务员耳机 连接交换机与插塞
HBV HBVV HBYV	聚氯乙烯绝缘平行线对室内电话线 聚氯乙烯绝缘聚氯乙烯护套平行线对室内线 聚乙烯绝缘聚氯乙烯护套平行线对室内线	用于电话用户室内布线
JY JLY JLHY JLGY JYL JLYJ JLHYJ JLGYJ	铜芯聚（氯）乙烯绝缘架空电线 铝芯聚（氯）乙烯绝缘架空电线 铝合金芯聚（氯）乙烯绝缘架空电线 钢芯绞线聚乙烯绝缘架空电线 铜芯交联聚乙烯绝缘架空电线 铝芯交联聚乙烯绝缘架空电线 铝合金芯交联聚乙烯绝缘架空电线 钢芯铝绞线交联聚乙烯绝缘架空电线	适用于交流50Hz、额定电压10kV及以下输配电线路

注：CK为数字程控电话交换机用，Ⅱ型为采用半硬聚氯乙烯塑料绝缘线。

4）应用

绝缘电线品种规格繁多，应用范围广泛，在电气工程中以电压和使用场所进行分类的方法最为实用。

（1）BLX型、BLV型：铝芯电线，由于其重量轻，通常用于架空线路尤其是长距离输电线路。

（2）BX、BV 型：铜芯电线被广泛采用在机电工程中，但由于橡胶绝缘电线生产工艺比聚氯乙烯绝缘电线复杂，且橡胶绝缘的绝缘物中某些化学成分会对铜产生化学作用，虽然这种作用轻微，但仍是一种缺陷，所以在机电工程中被聚氯乙烯绝缘电线基本替代。

（3）RV 型：铜芯软线主要采用在需柔性连接的可动部位。

（4）BVV 型：多芯的平形或圆形塑料护套，可用在电气设备内配线，较多地出现在家用电器内的固定接线，但型号不是常规线路用的 BVV 硬线，而是 RVV，为铜芯塑料绝缘塑料护套多芯软线。

例如：一般家庭和办公室照明通常采用 BV 型或 BX 型聚氯乙烯绝缘铜芯线作为电源连接线；机电工程现场中的电焊机至焊钳的连线多采用 RV 型聚氯乙烯平形铜芯软线，这是因为电焊机位置不固定，经常移动。

3.4.2 控制、通信、信号及综合布线电缆

1. 控制电缆

1）用途

控制电缆适用于直流和交流 50Hz，额定电压 450/750V、600/1000V 及以下的工矿企业、现代化高层建筑等远距离操作、控制回路、信号及保护测量回路。作为各类电气仪表及自动化仪表装置之间的连接线，起着传递各种电气信号、保障系统安全、可靠运行的作用。

控制电缆按工作类别可分为普通控制电缆、阻燃（ZR）控制电缆、耐火（NH）、低烟低卤（DLD）、低烟无卤（DW）、高阻燃类（GZR）、耐高温、耐寒类控制电缆等。

2）控制电缆表示方法

控制电缆表示方法如表 3-43 所示。

控制电线标识分类 表 3-43

类型类别	导　体	绝缘材料	护套、屏蔽特征	外护层②	派生、特征
K 控制电缆系列代号	T-铜芯① L-铝芯	Y-聚乙烯 V-聚氯乙烯 X-橡胶 YJ-交联聚乙烯	Y-聚乙烯 V-聚氯乙烯 F-氯丁胶 Q-铅套 P-编织屏蔽	02，03 20，22 23，30 32，33	80，105③ 1-铜丝缠绕屏蔽 2-铜带绕包屏蔽

注：① 铜芯代码字母"T"在型号中一般省略；
② 外护层型号（数字代码）表示的材料含义按 GB/T 2952 规定执行；
③ 80—耐热 80℃塑料；105—耐热 105℃塑料。

3）使用范围

（1）塑料绝缘控制电缆

普通塑料绝缘控制电缆主要适用于室内桥架、钢管内、电缆沟等固定场合敷设。带屏蔽外护层的控制电缆适用于较大电磁干扰的场合敷设，控制软电缆适用于敷设在室内、需要移动等要求柔软的场合。

钢带铠装控制电缆主要适用于室内桥架、电缆沟、直埋等可承受较大机械外力的固定场合敷设。

细钢丝铠装控制电缆主要适用于室内桥架、电缆沟、管井、竖井等能承受较大机械大力的固定场合敷设。

（2）乙丙绝缘氯磺化聚乙烯护套控制电缆

主要用于发电厂、核电站、地下铁路、高层建筑和石油化工等阻燃防火要求高的场合，可作为配电装置中电器仪表传输信号及控制、测量用。

（3）数字巡回检测用屏蔽型控制电缆

广泛用于电站、矿山、石油化工和国防部门的检测和控制用计算机系统或自动化装置系统以及其他的工业计算机系统中。

2. 通信电缆

1）用途及表示方法

通信电缆是传输电气信息用的电缆，包括用于市内或局部地区通信网络的市内电话电缆，用于长距离城市之间通信的长途通信电缆以及用于局内配线架到机架或机架之间的连接的局部用线。通信电缆适用于城市、农村及厂矿企业的各种通信线路中，可直埋、架空或在管道中敷设。

通信电缆的通用外护层型号数字表示方法如表3-44所示。

电缆通用外护层型号数字含义表　　　　表3-44

第一个数字		第二个数字	
数字代码	铠装层材料	数字代码	外被层材料
1	—	1	纤维层
2	双钢带	2	聚氯乙烯外套
3	细圆钢丝	3	聚乙烯外套
4	粗圆钢丝	4	
8	铜丝编织		

通信电缆的字母型号代码如表3-45所示。

通信电缆字母型号代码　　　　表3-45

类别用途	导体	绝缘材料	内护套	特征	外护层	派生
H-市内话缆	T-铜芯	Y-聚乙烯	V-聚氯乙烯	A-综合护套	02，03	1-第一种
HE-长途通信电缆	L-铝芯	V-聚氯乙烯	F-氯丁橡胶	C-自承式	20，21	2-第二种
HH-海底通信电缆	G-铁芯	X-橡胶	H-氯磺化聚	E-耳机用	22，23	
HJ-局内电缆		J-交联聚乙烯	乙烯	J-交换机用	31，32	特征表示
HO-同轴电缆		YF-泡沫聚乙烯	L-铝套	D-带形	33，41	252-252kHz
HP-配线电缆		Z-纸	Q-铅套	P-屏蔽	42，43	DA-在火焰
HU-矿用话缆		E-乙丙橡胶		S-水下	82 等	条件下燃烧
CH-船用话缆		S-硅橡胶		Z-纸		
HR-电话软线				W-分歧电缆		
HB-通信线						

注：（1）代表铜芯的字母"T"在型号中一般省略。
（2）通信电缆执行标准见《聚氯乙烯绝缘聚氯乙烯护套低频通信电缆电线》GB/T 11327 和《聚烯烃绝缘聚烯烃护套室内通信电缆》GB/T 13849。

2) 通信电缆型号名称及适用范围

通信电缆型号名称及适用范围如表 3-46 所示。

通信电缆名称及适用范围 表 3-46

型 号	名 称	主要适用范围
HPVV HPVQ	聚氯乙烯绝缘聚氯乙烯护套配线电话电缆 聚氯乙烯绝缘铅护套配线电话电缆	配线电缆适用于连接电话电缆至分线箱或配线架等线路的始端和终端及各级机器间的连接线
HJVV HJVVP	聚氯乙烯绝缘聚氯乙烯护套局用电话电缆 聚氯乙烯绝缘聚氯乙烯护套屏蔽局用电话电缆	局用电缆用于配线架至交换机或交换机内部机器间的连接，和用于电话电缆至分线箱或配线架等线路的始端和终端
HJVVP-530	聚乙烯绝缘聚氯乙烯护套局用高频电话电缆	用于载波通信局内高频分线盒至引入试验架、引入试验架至通信设备间的连接
HNVP HNVVP	实心或绞合导体聚氯乙烯绝缘屏蔽型设备用电缆 实心或绞合导体聚氯乙烯绝缘聚乙烯护套屏蔽型设备用电缆	用于传输设备、电话、数据处理设备的内部连接布线
HYA HYAV HYQ HYQ03 HYFY HYPAT HYAY53	聚乙烯绝缘综合护套市内话缆 聚乙烯绝缘聚氯乙烯综合护套室内通信缆 聚乙烯绝缘裸铅包市内电话电缆 聚乙烯绝缘铅护套市内电话电缆 泡沫聚烯烃绝缘填充挡潮层聚乙烯护套室内电话电缆 薄皮泡沫聚烯烃绝缘填充挡潮层聚乙烯护套市内电话电缆 实心聚烯烃绝缘填充式挡潮层聚乙烯护套钢塑带铠装市内电话电缆	适用于建筑物内总交接箱至各分线箱连接用
HUVV	聚氯乙烯绝缘及护套矿区用通信电缆	矿井坑道内的通信线路

3. 信号电缆

1) 信号电缆的表示方法

信号电缆以用途的代号字母列为首位，编制规则如表 3-47 所示。

信号电缆字母型号代码 表 3-47

类别、用途	导 体	绝 缘	内 护 套	外 护 套
P-信号电缆	T-铜芯 L-铝芯	V-聚氯乙烯 Y-聚乙烯	A-综合护套 L-铝套 V-聚氯乙烯护套	11；2；20；22…

注：(1) 代表铜芯的字母"T"在型号中一般省略。
(2) 信号电缆执行标准《聚氯乙烯绝缘聚氯乙烯护套低频通信电缆电线》GB/T 11327 和《聚烯烃绝缘聚烯护套市内通信电缆》GB/T 13849。

2）信号电缆的信号、名称及用途

通用信号电缆的型号、名称及用途如表 3-48 所示。

通用信号电缆名称及适用范围　　　　　　　　　　　表 3-48

型　号	名　　称	主要用途
PVV	聚氯乙烯绝缘及护套信号电缆	用于交流额定电压 250V 及以下的铁路信号联锁、火警信号、电报及各种自动装置电路
PVV22	聚氯乙烯绝缘及护套钢带铠装信号电缆	
PVV20	聚氯乙烯绝缘及护套裸钢带铠装信号电缆	
PYV	聚乙烯绝缘聚氯乙烯护套信号电缆	
PYV20	聚乙烯绝缘及护套钢带铠装信号电缆	
JXVP-P	聚氯乙烯绝缘及护套屏蔽信号电缆	用于具有屏蔽要求和有较高屏蔽要求的控制设备、电信设备、自动化装置及自动化系统工程中的信号线路传输
PPVV-1	聚氯乙烯绝缘及双护套双屏蔽信号电缆	
PPVV-2	聚氯乙烯绝缘及双护套双屏蔽信号电缆	
SPV	聚氯乙烯绝缘及双护套双屏蔽信号电缆	
PYV22P	聚乙烯绝缘聚氯乙烯护套屏蔽信号电缆	
SBEYV	高频信号对称电缆	用于无线电仪器输高频信号
HSVV	聚氯乙烯绝缘及护套通信设备和装置用电信电缆	用于通信设备在室内的连接
HSVVP	聚氯乙烯绝缘及护套屏蔽型通信设备和装置用信号电缆	

4. 综合布线电缆

为满足各种多媒体通信业务网对最后 100m 传输线路的要求，人们开发研制出一种开放式的传输平台——综合布线系统。它是一个用于传输语音、数据、影像和其他信息的标准结构化布线系统，其主要目的是在网络技术不断升级的条件下，仍能实现高速率数据的传输要求。只要各种传输信号的速率符合综合布线电缆规定的范围，则各种通信业务都可以使用综合布线系统。综合布线系统使语音和数据通信设备、交换设备和其他信息管理设备彼此连接。综合布线系统使用的传输媒体有各种大对数铜缆和各类非屏蔽双绞线及屏蔽双绞线。

1）综合布线用电缆的主要技术特性

综合布线用电缆的主要技术特性如表 3-49、表 3-50 所示。

综合布线用电缆的技术特性（IEEE802.3）　　　　　表 3-49

标准技术要求	IEEE802.3（以太网）铜缆标准				
	10BASE-T	100BASE-TX	100BASE-T4	100BASE-T2	100BASE-T
数据速率（Mb/s）	10	100	100	100（全双工）	100（全双工）
介质速率	10MB	125MB	33.3Mbps/对	50Mbps/对（25Mbps/对）	250Mbps/对（125Mbps/对）
传输频率（MHz）	10	16（100）	12.5	16	100
传输电平（Vp）	2.2～2.8	1.9～2.1	3.15～3.85	2.14～2.4	1.0
介质要求（UTP）	3 类 100m 4 类 150m 5 类 150m	5 类 150m	3 类 100m 4 类 150m 5 类 150m	3 类 100m 4 类 150m 5 类 150m	5 类 150m

综合布线用电缆的技术特性（ATM） 表3-50

标准技术要求	ATM论坛铜缆标准（专用UNI）				PDDIANSIX3T12TP-PDM（令牌网）
	22.56Mb/s	51Mb/s	155Mb/s	155Mb/s	
数据速率（Mb/s）	25.5	51.84以下速率25.92和12.96	155.52	155.52	100
介质速率	32MB	12.96MB	155.52Mb/s	52.92MB	125MB（8B10B）
传输频率（MHz）	10	16（100）	12.5	16	100
传输电平（Vp）	2.7~3.4	3.8~4.2	0.84~1.06	3.8~4.2	1.9~2.1
介质要求（UTP）	3类100m 4类140m 5类160m	3类100m 4类140m 5类150m	5类100m	3类100m 4类140m 5类150m	5类100m

注：参见GB/T 50311标准。

2）综合布线用电缆的主要型号规格

（1）大对数铜缆

三类大对数铜缆 UTP.C3.025~050（25~50对）。

五类大对数铜缆 UTP.C5.025（25~50对）。

（2）UTP电缆

UTP电缆主要型号规格如表3-51所示。

超5类非屏蔽双绞线 UTP.S5.004 表3-51

特性阻抗	直流电阻	分布电容	线规
100±15Ω	≤9.38Ω/100m	<330PF/100m	24AWG（0.5mm）

3.4.3 电力电缆

1. 电力电缆的基本知识

电力电缆是传输和分配电能的一种特殊电线，主要用于输送和分配电流，广泛应用于电力系统、工矿企业、高层建筑及各行业中，并具有防潮、防腐蚀和防损伤、节约空间、易敷设、运行简单方便等特点。按敷设方式和使用性质，电力电缆可分为普通电缆、直埋电缆、海底电缆、架空电缆、矿山井下用电缆和阻燃电缆等种类。按绝缘方式可分为聚氯乙烯绝缘、交联聚乙烯绝缘、油浸纸绝缘、橡胶绝缘和矿物绝缘等。

1）电力电缆的表示方法

为了准确表示出电缆的用途、结构类型及名称，国家标准《电缆外护层》GB/T 2952规定用拼音字母和数字组合来表示电缆的类别和型号。型号通常用大写的汉语拼音字母来表示，电缆绝缘和内外保护层用拼音字母加数字组合来表示，不但可以完整地反映出电缆的类别、用途，还能将电缆的主要结构、材料以及敷设场合等特征表示清楚。

电力电缆的表示方法如表3-52表示。

常用电缆型号字母含义 表 3-52

类别、用途	导体	绝缘种类	内护层	其他特征
电力电缆(省略不表示)	T-铜	Z-纸绝缘	Q-铅护套	D-不滴流
K-控制电缆	（一般省略）	X-天然橡胶	L-铝护套	F-分相
P-信号电缆	L-铝线	(X)D-丁基橡胶	H-橡胶（护套）	P-屏蔽
Y 移动式软电缆		(X)E-乙丙橡胶	F-氯丁胶（护套）	CY-充油
R-软线		V-聚氯乙烯	V-聚氯乙烯护套	
X-橡胶电缆		Y 聚乙烯	Y-聚乙烯护套	
H-市内电话电缆		YJ-交联聚乙烯		

注：在电缆型号前加上拼音字母 ZR-表示阻燃系列，NH-表示耐火系列。

2）电缆外护层的表示方法

（1）通用外护层

根据国家标准 GB/T 2952 的规定，电缆如有外护层时，在表示型号的汉语拼音字母后面用两个阿拉伯数字来表示外护层的结构。其外护层的结构按铠装层和外被层的结构顺序用阿拉伯数字表示，前一个表示铠装结构，后一个数字表示外被层类型。电缆通用外护层和非金属电缆外护层中每一个数字所代表的主要材料及含义如表 3-53、表 3-54 所示。

电缆通用外护层型号数字含义 表 3-53

第一个数字		第二个数字	
代号	铠装层类型	代号	外被层类型
0	无	0	无
1		1	纤维层
2	双钢带（24 - 双钢带+粗圆钢丝）	2	聚氯乙烯外套
3	细圆钢丝	3	聚乙烯外套
4	粗圆钢丝（44 - 双粗圆钢丝）	4	—

非金属套电缆外护层的结构组成标准 表 3-54

表示型号	外护层结构		
	内衬层	铠装层	外被层
12	绕包型：塑料带或无纺布袋 挤出型：塑料套	联锁铠装	聚氯乙烯外套
22		双钢带铠装	聚氯乙烯外套
23			聚乙烯外套
32		单细圆钢丝铠装	聚氯乙烯护套
33			聚乙烯外套
42		单粗圆钢丝铠装	聚氯乙烯护套
43			聚乙烯外套
41	塑料套	双粗圆钢丝铠装	胶粘涂料-聚丙乙烯 或电缆沥青-浸渍麻-电缆沥青-白垩粉
441			
241		双钢带粗圆钢丝铠装	

（2）电缆特殊外护层

电缆特殊外护层中充油电缆外护层的表示方法按加强层、铠装层和外护层的结构顺序用阿拉伯数字表示，用三个数字组成，每一个数字所代表的主要材料及含义如表3-55所示。

电缆特种外护层型号数字含义　　　　　表3-55

数码代号	第一位数代表含义	第一位数代表含义	第一位数代表含义
	加强层	铠装层	外被层或外护套
1		联锁钢带	
2	径向钢带	双钢带	
3	径向不锈钢带	细圆钢丝	纤维外被层
4	径、纵向铜带	粗圆钢丝	聚氯乙烯外套
5	径、纵向不锈钢带	皱纹钢带	聚乙烯外套
6		双铝带或铝合金带	

2. 电力电缆分类

电力电缆一般按照其绝缘类型分为聚氯乙烯绝缘电力电缆、交联聚乙烯绝缘电力电缆、橡胶绝缘电力电缆、充油及油浸纸绝缘电力电缆，按工作类型和性质可分为一般普通电力电缆、架空用电力电缆、矿山井下用电力电缆、海底用电力电缆、防（耐）火阻燃型电力电缆等类型。

3. 电力电缆使用环境

1）塑料绝缘电力电缆

（1）用途及特点

用于固定敷设交流50Hz、额定电压1000V及以下输配电线路，制造工艺简单，没有敷设高差限制，可以在很大范围内代替油浸纸绝缘电缆和不滴流浸渍纸绝缘电缆。主要优点是重量轻，弯曲性能好，机械强度较高，接头制作简便，耐油、耐酸碱和有机溶剂腐蚀，不延燃，具有内铠装结构，使钢带和钢丝免受腐蚀，价格较便宜，安装维护简单方便。缺点是绝缘易老化，柔软性不及橡胶绝缘电缆。

（2）性能及使用条件

① 成品电缆应经受3500V/5min的耐压试验；

② 最小绝缘电阻常数 $K=0.037$；

③ 电缆线芯应满足《电缆的导体》GB/T 3956标准要求；

④ 聚氯乙烯绝缘及护套电力常用型号、名称及使用条件如表3-56所示。

塑料绝缘电力电缆常用型号、名称及使用条件　　　　　表3-56

型号		名称	使用条件
铜芯	铝芯		
VV	VYV	聚氯乙烯绝缘聚氯乙烯护套电力电缆	适用于室内外敷设，但不承受机械外力作用的场合，可经受一定的敷设牵引
VV	VLY	聚氯乙烯绝缘聚乙烯护套电力电缆	

续表

型号		名 称	使 用 条 件
铜芯	铝芯		
VV22	VLV22	聚氯乙烯绝缘钢带铠装聚氯乙烯护套电力电缆	适用于埋地敷设,能承受机械外力作用,但不能承受大的拉力
VV23	VLV23	聚氯乙烯绝缘钢带铠装聚乙烯护套电力电缆	
VV32	VLV32	聚氯乙烯绝缘细钢丝铠装聚氯乙烯护套电力电缆	适用于水中或高落差地区,能承受机械外力作用和相当的拉力
VV33	VLV33	聚氯乙烯绝缘细钢丝铠装聚乙烯护套电力电缆	
VV42	VLV42	聚氯乙烯绝缘粗钢丝铠装聚氯乙烯护套电力电缆	承受大拉力的竖井及海底
VV43	VLV43	聚氯乙烯绝缘粗钢丝铠装聚乙烯护套电力电缆	

2) 耐火、阻燃电力电缆

(1) 用途及特点

耐火、阻燃电力电缆适用于有较高防火安全要求的场所,如高层建筑、油田、电厂和化工厂、重要工矿企业及与防火安全消防救生有关的地方,其特点是可在长时间的燃烧过程中或燃烧后仍能够保证线路的正常运行,从而保证消防灭火设施的正常运行。

(2) 技术性能

① 耐火电缆比普通电缆外径大 15%～20%;

② 耐火电缆产品的电气、物理性能与普通电缆同类型产品相同;

③ 耐火电缆的载流量与同类产品相同;

④ 耐火试验采用《电缆在火焰条件下的燃烧试验》GB/T 18380 进行。

(3) 电缆型号、名称及用途

耐火、阻燃电力电缆常用型号、名称及使用条件见表 3-57。

耐火、阻燃电力电缆常用型号、名称及使用条件　　　　表 3-57

型号		名 称	使 用 条 件
铜芯	铝芯		
ZR-VV	ZR-VLV	阻燃聚氯乙烯绝缘聚氯乙烯护套电力电缆	允许长期工作温度≤70℃
ZR-VV$_{22}$	ZR-VLV$_{22}$	阻燃聚氯乙烯绝缘钢带铠装及护套电力电缆	
ZR-VV$_{32}$	ZR-VLV$_{32}$	阻燃聚氯乙烯绝缘细钢丝铠装及护套电力电缆	

3) 塑料绝缘架空电力电缆

(1) 1kV 及以下塑料绝缘架空电力电缆的常用型号、名称及用途

1kV 及以下塑料绝缘架空电力电缆的常用型号、名称及用途如表 3-58 所示。

塑料绝缘架空电力电缆常用型号、名称及使用条件　　　　　表3-58

型　号	名　　称	主　要　用　途
JKV	铜芯聚氯乙烯绝缘架空电力电缆	0.6/1kV输配电系统架空固定敷设、进户线等
JKLV	铜芯聚氯乙烯绝缘架空电力电缆	
JKLHV	铜合金芯聚氯乙烯绝缘架空电力电缆	
JKY	铜芯聚乙烯绝缘架空电力电缆	
JKLY	铜芯聚乙烯绝缘架空电力电缆	
JKLHY	铜合金芯聚乙烯绝缘架空电力电缆	
JKYJ	铜芯交联聚乙烯绝缘架空电力电缆	
JKLYJ	铜芯交联聚乙烯绝缘架空电力电缆	
JKLHYJ	铜合金芯交联聚乙烯绝缘架空电力电缆	

注：执行标准为《额定电压1kV及以下架空绝缘电缆》GB 12527。

(2) 使用条件及性能

① 0.6/1kV塑料绝缘架空电力电缆导体允许长期最高工作温度：聚氯乙烯和聚乙烯绝缘为70℃，交联聚乙烯绝缘为90℃。

② 导体的短路温度（持续时间≤5s）：交联聚乙烯绝缘时为小于等于250℃。

③ 电缆的允许弯曲半径：$D \leqslant 25$mm时为大于$4D$（D为电缆外径）；$D > 25$mm时为大于$6D$。

④ 电缆敷设温度应不低于0℃。

4) 橡胶绝缘电力电缆

(1) 用途及特点

普通橡胶绝缘电力电缆适用于额定电压6kV及以下交流输配电线路、大型工矿企业内部接线、电源线及临时性电力线路上的低压配电系统中。橡胶绝缘电力电缆弯曲性能较好，能够在严寒气候下敷设，特别适用于水平高差大和垂直敷设的场合。该电缆不仅适用于固定敷设的线路，可以用于定期移动的固定敷设线路。橡胶绝缘橡胶护套软电缆还能用于连接连续移动的电气设备。但橡胶绝缘电缆的缺点是耐热性差，允许运行温度较低，易受机械损伤，普通橡胶电缆遇到油类或其他化学物时易变质损坏。

(2) 橡胶绝缘电力电缆型号、名称及适用范围

橡胶绝缘电力电缆型号、名称及适用范围如表3-59所示。

橡胶绝缘电力电缆常用型号、名称及使用条件　　　　　表3-59

型　号 铜　芯	名　　称	适用范围 主要用途
YQ（W）	轻型橡导软电缆	各种电动工具和移动设备，重型能承受较大的机械外力
YZ（W）	中型橡导软电缆	
YC（W）	重型橡导软电缆	
YH	天然橡胶护套电焊机电缆	电焊机用二次侧接线
YHF	橡胶绝缘及护套电焊机电缆	

续表

型　号 铜　芯	名　　称	适用范围 主要用途
YB	移动扁形橡套电缆	起重、行车、机械和井下配套
YBF	不延燃移动扁形橡套电缆	
UY	矿用移动橡套软电缆	适用于矿山井下及地面各种移动电器设备、采煤设备的连接用
UYP	矿用移动屏蔽橡套软电缆	
UC	采煤机用橡套软电缆	
UCP	采煤机用屏蔽橡套软电缆	
UG-6kV	天然橡胶护套电缆	适用于额定电压为6kV及以下移动配电装置，矿山采掘机器、起重运输机械用
UGF-6kV	氯丁橡胶护套电缆	

注：1. "W"派生电缆具有耐气候性和一定的耐油性，适宜于在户外或接触油污的场所使用，执行标准《额定电压450/750及以下橡胶绝缘电缆》GB 5013和《额定电压450/750V及以下橡皮绝缘软线和软电缆》JB 8735.1～.3；
2. 橡套电缆长期允许工作温度不超过65℃，执行标准《矿用橡套软电缆》GB 12972；
3. 橡套电缆需经受交流50Hz、2000V、5min电压试验。

3.4.4 母线、桥架

1. 母线

1）用途：母线是各级电压配电装置中的中间环节，它的作用是汇集、分配和传输电能。主要用于电厂发电机出线至变压器、厂用变压器以及配电柜之间的电气主回路的连接，又称为汇流排。

2）分类：母线分为裸母线和封闭母线两大类。

裸母线按材料分为铜母线、铝母线、铝合金母线和钢母线。工程上母线的截面形状常采用矩形、管形、槽形、菱形和圆形等，其截面形状应保证集肤效应系数尽可能低、散热良好、机械强度高、安装简单和连接方便。

封闭母线是为了解决发电机与变压器之间的连接母线由于大电流带来的一系列问题，将母线用非磁性金属材料（一般用铝合金）制成的外壳保护起来，防止因大电流通过而产生的一系列问题。

3）母线的型号含义

（1）裸母线型号及名称

裸母线型号及名称如表3-60所示。

母线型号及名称　　表3-60

型　号	状　态	名　　称
TMR	O-退火的	软铜母线
TMY	H-硬的	硬铜母线
LMR	O-退火的	软铜母线
LMY	H-硬的	硬铜母线

（2）封闭母线的型号含义

封闭母线的型号、结构表示方法及含义如下：

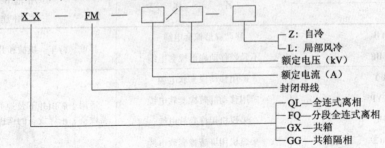

2. 母线槽

1）用途及构造

密集型插接封闭母线槽具有双重功能，一是传输电能，二是用作配电设备。特别适合于高层建筑、多层工业厂房等场所作为配电线路和变压器与高低压配电屏连接用。通过插接开关箱，可将电流很容易地分配到用电设备。

密集型插接封闭母线槽具有结构紧密、传输负荷电流大、占据空间小、系列配套、安装迅速方便、施工周期短、运行安全可靠和使用寿命长等特点，并具有较高的绝缘性和动、热稳定性。

密集型插接密闭母线槽是把铜（铝）母线用绝缘板夹在一起，用空气绝缘或缠包绝缘带绝缘后置于优质钢板的外壳内组合而成。

2）技术性能

（1）密闭母线槽的生产须符合 IEC 439-2（国际电工标准）的规定，并参照 ZBK 36002、ZBK 36003（专业标准）生产。

（2）密闭母线槽的额定使用电压为 660V 以下、频率 50~60Hz。

（3）密闭母线槽长期通过额定电流时，其母排接触点的最大温升不超过 60℃。

（4）封闭母线槽在空气温度为 20℃±5℃ 及湿度为 50%~70% 环境下，其绝缘电阻不应低于 110MΩ。

3）密集型插接封闭母线槽的型号规格

由于目前国内各母线槽生产厂家很多，没有统一的名字和制造标准，因此在选用时一定要按各厂的型号核定清楚后再定。

密集型插接封闭母线的型号规格表示方法大致如下：

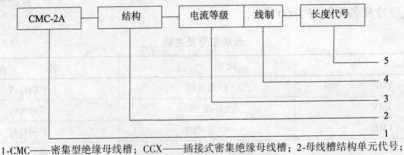

1-CMC——密集型绝缘母线槽；CCX——插接式密集绝缘母线槽；2-母线槽结构单元代号；
3-母线槽额定电流（电压）等级代号；4-线制代号；5-标准长度代号。

4）密集型封闭绝缘母线槽系统部件安装示意图见图3-98。

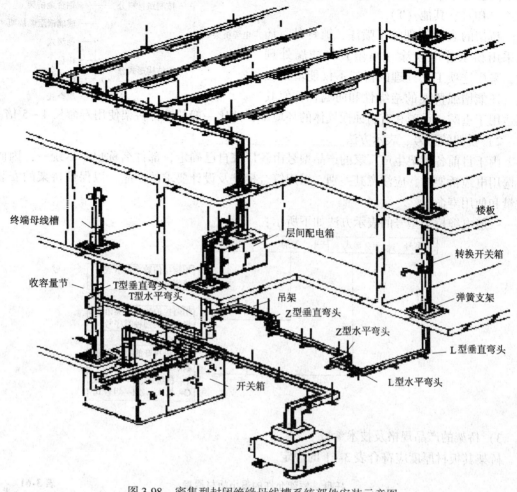

图3-98 密集型封闭绝缘母线槽系统部件安装示意图

3. 桥架

为了在发电厂、变电站、工矿企业、各类高层建筑、大型建筑及各种电缆密集场所或电气竖井内集中敷设电缆，使电缆安全可靠地运行和减少外力对电缆的损害并方便维修，人们用不同的材料制造出能长期置放电缆的托盘，又称桥架，即由托盘、梯架的直线段、弯通、附件以及支吊架等组合构成，用以支撑电缆的具有连续的刚性结构系统的总称。

电缆桥架具有制作工厂化、系列化、质量容易控制、安装方便等优点。

1）分类

电缆桥架按制造材料分为钢制桥架、铝合金制桥架和玻璃钢制阻燃桥架，最常用的是钢制电缆桥架。

桥架按结构形式分为梯级式、托盘式、槽式和组合式四种类型，其中组合式桥架具有结构简单、配置灵活、载荷大、设计安装方便等优点。

电缆桥架的分类如下：

桥架的防腐类别有：涂漆或烤漆（Q）、电镀锌（D）、热浸镀锌（R）、喷涂粉末

(P)、电镀锌后喷涂粉末（DP）、热镀锌后涂漆（RQ）、其他（T）。

桥架的表面处理除了喷漆、镀锌外，还有采用粉末静电喷涂（喷塑）作防腐处理的，采用这项工艺处理的桥架不仅能增强强度，还能增强桥架的绝缘性和防腐性，使其更适用于重酸、重碱和有腐蚀性气体的环境中，并比一般的镀锌桥架使用寿命长4~5倍。

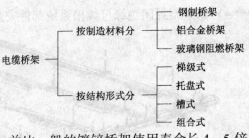

2）桥架的型号、表示方法

由于目前各桥架生产厂家的产品型号由各厂家自己确定，部件名称也不尽统一，因而在选用电缆桥架时，应注意其差别，采用符合标准及设计要求的产品，以保证桥架的安装质量和使用寿命。

一般电缆桥架型号的表示方法如下所示：

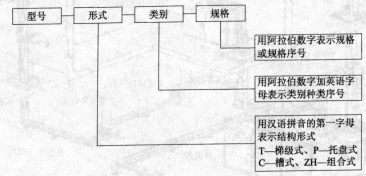

3）桥架的产品规格及技术参数

桥架其板材厚度应符合表3-61的规定。

托盘、桥架允许的最小板材厚度 表3-61

托盘、梯架宽度（mm）	允许最小厚度（mm）
<400	1.5
400~800	2.0
>800	2.5

4）线槽

(1) 线槽的用途、特点

线槽的结构形式与桥架类似，主要用于导线敷设，使用于车间厂房、高层建筑室内场所、电缆竖井等处电缆敷设量较大和导线相对比较集中的地方。线槽分金属线槽和塑料线槽两类，金属线槽多由厚度为0.4~1.5mm的钢板制成。线槽表面及其附件必须经过镀锌或静电喷漆才能使用。

(2) 线槽规格

金属线槽品种、规格较多、常用的金属线槽型号规格见表3-62。

常用金属线槽规格表　　　　　　　　　　　　　　　表 3-62

金属线槽型号	线槽高（mm）	线槽宽（mm）
GXC30	30	45
GXC40	40	55
GXC45	45	45（100）
GXC50	50	100
GXC65	65	120

3.5 照明灯具、开关及插座

3.5.1 照明灯具

1. 照明基本术语

1) 光线

光是电磁波辐射到人的眼睛，经视觉神经转换为光线，即能被肉眼看见的那部分光谱。这类射线的波长范围在 360~830nm 之间，仅仅是电磁辐射光谱非常小的一部分。

2) 光通量

光通量的单位为"流明"。光通量通常用 Φ 来表示，光源发射并被人的眼睛接受能量的总和即为光通量，在理论上其单位相当于电学单位瓦特，因视觉对此尚与光色有关，所以依标准光源及正常视力度量单位采用"流明"，符号：lm。

3) 发光强度

发光强度简称光强，国际单位是 candela（坎德拉），简写 cd，指可见光在某一特定方向角内所放射的强度。

4) 照度

光照强度是指单位面积上所接受可见光的能量，简称照度，单位为勒克斯（Lux 或 Lx），用于指示光照的强弱和物体表面积被照明程度的量。照度是光通量与被照面积之间的比例系数。1Lux 即指 1Lm 的光通量平均分布在面积 $1m^2$ 的平面上的明亮度。

5) 色温

色温是表示光源光谱质量最通用的指标。当光源所发出的光的颜色与"黑体"在某一温度下辐射的颜色相同时，"黑体"的温度就称为该光源的色温。

色温以绝对温度（K）来表示，色温值越高，表示冷感越强；色温越低，暖感越强、越柔和。色温大致分为三大类：暖色<3300K、中间色 3300~5000K、日光色>5000K，通常大部分光源设计集中在 2700~4300K 及 5800~6700K 两个色温位置。由于光线中光谱组成有差别，因此即使光色相同，光的显色性也可能不同。

一些常用光源的色温为：标准烛光为 1930K；钨丝灯为 2760~2900K；荧光灯为 3000K；闪光灯为 3800K；中午阳光为 5600K；电子闪光灯为 6000K；蓝天为 12000~18000K。

6) 显色性

原则上，人造光线应与自然光线相同，使人肉眼能正确辨别事物的颜色。当然，这要根据照明的位置和目的而定。光源对于物体颜色呈现的程度称为显色性，通常叫做"显色指数"（Ra）。

7) 灯具效率

灯具效率（也叫光输出系数）是衡量灯具利用能量效率的重要标准，它是灯具输出的光通量与灯具内光源输出的光通量之间的比例。

8) 光源效率

光源效率（Lm/W）是每一瓦电力所发出的光量，其数值越高表示光源的效率越高，所以对于使用照明时间较长的场所，如办公室走廊、走道、隧道等场所，效率是一个重要的考虑因素。

9) 亮度

光源在某一方向上的单位投影面在单位立体角中反射光的数量，称为光源在某一方向的光亮度，符号为"L"，$L = di/ds$，单位为 cd/m^2（坎德拉/平方米）。

10) 眩光

视野内有亮度极高的物体或强烈的亮度对比，则可以造成视觉不舒适，此种现象称为眩光。眩光可以分为视能眩光和不舒适眩光。眩光是影响照明质量的重要因素。

11) 功率因数

电路中有用功率与实际功率之间的比值。功率因数低，则电流中的谐波含量越高，对电网产生污染，破坏电网的平衡度，无功损耗亦增加。

12) 平均寿命

通常也称作额定寿命，是指点亮批量灯完好率为50%的小时数。

13) 光束角

射灯发射光的空间分布，以中心最强，向四周逐渐减弱到中心光强50%强度的圆锥角为光束角。

14) 三基色

红、绿、蓝（稀土元素在紫外线照射下呈现的三种颜色）。

15) 频闪效应

电感式荧光灯随电压电流周期性变化，其光通量也周期性地产生强弱变化，使人产生不舒适的感觉，此现象称为频闪效应。

2. 照明产品分类

1) 电光源产品

包括新型普通照明灯泡、卤钨灯泡（包括单端、双端、反端式等）、荧光灯（包括直管型、环型、紧凑型、异型等）、高强气体放电灯（包括高压钠灯、金属卤化物灯等）、各类辐射光源（红外灯、紫外灯）、高频无极灯、霓虹灯、各类交通运输信号灯。

2) 灯具灯饰

包括民用灯具、建筑灯具、工矿灯具、投光照明灯具、室内外灯具灯饰、嵌入式灯具、船用荧灯照明灯具、船用防暴灯具、道路照明灯具、汽车、摩托车和飞机照明灯具、特种车辆标志照明灯具、电影电视舞台照明灯具、防爆灯具、水下照明灯具等。

3) 照明电器附件

整流器、电子触发器、电子变压器、电子镇流器、电子调频器、启辉器、灯用电器等。

3. 常见光源分类、特征及应用

1）光源分类

光源按发光原理主要可分为热辐射光源及气体放电光源，光源分类如下所示：

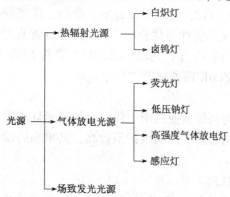

2）各类常见光源主要特征及应用

（1）白炽灯

有较宽的工作电压范围，从电池提供的几伏电压到市电电压，价格低廉，不需要附加电路。其主要应用在家庭照明及需要密集的低工作电压灯的地方，如手电筒、控制台照明等。

白炽灯仅有10%的输入能量转化为可见光能，典型的寿命从几十小时到几千小时不等，使用通电的方式加热玻璃泡壳内的灯丝，导致灯丝产生热辐射而发光，灯头是白炽灯电连接和机械连接部分，按形式和用途主要可分为螺口式灯头、聚焦灯头及特种灯头。

在普通白炽灯中，最常用的螺口式灯头为E14、E27；最常用的插口灯头为B15、B22。常用于住宅基本照明及装饰照明，具有安装容易、立即启动、成本低廉等优点。

（2）卤钨灯

卤钨灯是在白炽灯泡中充入微量卤化物，灯丝温度比一般白炽灯高，使蒸发到玻壳上的钨与卤化物形成卤钨，遇灯丝分解把钨送回钨丝，如此再生循环，既提高发光效率又延长使用寿命。同额定功率相同的无卤素白炽灯相比，卤钨灯的体积要小得多，并允许充入高气压的较重气体（较昂贵），这些改变可延长寿命或提高光效。同样，卤钨灯也可直接接电源工作而不需控制电路。卤钨灯广泛用于机动车照明、投射系统、特种聚光灯、低价泛光照明、舞台及演播室照明及其他需要在紧凑、方便、性能良好上超过非卤素白炽灯的场合。

（3）荧光灯

荧光灯又称日光灯，是应用最广泛的气体放电光源。它是靠汞蒸汽电离形成气体放电，导致管壁的荧光物质发光。荧光灯管壁涂有荧光粉，两端装有钨丝电极，管内抽真空后充入少量汞和惰性气体氩。汞是灯管工作的主要物质，氩气是为了降低灯管启动电压和抑制阴极物质在启动时的溅射，延长灯管寿命。通过设计的革新、荧光粉的发展及电子控制线路的应用，荧光灯的性能不断提高。带一体化电路的紧凑型荧光灯的引入拓宽了荧光灯的应用，包括家居的应用，这种灯替代白炽灯将节能75%，寿命提高8~10倍。一般情况下，所有气体放电灯都需要某种形式的控制电路才能工作。荧光灯的性能主要取决于灯管的几何尺寸即长度和直径、填充气体的种类和压强、涂敷荧光灯粉及制造工艺。现在我们常用的荧光灯主要分以下三类：

① 直管灯

一般使用的有 T5、T8、T12，常用于办公室、商场、住宅等一般公用建筑，具有可选光色多、可达到高照度兼顾经济性等优点。"T"表示灯管直径，一个"T"表示 1/8 英寸。T5 管直径为 15mm；T8 管直径为 25mm；T12 管直径为 38mm。荧光灯可调配出 3000K、3500K、4000K、6500K 四种标准"白色"。

② 高流明单端荧光灯

高流明单端荧光灯是为高级商业照明中代替直管荧光灯而设计。这种灯管与直管型灯管相比，主要的优点有结构紧凑、流明维护系数高，其单端的设计使得灯具中的布线简单得多。

③ 紧凑型荧光灯（CFLS）

紧凑型荧光灯又称为节能灯，使用直径 9~16mm 细管弯曲或拼接成（U 型、H 型、螺旋型等），缩短了放电的线型长度。它的光效为白炽灯的五倍，寿命约 8000~10000 小时，常用于局部照明和紧急照明。该种灯型一般分为两类：

a. 带镇流器一体化紧凑型荧光灯：这种灯自带镇流器、启辉器等全套控制电路，并装有爱迪生螺旋灯头或插式灯头。可用于使用普通白炽灯泡的场所，具有体积小、寿命长、效率高、节能等优点，可用来取代白炽灯。

b. 与灯具中电路分离的灯管（PLC）：用于专门设计的灯具之中，借助与灯具结合成一体的控制电路工作，灯头有两针和四针两种。两针灯头中含有启辉器和射频干扰（RFI）抑制电容；四针则无任何电器组件。一般四针 PLC 光源用于高频的电子镇流器中，常用于局部照明和紧急照明。荧光灯控制电路（镇流器）可分为：电感式、电子式。电感式镇流器的特点是功率因数低，有频闪效应，自身重量大，但寿命长，坚固耐用，成本低；电子式镇流器的特点是功率因数高，无频闪，重量轻。随着技术的发展进步，低成本、长寿命的电子镇流器将逐步取代传统的电感镇流器。

(4) 低压钠灯

光效最高，但仅辐射单色黄光，这种灯照明情况下不可能分辨各种颜色。主要应用于道路照明、安全照明及类似场合下的室外应用。其光效是荧光灯的 2 倍、卤钨灯的 10 倍。与荧光灯相比，低压钠灯放电管是长管形的，通常弯成"U"型，把放电管放在抽成真空的夹层外玻壳内，其夹层外玻壳上涂有红外反射层以达到节能和提高最大光效的目的。

(5) 高强度气体放电灯（HID）

高气压放电灯特点是都有短的高亮度的弧形放电管，通常放电管外面有某种形状的玻璃或石英外壳，外壳是透明或磨砂的，或涂一层荧光粉以增加红色辐射。该灯型包括：

① 高压汞灯（HPMV）：最简单的高强度气体放电灯，放电发生在石英管内的汞蒸气中，放电管通常安装在涂有荧光粉的外玻璃壳内。高压汞灯仅有中等的光效及显色性，因此主要应用于室外照明及某些工矿企业的室内照明。

② 高压钠灯（HPS）：需要用陶瓷弧光管，使它能承受超过 1000℃ 的有腐蚀性的钠蒸气的侵蚀。陶瓷管安装在玻璃或石英泡内，使它与空气隔离。在所有高强度气体放电灯

中，高压钠灯的光效最高，并且有很长的寿命（24000 小时），因此它是市中心、停车场、工厂厂房照明的理想光源。在这些场合，中等的显色性就能满足需要。显色性增强型及白光型高压钠灯也可用，但这是以降低光效为代价的。

③ 金属卤化物灯（M-H）：是高强度气体放电灯中最复杂的，这种灯的光辐射是通过激发金属原子产生的，通常包括几种金属元素。金属元素是以金属卤化物的形式引入的，能发出具有很好显色性的白光。放电管由石英或陶瓷制成，与高压钠灯相似，放电管装在玻璃泡壳或长管形石英外壳内。广泛应用在需要高发光效率、高品质白光的所有场合。典型应用包括上射照明、下射照明、泛光照明和聚光照明。紧凑型金属卤化物灯在需要精确控光的场合尤其适宜。

（6）感应灯

新型无极气体放电灯，是通过高频场耦合获得所需要的能量，由变压器的次级线圈就能产生有效的放电。从形式看来，感应灯是紧凑型荧光灯的另一种形式，但高压部分也许不同。这种灯不局限于长管形（如荧光灯管），同时还能瞬时发光。工作频率在几个兆赫之内，并且需要特殊的驱动和控制灯燃点的电子线路装置。

（7）场致发光照明

包括多种类型的发光面板和发光二极管，主要应用于标志牌及指示器，高亮度发光二极管可用于汽车尾灯及自行车闪烁尾灯，具有低电流消耗的优点。

4. 灯具的功能、分类、常用形式及命名规则

1）灯具的功能

灯具的基本功能是提供与光源的电气连接，此外还有许多其他重要的功能。大部分光源全方位地发射光线，这对大多数应用而言是浪费的并由此造成眩光。因此，对大多数灯具而言，调整光线到预期方位，同时把光损失降至最低，减少光源的眩光，拥有令人满意的外形的装饰性是它们的一项功能。灯具必须是耐用的，作为光源的同时也为控制电气附件提供一个电气、机械及热学上安全的壳体。

2）灯具的分类

（1）按安装方式分为：嵌入式、移动式和固定式三种。

（2）按用途方式分为：民用灯具、建筑灯具、工矿灯具、投光照明灯具、公共场所灯具、嵌入式灯具、船用荧光灯照明灯具、道路照明灯具、汽车、摩托车和飞机照明灯具、特种车辆标志照明灯具、电影电视舞台照明灯具、防爆灯具、水下照明灯具等。

3）灯具的常用形式

灯具的常用形式主要为壁灯、吊灯、吸顶灯、台灯、落地灯、射灯、筒灯、吊扇灯等。

（1）壁灯：壁灯又称墙灯，主要装设在墙壁、建筑支柱及其他立面上。壁灯造型精致灵巧，光线柔和，在大多数情况下它与其他灯具配合使用。壁灯一般为金属灯架，表面有镀铬、烤漆等，灯罩材料有透明玻璃、压花玻璃或半透明的磨砂玻璃等。

（2）吊灯：吊灯是用线杆、链或管等将灯具悬挂在顶棚上以作整体照明的灯具。大部分吊灯都带有灯罩。灯罩常用金属、玻璃、塑料或木制品等制作而成。

（3）吸顶灯：吸顶灯是直接固定在顶棚上的灯具，作为室内一般照明用，吸顶灯灯架一般为金属、陶瓷或木制品。灯罩形状多种多样，有圆球形、半球形、扁圆形、平圆形、方形、长方形、三角形、锥形、橄榄形、垂花形等多种，材质有玻璃、塑料、聚酯、陶瓷等。

(4) 台灯：台灯又称桌灯或室内移动型灯具，多以白炽灯和荧光灯为光源，有大、中、小型之分。灯罩常用颜色适中的绢、纱、纸、胶片、陶瓷、玻璃或塑料薄片等材料做成。通常以陶瓷、塑料、玻璃及金属等制成各式工艺品灯座。

(5) 落地灯：落地灯也是室内移动型灯具之一，有称座地灯或立灯，按照明功能可分为高杆落地灯和矮脚落地灯。它是一种局部自由照明灯具，多以白炽灯为光源。有大、中、小三种类型。落地灯的灯罩与台灯的相似，通常以纱、绢、塑料片、羊皮纸等制成。有的艺术灯罩还绘、绣有图案和花边。灯杆以金属镀铬居多，结构安全稳定，方位、高度调控自如，投光角度随意灵活，是一种装饰效果较高的灯饰。

(6) 射灯：射灯也称投光灯或探照灯，是一种局部照明灯具。射灯的尺寸一般都比较小。结构上，射灯都有活动接头，以便能够随意调节灯具的方位与投光角度。

(7) 吊扇灯：既可作为照明灯具，同时具有电风扇的作用，一机两用，美观且节省空间。风扇的电机通常可以正向或反向转动，三档调速。

4) 灯具的命名规则

根据《灯具型号命名规则》QB/T 2905—2007 灯具型号由以下几部分组成：第一部分为灯具类型代号；第二部分为灯种代号；第三部分为序号及变型代号；第四部分为光源代号；第五部分为光源效率；第六部分为光源数量。其中第三部分、第五部分和第六部分不是型号中必需的部分。

灯具型号采用汉语拼音字母及阿拉伯数字表达。型号中各个部分的具体表达方法如下所示：

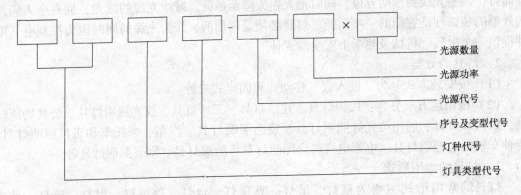

(1) 灯具类型代号

灯具类型代号按表 3-63 规定的字母表达，对于表 3-63 以外的灯具类型，由产品类型名称中表达灯具特征的两个汉语拼音首字母组成灯具类型代号。

灯具类型代号　　　　　　　　　　　　　表 3-63

代　号	灯　具　类　型
YJ	应急照明灯具
TY	庭院用的可移式灯具

续表

代号	灯具类型
ET	儿童感兴趣的可移式灯具
DL	道路与街路照明灯具
TG	投光灯具
YC	游泳池和类似场所用灯具
DC	灯串
GD	固定式通用灯具
KY	可移式通用灯具
QR	嵌入式灯具
TF	通风式灯具
ST	手提灯
WT	舞台灯、电视、电影及摄像场所（室内外）用灯具
YH	医院和康复大楼诊所用灯具
XW	限制表面温度灯具
WD	钨丝灯用特低电压照明系统
FZ	非专业用照相和电影用灯具
DM	地面嵌入式灯具
SZ	水族箱灯具
CT	插头安装式灯具

(2) 灯种代号

灯种代号如表3-64规定，对于表3-63以外的灯种名称中第一个汉字的汉语拼音首字母作为灯种代号，当与表3-64列出的字母重复时，代号由灯种名称中第一、第二个汉字的汉语拼音首字母组成。

灯种代号　　　　　　　　　　　　　　　表3-64

代号	灯种	代号	灯种
SS	疏散照明灯具	S	射灯
B	备用照明灯具	T	筒灯
DL	道路照明灯具	GS	格栅灯具
SD	隧道照明灯具	Q	嵌壁式灯具
Z	柱式合成灯具	J	夹灯
M	密封灯串	L	落地灯
D	吊式灯具	TD	台灯
X	吸顶灯具	G	挂壁灯具
XB	吸壁灯具	JC	机床灯

(3) 光源代号

以QB 2274—1996规定的光源型号组成的第一部分作为本标准中的光源代号，灯具常用光源的代号见表3-65。

光源代号　　　　　　　　　　表3-65

代　号	光源种类	代　号	光源种类
PZ	白炽类普通照明灯泡	YZ	直管型荧光灯
PZQ	白炽类普通照明球形灯泡	YU	U型荧光灯
LZG	照明管形卤钨灯	YH	环形荧光灯
LZD	照明单端卤钨灯	YDN	单端内启动荧光灯
LLZ	冷反射定向照明卤钨灯	YDW	单端外启动荧光灯
GGY	荧光高压汞灯	YPZ	普通照明用自镇流器荧光灯
NG	透明型高压钠灯	JLZ	照明金属卤化物灯
WJ	无极放电灯	JTG	管型铊灯
LED	发光二极管	JDH	球形镝钬灯
		JTY	铊铟灯泡

(4) 序号

序号用阿拉伯数字表示，位数不限；变型代号用汉语拼音小写字母表示。

(5) 光源功率

光源功率用瓦（W）为单位的实数表示。

(6) 光源数

光源个数为1时，可以省略不写。

3.5.2 开关

开关意指开启和关闭，是指一个可以使电路开路、使电流中断或使电流流到其他电路的电子元件。最常见的开关是由人操作的机电设备，其中有一个或数个电子接点。接点的"闭合"（closed）表示电子接点导通，允许电流流过；开关的"开路"（open）表示电子接点不导通，形成开路，不允许电流流过。

1. 开关分类

按照用途分类：波动开关，波段开关，录放开关，电源开关，预选开关，限位开关，控制开关，转换开关，隔离开关，行程开关，墙壁开关，智能防火开关等。

按照结构分类：微动开关，船型开关，钮子开关，拨动开关，按钮开关，按键开关，还有时尚潮流的薄膜开关、点开关。

按照接触类型分类：开关按接触类型可分为a型触点、b型触点和c型触点三种。接触类型是指"操作（按下）开关后，触点闭合"这种操作状况和触点状态的关系。需要根据用途选择合适接触类型的开关。

按照开关数分类：单控开关、双控开关、多控开关、调光开关、调速开关、防溅盒、门铃开关、感应开关、触摸开关、遥控开关、智能开关、插卡取电开关、浴霸专用开关。

按照操作方式分类：拉线式、板把式、翘板式。

按照联数分类：单联、双联、三联等。

按照安装方式分类：明装、暗装。

2. 开关的定义

1) 单（联）开，双联，三联：指一个开关面板上有几个开关按键。
2) 单控：又称单极，表示一个开关按键只能控制一个用电器或一组用电器。
3) 双控：指一盏灯有两个开关（可以在不同的地方控制开关同一盏灯，比如卧室进门一个，床头一个，同时控制卧室灯），为卧室常用。
4) 单极开关：指只分合一根导线的开关，即一次能控制的线路数，"极"即常说的正负极，即火线和零线。

3. 开关的性能参数

1) 额定电压：是指开关在正常工作时所允许的安全电压。加在开关两端的电压大于此值，会造成两个触点之间打火击穿。
2) 额定电流：指开关接通时所允许通过的最大安全电流，当超过此值时，开关的触点会因电流过大而烧毁。
3) 绝缘电阻：指开关的导体部分与绝缘部分的电阻值，绝缘电阻值应在100MΩ以上。
接触电阻：是指开关在开通状态下，每对触点之间的电阻值，一般要求在 0.1~0.5Ω 以下，此值越小越好。
4) 耐压值：指开关对导体及大地之间所能承受的最高电压。
5) 寿命：是指开关在正常工作条件下，能操作的次数，一般要求在 5000~35000 次左右。

4. 开关接线

1) 典型开关接线图

三联单控开关接线如图3-99所示。一个开关盒上面有三个开关按键，分别控制单独一个灯的开关。

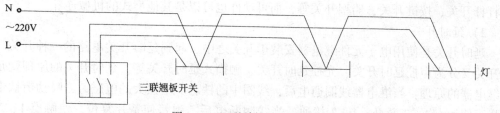

图3-99 三联单控开关接线图

2) 单联双控开关接线

单联双控开关接线如图3-100所示，当K1扳到1位，K2扳到3位时，电路接通时电灯启亮，此时再扳动任何一个开关，都将使电路断开，电灯熄灭。

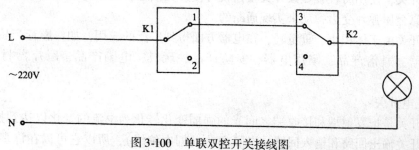

图3-100 单联双控开关接线图

3）开关接线

在照明电路中，为了安全用电，开关必须装在相（火）线上。如装在零线，灯灭以后，灯口仍有高电位，很危险。一只开关控制多盏灯时，几盏灯均应并联接线，而不是串联接线。

楼梯、楼道和厕所照明宜单设一个回路，以便于下班后断电，而只保留楼梯和楼道的照明。

翘板开关一般是下扳断开、上扳闭合。

4）穿线根数

（1）水平敷设管内导线的数量已有标示，根据导线短线数量或导线旁边数字即可判断。

（2）连接开关的竖直管内的导线数量。导线安装数量规则如下：

① "联"数加一：如双联开关有三根线。

② "极"数翻倍：如单极开关有两根线，双极需四根线。

（3）插座管道内的导线数量：由 n 联中的极数最多的插座决定。

5. 开关种类及用途

1）触点开关

最简单的开关有二片名叫"触点"的金属，二触点接触时使电流形成回路，二触点不接触时电流开路。选用接点金属时需考虑其对抗腐蚀的程度，因为大多数金属氧化后会形成绝缘的氧化物，使接点无法正常工作。选用接点金属也需考虑其电导率、硬度、机械强度、成本及是否有毒等因素。有时会在接点上电镀抗腐蚀金属。一般会镀在接点的接触面，以避免因氧化物而影响其性能。有时接触面也会使用非金属的导电材料，如导电塑胶。开关中除了接点之外，也会有可动件使接点导通或不导通，开关可依可动件的不同分为杠杆开关、按键开关、船型开关等，而可动件也可以是其他型式的机械连杆。

2）延时开关

延时开关是使用电子元件继电器安装于开关之中，起到延时开关电路的一种开关。延时开关又分为声控延时开关、光控延时开关、触摸式延时开关等。延时开关的原理就是电磁继电器的原理：当继电器线圈通电后，线圈中的铁芯产生强大的电磁力，吸动衔铁带动簧片，使触点1、2断开，1、3接通。当线圈断电后，弹簧使簧片复位，使触点1、2接通，1、3断开。我们只要把需要控制的电路接在触点1、2间（1、2称为常闭触点）或触点1、3间（称为常开触点），就可以利用继电器达到某种控制的目的。

3）轻触开关

轻触开关，使用时轻轻点按开关按钮就可使开关接通，当松开手时开关即断开，其内部结构是靠金属弹片受力弹动来实现通断的。

轻触开关由于体积小、重量轻，在电器方面得到广泛的应用，如：影音产品、数码产品、遥控器、通信产品、家用电器、安防产品、玩具、电脑产品、医疗器材、汽车按键等。

4）光电开关

光电开关是把发射端和接收端之间光的强弱变化转化为电流的变化以达到探测目的。由于光电开关输出回路和输入回路是电隔离的（即电绝缘），所以它可以在许多场合得到应用。

采用集成电路技术和 SMT 表面安装工艺而制造的新一代光电开关器件，具有延时、展宽、外同步、抗相互干扰、可靠性高、工作区域稳定和自诊断等智能化功能。这种新颖的光电开关是一种采用脉冲调制的主动式光电探测系统型电子开关，它所使用的冷光源有红外光、红色光、绿色光和蓝色光等，可非接触、无损伤地迅速和控制各种固体、液体、透明体、黑体、柔软体和烟雾等物质的状态和动作。由于传统接触式行程开关存在响应速度低、精度差、接触检测容易损坏被检测物及寿命短等缺点，而晶体管接近开关的作用距离短，不能直接检测非金属材料。因此，新型光电开关克服了上述缺点，具有体积小、功能多、寿命长、精度高、响应速度快、检测距离远以及抗光、电、磁干扰能力强等特点。

新型的光电开关已被用于物位检测、液位控制、产品计数、宽度判别、速度检测、定长剪切、孔洞识别、信号延时、自动门传感、色标检出、冲床和剪切机以及安全防护等诸多领域。此外，利用红外线的隐蔽性，特制光电开关还可在银行、仓库、商店、办公室以及其他需要的场合作为防盗警戒之用。

5）开关电源

开关电源是利用现代电力电子技术，控制开关管开通和关断的时间比率，维持稳定输出电压的一种电源。开关电源一般由脉冲宽度调制（PWM）控制 IC 和开关器件（金氧半场效晶体管 MOSFET、双极型三极管 BJT 等）构成。开关电源和线性电源相比，二者的成本都随着输出功率的增加而增长，但二者增长速率各异。线性电源成本在某一输出功率点上，反而高于开关电源，这一点称为成本反转点。随着电力电子技术的发展和创新，使得开关电源技术也在不断地创新，这一成本反转点日益向低输出电力端移动，这为开关电源提供了广阔的发展空间。

开关电源高频化是其发展的方向，高频化使开关电源小型化，并使开关电源进入更广泛的应用领域，特别是在高新技术领域的应用，推动了高新技术产品的小型化、轻便化。另外开关电源的发展与应用在节约能源、节约资源及保护环境方面都具有重要的意义。开关电源中应用的电力电子器件主要为二极管、绝缘栅双极型晶体管（IGBT）和 MOSFET。可控硅镇流器（SCR）在开关电源输入整流电路及软启动电路中有少量应用，电力晶体管（GTR）驱动困难，开关频率低，逐渐被 IGBT 和 MOSFET 取代。

6）接近开关

接近开关又称无触点行程开关，它除了可以完成行程控制和限位保护外，还是一种非接触型的检测装置，用作检测零件尺寸和测速等，也可用于变频计数器、变频脉冲发生器、液面控制和加工程序的自动衔接等。利用位移传感器对接近物体的敏感特性达到控制开关通或断的目的，这就是接近开关。当有物体移向接近开关，并接近到一定距离时，位移传感器才有"感知"，开关才会动作，其具有工作可靠、寿命长、功耗低、复定位精度高、操作频率高以及适应恶劣的工作环境等特点，常见的接近开关有以下几种：

（1）涡流式接近开关

这种开关有时也叫电感式接近开关。它是利用导电物体在接近这个能产生电磁场的接近开关时，使物体内部产生涡流。这个涡流反作用到接近开关，使开关内部电路参数发生变化，由此识别出有无导电物体移近，进而控制开关的通或断。这种接近开关所能检测的物体必须是导电体。

（2）电容式接近开关

这种开关的测量头通常构成电容器的一个极板，而另一个极板是开关的外壳。这个外壳在测量过程中通常是接地或与设备的机壳相连接。当有物体移向接近开关时，不论它是否为导体，由于它的接近，总要使电容的介电常数发生变化，从而使电容量发生变化，使得和测量头相连的电路状态也随之发生变化，由此便可控制开关的接通或断开。这种接近开关检测的对象，不限于导体，可以是绝缘的液体或粉状物等。

（3）霍尔接近开关

霍尔元件是一种磁敏元件。利用霍尔元件做成的开关，叫做霍尔开关。当磁性物件移近霍尔开关时，开关检测面上的霍尔元件因产生霍尔效应而使开关内部电路状态发生变化，由此识别附近有磁性物体存在，进而控制开关的通或断。这种接近开关的检测对象必须是磁性物体。

（4）光电式接近开关

利用光电效应做成的开关叫光电开关。将发光器件与光电器件按一定方向装在同一个检测头内，当有反光面（被检测物体）接近时，光电器件接收到反射光后便在信号输出，由此便可"感知"有物体接近。

（5）热释电式接近开关

用能感知温度变化的元件做成的开关叫热释电式接近开关。这种开关是将热释电器件安装在开关的检测面上，当有与环境温度不同的物体接近时，热释电器件的输出发生变化，由此便可检测出有物体接近。

（6）其他型式的接近开关

当观察者或系统对波源的距离发生改变时，接近到的波的频率会发生偏移，这种现象称为多普勒效应。声纳和雷达就是利用这个效应的原理制成的。利用多普勒效应可制成超声波接近开关、微波接近开关等。当有物体移近时，接近开关接收到的反射信号会产生多普勒频移，由此可以识别出有无物体接近。

主要用途：接近开关在航空、航空、航天技术以及工业生产中都有广泛的应用。在日常生活中，如宾馆、饭店、车库的自动门和自动热风机上都有应用。在安全防盗方面，如资料档案、财会、金融、博物馆、金库等重地，通常都装有由各种接近开关组成的防盗装置。在测量技术中，如长度、位置的测量；在控制技术中，如位移、速度、加速度的测量和控制，也都使用着大量的接近开关。

7）开关柜

开关柜是一种电设备，外线先进入柜内主控开关，然后进入分控开关，各分路按其需要设置。如仪表、自控、电动机磁力开关、各种交流接触器等，有的设有高压室与低压室开关柜；有的设有高压母线，如发电厂等；有的还设有为保主要设备的低周减载。

6. 开关的安装要求

开关要安装在便于操作的位置，应符合下列要求：

1）开关和插座明装

（1）将木台固定在墙上，固定木台用的螺丝长度约为木台厚度的 2～2.5 倍，然后再在木台上安装开关或插座。

（2）相邻开关及插座应尽量采用一种形式配置，特别是开关柄，其接通和断开电源的位置应一致。扳把开关一般装成开关往上扳是电路接通，往下扳是电路切断。

（3）当交流、直流或不同电压等级的插座安装在同一场所时，应有明显的区别，且必须选择不同结构、不同规格和不能互换的插座，其配套的插头，应按交流、直流或不同电压等级区别使用。

2）开关及插座墙装

先将开关盒按图纸要求位置埋在墙内，铁盒口面应与墙的粉刷层平面一致，待穿完导线后，即可将开关或插座用螺栓固定在铁盒内，接好导线，盖上盖板即可。

3）拉线开关一般应距地 2~3m 或距顶棚 0.2m，距门框水平距离为 0.15~0.2m，且拉线的出口应向下。

4）其他各种开关一般距地为 1.4m，特殊情况由设计确定，距门柜水平距离 0.5~0.2m。

5）成排安装的开关高度应一致，高低差不大于 0.5mm，拉线开关相邻间距一般不小于 20mm。

6）同一建筑物内的照明开关，插座方向应统一。例如向上关断，向下导通；对单相三线插座，面对插座右面接相线，左面接零线，上面接地线或零线。

7）安装在同一建筑物、构筑物内的开关，宜采用同一系列的产品，开关的通断位置应一致，且操作灵活，接触可靠。

8）开关安装的位置应便于操作，开关边缘距门框的距离宜为 0.15~0.2m，扳把开关距地面高度宜为 1.3m，拉线开关距地面高度宜为 2~3m，且拉线出口宜垂直向下。

9）并列安装的相同型号开关距地面高度应一致，高度差不宜大于 1mm，同一室内安装的插座高度差不宜大于 5mm，并列安装的拉线开关的相邻间距不宜小于 20mm。

3.5.3 插座

插座，又称电源插座、开关插座，是指有一个或一个以上电路接线可插入的座，通过它可插入各种接线，便于与其他电路接通。电源插座是为家用电器提供电源接口的电气设备，也是住宅电气设计中使用较多的电气附件。

1. 插座的分类

按照相数分为单相插座（二孔、三孔）和三相插座（四孔 3L+1N）。

按照孔数分为二、三、五、七孔等。

按照安装方式分为明装和暗装。

按照电流分为 15A 以下和 30A 以上。

按照结构和用途的不同主要分为：移动式电源插座、嵌入式墙壁电源插座、机柜电源插座、桌面电源插座、智能电源插座、功能性电源插座、工业用电源插座、电源组电源插座等。

按规格尺寸分：86型、118型、120型。86型插座是正方形，一般是五孔插座，或多五孔插座或一开带五孔插座；118型插座是横向长方形，一般分为：一位、二位、三位、四位插座；120型插座是纵向长方形。

2. 插座接线

如图 3-101 所示为 TN-S 供电系统中插座接线示意图。

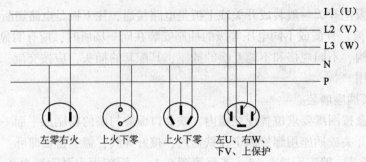

图 3-101　TN-S 系统插座接线示意

3. 常用插座定义及用途

三孔插座：2200W 以下电器及 1.2P 以下空调可以使用。

三孔带开关：插座可以给普通电器，以及 1.2P 以下空调可以使用。开关可用来控制插座电源。

三孔加开关：1.5P～2.5P 空调使用。开关可用来控制插座电源。

三相四线插座：25A 插座，用来接中央空调。

四孔插座：可以接两个二头的插头。

双电脑插座：面板上有两个电脑接口。

五孔加开关：开关可以独立当开关使用也可以用来控制插座。

一位音响插座：又叫两孔音箱插座，一个头接进线，另一个头接出线。

二位音响插座：又叫四孔音箱插座，一个头接进线，另一个头接出线。

白板：用来封闭不用的接线盒。

串接式电视插座：该产品是一分支器和普通终端式电视插座的组合，用作有线电视系统输出口，具有安装方便、电缆用线少等优点，适用于有线电视工程的用户终端。

宽频电视插座：该产品适用于家庭、酒店、办公场所的普通电视和宽带电视信号传输，使用频率范围 5～1000MHz，输入输出阻抗为 75Ω。适合高清的数字电视使用，还可以连接电脑使用。该产品采用锌合金压铸外壳配垫片电容焊接封装，具有良好的防电磁泄漏和防雷击功能。

双路电视插座：可以接两个电视信号线。

电脑插座：又称信息插座、网络插座、宽带插座。

多功能五孔插座：面板上有三孔插座及二孔插座，其中三孔插座可以接两头插头也可以接三头插头以及外国进口电器插头。

4. 插座的安装要求

1) 一般距地高度不宜小于 1.3m，在托儿所、幼儿园、住宅及小学等不应低于 1.8m（有安全门插座例外）。同一场所安装应尽量一致，同一室内安装的高低差不应大于 5mm，成排安装插座高低差不应大于 0.5mm。

2) 车间及试验室的明暗插座一般距地高度 0.3m，特殊场所暗装插座一般不应低于 0.15m。同一室内安装的插座高度差不宜大于 5mm，并列安装的相同型号的插座高度差不宜大于 1mm。

3) 舞台、特殊办公场所的落地插座应有保护盖板。

4) 电气设备保护：

（1） 没有金属外露的塑料外壳电器设备以及双绝缘（即带"回"字符号）的小型电器设备，可以使用二孔插座。

（2） 有金属外壳的电器设备，以及有金属外露的电器设备，应使用带保护极的三头插头，如电冰箱、电烤箱等。

第4章 安装工程常用设备

本章将介绍安装工程的分类，以及常见的通用及专用机械设备、静置设备和电气设备的分类和性能，起重设备、自动化控制仪表设备、建筑智能化设备、管道工程设备、消防工程设备、通风与空调设备、工业炉设备等相关内容参见设备安装施工员专业教材的其他相关章节。

4.1 安装工程的分类

安装工程按现行国家标准《建设工程分类标准》GB 50841 的划分，可分为机械设备工程、静置设备与工艺金属结构工程、电气工程、自动化控制仪表工程、建筑智能化工程、管道工程、消防工程、净化工程、通风与空调工程、设备及管道防腐蚀与绝热工程、工业炉工程、电子与通信及广电工程等。

4.1.1 机械设备工程

设备安装工程中的机械设备工程可分为通用设备安装工程、起重设备安装工程、锅炉设备安装工程、专用设备安装工程等。

通用设备安装工程可分为切削设备安装工程、锻压设备安装工程、铸造设备安装工程、输送设备安装工程、风机设备安装工程、泵设备安装工程、压缩机设备安装工程以及其他机械设备安装工程。

起重设备安装工程可分为桥式、悬臂式、桅杆式、门式、塔式、流动式、铁路、港口、电站门座式等起重机安装工程，还包括机械式停车设备、升降机设备、客运索道设备、电梯及其他起重设备安装工程。

电梯安装工程可分为曳引式、液压式电梯安装工程，自动扶梯、自动人行道安装工程，小型杂货电梯安装工程，观光梯安装工程，安全附件及安全保护装置安装工程，以及其他电梯安装工程。

锅炉设备安装工程可分为成套整装锅炉、锅炉钢架、散装锅炉本体设备、锅炉风机、锅炉除尘装置、锅炉制粉系统、锅炉（烟、风、煤）管道以及其他辅助设备安装工程，锅炉炉墙砌筑工程，上煤、碎煤、卸煤设备安装工程，水力冲渣、冲灰设备安装工程，化学水处理系统、锅炉补给水系统、凝结水处理系统、循环水处理系统、给水和炉水校正处理系统以及其他锅炉设备安装工程。

专用设备安装工程可分为火力发电设备、水力发电设备、核电设备、矿业设备、轻工设备、纺织设备、石油化工设备、冶金设备、建材设备及其他专用设备安装工程，例如环保设备、节能设备、风电设备及其他可再生能源设备等安装工程。

4.1.2 静置设备与工艺金属结构工程

静置设备与工艺金属结构工程可分为静置设备工程，气柜工程，氧舱工程，工艺金属结构工程，铝制、铸铁、非金属设备安装工程以及其他设备安装工程。

静置设备工程可分为反应设备、塔设备、换热设备、分离设备、储存容器及其他设备安装工程。

气柜工程可分为湿式气柜制作、安装工程；干式气柜制作、安装工程；其他设备安装工程。

氧舱工程可分为医用氧舱、高压氧舱、再压舱、高海拔实验舱、潜水钟及其他设备安装工程。

工艺金属结构工程可分为联合平台制作、安装工程，平台制作、安装工程，梯子、栏杆、扶手制作、安装工程，桁架、管廊、设备框架、单梁结构制作、安装工程，烟筒、烟道制作、安装工程，火炬及排气筒制作、安装工程，以及其他工艺金属结构制作、安装工程。

铝制、铸铁、非金属设备安装工程可分为铝制设备、铸铁设备、玻璃钢设备、PVC设备、聚酯设备以及其他设备安装工程。

4.1.3 电气工程

电气工程可分为工业电气工程和建筑电气工程。

工业电气工程可分为变压器、配电装置、母线、控制和保护设备及低压电器安装工程，以及蓄电池、电机、防雷接地装置、电气线缆、照明器具安装工程和电气装置调整试验工程等。

建筑电气工程可分为室外电气、变（配）电室、供电干线、电气动力、电气照明、备用和不间断电源、防雷接地装置以及其他建筑电气安装工程。

4.1.4 自动化控制仪表工程

自动化控制仪表工程可分为过程检测仪表工程，过程控制仪表工程，集中检测装置、仪表工程，集中监视与控制仪表工程，工业计算机安装与调试工程，仪表管路敷设工程，工厂通信、供电工程，仪表盘、箱、柜及附件安装工程，以及仪表附件安装工程。

过程检测仪表工程可分为温度表、压力表、流量表、物位表、显示仪表、分析仪表以及其他特殊仪表安装工程；过程控制仪表工程可分为电动单元组合仪表、气动单元组合仪表、组装式综合控制仪表、基地式调节仪表、执行仪表以及仪表回路模拟实验安装工程。

集中检测装置、仪表工程可分为机械量仪表、过程分析和物性监测仪表及气象环保检测仪表安装工程；集中监视与控制仪表工程可分为安全检测装置、工业电视、运动装置、顺序控制装置、信号报警装置、数据采集及巡回检测报警装置安装工程。

工业计算机安装与调试工程可分为工业计算机设备安装与调试、管理计算机调试、基础自动化装置调试、控制系统软件组态及调试、控制系统和网络的安装及调试工程。

仪表管路敷设工程可分为钢管、不锈钢管及高压管敷设工程，仪表气源管、仪表电缆桥架、管缆敷设工程，以及仪表设备与管路伴热、仪表设备与管路脱脂工程等。

工厂通信、供电工程可分为工厂通信线路、通信设备及供电系统安装工程。

仪表盘、箱、柜及附件安装工程可分为盘、箱、柜安装，以及盘、柜附件或元件的制作与安装工程。通常，仪表附件安装工程又可分为仪表阀门、仪表支吊架及仪表附件安装工程。

4.1.5 建筑智能化工程

建筑智能化工程可分为智能化集成系统工程、信息设施系统工程、信息化应用系统工程、设备管理系统工程、公共安全系统工程以及机房和环境工程。

智能化集成系统工程可分为智能化系统信息共享平台建设安装工程和信息化应用功能实施安装工程。

信息设施系统工程可分为电话交换系统、信息网络系统、综合布线系统、室内移动通信覆盖系统、卫星通信系统、有线电视及卫星电视接收系统、广播系统、会议系统、信息导引和发布系统以及时钟系统安装工程。

信息化应用系统工程可分为工作业务应用系统、物业运营管理系统、公共服务管理系统、公众信息服务系统、智能卡应用系统以及信息网络安全管理系统安装工程。

设备管理系统工程可分为热力管理系统、制冷管理系统、空调管理系统、给水排水管理系统、电力管理系统、照明控制管理系统以及电梯检测、监视和控制管理系统安装工程。

公共安全系统工程可分为安全技术防范系统安全工程和应急联动系统安装工程。

机房工程可分为信息中心设备机房、数字程控交换机系统设备机房、通信系统总配线设备机房、消防监控中心机房、安防监控中心机房、智能化系统设备总控室、通信接入系统设备机房、有线电视前端设备机房、弱电间以及应急指挥中心的安装工程。

环境工程可分为环境监测、绿化、音乐喷泉等安装工程。

4.1.6 管道工程

管道工程可分为长输（油气）管道工程（GA）、公用管道工程（GB）、工业管道工程（GC）和动力管道工程（GD）。

长输（油气）管道工程（GA）可分为一级甲（GA1甲）、一级乙（GA1乙）、二级（GA2）。

公用管道工程（GB）可分为一级（GB1）、二级（GB2）。

工业管道工程（GC）可分为一级（GC1）、二级（GC2）、三级（GC3）。

动力管道工程（GD）可分为一级（GD1）、二级（GD2）。

4.1.7 消防工程

消防工程可分为火灾自动报警系统、消防给水系统、消火栓系统、自动喷水灭火系统、水喷雾灭火系统、细水雾灭火系统、气体灭火系统、泡沫灭火系统、干粉灭火系统工程，及防排烟系统、防火门窗、防火卷帘、钢结构防火保护、防火封堵设施安装工程，以及消防系统调试工程和其他建筑消防设施工程。

4.1.8 净化工程

净化工程可分为净化工作台、风淋室、洁净室、内装、净化空调、净化设备及净化工艺管道安装工程。其中，净化工艺管道工程可分为纯水管道系统、工艺冷却水系统、高纯氮气系统、高纯氢气系统、高纯氧气系统、高纯压缩空气系统、特气系统及其他高纯介质管道安装工程，以及净化系统洁净度、露点和纯度测试工程。

4.1.9 通风与空调工程

通风与空调工程可分为通风与空调设备及部件制作、安装工程，通风与空调风管系统工程，通风与空调水系统工程，以及通风与空调系统的检测和测试工程。

通风与空调设备及部件制作、安装工程可分为空气加热器（冷却器）、通风机、除尘设备、空调器、风机盘管及过滤器安装工程。

通风与空调风管系统工程可分为碳钢通风管道、净化通风管道、不锈钢板通风管道、铝板通风管道、塑料通风管道、玻璃钢通风管道、复合型通风管道及柔性通风管道的制作、安装工程。

通风与空调水系统工程可分为管道系统、冷却塔、水泵及附属设备、管道与设备防腐、绝热及水系统调试工程。

4.1.10 设备及管道防腐蚀与绝热工程

设备及管道防腐蚀与绝热工程可分为设备及管道防腐蚀工程及绝热工程两类。

设备及管道防腐蚀工程包括金属镀层安装工程、衬里安装工程和防腐蚀涂层安装工程。

设备及管道绝热工程包括捆扎法、粘贴法、浇注法、喷涂法、填充法和拼砌法绝热工程。

4.1.11 工业炉工程

工业炉工程可分为冶金炉、有色金属炉、化工炉、建材工业炉及其他专业炉工程，以及一般工业炉工程。

工业炉安装工程可分为工业炉本体制作、安装工程，供热系统、排烟系统、炉衬及辅助项目安装工程。其中，工业炉本体制作、安装工程可分为框架支撑结构、基本炉膛结构的制作、安装工程，以及物料输送系统安装工程；供热系统安装工程可分为能源介质管道和设备系统、电力输送系统变压设备的安装工程；排烟系统安装工程可分为烟道、烟囱、换热器及排烟辅助设备安装工程；工业炉炉衬安装工程可分为耐火砖砌体、不定形耐火材料砌体、耐火陶瓷纤维砌体及混合衬体安装工程。

4.1.12 电子与通信及广电工程

电子与通信及广电工程可分为电子系统工程、电子设备工程、通信设备工程、计算机信息网络工程、通信机房与通信枢纽工程、通信线路工程以及广播电影电视工程。

电子系统工程可分为雷达导航与测控系统、计算机及应用和信息网络系统、通信和综合信息网路系统、监控系统电子自动化、电子声像系统、电磁兼容系统、轨道交通控制系统及电子机房等安装工程。

电子设备工程可分为微电子设备、光电子设备、真空电子设备、电子材料设备及其他电子设备安装工程。

通信设备工程可分为通信电源设备、程控电话交换机设备、光纤传输系统设备、非话通信系统设备、微波通信系统设备、卫星通信地球站设备、小口径卫星通信地球站设备、移动通信设备、时钟同步系统设备、接入网系统设备及网管、维护、收费中心设备安装工程。

计算机信息网络工程可分为网络设备、软件、电源设备、配套设备及机房布线系统安装工程。

通信机房与通信枢纽工程可分为通信机房安装工程及通信枢纽安装工程。

通信线路工程可分为开挖与填埋工程、通信管道工程、杆路工程、线缆敷设工程、通信线路设备安装工程、线缆保护工程及综合布线系统安装工程。

广播电影电视工程可分为广播电影电视系统工程、设备工程、机房工程及传输线路工程。

4.2 安装工程通用机械设备的分类和性能

机电工程的通用机械设备是指通用型强、用途较广泛的机械设备。一般是指切削设备、锻压设备、铸造设备、输送设备、风机设备、泵设备、压缩机设备等，设备的性能一般以其参数表示。

下面详细介绍一下各种通用机械设备的分类和性能。

4.2.1 泵的分类和性能

1. 泵的分类

泵的分类方式很多，按输送介质分为清水泵、杂质泵、耐腐蚀泵、潜水泵等；按吸入方式分为单吸式和双吸式；按叶轮数目分为单级泵、多级泵；按介质在旋转叶轮内部流动方式分为离心式、轴流式、混流式；按工作原理分为离心泵、井用泵、立式轴流泵、导叶式混流泵、机动往复泵、蒸汽往复泵、计量泵、螺杆泵、水环真空泵等。

除了上述基本的分类方法外，还有其他分类方法。按用途部门不同可分为工业用泵和农业用泵，而工业用泵又可分为化工用泵、石油用泵、电站用泵、矿山用泵等；按其输送液体性质不同，又可分为清水泵、污水泵、油泵、酸泵、液氨泵、泥浆泵和液态金属泵等；按泵的性能、用途和结构特点可分为一般用泵和特殊用泵；按泵的工作压力大小可分为低压泵、中压泵、高压泵和超高压泵等。

2. 泵的性能

泵的性能由其工作参数加以表述，常用的参数有流量、扬程、功率、效率、转速等。例如一幢30层（98m高）的高层建筑，其消防水泵的扬程应在130m以上。

4.2.2 风机的分类和性能

1. 风机的分类

风机按气体在旋转叶轮内部流动方向分为离心式、轴流式、混流式；按照结构形式分为单级风机、多级风机；按照排气压强的不同分为通风机、鼓风机、压气机。

2. 风机的性能参数

风机的性能参数主要有流量（又称为风量）、风压、功率、效率、转速、比转速。

4.2.3 压缩机的分类和性能

1. 压缩机的分类

1）按压缩气体方式分类

压缩机按压缩气体方式可分为容积型和速度型两大类；按结构形式和工作原理，容积型压缩机可分为往复式（活塞式、膜式）、回转式（滑片式、螺杆式、转子式）；速度型压缩机可分为轴流式、离心式、混流式。

2）按压缩次数可分为：单级压缩机、两级压缩机、多级压缩机。

3）按汽缸的排列方式可分为：立式压缩机、卧式压缩机、L形压缩机、V形压缩机、W形压缩机、扇形压缩机、M形压缩机、H形压缩机。

4）按照排气压力大小可分为：低压、中压、高压和超高压；

按照容积流量可分为：微型、小型、中型、大型。

5）按润滑方式分为无润滑压缩机和有润滑压缩机。

2. 压缩机的性能

压缩机的性能参数包括容积、流量、吸气压力、排气压力、工作效率。

4.2.4 连续输送设备的分类和性能

1. 连续输送设备的分类

输送设备通常按有无牵引件（链、绳、带）可分为：具有挠性牵引件的输送设备，如带式输送机、板式输送机、刮板式输送机、提升机、架空索道等；无挠性牵引件的输送设备，如螺旋输送机、滚柱输送机、气力输送机等。

2. 连续输送设备的性能

连续输送设备只能沿着一定路线向一个方向连续输送物料，可进行水平、倾斜和垂直输送，也可以组成空间输送线路。输送设备输送能力大，运距长，设备简单，操作简便，生产率高，还可以在输送过程中同时完成若干工艺操作。

4.2.5 金属切削机床的分类和性能

1. 金属切削机床的分类

金属切削机床按加工方式或加工对象可分为车床、钻床、镗床、磨床、齿轮加工机床、螺纹加工机床、花键加工机床、铣床、刨床、插床、拉床、特种加工机床、锯床和刻线机等；按机床的通用程度又可分为通用机床（万能机床）、专门化机床（专能机床）、专用机床；按照机床的加工精度又可分为普通精度机床、精密机床、高精度机床；按照机床的自动化程度又可以分为手动、机动、半自动和自动机床；按照机床的质量可分为仪表机床、中型机床（一般机床）、大型机床（质量达10t）、重型机床（大于30t）和超重型机床（大于100t）；按照机床的主要工作部件的数目可分为单轴、多轴或单刀和多刀机床等。

2. 金属切削机床的性能

金属切削机床的技术性能由加工精度和生产效率加以评价,加工精度包括被加工工件的尺寸精度、形状精度、位置精度、表面质量和机床的精度保持性。生产效率涉及切削加工时间和辅助时间,以及机床的自动化程度和工作可靠性。这些指标取决于机床的静态特性(如静态几何精度和刚度)以及机床的动态特性(如运动精度、动刚度、热变形和噪声等)。

4.2.6 锻压设备的分类和性能

1. 锻压设备的分类

锻压设备按传动方式的不同,分为锤、液压机、曲柄压力机、旋转锻压机和螺旋压力机。

2. 锻压设备的性能

锻压设备的基本特点是力大,故多为重型设备,通过对金属施加压力使其成型。锻压设备上设有安全防护装置,以保障设备和人身安全。

4.2.7 铸造设备的分类和性能

1. 铸造设备的分类

铸造机械设备一般按造型方法来分类,习惯上分为普通砂型铸造和特种铸造。普通砂型铸造包括湿砂型、干砂型、化学硬化砂型铸造三类;特种铸造按造型材料的不同,又可分为两大类:一类以天然矿产砂石作为主要造型材料,如熔模铸造、壳型铸造、负压铸造、泥型铸造、实型铸造、陶瓷型铸造等;一类以金属作为主要铸型材料,如金属型铸造、离心铸造、连续铸造、压力铸造、低压铸造等。

2. 铸造设备的性能

铸造设备可将熔炼成符合一定要求的金属液体,浇进铸型里,经冷却凝固、清整处理后,形成预定形状、尺寸和性能的铸件。

4.3 安装工程专用机械设备的分类和性能

专用设备是指专门针对某一种或一类对象或产品,实现一项或几项功能的设备。按专业分类可分为发电设备,矿业设备,冶金设备,轻工设备,纺织设备,石油化工设备,建材设备及其他专用设备,例如环保设备、节能设备、可再生能源设备等。

4.3.1 专用设备的分类

1. 发电设备

发电设备按发电方式可分为:火力发电设备、水力发电设备、核电设备。

1)火力发电设备

包括汽轮发电机组本体、汽轮发电机组辅助设备、汽轮发电机组附属设备等,还包括化学专用设备、脱硫设备、燃气-蒸汽联合循环机组设备、空冷机组及其他设备。

2)水力发电设备

包括水轮发电机组、抽水蓄能机组、水泵机组、启闭机、水力机械辅助设备及其他设备。

3）核电设备

包括压水堆设备、重水堆设备、高温气冷堆设备、石墨型设备、动力型设备、试验反应堆设备及其他设备。

2. 矿业设备

包括采矿设备和选矿设备。

1）采矿设备包括：提升设备、输送设备等。

2）选矿设备包括：破碎设备、筛分设备、磨矿设备、选别设备等。

3. 冶金设备

包括轧制设备和冶炼设备。

1）轧制设备包括：拉坯机、结晶器、中间包设备、板材轧机、轧管机、无缝钢管自动轧管机、型材轧机和矫直机等。

2）冶炼设备包括：炼铁设备、炼钢设备、铸钢设备、有色冶炼设备等。

4. 轻工设备

包括：造纸设备、压榨设备、包装罐装设备、卷烟设备、皮革加工设备等。

5. 纺织设备

包括：压榨设备、包装罐装设备、卷烟设备、造纸设备、纺丝织布设备等。

6. 石油化工设备

包括：工艺塔类设备、热交换器、反应器、贮罐、搅拌混合设备、分离过滤设备、橡胶塑料机械等。

7. 建材设备

包括：水泥生产设备、玻璃生产设备、陶瓷生产设备、耐火材料设备、新型建筑材料设备、无机非金属材料及制品设备等。

8. 其他专用设备

包括：汽车油漆生产线，缸体加工生产线，污水处理设备，消毒设备，除尘设备，高、中、低温集热管生产线等。

4.3.2 专用设备的性能

专用设备针对性强，效率高。它往往只完成某一种或有限的几种零件或产品的特定工序或几个工序的加工或生产，效率特别高，适合于单品种大批量加工或连续生产。

4.4 机电工程项目静置设备的分类和性能

在生产操作过程中无须动力来带动（带搅拌装置设备除外），安装后处于静止状态的设备，称为静置或静止设备。这些设备大部分不能批量生产，而是按照设计图纸，由制造厂生产或施工单位在现场制造，故又称之为非标准设备或非定型设备。

4.4.1 静置设备的分类

静置设备通常可按如下方法进行分类：

1. 按设备的设计压力分类

常压设备 $P<0.1MPa$；低压设备 $0.1MPa \leqslant P<1.6MPa$；中压设备 $1.6MPa \leqslant P<10MPa$；高压设备 $10MPa \leqslant P<100MPa$；超高压设备：$P \geqslant 100MPa$；$P<0MPa$ 时，为真空设备。

2. 按设备的工作压力、温度、介质的危害程度分类

压力容器可分为三类：

1) 一类容器

非易燃或无毒介质的低压容器；易燃或有毒介质的低压分离器外壳或换热器外壳。

2) 二类容器

中压容器；剧毒介质的低压容器；易燃或有毒介质（包括中度危害介质）的低压反应器外壳或贮罐；低压管壳式余热锅炉；搪玻璃压力容器。

3) 三类容器

毒性程度为极度和高度危害介质的中压容器和 $P \cdot V$ 大于等于 $0.2MPa \cdot m^3$ 的低压容器；易燃或毒性程度为中度危害介质且 $P \cdot V$ 大于等于 $0.5MPa \cdot m^3$ 的中压反应容器；$P \cdot V$ 大于等于 $10MPa \cdot m^3$ 的中压储存容器；高压、中压管壳式余热锅炉；高压容器、超高压容器。

3. 按设备在生产工艺过程中的作用原理分类

1) 反应设备。主要用来完成介质化学反应的压力容器（代号 R），如反应器、反应釜、分解锅；

2) 换热设备。主要用于完成介质间热量交换的压力容器（代号 E），如热交换器、冷却器、冷凝器；

3) 分离设备。主要用于完成介质的流体压力平衡和气体净化分离等的压力容器（代号 S），如分离器、过滤器、气提塔；

4) 储存设备。主要是用于盛装生产用的原料气体、流体、液化气体等的压力容器（代号 C，其中球罐代号 B），如贮槽、贮罐。

在一种设备中，如同时具有两个以上的工艺作用时，应按工艺过程中的主要作用来划分。

4. 按结构材料分类

制造设备所用的材料有金属和非金属两大类。

1) 金属设备，目前应用最多的是低碳钢和普通低合金钢。在腐蚀严重或产品纯度要求高的场合使用不锈钢、不锈复合钢板或铝制造设备；在深冷操作中可用铜和铜合金；不承压的塔节或容器可用铸铁。

2) 非金属材料，可用作设备的衬里，也可作独立构件。常用的有硬聚氯乙烯、玻璃钢、不透性石墨、化工搪瓷、化工陶瓷以及砖板、橡胶衬里等。

5. 按设备重量分类

1) 小型设备：$G \leqslant 40t$；

2) 中型设备：$40t < G \leqslant 80t$；

3) 大型设备：$G > 80t$。

6. 按介质安全性质分级

1）易燃、易爆介质

易燃介质亦即爆炸危险介质，系指其气体或液体的蒸汽、薄雾与空气混合形成爆炸混合物。且其爆炸下限小于10%（体积百分数），或爆炸上限与下限之差值不小于20%的介质。如氢的爆炸下限为4.00%，上限为74.20%；乙醇（蒸汽）的爆炸下限为3.28%，上限为18.95%。

2）介质毒性的分级

化学介质的毒性危害程度以国家有关标准规定的指标为基础进行分级。依据危害情况可分为极度危害（Ⅰ级）其最高允许浓度 $\leqslant 0.1\text{mg/m}^3$、高度危害（Ⅱ级）其最高允许浓度 $0.1\text{mg/m}^3 < C \leqslant 10\text{mg/m}^3$、中度危害（Ⅲ级）其最高允许浓度 $1.0\text{mg/m}^3 < C \leqslant 10\text{mg/m}^3$ 和轻度危害（Ⅳ级）最高允许浓度 $C > 10\text{mg/m}^3$。

4.4.2 静置设备的性能

静置设备的性能主要由其功能来决定，其主要作用有贮存、均压、交换、反应、过滤等。

4.5 安装工程电气设备的分类和性能

机电工程常用的电气设备有电动机、变压器、高压电器及成套装置、低压电器及成套装置、电工测量仪器仪表等。主要的性能是从电网受电，变压，向负载供电，将电能转换为机械能。

4.5.1 电动机的分类和性能

1. 电动机的分类

电动机分为直流电动机、交流同步电动机和交流异步电动机。

2. 电动机的性能

1）同步电动机常用于拖动恒速运转的大、中型低速机械。它具有转速恒定及功率因数可调的特点，同步电动机的调速系统随着电力电子技术的发展而发展；其缺点是结构较复杂、价格较贵、启动麻烦。

2）异步电动机是现代生产和生活中使用最广泛的一种电动机。它具有结构简单、制造容易、价格低廉、运行可靠、维护方便、坚固耐用等一系列优点；其缺点是与直流电动机相比，其启动性和调速性能较差；与同步电动机相比，其功率因数不高，在运行时必须向电网吸收滞后的无功功率，对电网运行不利。但随着科学技术的不断进步，异步电动机调速技术的发展较快，在电网功率因数方面，也可以采用其他办法进行补偿。

3）直流电动机常用于拖动对调速要求较高的生产机械。它具有较大的启动转矩和良好的启动、制动性能，以及易于在较宽范围内实现平滑调速的特点；其缺点是结构复杂、价格高。

4.5.2 变压器的分类和性能

1. 变压器的分类

变压器是输送交流电时所使用的一种变换电压和变换电流的设备。根据变换电压的不同，有升压变压器和降压变压器。根据冷却方式可分为干式、油浸式。除了电力变压器外，根据变压器的用途，还有供给特种电源用的变压器，如电炉变压器、整流变压器、电焊变压器以及其他各种变压器。

2. 变压器的性能

变压器的性能由多种参数决定，主要由变压器线圈的绕组匝数、连接组别方式、外部接线方式及外接元器件来决定。

4.5.3 高压电器及成套装置的分类和性能

1. 高压电器及成套装置的分类

1) 高压电器是指交流电压1200V、直流电压1500V及其以上的电器。高压成套装置是指由一个或多个高压开关设备和相关的控制、测量、信号、保护等设备，以及所有内部的电气、机械的相互连接与结构部件完全组合好的一种组合体。

2) 常用高压电器设备包括：高压断路器、高压接触器、高压隔离开关、高压负荷开关、高压熔断器、高压互感器、高压电容器、高压绝缘子及套管、高压成套设备等。

2. 高压电器及成套装置的性能

高压电器及成套装置的性能由其在电路中所起的作用来决定，主要有通断、保护、控制和调节四大性能。

4.5.4 低压电器及成套装置的分类和性能

1. 低压电器及成套装置的分类

我国规定低压电器是指在交流电压1200V、直流电压1500V及以下的电路中起通断、保护、控制或调节作用的电器产品。低压成套装置是指由一个或多个低压开关设备和相关的控制、测量、信号、保护等设备，以及所有内部的电气、机械的相互连接与结构部件完全组合好的一种组合体。常用低压电器设备包括：刀开关及熔断器、低压断路器、交流接触器、控制器与主令电器、电阻器与变阻器、低压互感器、防爆电器、低压成套设备等。

2. 低压电器及成套装置的性能

低压电器及成套装置的性能由其在电路中所起的作用来决定，主要有通断、保护、控制和调节四大性能。

4.5.5 电工测量仪器仪表的分类和性能

1. 电工测量仪器仪表的分类

1) 指示仪表：能够直读被测量的大小和单位的仪表。指示仪表的分类很多，有按准确等级分、按使用环境分、按外壳防护性能分、按仪表防御外界磁场或电场影响的性能分、按读数装置分、按工作原理分、按使用方法分。常见的分类方法有：按工作原理分为磁电系、电磁系、电动系、感应系、静电系等；按使用方式分为安装式、便携式。

2）比较仪器：把被测量与度量器进行比较后确定被测量的仪器。

2. 电工测量仪器仪表的性能

电工测量仪器仪表的性能由被测量对象来决定，其测量的对象不同，性能有所区别。测量对象包括电流、电压、功率、频率、相位、电能、电阻、电容、电感等电参数，以及磁场强度、磁通、磁感应强度、磁滞、涡流损耗、磁导率等参数。随着技术的进步，以集成电路为核心的数字式仪表、以微处理器为核心的智能测量仪表已经获得了高速的发展和应用。这些仪表不仅具有常规仪表的测量和显示功能，而且通常都带有参数设置、界面切换、数据通信等性能。

第 5 章 工程力学与传动系统

5.1 力矩和力偶基础理论

力矩和力偶是工程力学中两个重要的基本概念。力矩既体现了力对物体作用的转动效果，也综合反映了力的三要素（力的大小、方向及作用点）之特征；力偶是由等值、方向相反、不共线的二平行力组成的力系，它对物体仅产生转动效果。

5.1.1 力矩

工程实际中，存在着大量绕固定点或固定轴转动的问题。如变速机构的操作杆，可绕球形铰链转动；用扳手拧螺栓，扳手可绕螺栓中心线转动等。当力作用在这些物体上时，物体可产生绕某点或某轴的转动效应。为了度量力对物体作用的转动效应，在实践中，建立了力对点之矩、力对轴之矩的概念，即力矩是度量力对物体转动作用的物理量。力对点之矩、力对轴之矩统称为力矩。

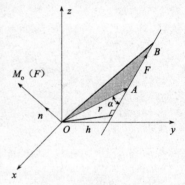

图 5-1 力对点的矩

1. 力对点的矩

力对点的矩是度量力使物体绕其支点（或矩心）转动效果的物理量。力对点的矩以矢量表示，简称为力矩矢。设力 F 作用于刚体上的 A 点，如图 5-1 所示，用 r 表示空间任意点 O 到 A 点的矢径。

于是，力 F 对 O 点的力矩定义为矢径 r 与力矢 F 的矢量积，记为 $M_O(F)$。即

$$M_O(F) = r \times F \tag{5-1}$$

式中点 O 称作力矩中心，简称矩心。

显然，这个力 F 使刚体绕 O 点转动效果的强弱取决于：①力矩的大小；②力矩的转向；③力和矢径所组成平面的方位，即为力矩矢的三要素。因此，力矩是一个矢量，矢量的模（即矢量的大小）为

$$|M_O(F)| = |r \times F| = rF\sin\alpha = Fh = 2\Delta OAB \tag{5-2}$$

矢量的方向与三角形 OAB 的法线 n 一致，按右手螺旋法则来确定：以右手的四指由矢径的方向转至力的方向，则大拇指所指的方向即为力矩矢的方向。

必须指出，当矩心的位置改变时，力矩矢 $M_O(F)$ 的大小与方向也随之改变，所以，力矩矢是一个定位矢量，其始端必定在矩心上。力矩的单位为 N·m 或 kN·m。如图 5-1 所示，令 i、j、k 为直角坐标系中各坐标轴的单位矢量，则力 F、矢径 r 的解析式分别为：

$$F = F_x i + F_y j + F_z k \tag{5-3}$$

$$r = xi + yi + zk \tag{5-4}$$

则力 F 对点 O 矩矢的解析式为：

$$M_O(F) = r \times F = \begin{vmatrix} i & j & k \\ x & y & z \\ F_x & F_y & F_z \end{vmatrix} = (yF_z - zF_y)i + (zF_x - xF_z)j + (xF_y - yF_x)k \tag{5-5}$$

在平面情况下，由于 $F_z = 0$，$z = 0$，而且只需力矩的大小和转向即可确定力矩对刚体的转动效果。因此，平面问题中力对点的矩是代数量。通常规定：力使刚体绕矩心逆时针转为正，顺时针转为负，于是有：

$$M_O(F) = \pm Fh \tag{5-6}$$

其中 h 是 F 到矩心 O 的垂直距离（图5-1），称为力臂。

2. 力对轴的矩

在图5-2中，力 F 作用在物体的 A 点上，促使该物体绕 Z 轴由静止开始转动。经验表明，力 F 在 z 轴方向的分力 F_z 不能使物体绕 z 轴转动，转动效应只与力 F 在 Oxy 平面上的投影 F_{xy} 和其至 z 轴的距离 h 有关。从而，可用二者的乘积来度量这个转动效应。注意到它有两种转向，于是，可以给出力对轴之矩的定义如下：力对轴之矩是代数量，它的大小等于力在垂直于轴的平面上的投影与此投影至轴的距离的乘积，它的正负号则由右手螺旋规则来确定。或从 z 轴正向看，逆时针方向转动为正，顺时针方向转动为负。由图5-2看出，力 F 对 z 轴之矩可由三角形 OAB 面积的两倍表示，即

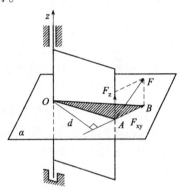

图5-2 力对轴的矩

$$M_z(F) = M_O(F_{xy}) = \pm F_{xy}h = \pm 2\Delta OAB \tag{5-7}$$

由此看出，当与轴相交（$h = 0$）或与轴平行（$F_{xy} = 0$）（力与轴在同一平面内），力对该轴的矩为零。如力对轴之矩的形式图5-3所示。

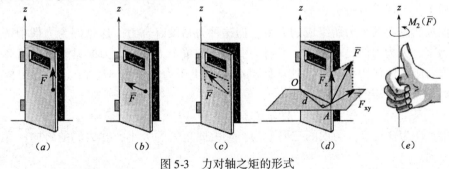

图5-3 力对轴之矩的形式

3. 合力矩定理

若力系存在合力，合力对某一点之矩，等于力系中所有力对同一点之矩的矢量和，此即合力矩定理。

$$M_O(F) = \sum_{i=1}^{n} M_O(F_i) \tag{5-8}$$

其中

$$F = \sum F_i \tag{5-9}$$

需要指出的是，对于力对轴之矩，合力矩定理则为：合力对某一轴之矩，等于力系中所有力对同一轴之矩的代数和，即

$$\left. \begin{array}{l} M_{Ox}(F) = \sum_{i=1}^{n} M_{Ox}(F_i) \\ M_{Oy}(F) = \sum_{i=1}^{n} M_{Oy}(F_i) \\ M_{Oy}(F) = \sum_{i=1}^{n} M_{Oz}(F_i) \end{array} \right\} \tag{5-10}$$

5.1.2 力偶基础理论

大小相等、方向相反、作用线互相平行但不重合的两个力所组成的力系，称为力偶。力偶是一种最基本的力系，也是一种特殊力系。

力偶中两个力所组成的平面称为力偶作用面，两个力作用线之间的垂直距离称为力偶臂。

工程中力偶的实例是很多的，例如，驾驶汽车时，双手施加在方向盘上的两个力，若大小相等、方向相反、作用线互相平行，则二者组成一力偶。这一力偶通过传动机构，使前轮转向。

图5-4所示为拧开螺杆手柄的示意。加载手柄上的两个力 $\vec{F'}$ 和 $\vec{F}$，方向相反、作用线互相平行，如果大小相等，则二者组成一力偶。这一力偶通过手柄，施加在螺杆上，使螺杆逐渐向上拧开。

由两个或者两个以上的力偶所组成的力系，称为力偶系。

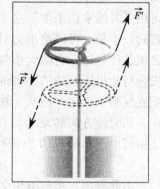

图5-4 力偶实例

1. 力偶的性质

性质 I 力偶没有合力。

力偶虽然是由两个力所组成的力系，但这种力系没有合力。这是因为力偶中两个力的矢量和为零。因为力偶没有合力，所有力偶不能与单个力平衡，力偶只能与力偶平衡。

力偶对刚体的作用是转动，这个转动效果取决于力偶矩矢 M。M 定义为组成力偶的两个力对任一点之矩的矢量和，即

$$M = M_O(F) + M_O(F') \tag{5-11}$$

其中，O 为任意点。力偶的三要素为：①力偶矩矢的大小；②力偶的转向；③力偶作用面的方向。

如图5-5中以 A 或 B 点为矩心，则力偶矩矢可表示为：

$$M = \overrightarrow{AB} \times F' \tag{5-12}$$

$$M = \overrightarrow{BA} \times F \tag{5-13}$$

其中，M 称为力偶矩矢量。不难看出，力偶矩矢量只有大小和方向，与力矩中心 O 点无关，故为自由矢。

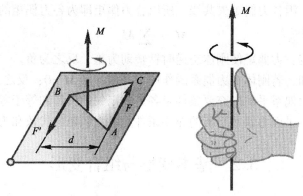

图 5-5 A 或 B 点的矩心

性质Ⅱ 只要保持力偶矩矢量不变，力偶可在其作用面内任意移动和转动，也可以连同其作用面一起、沿着力偶矩矢量作用线方向平行移动，而不会改变力偶对刚体的作用效应。

性质Ⅲ 只要保持力偶矩矢量不变，可以同时改变组成力偶的力和力偶臂的大小，而不会改变力偶对刚体的作用效应。

2. 力偶的等效定理

作用于刚体上的二力偶，若其力偶矩矢相等，此二力偶彼此等效。

事实上，力偶对刚体的作用效果仅取决于力偶矩的大小和转向，与力偶矩矢在空间的位置无关。所以当二力偶矩相等时，显然彼此等效。

只要保持力偶矩矢不变，力偶可在其作用面内任意移动和转动，或同时改变力偶中力和力偶臂的长短，或在平面内移动，都不改变力偶对同一刚体的作用。

3. 力偶系的合成

作用于刚体上的一群力偶，称作力偶系。刚体上作用有一力偶系，其力偶矩矢分别为 M_1, M_2 …, M_n。由于对刚体而言，力偶矩矢为自由矢量，因此对于力偶系中每个力偶矩矢，总可以平移至空间某一点。从而形成一共点矢量系，对该共点矢量系利用矢量的平行四边形法则，两两合成，最终得一矢量，此即该力偶系的合力偶矩矢，用矢量式表示为：

$$M = M_1 + M_2 + \cdots + M_n = \sum_{i=1}^{n} M_i \tag{5-14}$$

此即，力偶系可合成为一个力偶，合成的力偶其矩为各力偶矩矢的矢量和。

若以 M_x、M_y、M_z 表示合力偶矩矢 M 在 x、y、z 轴上的投影，以 i、j、k 表示沿坐标轴的单位矢量，则合力偶矩矢的解析式为：

$$M = M_x i + M_y j + M_z k \tag{5-15}$$

式中

$$\left.\begin{array}{l} M_x = \sum M_{ix} \\ M_y = \sum M_{jy} \\ M_z = \sum M_{kz} \end{array}\right\} \tag{5-16}$$

合力偶矩矢的大小为：

$$M = \sqrt{M_x^2 + M_y^2 + M_z^2} \tag{5-17}$$

在平面情况下，因各力偶矩矢共线，所以合力偶矩即为各力偶矩的代数和。即为：

$$M = \sum M_i \tag{5-18}$$

其符号通常规定：力偶矩使刚体绕逆时针转动为正，反之为负。

由合成结果得知，若刚体在力偶系的作用下平衡，则 $M=0$；反之，若 $M=0$，则刚体一定平衡。可见，力偶系平衡的充要条件是各力偶矩矢的矢量和等于零。

对于平面问题，平面力偶系平衡的充要条件是各力偶矩的代数和为零。

5.2 基本变形与组合变形

5.2.1 杆件的内力分析

杆件的基本变形是材料力学中最基本的问题。

弹性体在荷载作用下发生变形，其上各点发生相对运动，从而产生相互作用力，杆件内部这种阻止变形发展的抗力就是内力。计算杆件横截面上内力常采用截面法。即沿所研究的截面把物体分离成两部分，选择其中一部分为研究对象；绘制研究对象的受力图（包括作用在研究对象上的荷载和约束力，以及所研究的截面上的待定内力）。

1. 平面荷载作用的情形

所谓平面荷载是指所有外力（包括约束力）的作用线或外力偶的作用面都同处于某一平面内，例如图 5-6 (a) 所示的杆件。截面 C 上的内力如图 5-6 (b) 所示。

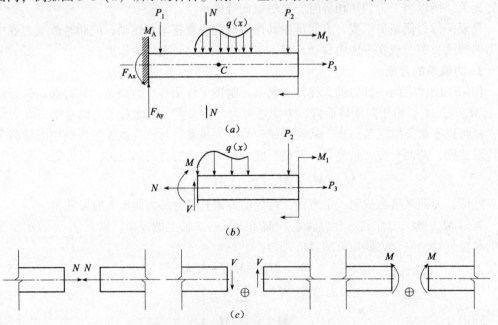

图 5-6 平面荷载作用下杆件横截面上的内力分量

称为轴力 N，它将使杆件产生轴向变形（伸长或缩短）。

称为剪力 V，它将使杆件产生剪切变形。

称为弯矩 M，它将使杆件产生弯曲变形。

为了保证杆件同一截面处左、右两侧截面上具有相同的正负号，不能只考虑内力分量的方向，而且要看它作用在哪一侧截面上。于是，上述3个内力的正负号规定如下：

轴力 N——使杆件受拉伸长者为正（背离截面）；受压缩短者为负（指向截面）。

轴力 V——与截面外法线矢顺时针旋转 $90°$ 的方向一致者为正；反之为负。

弯矩 M——使杆件下侧纤维受拉伸长者为正；反之为负。

图 5-6（c）所示为 N、V、M 的正方向。

2. 扭转力偶作用的情形

所谓扭转力偶，是指力偶作用面为轴的横截面，它使杠轴产生扭转变形。如图 5-7（a）所示。M_e 称为扭矩，它将使杆件产生绕杠轴转动的扭转变形。扭矩的正负号判定采用右手螺旋法则：用右手大拇指指向研究截面的外法线方向，四指弯曲转动方向为扭矩的正方向；反之为负。如图 5-7（b）所示。

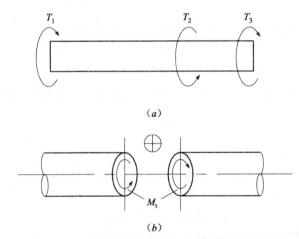

图 5-7 扭转力偶作用下杆件截面上的内力

5.2.2 杆件横截面上的应力分析

截面上一点处单位面积内的分布内力称为该点处的应力，与截面正交的应力称为正应力，用符号 σ 表示；与截面相切的应力称为切应力，用符号 τ 表示。

1. 轴力拉（压）杆横截面上的应力

1）轴力拉（压）杆横截面上的应力

一面积为 A 的横截面上，若有轴力 N，应力在横截面上均匀分布，则截面上各点的正应力均为

$$\sigma = \frac{N}{A} \tag{5-19}$$

应力的正负号随 N 的正负号而定。因此，拉应力是正号的正应力，压应力是负号的负应力。

2）拉压杆的强度计算

构件的强度计算，主要指在能够由力学分析算出构件截面上的应力的前提下，根据

一定的计算准则来校核受力构件中工作应力是否超过容许的范围。容许应力法的计算准则：

$$\sigma_{max} = \left(\frac{N}{A}\right)_{max} \leqslant [\sigma] \tag{5-20}$$

式中的 σ_{max} 是构成横截面上的正应力的最大值，可以是杆件中的最大拉应力，也可以是最大压应力。最大应力所在的截面称为危险截面。式中的 $[\sigma]$ 称为材料的容许应力，是用材料所能承受的应力的极限值除以安全系数确定。

$$[\sigma] = \frac{o_y}{n_y} \quad （对塑性材料） \tag{5-21}$$

$$[\sigma] = \frac{o_b}{n_b} \quad （对脆性材料） \tag{5-22}$$

根据不同的工程要求可以进行以下几方面的计算：

(1) 强度校核

当外力、杆件横截面尺寸以及材料的容许应力均为已知时，验证危险点的应力是否满足强度条件。

(2) 截面设计

当外力及材料的容许应力为已知时，根据强度条件设计构件横截面尺寸。即

$$A \geqslant \frac{N}{[\sigma]} \tag{5-23}$$

(3) 确定容许荷载

当杆件的横截面尺寸及材料的容许应力为已知时，确定构件或结构所能承受的最大荷载——容许荷载。即

$$N \leqslant [N] = A[\sigma] \tag{5-24}$$

2. 圆轴扭转时横截面上的切应力

1) 圆轴扭转变形特征

取一圆形截面轴，在其表面等距地面上纵向线和圆周线，表面形成大小相同的矩形网格。在圆轴两端横截面内施加一对等值反向的力偶。从试验中观察到，各圆周线的形状、大小及间距不变，仅绕轴作相对转动。

如果认为轴内变形与表面变形相似，那么可以得出下列结论：

(1) 圆轴受扭后，其横截面保持平面，并发生刚性转动；

(2) 变形后，相邻横截面间的距离不变，则横截面上没有正应力。

2) 剪切胡克定律

扭转试验表明，当切应力不超过材料的剪切比例极限 τ_p 时，对于大多数各向同性材料，切应力与切应变之间存在线性关系，有

$$\tau = G\gamma \tag{5-25}$$

上式即为剪切胡克定律。G 称为剪切模量，又称为剪切弹性模量。

还应指出，材料的弹性模量 E、剪切弹性模量 G 和泊松比 ν 三者之间存在如下关系：

$$G = \frac{E}{z(1+\gamma)} \tag{5-26}$$

3）切应力

圆轴扭转最大切应力 τ_{max} 的计算公式：

$$\tau_{max} = \frac{M_t}{W_t} \quad (5-27)$$

式中，W_t 称为抗扭截面系数，它是一个只与横截面尺寸有关的几何量。

4）圆轴扭转的强度条件

为了保证受扭轴在工作时不致因强度不足而被破坏，轴内的最大切应力不得超过材料的容许切应力 $[\tau]$，即

$$\tau_{max} = \frac{M_{tmax}}{W_t} \leq [\tau] \quad (5-28)$$

此式为圆截面轴的扭转强度条件。式中 $[\tau]$ 为材料的容许切应力。对于塑性材料轴采用扭转屈服极限 τ_y；对于脆性材料轴采用扭转强度极限 τ_b 作为扭转极限应力，统一采用 τ_f 表示，将其除以安全系数 n，即得材料扭转的容许切应力 $[\tau]_f = \tau/n$。

3. 弯曲应力

在分析梁所受内力的基础上，为了解决梁的强度设计和强度校核，还必须进一步研究梁在横截面上的应力分布及计算方法。在一般情况下，梁横截面上的内力有弯矩和剪力。因此，横截面上必然会有正应力和切应力存在。

1）弯曲正应力

根据纯弯曲（横截面上没有剪力）的实验结果，作出如下假设：

（1）平面假定。杆件的横截面在受力变形前后均为平面，并且仍与变形后的梁轴线垂直。

（2）纵向纤维间无挤压。即认为横截面上各点均处于单向应力状态。

梁在变形过程中，梁上边纵向纤维缩短，下边纵向纤维伸长，而梁的变形沿梁高度是连续的。因此，梁中必有一层纵向层既不伸长，也不缩短，这层纤维称为中性层。中性层与横截面的交线称为中性轴。平面弯曲的弯曲变形，实际上可以看作是各个截面绕中性轴旋转的结果。

当截面上的正应力不超过一定的极限（材料的比例极限），应力和应变成正比。

$$\sigma = E \cdot \frac{y}{\rho} \quad (5-29)$$

式中，σ 称为截面上的正应力，E 称为材料的弹性模量，y 称为距中性轴的距离，ρ 称为中性层曲率半径。

纯弯曲时的横截面上的正应力计算公式：

$$\sigma = \frac{M}{I_z} \cdot y \quad (5-30)$$

式中 I_z——整个截面对中性轴的惯性矩。

（3）面积矩、惯性矩和惯性积

① 面积矩

平面图形对某一轴的面积矩 S，等于此图形中各微面积与其到该轴距离的乘积的代数和，也等于此图形的面积与此图形的形心到该轴距离的乘积。

a. 某图形对某轴的面积矩若等于零，则该轴必通过图形的形心；
　　b. 某图形对于通过形心的轴的面积矩恒等于零；
　　c. 某图形形心在对称轴上，凡是平面图形具有两根或两根以上对称轴，则形心 C 必在对称轴的交点上。
　② 惯性矩和惯性积
　　惯性矩是反映截面抗弯特性的一个量。惯性矩恒为正值，单位是 [长度]^4。
　　如果两个正交坐标轴之一为图形的对称轴，则图形对这对坐标轴的惯性积为零。
　　在所有互相平行的轴中，平面图形对形心轴的惯性矩最小。
　　主惯性轴——凡是使图形惯性积等于零的一对正交坐标轴；
　　主惯性矩——图形对主惯性轴的惯性矩；
　　形心主惯性轴——通过图形形心的主惯性轴，简称形心主轴；
　　形心主惯性矩——图形对形心主轴的惯性矩。
　（4）正应力公式的应用
　　对于细长的实心截面杆件，整个截面上的最大正应力在距中性轴最远的点，即 y_{max} 处。

$$\sigma_{max} = \frac{M}{I_z} \cdot y_{max} = \frac{M}{W_z} \qquad (5-31)$$

其中，W_z 称为抗弯截面抵抗矩或抗弯截面模量。

　2）弯曲切应力
　　横梁弯曲时，梁横截面上既有弯矩，又有剪力，因而截面上既有正应力也有切应力。
　（1）矩形截面梁
　　对矩形截面梁切应力方向及切应力沿截面宽度的变化作两个假设。
　① 截面上各点的切应力与截面上的剪力 V 具有相同的方向，即切应力与截面侧边平行。
　② 切应力 τ 沿截面宽度均匀分布。

$$\tau = \tau' = \frac{VS'_z}{bI_z} \qquad (5-32)$$

式中　V——截面上的剪力；
　　　S'_z——横截面上需求切应力处的水平线以下（或以上）部分的面积对中性轴的面积矩；
　　　b——需求切应力处的截面宽度；
　　　I_z——全截面对中性轴的惯性矩。

　切应力沿横截面高度的分布
　　矩形截面切应力沿高度的分布规律由面积矩 S'_z 确定。

$$\tau = \frac{VS'_z}{bI_z} = \frac{V\frac{b}{z}\left(\frac{h^2}{4} - y^2\right)}{b\frac{bh^3}{12}} = \frac{6V}{bh^3}\left(\frac{h^2}{4} - y^2\right) \qquad (5-33)$$

　　矩形截面切应力沿截面高度按二次抛物线规律变化，最大切应力在截面的中性轴

（$y=0$）上。

$$\tau_{max} = \frac{6V}{bh^3} \cdot \frac{h^2}{4} = \frac{3V}{2A} \tag{5-34}$$

（2）工字形截面梁

工字形截面腹板的切应力

$$\tau = \frac{VS'_z}{bI_z} \tag{5-35}$$

工字形截面翼缘上的水平切应力

$$\tau = \frac{VS'_z}{dI_z} \tag{5-36}$$

式中　S'_z——所求切应力作用层 ab 与截面边缘之间的面积对中性轴 z 的面积矩，$S'_z = \left(\frac{h}{2} - \frac{t}{2}\right)t\eta$；

　　　t——翼缘的厚度。

工字形截面横截面上的切应力流

根据切应力成对定理，若杆件表面无切应力作用，则薄壁截面上的切应力作用线必平行于截面周边的切线方向，并形成切应力流。

（3）圆形截面梁

圆形截面梁横截面上各点的切应力在 y 方向的分量 τ_y 为：

$$\tau_y = \frac{4V}{3A}\left[1 - \left(\frac{2_y}{d}\right)^2\right] \tag{5-37}$$

在中性轴上各点，切应力取最大值

$$\tau_{max} = \frac{4V}{3A} \tag{5-38}$$

3）梁的强度条件

一般情况下，梁的变形属于横力弯曲变形。对于等截面梁，最大正应力在最大弯矩截面上距中性轴最远的点处；最大切应力是发生在最大剪力所在截面的中性轴上。要保证梁能正常工作，就必须使梁上这两种应力都应满足强度条件。

（1）梁的正应力强度条件

梁中最大正应力发生在最大弯矩所在截面上距中性轴最远的边缘点上，这些点的切应力为零，即它们处于单向应力状态。这时梁的强度条件为：

$$\sigma_{max} = \frac{M_{max}}{W} \leqslant [\sigma] \tag{5-39}$$

对于抗拉、抗压性能不同的材料，应该对抗拉和抗压分别建立强度条件。

$$\sigma_{tmax} = \frac{M_{max}}{W} \leqslant [\sigma_t] \tag{5-40}$$

和

$$|\sigma_c|_{max} = \frac{|M_c|_{max}}{W} \leqslant [\sigma_c] \tag{5-41}$$

由正应力强度条件可解决三方面问题：

① 正应力强度校核

$$\sigma_{max} = \frac{M_{max}}{W_z} \leqslant [\sigma] \tag{5-42}$$

② 选择截面

$$W_z \geqslant \frac{M_{max}}{[\sigma]} \tag{5-43}$$

③ 确定容许荷载

$$M_{max} \leqslant [\sigma] W_z \tag{5-44}$$

(2) 梁的切应力强度条件

等截面梁上的最大切应力发生在梁中最大剪力 V_{max} 所在截面的中性轴上，这些点的正应力为零，即它们处于纯剪应力状态。这时梁的强度条件为：

$$\tau_{max} = \frac{V_{max} S'_{zmax}}{b I_z} \leqslant [\tau] \tag{5-45}$$

由切应力强度条件可解决三方面的问题：

① 切应力强度校核

$$\tau_{max} = \frac{V S'_z}{b I_z} \leqslant [\tau] \tag{5-46}$$

② 选择截面

$$\frac{b I_z}{S'_z} \geqslant \frac{V}{[\tau]} \tag{5-47}$$

③ 确定容许荷载

$$V \leqslant \frac{b I_z}{S'_z}[\tau] \tag{5-48}$$

5.2.3 基本变形的变形分布

1. 拉压杆的变形

1) 线应变

拉压杆的线变形与变形前的长度之比，即轴向变形杆件单位长度的线变量称为轴向线应变，简称线应变，以符号 ε 表示。

若在长度为 l 的范围产生均匀变形（ε = 常数），则有：

$$\Delta l = \frac{Nl}{EA} \tag{5-49}$$

2) 泊松比

拉（压）杆横截面上任一直线段的应变称为横向应变，以 ε' 表示。

实验表明，当拉（压）杆发生纵向应变 ε，同时必发生横向应变 ε'。横向应变 ε' 与线应变 ε 二者的关系可表达为：

$$\varepsilon' = -\nu\varepsilon \ (\sigma) \leqslant \sigma_p \tag{5-50}$$

比例常数 ν 称为泊松比，其值随材料而异，由材料试验确定。理论研究表明：任何各向同性的弹性材料只有两个独立的弹性常数。

2. 扭转变形和刚度条件

轴的扭转刚度条件，通常是限制扭转角沿杆长的变化率 $\theta = M_t/(GI_p)$ 的最大值 θ_{max}，使它不超过某一规定的允许值 $[\theta]$，即扭轴的刚度条件为：

$$\theta_{max} \leq [\theta] \tag{5-51}$$

式中的 $[\theta]$ 称为单位长度的允许扭转角，其常用单位是°/m（度/米）。对于一般传动轴，$[\theta] = 0.5 \sim 1°/m$；对于精密机器和仪表轴，$[\theta] = 0.15° \sim 0.3°/m$。

$$\frac{M_{tmax}}{GI_p} \times \frac{180}{\pi} \leq [\theta] \tag{5-52}$$

利用刚度条件，可以对扭轴作刚度校核，截面选择和确定容许外力偶矩。

3. 弯曲变形

1）概念

梁在平面弯曲时，其轴线将在形心主惯性平面内弯曲成一条平面曲线。这条曲线称为梁的挠曲线。

梁在弯曲变形后，其横截面的位移包括三部分：

挠度 v——横截面形心处的铅垂位移；约定向下的位移为正。

转角 θ——横截面相对于变形前的位置绕中性轴转过的角度；约定顺时针转向的转角为正。

水平位移 μ——横截面形心沿水平方向的位移。

在变形小的情形下，θ 和 v 通常不考虑。

故存在下述关系：

$$\theta = \theta_1 \approx \tan\theta_1 = v' \tag{5-53}$$

2）利用叠加原理计算弯曲变形

叠加原理（力的独立作用原理）：当荷载所引起的效应为荷载的线性函数时，则多个荷载同时作用所引起的某一效应等于每个荷载单独作用时所引起的该效应的代数和。

5.2.4 组合变形分析

在实际工程中，往往一个杆件同时存在多种的基本变形，在杆件设计计算时均需要同时考虑。由两种或两种以上基本变形组合的情况，统称为组合变形。

本节重点介绍工程中较常遇到的几种组合变形情况。

1. 斜弯曲

当横向外力的作用面通过截面弯心的连线时，杆件只产生弯曲变形，不产生扭转变形；否则，杆件既产生弯曲变形又产生扭转变形。

平面弯曲：横向力作用平面通过梁横截面弯心连线，且与横截面形心主惯性轴所在纵面重合或平行，梁的挠曲线为位于形心主惯性平面内的一条平面曲线，如图5-8（a）所示。

斜弯曲：横向力作用平面通过梁横截面弯心连线，且与横截面形心主惯性轴斜交，如图5-8（b）所示。

斜弯曲的变形也可按叠加原理计算。一般情况下，任意截面的总挠度，将是在两个形心主惯性轴所在纵面内的挠度 v 和 ω 的矢量和，即

$$\left. \begin{array}{l} \delta = \sqrt{v^2 + \omega^2} \\ \tan\beta = \dfrac{\omega}{v} \end{array} \right\} \tag{5-54}$$

式中 v、ω 分别为形心主惯性轴 y、z 方向的挠度，β 为总挠度方向与 y 轴的夹角。

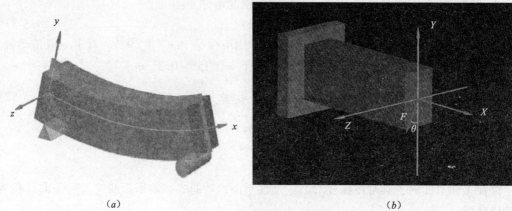

图 5-8 平面弯曲与斜弯曲
(a) 平面弯曲；(b) 斜弯曲

2. 拉伸（压缩）与弯曲

轴向拉伸（压缩）与弯曲的组合变形，也是工程中经常遇到的情况。轴向拉伸（压缩）时横截面上的正应力均匀分布，平面弯曲时横截面上的正应力是线性分布的。根据叠加原理，拉伸（压缩）与弯曲组合变形时横截面上任一点的正应力为上述两项应力的代数和，如图 5-9 所示。

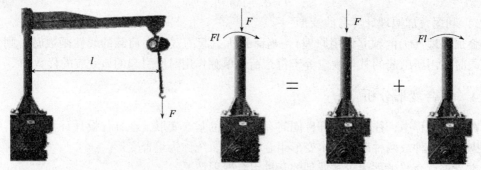

图 5-9 拉伸（压缩）与弯曲变形组合

3. 偏心拉伸（压缩）

偏心拉伸（压缩）是指直杆受到与轴线平行的外力作用，而外力作用线不通过截面形心的情况。将偏心压力向截面形心按静力等效原则平移，计算弯曲变形。

4. 截面核心

工程中的受压构件常常采用混凝土、砖砌体或料石砌体，这些材料的抗拉强度远低于抗压强度，在偏心压力作用下，如果截面上出现拉应力，就不利于发挥构件的抗压强度，也容易发生危险。为了避免在偏心压力作用下构件截面出现拉应力，应将压力的作用位置控制在某个范围内，通常把这个范围称为截面核心。

5. 弯曲与扭转

工程中有些杆件（如各类传动轴）在荷载作用下会同时发生弯曲变形和扭转变形，简称弯扭组合。

5.3 压杆稳定问题

在工程中,衡量结构物是否具有足够的承载能力,要从三个方面来考虑:强度、刚度、稳定性。在工程中,由于对稳定性认识不足,结构物因其压杆丧失稳定(简称失稳)而破坏的实例很多。

5.3.1 概述

当作用在细长杆上的轴向压力达到或超过一定限度时,杆件可能突然变弯,即产生失稳现象。因此,对于轴向受压杆件,除应考虑其强度与刚度问题外,还应考虑其稳定性问题。

1. 弹性压杆的稳定性

稳定性——构件在外力作用下,保持其原有平衡状态的能力,如图 5-10 所示。

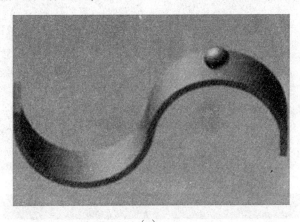

(a)

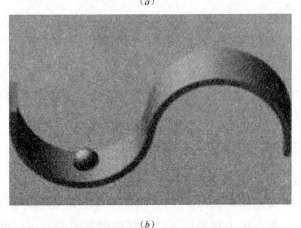

(b)

图 5-10 平衡状态
(a) 不稳定平衡;(b) 稳定平衡

图 5-10 (a) 微小扰动就能使小球远离原来的平衡位置,故叫不稳定平衡;图 5-10 (b) 微小扰动使小球离开原来的平衡位置,但扰动撤销后小球回复到平衡位置。

2. 压杆临界力

事实上，同一杆件其直线位置的平衡状态是否稳定，视所受轴向压力 F 的大小是否超过一个仅与杆的材料、尺寸和支承方式有关的临界值 F_{cr} 而定。这个取决于杆件本身的定值 F_{cr}，称为压杆的临界力或临界荷载。设轴向压力 F 从零逐渐增大，则杆件在直线位置的平衡状态表现为：

1）当 $F < F_{cr}$，稳定的平衡状态，如图 5-11（a）所示；
2）当 $F = F_{cr}$，临界的平衡状态，如图 5-11（b）所示；
3）当 $F > F_{cr}$，不稳定的平衡状态，如图 5-11（c）所示。

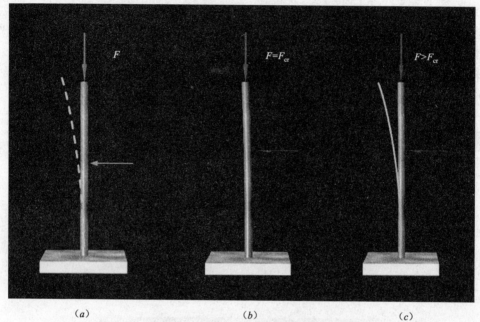

图 5-11 杆件在直线位置的平衡状态
(a) 压力小于临界力；(b) 压力等于临界力；(c) 压力大于临界力

当 $F = F_{cr}$ 时，压杆既可在直线位置平衡，又可在干扰下微弯曲线位置平衡，这种两可性是弹性体系临界平衡的重要特点。压杆丧失直线状态的平衡，过渡到曲线状态的平衡，称为丧失稳定，简称失稳，也称为屈曲。

5.3.2 两端铰支细长压杆的欧拉临界力

1. 两端铰支细长压杆的临界荷载

只有当轴向压力 F 等于临界载荷 F_{cr} 时，压杆才可能在微弯状态保持平衡。因此，使压杆在微弯状态保持平衡的最小轴向压力即压杆的临界荷载。现以两端铰支细长压杆为例，说明确定临界荷载的方法，如图 5-12 所示。

使压杆在微弯状态下保持平衡的最小轴向压力即为压杆的临界荷载，两端铰支压杆的临界荷载为

$$F_{cr} = \frac{\pi^2 EI}{l^2} \tag{5-55}$$

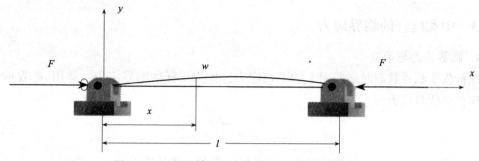

图 5-12 压杆在轴向压力作用下处于微弯平衡状态

上式通常称为欧拉公式。由该式可以看出，两端铰支细长压杆的临界载荷与杆的截面抗弯刚度成正比，与杆长的平方成反比。

值得注意的是，如果压杆两端为球形铰支，则式中的惯性矩 I 应为压杆横截面的最小惯性矩。

2. 其他细长压杆的临界荷载

压杆的支承方式多种多样，除上述两端铰支压杆外，还存在其他方式支承的压杆，例如一端自由、另一端固定的压杆，一端铰支、另一端固定的压杆，以及两端均固定的压杆等。上述几种压杆的临界荷载公式基本相似，为应用方便，将上述各公式统一写成如下形式：

$$F_{cr} = \frac{\pi^2 EI}{(\mu l)^2} \tag{5-56}$$

式中，μ 称为长度系数，代表支承方式对临界荷载的影响，μl 称为相等长度，上式仍称为欧拉公式。各类支承方式的压杆的临界应力计算见表 5-1。

各类支承方式的压杆的临界应力计算　　　　表 5-1

支座情况	一端自由一端固定	两端铰支	一端铰支一端固定	两端固定
简图	l	l	$0.7l$	$0.5l$，$0.25l$
μ	2	1	0.7	0.5
临界压力	$F_{cr}=\dfrac{\pi^2 EI}{(2l)^2}$	$F_{cr}=\dfrac{\pi^2 EI}{(l)^2}$	$F_{cr}=\dfrac{\pi^2 EI}{(0.7l)^2}$	$F_{cr}=\dfrac{\pi^2 EI}{(0.5l)^2}$

5.3.3 中柔度杆的临界应力

1. 临界应力与柔度

压杆处于临界状态时横截面上的平均应力，称为压杆的临界应力，并用 σ_{cr} 表示。则细长压杆的临界应力为：

$$\sigma_{cr} = \frac{P_{cr}}{A} = \frac{\pi^2 E}{(\mu l)^2} \frac{I}{A} \tag{5-57}$$

在上式中，比值 I/A 仅与截面的形状及尺寸有关，将其用 i^2 表示，即：

$$i = \sqrt{\frac{I}{A}} \tag{5-58}$$

上述几何量 i 称为截面的惯性半径，令

$$\lambda = \frac{\mu l}{i} \tag{5-59}$$

则细长压杆的临界应力为

$$\sigma_{cr} = \frac{\pi^2 E}{\lambda^2} \tag{5-60}$$

上式称为欧拉临界应力公式。式中的 λ 为一无量纲量，称为柔度或长细比，它综合反映了压杆的长度（l）、支持方式（μ）与截面几何性质（i）对临界应力的影响。该式表明，细长压杆的临界应力，与柔度的平方成反比，柔度愈大，临界应力愈低。

2. 欧拉公式的适用范围

欧拉公式是根据挠曲轴微分方程建立的，而该方程仅适用于杆内应力不超过比例极限 σ_p 的情况，因此，欧拉公式的适用范围为：

$$\sigma_{cr} = \frac{\pi^2 E}{\lambda^2} \leqslant \sigma_p \tag{5-61}$$

或

$$\lambda \geqslant \pi \sqrt{\frac{E}{\sigma_p}} \tag{5-62}$$

若令

$$\lambda_p = \pi \sqrt{\frac{E}{\sigma_p}} \tag{5-63}$$

即仅当 $\lambda \geqslant \lambda_p$ 时，欧拉公式才是正确的。由上式可知，λ_p 之值仅与材料的弹性模量 E 及比例极限 σ_p 有关，故 λ_p 之值仅随材料而异。以低碳钢 A3 为例，其弹性模量 $E = 200\text{GPa}$，比例极限 $\sigma_p = 196\text{MPa}$，代入上式可得：

$$\lambda_p = \pi \sqrt{\frac{200 \times 10^3}{196}} \approx 100 \tag{5-64}$$

柔度 $\lambda \geqslant \lambda_p$ 的压杆，称为大柔度杆或长柱。因此，欧拉公式仅适用于大柔度杆。前面经常提到的所谓细长杆，实际上即大柔度杆。

3. 中柔度杆的临界应力

压杆的柔度愈小，其稳定性愈好，愈不容易失稳。试验表明，当压杆的柔度小于一定

数值 λ_0，强度问题又成为主要问题。这时，压杆的承压能力 F^0 由其抗压强度决定。例如对于由塑性材料制成的压杆，其承压能力即为：

$$F^0 = A\sigma_0 \tag{5-65}$$

柔度 $\lambda < \lambda_0$ 的压杆，称为小柔度杆或短柱。

柔度介于 λ_0 与 λ_p 之间的压杆，称为中柔度杆或中柱，其临界应力高于材料的比例极限。

综上所述，根据压杆的柔度可将其分为三类，并分别按不同方式确定其极限应力。$\lambda_0 \geqslant \lambda_p$ 的压杆属于细长杆或大柔度杆，按欧拉公式计算其临界应力；$\lambda_0 \leqslant \lambda < \lambda_p$ 的压杆，属于中柔度杆，可按经验公式计算其临界应力；$\lambda < \lambda_0$ 的压杆属于小柔度杆，应按强度问题处理。在上述三种情况下，临界应力（或极限应力）随柔度变化的曲线如图 5-13 所示，称为临界应力总图。

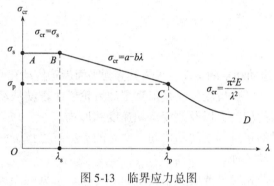

图 5-13 临界应力总图

4. 压杆稳定条件

由以上分析可知，为了保证压杆在轴向压力 F 作用下不致失稳，必须满足下述条件：

$$F \leqslant \frac{F_{cr}}{n_{st}} = [F_{st}] \tag{5-66}$$

式中 n_{st} 为稳定安全系数；$[F_{st}]$ 为稳定许用压力。该式也称为压杆的稳定条件。

将上式中的 F 与 F_{cr} 同除以压杆的横截面面积 A，得：

$$\sigma \leqslant \frac{\sigma_{cr}}{n_{st}} = [\sigma_{st}] \tag{5-67}$$

式中 $[\sigma_{st}]$ 为稳定许用应力。则该式为用应力表示的压杆稳定条件。

5.4 传动系统的特点

5.4.1 摩擦轮传动

摩擦轮传动是由两个相互压紧的圆柱摩擦轮组成，当正常工作时，主动轮可借助摩擦力的作用带动从动轮回转，并使传动基本上保持固定的传动比。

由于摩擦传动是在摩擦力的作用下工作的，所以保持两轮间相互压紧，由压紧力在接触面产生足够的法向力是摩擦轮传动的最基本条件。

1. **摩擦轮传动的优点**

1）制造简单、运转平稳、噪声很小；

2）过载时发生打滑，故能防止机器中零件损坏；

3）能无级地改变传动比。

2. **摩擦轮传动的缺点**

1）摩擦轮传动受压紧力和摩擦力影响，在两轮接触处，容易产生打滑的现象，效率较低；

2）当传递同样大的功率时，轮廓尺寸和作用在轴与轴承上的载荷都比齿轮传动大；

3）由于上述两项原因，所以不宜传递很大的功率；

4）不能保持准确的传动比；

5）干摩擦时磨损快、寿命低；

6）必须采用压紧装置等。

5.4.2 齿轮传动

齿轮运动分为平面运动和空间运动，可将其分为平面齿轮传动和空间齿轮传动两大类。

平面齿轮传动用于两平行齿轮传动是依靠主动齿轮依次拨动从动齿轮来实现的，它可以用于空间任意两轴间的传动，以及改变运动速度和形式。

按照两齿轮传动时的相对轴之间的传动。常见的类型有直齿圆柱齿轮传动、斜齿圆柱齿轮传动和人字齿轮传动三种。

空间齿轮传动用于两相交轴或两交错轴之间的传动。常见的类型有圆锥齿轮传动、交错轴斜齿轮（螺旋齿轮）传动等。

1. **齿轮传动的优点**

1）适用的圆周速度和功率范围广；

2）传动比准确、稳定、效率高；

3）工作性能可靠，使用寿命长；

4）可实现平等轴、任意角相交轴和任意角交错轴之间的传动。

2. **齿轮传动的缺点**

1）要求较高的制造和安装精度，成本较高；

2）不适用于两轴远距离之间的传动。

5.4.3 蜗轮蜗杆传动

蜗轮蜗轩传动是用于传递空间互相垂直而不相交的两轴间的运动和动力，如蜗轮蜗杆减速器。

1. **蜗轮蜗杆传动的优点**

1）传动比大；

2）结构尺寸紧凑。

2. **蜗轮蜗杆传动的缺点**

1）轴向力大，易发热，效率低；

2）只能单向传动。

5.4.4 带传动

带传动是通过中间挠性件（带）传递运动和动力，如工程中常见的皮带传动。带传动一般是由主动轮、从动轮和张紧在两轮上的环形带组成。当主动轮回转时，依靠带与轮之间的摩擦力拖动从动轮一起回转，从而传递一定的运动和动力。

带传动按带横截面形状可分为平带、V带和特殊带三大类。

1. 带传动的优点

1) 适用于两轴中心距较大的传动；
2) 带具有良好的挠性，可缓和冲击，吸收振动；
3) 过载时带与带轮之间会出现打滑，打滑虽使传动失效，但可防止损坏其他部件；
4) 结构简单，成本低廉。

2. 带传动的缺点

1) 传动的外廓尺寸较大；
2) 需张紧装置；
3) 由于滑动，不能保证固定不变的传动比；
4) 带的寿命较短；
5) 传动效率较低。

5.4.5 链传动

链传动是由装在平行轴上的主、从动链轮和绕在链轮上的环形链条所组成，以链条作中间挠性件，靠链条与链轮轮齿的啮合来传递运动和动力。

链传动按结构的不同主要分为滚子链和齿形链。

滚子链由内链板、外链板、套筒和滚子组成，应用较广泛。

齿形链由许多齿形链板用铰链连接而成，多用于高速或运动精度要求较高的传动。

1. 链传动的优点

1) 没有滑动；
2) 工况相同时，传动尺寸比较紧凑；
3) 不需要很大的张紧力，作用在轴上的载荷很小；
4) 效率较高；
5) 能在温度较高、湿度较大的环境中使用。

2. 链传动的缺点

1) 只能用于平行轴间的传动；
2) 瞬时速度不均匀，高速运转时不如带传动平衡；
3) 不宜在载荷变化很大和急促反向的传动中应用；
4) 工作时有噪声；
5) 制作费用比带传动高。

5.4.6 轮系

将主动轴的转速变换为从动轴的多种转速，获得很大传动比，由一系列相互啮合的齿轮组成的齿轮传动系统为轮系。

1. 轮系的类型

轮系分为定轴轮系和周转轮系两种类型。定轴轮系传动时,每个齿轮的几何轴线都是固定的;周转轮系传动时至少有一个齿轮的几何轴线绕另一个齿轮的几何轴线转动。

2. 轮系的主要特点

1) 适用于相距较远的两轴之间的传动;
2) 可作为变速器实行变速传动;
3) 可获得较大的传动比;
4) 实现运动的合成与分解。

5.4.7 液压传动

液体传动是以液体为工作介质,包括液压传动和液力传动。

液压传动是以液体的压力能进行能量传递、转换和控制的一种传动形式。

1. 液压传动的组成

1) 动力装置:将机械能转换为液压能。如液压泵。
2) 执行装置:包括将液压能转换为机械能的液压执行器,输出旋转运动的液压马达和输出直线运动的液压缸。
3) 控制装置:控制液体的压力、流量和方向的各种液压阀。
4) 辅助装置:包括储存液体的液压箱,输送液体的管路和接头,保证液体清洁的过滤器,控制液体温度的冷却器,储存能量的蓄能器和起密封作用的密封件等。
5) 工作介质:液压液,是动力传递的载体。

2. 液压传动的优点

1) 元件单位重量传递的功率大,结构简单,布局灵活,便于和其他传动方式联用,易实现远距离操纵和自动控制。
2) 速度、扭矩、功率均可无级调节,能迅速换向和变速,调速范围宽,动作快速。
3) 元件自润滑性好,能实现系统的过载保护与保压,使用寿命长,元件易实现系列化、标准化、通用化。

3. 液压传动的缺点

1) 速比不如机械传动准确,传动效率较低;
2) 对介质的质量、过滤、冷却、密封要求较高;
3) 对元件的制造精度、安装、高度和维护要求较高。

5.4.8 气压传动

气压传动是以压缩空气为工作介质进行能量传递或信号传递的传动系统。

1. 气压传动的组成

1) 气源装置:气压发生装置,如空气压缩机。
2) 控制装置:能量控制装置,如压力控制阀、流量控制阀、方向控制阀等。
3) 执行装置:能量输出装置,如气动马达、气缸。
4) 辅助装置:包括空气过滤器、油雾器、传感器、放大器、消声器、管路、接头等。

2. 气压传动的优点

1) 工作介质是空气，使用后直接排至大气，泄漏不会造成环境污染；
2) 空气黏度小，流动压力损失小，适用于远距离输送和集中供气，系统简单；
3) 压缩空气在管路中流速快，可直接利用气压信号实现系统的自动控制，完成各种复杂的动作；
4) 易于实现快速的直线运动、摆动和高速转动；
5) 调速方便，与机械传动相比，易于布局及操纵；
6) 工作环境适应性好。

3. 气压传动的缺点

1) 空气可压缩性大，载荷变化时，传递运动不够平稳、均匀；
2) 工作压力不能过高，传动效率低，不易获得很大的力或力矩；
3) 有较大的排气噪声。

5.5 传动件的特点

在机械设备中，轴、键、联轴器和离合器是最常见的传动件，用于支持、固定旋转零件和传递扭矩。

5.5.1 轴

轴是机器中重要零件之一，用于支承回转零件及传递运动和动力。

1. 轴的分类和特点

1) 按承受载荷的不同，轴可分为转轴、传动轴和心轴。
(1) 转轴：既传递扭矩又承受弯矩，如齿轮减速器中的主、从动转轴。
(2) 传动轴：只传递扭矩而不承受弯矩或弯矩很小，如汽车的传动轴。
(3) 心轴：只承受弯矩而不传递扭矩，如自行车的前轴。
2) 按轴线的开关不同，轴可分为直轴、曲轴和挠性钢丝轴。
(1) 直轴的轴线是一条直线，在工程中，大多数的轴是直轴。
(2) 曲轴的轴线不是一条直线，常用于往复式机械设备中，将旋转运动转换成往复运动，或将往复运动转换成旋转运动，如活塞式压缩机的主轴和燃油发动机的主轴。
(3) 挠性钢丝轴是由几层紧贴在一起的钢线层构成，可以把转矩和旋转运动灵活地传到任何位置，常用于振捣设备中。

2. 轴的材料

轴的材料通常采用碳素钢和合金钢，在碳素钢中常采用中碳钢；对于不重要或受力较小的轴，常采用碳素结构钢；对于有特殊要求的轴，常采用合金钢。

5.5.2 键

键主要用作轴和轴上零件之间的轴向固定以传递扭矩，如减速器中齿轮与轴的联结。有些键还可实现轴上零件的轴向固定或轴向移动。

1. **键的分类**

键分为平键、半圆键、楔键、切向键和花键等。

2. **各类键的特点**

1）平键

平键的两侧是工作面，上表面与轮毂槽底之间留有间隙。其定心性能好，装拆方便。常用的平键有普通平键和导向平键两种。

2）半圆键

半圆键也是以两侧为工作面，有良好的定心性能。半圆键可在轴槽中摆动以适应毂槽底面，但键槽对轴的削弱较大，只适用于轻载联结。

3）楔键

楔键的上下面是工作面，键的上表面有 1∶100 的斜度，轮毂键槽的底面也有 1∶100 的斜度。把楔键打入轴和轮毂槽内时，其表面产生很大的预紧力，工作时主要靠摩擦力传递扭矩，并能承受单方向的轴向力。其缺点是会迫使轴和轮毂产生偏心，仅适用于对定心精度要求不高、载荷平稳和低速的联结。

楔键又分为普通楔键和钩头楔键两种。

4）切向键

切向键是由一对楔键组成，能传递很大的转矩，常用于重型机械设备中。

5）花键

花键是在轴和轮毂孔周向均布多个键齿构成的，称为花键联结。它适用于定心精度要求高、载荷大和经常滑移的联结，如变速器中滑动齿轮与轴的联结。

按齿形不同、花键联结可分为矩形花键、三角形花键和渐开线花键等。花键联结可以做成静联结，也可以做成动联结。

3. **键的材料**

设备安装工程中，键作为标准件，其材料通常为金属。在一般冲击载荷及无腐蚀的情况下，可以选用优质碳素结构钢，如 45 号钢或不锈钢作为键的加工材质；若冲击载荷较大，可以选用合金钢作为加工材质。

5.5.3 联轴器与离合器

联轴器和离合器主要用于轴与轴或轴与其他旋转零件之间的联结，使其一起回转并传递转矩和运动。

1. **联轴器的分类和特点**

联轴器分为刚性和弹性两大类。

1）刚性联轴器由刚性传力件组成，分为固定式和可移式两类。

固定式刚性联轴器不能补偿两轴的相对位移，可移式刚性联轴器能补偿两轴的相对位移。

2）弹性联轴器包含弹性元件，能补偿两轴的相对位移，并有吸收振动和缓和冲击的能力。

2. **离合器的分类**

离合器主要用于在机械运转中随时将主、从动轴结合或分离。

离合器主要分为牙嵌式和摩擦式两类，此外，还有电磁离合器和自动离合器。

3. 联轴器和离合器的区别

用联轴器联结的两根轴，只有在机器停止工作后，经过拆卸才能把它们分离。如汽轮机与发电机的联结。

用离合器联结的两根轴在机器工作中就能方便地使它们分离或结合。如汽车发动机与变速器的联结。

5.6 轴承的特性

轴承的功用是为支承轴及轴上零件，承受其载荷，保持轴的旋转精度，减少轴与支承件的摩擦和磨损。

5.6.1 轴承的类型

轴承分为滑动轴承和滚动轴承两大类。

5.6.2 轴承的特性

1. 滑动轴承的类型和特性

滑动轴承按照承受的载荷分为：向心滑动轴承，或称为径向滑动轴承，主要承受径向载荷；推力滑动轴承，主要承受轴向载荷。

滑动轴承适用于低速、高精度、重载和结构上要求剖分的场合。在低速而有冲击的场合，也常采用滑动轴承。

1）向心滑动轴承

向心滑动轴承有整体式和剖分式两种，剖分式一般由轴承盖、轴承座、轴瓦和连接螺栓等组成。

轴瓦是轴承中的关键零件。根据轴承的工作情况，轴瓦材料应具备摩擦系数小、导热性好、热膨胀系数小、耐磨、耐蚀、胶合能力强、有足够的机械强度和可塑性等性能。较常见的是做成双层金属的轴瓦。轴瓦是将薄层材料粘附在浇注或压合成型的轴瓦基体上而成。粘附上去的薄层材料通常称为轴承衬。

常用的轴瓦和轴承衬材料有：轴承合金（又称白合金或巴氏合金）、青铜、特殊性能的轴承材料。

2）推力滑动轴承

（1）推力滑动轴承有固定式和可倾式。

（2）推力滑动轴承的止推面可以利用轴的端面，也可以在轴的中段做出凸肩或推力圆盘。

2. 滚动轴承的类型和特性

1）滚动轴承通常按其承受载荷的方向和滚动体的形状分类：

（1）按承受载荷的方向或公称接触角的不同，分为向心轴承和推力轴承。

向心轴承主要承受径向载荷，按其接触角不同又分为径向接触向心轴承（公称接触角为0°）和角向接触向心轴承（公称接触角为从0°到45°）。推力轴承主要承受轴向载荷，按其接触角不同又分为轴向接触推力轴承（公称接触角为90°）和角向接触推力轴承（公称接触角为从45°到90°）。

（2）按滚动体的形状，分为球轴承和滚子轴承。滚子又分为圆柱滚子、圆锥滚子、球面滚子和滚针。

2）滚动轴承的特性

滚动轴承与滑动轴承相比，具有摩擦阻力小、启动灵敏、效率高、润滑简便和易于更换等优点。它的缺点是抗冲击能力较差、高速时出现噪声、工作寿命不如液体润滑的滑动轴承。我国机械工业常用滚动轴承的主要类型、特性、代号见表5-2。

我国机械工业常用滚动轴承的主要类型、特性、代号　　　表5-2

名称及代号	极限转速	允许角偏差	主要特性
向心球轴承10000	中	2°~3°	主要承受径向载荷，也承受少量轴向载荷，可调心
向心滚子轴承20000	低	0.5°~2°	能承受很大径向载荷和少量轴向载荷，可调心
圆锥滚子轴承30000	中	2′	能同时承受很大径向、轴向联合载荷，内外圈可分离，装拆方便，成对使用
推力球轴承50000	低	不允许	只能承受轴向载荷，承载能力大，径向尺寸特小，一般无保持架，极限转速低，不允许有角偏差
滚针轴承NA0000	低	不允许	只能承受径向载荷，不允许有角偏差，高速时，滚动体离心力较大，发热较严重，寿命较低
圆柱滚子轴承N0000	较高	2′~4′	能承受较大径向载荷，不能承受轴向载荷，内外圈只允许有极小的偏转

5.6.3 轴承的润滑和密封方式

1. 轴承的润滑方式

轴承润滑的目的在于降低摩擦、减少磨损，同时还起到冷却、减振、防锈等作用。轴承的润滑对轴承能否正常工作起着关键作用，必须正确选用润滑方式。

轴承的润滑方式多种多样，常用的有油杯润滑、油环润滑和油泵循环供油润滑。

2. 轴承密封的方式

轴承密封方式主要有：密封胶、填料密封、密封圈（O形、V形、U形、Y形）、机械密封、防尘节流密封和防尘迷宫密封等。

第6章 起重与焊接

6.1 起重机械基础知识

在机电设备安装工程中,起重技术是一项极为重要的关键技术。随着我国工程建设向标准化、工厂化、大型化、集成化方向发展,吊装的重量不断上升,难度越来越大,各类重型设备和大型构件越来越多,对起重技术的要求也越来越高。

6.1.1 起重机械分类及使用特点

1. 起重机械分类

起重机械可分为两大类:轻小起重机具和起重机。

轻小起重机具包括:千斤顶(齿条、螺旋、液压)、滑轮组、手动和电动葫芦、卷扬机(手动、电动、液动)、悬挂单轨吊等,是机电安装工程常用设备。

起重机有桥架式起重机(桥式、门式)、缆索式起重机、臂架式起重机(自行式、塔式、门座式、铁路式、浮式、桅杆式)。

建筑、安装工程常用的起重机有自行式起重机、塔式起重机、门座式起重机和桅杆式起重机。自行式起重机分为汽车式、履带式、轮胎式三类。

2. 起重机械使用特点

自行式起重机:起重重量大,机动性好。可以方便地转移场地,适用范围广,但对道路、场地要求较高,台班费高和幅度利用率低。适用于单件大、重型设备及构件的吊装。

塔式起重机:分为水平臂架小车式和压杆式,其吊装速度快,幅度利用率高,台班费低,但起重量一般不大,并需要安装和拆卸。适用于在某一范围内数量多,而每一单件重量较小的吊装。

桅杆式起重机:属于非标准起重机,可分为独脚式、人字式、门式和动臂式四类。其结构简单,起重量大,对场地要求不高,使用成本低,但效率不高。每次使用须重新进行设计计算。主要适用于某些特重、特高和场地受到特殊限制的吊装。

6.1.2 起重机的基本参数

起重机的技术参数是表征起重机的作业能力,是设计起重机的基本依据,也是所有从事起重作业人员必须掌握的基本知识。

起重机的基本技术参数主要有:起重量、起升高度、跨度(属于桥式类型起重机)、幅度(属于臂架式起重机)、机构工作速度、生产率和工作级别等。其中臂架式起重机的主要技术参数中还包括起重力矩等,对于轮胎、汽车、履带、铁路起重机其爬坡度和最小转弯(曲率)半径也是主要技术参数。

1. 额定起重量

额定起重量是指起重机正常工作时，允许提升货物的最大重量与取物装置重量之和。对于幅度可变的起重机，其额定起重量是随幅度变化的。其名义额定起重量，即在最小幅度时的起重量，起重机安全工作条件下允许提升的最大额定起重量，也称最大起重量。

2. 跨度或幅度

跨度是指桥架式起重机大车运行两轨道中心线间的水平距离。幅度是指起重机置于水平场地时，空载吊具垂直中心线至回转中心线之间的水平距离。

3. 最大起升高度

起重机运行轨道面或水平停机面到吊具允许最高位置的垂直距离，当取物装置可降到地面以下时，起升高度还包括下放深度。

4. 工作速度

起重机的工作速度包括起升速度、变幅速度、回转速度和行走速度。

6.1.3 荷载处理

1. 起重机所受的荷载

起重机的工作特点决定了其荷载的随机性，其荷载在不同状态下有基本荷载、附加荷载和特殊荷载三种。

1）基本荷载

基本荷载是始终和经常作用在结构上的荷载。它包括起重机金属结构、机构、动力和电气设备等质量的重力的自重荷载和起重机起升质量的能力的起升荷载。起升质量包括允许起升的最大物品、取物装置以及悬挂挠性件和其他随同升降的设备质量，还包括在不平路面上运行时产生的冲击荷载以及机构在启、制动时引起的水平荷载。

2）附加荷载

附加荷载是指起重机在正常工作状态下，结构所受到的非经常性作用的荷载。主要包括作用在结构上的最大风荷载、悬吊物品在受风荷载作用时对结构产生的水平荷载、起重机偏斜运行引起的侧向力、温度荷载、冰雪荷载以及工艺性荷载等。

3）特种荷载

特种荷载是起重机处于非工作状态时结构可能受到的最大荷载，或在工作状态下偶然受到的不利荷载。前者如非工作状态的风荷载、试验荷载、安装荷载、地震荷载、某些工艺荷载；后者如起重机工作状态下结构所受到的碰撞等荷载。

起重机交付使用前，必须进行静态和动态试验。静态试验荷载为额定荷载的1.25倍。动态试验荷载为额定荷载的1.1倍。试验时全速下降物品离地起升或下降制动应平稳。

起重机安装过程中，金属结构所受的荷载称为安装荷载。安装在地震区的大高度移动起重机必须考虑地震荷载。

当起重机或小车上的缓冲器与终点止挡器相撞，或两台起重机相撞时产生的荷载叫碰撞荷载。

2. 荷载处理

在起重工程的设计中，常以计算荷载作为起重机的选择依据。计算荷载的一般公式为

$$Q_j = K_1 Q \tag{6-1}$$

式中　Q_j——计算荷载；
　　　Q——最大起重量；
　　　K_1——动载系数。考虑起升质量突然离地起升或下降制动时，对承载结果和传动机构将产生附加的动荷载作用，一般取 $K_1=1.1$。

在多分支（多台起重机、多套滑轮组、多根吊索等）共同抬吊一个重物时，还须考虑工作不同步的影响，计算荷载应计入荷载不均衡系数。

$$Q_j = K_1 K_2 Q \tag{6-2}$$

式中　K_2——不均衡荷载系数，一般取 $K_2=1.1\sim1.2$。

风荷载的影响：

风荷载必须根据具体情况进行计算，计算时必须考虑的因素有标准风压、迎风面积、风荷载体型系数、高度修正系数等。

6.2　起重机的选用

在起重工程设计时，应根据施工现场具体情况，合理进行起重机的选用。

6.2.1　自行式起重机的选用

自行式起重机的选用依据是自行式起重机的起重特性曲线。

1. 选用步骤

1）根据被吊装设备或构件的就位位置、现场具体情况等确定起重机的站车位置，站车位置一旦确定，其幅度也就确定了。

2）根据被吊装设备或构件的就位高度、设备尺寸吊索高度等和站车位置（幅度），由起重机的特性曲线，确定其臂长。

3）根据上述已确定的幅度、臂长以及起重机的起重特性曲线，确定起重机能够吊装的荷载。

4）如果起重机能够吊装的荷载大于被吊装设备或构件的重量，则起重机选择合理，否则必须重新选择。

2. 自行式起重机的基础处理

自行式起重机，尤其是汽车式起重机，在吊装前必须对吊车站立位置的地基进行平整和压实，按规定进行沉降预压试验。在复杂地基上吊装重型设备，应请专业人员对基础进行专门设计，验收时同样要进行沉降预压试验。

6.2.2　桅杆式起重机的选用

桅杆式起重机是非标准起重机，具有制作简单、装拆方便、起重量大（可达1000kN以上）、受地形限制小等特点。一般用于受到现场环境的限制，其他起重机无法进行吊装的场合。

1. 桅杆式起重机的基本结构

桅杆式起重机主要由桅杆本体、起升系统、稳定系统、动力系统组成。桅杆本体包括桅杆、基座及其附件。桅杆的结构形式有格构式和实腹式（一般为钢管）两种。

起升系统主要由滑轮组、导向轮和钢丝绳等组成。

稳定系统主要包括揽风绳、地锚等。

动力系统主要是电动卷扬机，也有采用液压装置的。

2. 揽风绳拉力的计算及揽风绳的选择

揽风绳是桅杆式起重机的稳定系统，它直接关系到起重机的安全工作，也影响着桅杆的轴力。揽风绳的拉力分为初拉力和工作拉力。

1）揽风绳的初拉力。初拉力是指桅杆在没有工作时揽风绳预先拉紧的力。一般按经验，初拉力取工作拉力的15%~20%。

2）揽风绳的工作拉力。工作拉力是指桅杆式起重机在工作时，揽风绳所承担的荷载。在正确的揽风绳工艺布置中，总有一根揽风绳处于吊装垂线和桅杆轴线所决定的垂直平面内，这根揽风绳称为"主揽风绳"。

3）揽风绳选择的基本原则

所有揽风绳一律按主揽风绳选取。

进行揽风绳选择时，以主揽风绳的工作拉力与初拉力之和为依据。

$$T = T_g + T_c \tag{6-3}$$

式中　　T_g——主揽风绳的工作拉力；

　　　　T_c——主揽风绳的初拉力。

3. 地锚的种类、地锚的计算

目前常用的地锚类型有全埋式、半埋式、活动式和利用建筑物四种。

1）全埋式地锚可以承受较大的拉力，适合于重型吊装。计算其强度时通常需根据土质情况和横梁材料验算其水平稳定性、垂直稳定性和横梁强度。

2）活动式地锚承受的力不大，适合于改、扩建工程。计算其强度时需要计算其水平稳定性和垂直稳定性。

在工程实际中，还常利用已有建筑物作为地锚，如混凝土基础、混凝土柱等，但在利用已有建筑物前，必须获得建筑物设计单位的书面认可。

6.3　常用吊装方法与吊装方案的编制

吊装成功的关键在于吊装方法的合理选择，吊装工程的安全问题往往出现在各种吊具的选择不合理。因此，吊装方案是指导吊装工程实施的技术文件，它在吊装工程中具有重要的位置。

6.3.1　常用的吊装方法

起重工程中常用的吊装方法有对称吊装法、滑移吊装法、旋转吊装法、超高空斜承索吊运设备吊装法、计算机控制集群液压千斤顶整体吊装大型设备与构件的吊装方法、气（液）压顶升法等。

1. 对称吊装法：适用于在车间厂房内和其他难以采用自行式起重机吊装的场合。

2. 滑移吊装法：主要针对自身高度较高的高耸设备或结构，如电视发射塔、桅杆、烟囱、广告塔架等。

3. 旋转吊装法的基本原理：是将设备或构件底部用旋转铰链与其基础连接，利用起重机使设备或构件绕铰链旋转，达到直立。

1）人字桅杆扳立旋转法主要针对的是特别高和特别重的高耸塔架类结构；

2）液压装置顶升旋转法主要针对的是卧式运输、立式安装的设备，适合应用在某些吊装空间特别狭窄或根本没有吊装空间的场合，如地下室等；

3）无锚点推吊旋转法实际上是"人字桅杆扳立旋转法"的一种扩展应用，适用于场地特别狭窄，无法布置揽风绳，同时设备自身具有一定刚度的场合，如吊装大型塔、构件等。

4. 超高空斜承索吊运设备吊装法：适用于在超高空吊装中、小型设备，如超高层的高空吊运设备。

5. 计算机控制集群液压千斤顶整体吊装大型设备与构件的吊装方法：液压千斤顶（提升油缸）群多点联合吊装、钢绞线悬挂承重、计算机同步控制，目前该方法有两种方式："上拔式"和"爬升式"，如大型龙门起重机，体育场馆、机场候机楼结构吊装等。

6. "万能杆件"在吊装中的应用。

"万能杆件"由各种标准杆件、节点板、缀板、填板、支撑靴组成，可以组合、拼装成桁架、墩架、塔架或龙门架等形式，常用于桥梁施工中。

7. 气（液）压顶升法的工作原理是：提高和保持罐内一定的空气压力，利用罐内外空气压力差将大型贮罐上部向上顶升，稳定在要求的高度，如油罐的倒装法等。

8. 大型设备和构件整体吊装技术为建筑业推广的十项新技术之一。

6.3.2 机电工程中常用的吊装方法

1. 自行式起重机吊装：根据使用起重机的台数，进一步可分为单机吊装、双机抬吊、多机群吊等。

2. 塔式起重机吊装：常用于大型工业装置中的小型设备和建筑物中的机电设备的吊装，由于设备一般较重，各设备位置相距较远，常采用可移动的压杆式塔式起重机。

3. 桅杆式起重机吊装：

1）单桅杆直立吊装用于可以进行对称吊装的设备，如吊装桥式起重机；

2）人字桅杆倾斜吊装可以利用建筑物自身的高度，将设备吊装到建筑物顶部的场合；

3）双直立桅杆滑移抬吊用于吊装大型高耸设备和结构；

4）动臂桅杆吊装用于大型工业装置中的多个小型设备和建筑物中的机电设备的安装，比塔式起重机更灵活。

4. 利用构筑物吊装：利用已有构筑物和轻小起重机具吊装大型设备，大幅度降低施工成本和缩短施工周期，但在制定方案时应仔细核对构筑物的强度并得到设计和业主的书面同意。

6.3.3 吊装方案的编制

1. 吊装方案编制的主要依据

1）有关规程、规范。

2）施工组织设计。

3）被吊装设备（构件）的设计图纸及有关参数、技术要求等。

4）施工现场条件，包括场地、道路、障碍等。

5）机具情况，包括机具的主要技术参数，以及机具进场路线等情况。
6）工人技术状况等。

2. 吊装方案的主要内容

1）工程概况
（1）工程的规模、地点、施工所在地的气候、地质条件。
（2）现场环境条件、现场平面布置、设备的几何形状、尺寸、重量、重心等。
（3）机具情况、人员状况。
（4）方案选择所需的原始数据。
2）按方案选择的原则、步骤，进行比较、选择，确定采用的方案（应包括选择过程中必要的计算、分析等）。
3）详细绘制吊装施工平面布置图和立面图，图中还应特别注意警戒区的设置。
4）施工步骤与工艺岗位分工。如"试吊"步骤中，须详细写明：吊起设备的高度、停留时间、检查部位、是否合格的判断标准、调整的方法和要求等。在工艺岗位分工中，应明确每一个参加吊装施工的人员的岗位责任和职责。
5）工艺计算：包括受力分析与计算、机具选择、被吊设备（构件）校核等。
6）安全技术措施必须具体、明确，吊装工程安全操作规程中与方案有关的部分也应该列入。
7）编制进度计划。
8）资源计划：包括人力、机具、材料计划等。
9）成本核算：必须对安全或进度均符合要求的施工方案进行最低成本核算，选择成本较低的吊装方法。如选择大型机械吊装时，要考虑机械台班费和大型机械进出场费用。

3. 吊装方案的选用原则与选择步骤

吊装方法的选用原则是安全、有序、快捷、经济。
吊装方案的选择步骤：
技术可行性论证→安全性分析→进度分析→成本分析→根据具体情况做综合选择。
1）技术可行性论证。根据设备特点、现场条件，研究在技术上可行的吊装方法。
2）安全性分析。包括质量安全（设备或构件在吊装过程中的变形、破坏）和人身安全（造成人身伤亡的重大事故）两方面。
3）进度分析：工程中吊装往往制约着整个工程的进度，必须对不同的吊装方法进行工期分析。不同的吊装方法，其施工需要的工期不一样，如采用桅杆吊装的工期要比采用自行式起重机吊装的工期长得多。
4）成本分析：必须在保证吊装安全可靠的前提下，进行成本分析、比较和控制。
5）根据具体情况作综合选择。

6.4　焊接技术基础

焊接技术是机电工程的基础工艺与技术，广泛应用于国民经济的各个领域，尤其在航天、航海、车辆、机械制造、冶金、电力、石油化工、建筑、锅炉、压力容器、压力管道等特种设备和钢结构产品的制造和安装中，焊接技术占十分重要地位。

6.4.1 焊接的定义

焊接是通过加热或加压或两者兼用，可以用或不用填充材料，使焊件达到结合的一种加工工艺方法。焊接的本质特点就是通过焊接使焊件达到结合，从而将原来分开的物体形成永久性连接的整体。要使两部分金属材料达到永久连接的目的，就必须使分离的金属相互非常接近，使之产生足够大的结合力，才能形成牢固的接头。这对液体来说是很容易的，而对固体来说则比较困难，需要外部给予很大的能量，如电能、化学能、机械能、光能等。

6.4.2 常用的焊接方法

常用的焊接方法分为熔焊、压焊、钎焊三大类，具体如图6-1所示。

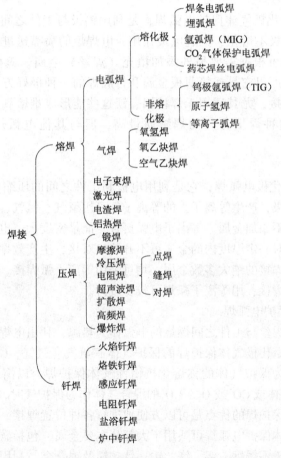

图6-1 常用的焊接方法分类

目前，机电安装工程中常用的焊接种类有电弧焊、电阻焊、钎焊、电渣焊、气焊、气压焊及其他焊接方法。

1. 电弧焊

以电极与工件之间燃烧的电弧作为热源，是目前应用最广泛的焊接方法。

1) 焊条电弧焊

以外部涂有涂料的焊条作为电极及填充金属，电弧在焊条端部和被焊工件表面之间燃烧，熔化焊条和母材形成焊缝。涂料在电弧作用下产生气体，保护电弧，又产生熔渣覆盖在熔池表面，防止熔化金属与周围气体相互作用，又向熔池添加合金元素，改善焊缝金属性能。应用于维修及装配中的短缝的焊接，特别是可以用于难以达到的部位的焊接。可适用于大多数工业用碳钢、不锈钢、铸铁、铜、铝、镍及其合金。

2) 埋弧焊

以连续送进的焊丝作为电极和填充金属。焊接时，在焊接区上面覆盖一层颗粒状焊剂，电弧在焊剂层下燃烧，将焊丝端部和局部母材熔化，形成焊缝。埋弧焊可以采用较大焊接电流，其最大优点是焊接速度高，焊缝质量好，特别适合于焊接大型工件的直缝和环缝。

3) 钨极气体保护焊

属于不（非）熔化极气体保护电弧焊，是利用钨极与工件之间的电弧使金属熔化而形成焊缝。焊接中钨极不熔化，只起电极作用，电焊炬的喷嘴送进氩气或氦气，起保护电弧和熔池作用，还可根据需要另外添加填充（焊丝）金属。钨极气体保护焊由于能很好地控制热输入，所以它是连接薄板金属和打底焊的一种极好方法。这种方法几乎可以用于所有金属的连接，尤其适用于焊接铝、镁这些能形成难熔氧化物的金属以及钛和锆这些活泼金属。这种焊接方法的焊缝质量高，但与其他电弧焊相比，其焊接速度较慢。

4) 等离子弧焊

属于不（非）熔化极电弧焊，它是利用电极和工件之间的压缩电弧（转移电弧）实现焊接，电极常用钨极，产生等离子弧的等离子气可用氩气、氮气、氦气或其中两者的混合气，焊接可添加或不添加金属。等离子电弧挺直，能量密度大，电弧穿透能力强。焊接时产生的小孔效应，对一定厚度内的金属可不开坡口对接，生产效率高，焊缝质量好。钨极气体保护电弧焊可焊接的绝大多数金属，均可采用等离子弧焊接。与之相比，对于1mm以下的极薄的金属的焊接，用等离子弧焊可较易进行。

5) 熔化极气体保护电弧焊

利用连续送进的焊丝与工件之间燃烧的电弧作为热源，利用电焊炬喷嘴喷出的气体来保护电弧进行焊接。熔化极气体保护焊的保护气体有氩气、氦气、CO_2或这些气体的混合气体。以氩气、氦气为保护气体的称熔化极惰性气体保护焊，以惰性气体和氧化性气体（O_2、CO_2）的混合气体或CO_2或O_2+CO_2的混合气体作为保护气时，称为熔化极活性气体保护焊。熔化极气体保护焊的优点是可以方便地进行各种位置焊接，焊接速度快、熔敷率较高。熔化极活性气体保护电弧焊可适用于大部分主要金属，包括碳钢、合金钢。熔化极惰性气体保护焊适用于不锈钢、铝、镁、铜、钛、锆及镍合金。利用这种焊接方法还可以进行电弧点焊。

6) 药芯焊丝电弧焊

属于熔化极气体保护焊的一种类型，也是利用连续送进的焊丝与工件间的电弧作为热源的，焊丝芯部装有各种成分药粉。焊接时外加气体主要是CO_2，药粉受热分解熔化，起到造气、造渣、保护熔池、渗合金及稳弧作用。若不另加保护气体时，叫自保护药芯焊丝电弧焊。

2. 电阻焊

以电阻热为能源的焊接方法，包括以熔渣电阻热为能源的电渣焊和以固体电阻为能源的电阻焊，主要有点焊、缝焊、凸焊及对焊等。主要用于焊接厚度小于3mm的薄板组件。各类钢材、铝、镁等有色金属及其合金、不锈钢等均可焊接。

3. 钎焊

利用熔点比被焊材料的熔点低的金属作钎料，经过加热使钎料熔化，靠毛细管作用将钎料吸入到接头接触面的间隙内，润湿金属表面，使固相与液相之间相互扩散而形成钎焊接头。钎焊可以用于焊接碳钢、不锈钢、高温合金、铝、铜等金属材料，还可以连接异种金属、金属与非金属。适于焊接受载不大或常温下工作的接头，对于精密的、微型的以及复杂的多钎缝的焊件尤其适用。

4. 电渣焊

电渣焊是以熔渣的电阻热为能源的焊接方法。焊接过程是在立焊位置、在由两工件端面与两侧水冷铜滑块形成的装配间隙内进行。焊接时利用电流通过熔渣产生的电阻热将工件端部熔化。

电渣焊的优点是：可焊的工件厚度大（从30mm到大于1000mm），生产率高。主要用于在断面对接接头及丁字接头的焊接。电渣焊可用于各种钢结构的焊接，也可用于铸件的组焊。电渣焊接头由于加热及冷却均较慢，热影响区宽、显微组织粗大、冲击韧性低，因此焊接以后一般须进行正火处理。

5. 气焊

气焊是用气体火焰为热源的一种焊接方法。应用最多的是以乙炔气作燃料的氧-乙炔火焰。设备简单使用方便，但气焊加热速度及生产率较低，热影响区较大，且容易引起较大的变形。气焊可用于很多黑色金属、有色金属及合金的焊接。一般适用于维修及单件薄板焊接。

6. 气压焊

气压焊和气焊一样，也是以气体火焰为热源，焊接时将两对接的工件的端部加热到一定温度，后再施加足够的压力以获得牢固的接头，是一种固相焊接。气压焊时不加填充金属，常用于铁轨焊接和钢筋焊接。

7. 其他焊接方法

其他焊接方法如塑料管道的焊接所采取的焊接方法一般为热熔焊、电熔焊、热风焊等。

6.4.3 焊接材料与设备选用原则

根据不同的材料和施焊工况、条件，选择不同的焊接设备和焊接材料是保证焊接质量、焊接效率、成本的关键。

1. 焊接材料的分类与选用原则

1）焊条

（1）焊条的分类

① 按药皮成分可分为：不定型、氧化钛型、钛钙型、氧化铁型、低氢钾型、低氢钠

型、纤维类型、石墨型、钛铁矿型、盐基型十大类。

② 按焊渣性质可分为：酸性焊条、碱性焊条两大类。

③ 按焊条用途可分为：结构钢焊条、钼及钼合金焊条、不锈钢焊条、堆焊焊条、低温钢焊条、铸铁焊条、镍及镍合金焊条、铜及铜合金焊条、铝及铝合金焊条和特殊用途焊条十大类。

④ 按特殊性能分为：超低氢焊条、低尘低毒焊条、立向下焊条、底层焊条、铁粉高效焊条、抗潮焊条、水下焊焊条、重力焊焊条等。

(2) 焊条的选用原则

① 按焊接材料的力学性能和化学成分选用。

② 按焊接的使用性能和工作条件选用。

③ 按焊件的结构特点和受力状态。

2) 焊丝

焊丝分实心焊丝和药芯焊丝（多采用实心焊丝和药芯焊丝）。选择实心焊丝的成分主要考虑焊缝金属应与母材力学性能或物理性能的良好匹配，如耐磨性、耐腐蚀性；焊缝应是致密的和无缺陷的。

3) 保护气体

保护气体的主要作用是焊接时防止空气中的有害作用，实现对焊缝和近缝区的保护。

(1) 惰性气体：主要有氩气和氦气及其混合气体，用以焊接有色金属、不锈钢和质量要求高的低碳钢和低合金钢。

(2) 惰性气体与氧化性气体的混合气体：如 $Ar + CO_2$、$Ar + CO_2 + O_2$ 等。

(3) CO_2 气体：是唯一适合于焊接的单一活性气体，CO_2 气体保护焊焊速高、熔深大、成本低和易空间位置焊接，广泛应用于碳钢和低合金钢的焊接。

4) 焊剂

(1) 焊剂在焊接电弧的高温区内熔化成熔渣和气体，对熔化金属起保护和冶金作用。

(2) 埋弧焊的焊剂必须与所焊钢种和焊丝相匹配，保证焊接质量和焊缝性能。

(3) 电渣焊的焊剂应具有适当的导电率，适当的黏度，较高的蒸发温度，良好的脱渣性、抗裂性和抗气孔的能力。

2. 常用的焊接设备及选用原则

1) 常用的焊接设备

常用的焊接设备有电弧焊机、埋弧焊机、钨极氩弧焊机、熔化极气体保护焊机及等离子弧焊机等。

(1) 电弧焊机电源

① 弧焊变压器：将电网的交流电变成适宜于弧焊的交流电，与直流电源相比具有结构简单、制造方便、使用可靠、维修容易、效率高、成本低等优点。

② 直流弧焊发电机：其稳弧性好、经久耐用、受电网电压波动的影响小，但硅钢片和铜导线需要量大，空载损耗大，结构复杂，已被列入淘汰产品。

③ 晶闸管弧焊整流电源（包括逆变弧焊电源）：其引弧容易，性能柔和，电弧稳定，飞溅少，是理想的更新换代产品。

（2）埋弧焊机

① 生产效率高，焊接质量好，劳动条件好。

② 埋弧自动焊是依靠颗粒状焊剂堆积形成保护条件，主要适用于平位置（俯位）焊接。

③ 埋弧焊剂的成分主要是 MnO、SiO_2 等金属及非金属氧化物，难以焊接铝、钛等氧化性强的金属及其合金。

④ 只适用于长缝的焊接。

⑤ 不适合焊接薄板。

（3）钨极氩弧焊机

① 氩气能充分而有效地保护金属熔池不被氧化，焊缝致密，机械性能好。

② 明弧焊，观察方便，操作容易。

③ 穿透性好，内外无熔渣，无飞溅，成型美观，适用于有清洁要求的焊件。

④ 电弧热集中，热影响区小，焊件变形小。

⑤ 容易实现机械化和自动化。

（4）熔化极气体保护焊机

① CO_2 气体保护焊生产效率高，成本低，焊接应力变形小，焊接质量高，操作简便。但是飞溅较大，弧光辐射强，很难用交流电源焊接，设备复杂，有风不能施焊，不能焊接易氧化的有色金属。

② 熔化极氩弧焊的焊丝既作为电极又作为填充金属，焊接电流密度可以提高，热量利用率高，熔深和焊速大大增加，生产率比手工钨极氩弧焊提高 3～5 倍，最适合铝、镁、铜及其合金、不锈钢和稀有金属中厚板的焊接。

（5）等离子弧焊机

具有温度高、能量集中、较大冲击力、比一般电弧稳定、各项有关参数调节范围广的特点。

2）焊接设备选用原则

（1）选用原则

安全性：必须通过国家对低压电器的强制性"CCC"认证。

经济性：价格服从于技术特性和质量，其次考虑设备的可靠性、使用寿命和可维修性。

先进性：提高生产率、改善焊接质量、降低生产成本。

适用性：充分发挥应有的效能。

（2）中华人民共和国住房和城乡建设部公告第 659 号 2008 年 4 月 30 日公布，立即淘汰落后设备清单中，焊接设备有：直流弧焊机、电动机驱动旋转直流弧焊机全系列；交流弧焊机 BX1—135、BX2—500；直流弧焊机电动发电机 AX1—500、AP—1000；箱式电阻炉 SX 系列。

6.4.4 焊接应力与焊接变形及其控制

焊接残余应力和变形，严重影响焊接构件的承载力和构件的加工精度，应从设计、焊接工艺、焊接方法、装配工艺着手降低焊接残余应力和减小焊接残余变形。

1. 焊接应力与变形产生机理

焊接热输入引起材料不均匀局部加热，使焊缝区熔化，而熔池毗邻的高温区材料的热膨胀则受到周围材料的限制，产生不均匀的压缩塑性变形。在冷却过程中，已发生压缩塑性变形的这部分材料又受到周围材料的制约，不能自由收缩，在不同程度上又被拉伸而卸载；与此同时，熔池凝固，金属冷却收缩也产生了相应的收缩拉应力和变形。这种随焊接热过程而变化的内应力场和构件变形，称为瞬态应力与变形。在室温条件下，焊后残留于构件中的内应力场和宏观变形称为焊接残余应力与焊接残余变形。

2. 焊接残余应力的危害及降低焊接应力的措施

1）焊接残余应力的危害

影响构件承受静载能力；影响结构脆性断裂；影响结构的疲劳强度；影响结构的刚度和稳定性；易产生应力腐蚀开裂；影响构件精度和尺寸的稳定性。

2）降低焊接应力的措施

（1）设计措施

① 尽量减少焊缝的数量和尺寸，在减小变形量的同时降低焊接应力。

② 防止焊缝过于集中，从而避免焊接应力峰值叠加。

③ 要求较高的容器接管口，宜将插入式改为翻边式。

（2）工艺措施

① 采用较小的焊接线能量，减小焊缝热塑变的范围，从而降低焊接应力。

② 合理安排装配焊接顺序，使焊缝有自由收缩的余地，降低焊接中的残余应力。

③ 层间进行锤击，使焊缝得到延展，从而降低焊接应力。

④ 预热拉伸补偿焊缝收缩（机械拉伸或加热拉伸）。

⑤ 焊接高强钢时，选用塑性较好的焊条。

⑥ 采用整体预热。

⑦ 降低焊缝中的含氢量及焊后进行消氢处理，减小氢致集中应力。

⑧ 采用热处理的方法：整体高温回火、局部高温回火或温差拉伸法（低温消除应力法，伴随焊缝两侧的加热同时加水冷）。

3. 焊接变形的危害性及预防焊接变形的措施

1）焊接变形的分类

焊接变形可以区分为在焊接热过程中发生的瞬态热变形和室温条件下的残余变形。就残余变形而言，又可分为焊件的面内变形和面外变形。

（1）面内变形：可分为焊缝纵向收缩变形、横向收缩变形和焊缝回转变形。

（2）面外变形：可分为角变形、弯曲变形、扭曲变形、失稳波浪变形。

2）焊接变形的危害

降低装配质量；影响外观质量，降低承载力；增加矫正工序，提高制造成本。

3）预防焊接变形的措施

（1）进行合理的焊接结构设计

① 合理安排焊缝位置。焊缝尽量以构件截面的中性轴对称，焊缝不宜过于集中。

② 合理选择焊缝尺寸和形状。在保证结构有足够承载力的前提下，应尽量选择较小的焊缝尺寸，同时选用对称的坡口。

③ 尽可能减少焊缝数量，减小焊缝长度。

（2）采取合理的装配工艺措施

① 预留收缩余量法

为了防止焊件焊接以后发生尺寸缩短，可以通过计算，将预计发生缩短的尺寸在焊前预留出来。为了保证预留的准确，应将估算、经验和实测三者相结合起来。

② 反变形法

为了抵消焊接变形，在焊前装配时，先将焊件向焊接变形相反的方向进行人为的变形，这种方法称为反变形法。只要预计准确，反变形控制得当，就能取得良好的效果。反变形法常用来控制角变形和防止壳体局部下塌。

③ 刚性固定法

刚性固定法适用于较小的焊件，在焊接施工中应用较多，对角变形和波浪变形有显著的效果。为了防止薄板焊接时的变形，常在焊缝两侧加型钢、压铁或楔子压紧固定。此法在焊接大型储罐底板时采用较多。装配压力容器及球罐时，往往采用弧形加强板、日字形夹具进行刚性固定。

④ 合理选择装配程序

对于大型焊接结构，适当地分成几个部件，分别进行装配焊接，然后再拼焊成整体。这样，小部件可以自由地收缩，而不致引起整体结构的变形。如储罐底板焊接，可以先焊短焊缝，再焊长焊缝。

（3）采取合理的焊接工艺措施

① 合理的焊接方法。尽量用气体保护焊等热源集中的焊接方法。不宜用焊条电弧焊，特别不宜选用气焊。

② 合理的焊接规范。尽量采用小规范，减小焊接线能量。

③ 合理的焊接顺序和方向。

④ 进行层间锤击（打底层不适于锤击）。

6.5 焊接工艺评定及检测

6.5.1 焊接工艺评定标准选用原则

焊接工艺评定是指为验证所拟定的焊件焊接工艺的正确性而进行的试验过程及结果评价，是在具体条件下解决初步拟定的焊接工艺是否可行的问题，是焊接质量保证的有效措施，是施工单位对锅炉、压力容器、压力管道和机电工程焊前准备中的重要环节。

1. 焊接工艺评定及其作用

1）焊接工艺评定：在产品正式焊接以前，对初步拟定的焊接工艺细则卡或其他规程中的焊接工艺进行的验证性试验。即按准备采用的焊接工艺，在接近实际生产条件下，制成材料、工艺参数等均与产品相同的模拟焊接试板，并按产品的技术条件对试板进行检验。

2）若全部有关指标符合技术要求，则证明初步拟定的焊接工艺是可行的，此时即可根据焊接工艺评定报告编制正式的焊接工艺细则（卡），用以指导实际产品的焊接。

3）若检验项目指标中有一项不合格，则表明该焊接工艺不能用于生产，需作相应修改或重新拟定后，再做焊接工艺评定试验。

4）焊接工艺评定作用：用于验证和评定焊接工艺方案的正确性，其评定报告不直接指导生产，是焊接工艺细则（卡）的支持文件，同一焊接工艺评定报告可作为几份焊接工艺卡的依据。

2. 焊接工艺评定依据

根据不同产品和焊接工艺评定的具体要求，按相应的工艺评定标准的规定进行评定。

6.5.2 焊接工艺评定要求

焊接工艺评定的步骤及要求：

1. 编制焊接工艺评定委托书。
2. 按焊接工艺评定标准或设计文件规定，拟定焊接工艺指导书或评定方案、初步工艺。
3. 按照拟定的焊接工艺指导书（或初步工艺）进行试件制备、焊接、焊缝检验（热处理）、取样加工、检验试样。
4. 根据所要求的使用性能进行评定；若评定不合格，应重新修改拟定的焊接工艺指导书或初步工艺，重新评定。
5. 整理焊接记录、试验报告，编制焊接工艺评定报告；评定报告中应详细记录工艺程序、焊接参数、检验结果、试验数据和评定结论，经焊接责任工程师审核，单位技术负责人批准，存入技术档案。
6. 以焊接工艺评定报告为依据，结合焊接施工经验和实际焊接条件，编制焊接工艺规程或焊工作业指导书、工艺卡，焊工应严格按照焊接作业指导书或工艺卡的规定进行焊接。

6.5.3 焊接检测

焊接质量的优劣直接关系到机电工程装置的运行安全和人民生命财产的安全，因此焊接的检验必须从焊前各项准备、焊接过程中的检验和焊后对焊缝的检验等各个环节严格地进行。

1. 焊前检验

1）原材料的检查，包括对母材、焊条（焊丝）、保护气体、焊剂、电极等进行检查，是否与合格证及国家标准相符合，包装是否破损，是否过期等。

2）焊接结构设计及施焊技术文件的检查，焊件结构是否设计合理、便于施焊、易保证焊接质量，工艺要求是否表达齐全；新材料、新方法、新工艺是否均进行焊接工艺评定试验。

3）对焊工进行技术交底检查，明确焊接工艺要求、焊接质量要求和安全防范要求。

4）焊接设备质量检查，包括焊接设备型号、电源极性是否符合工艺要求，焊炬、电缆、气管、焊接辅助工具、安全防护等是否齐全。

5）对工件装配质量检查，包括对装配质量是否符合图样要求，坡口表面是否清洁、装夹具及点固焊是否合理，装配间隙和错边是否符合要求，是否考虑焊接收缩量。

6）焊工资格检查，包括焊工资格是否在有效期内，考试项目是否与实际焊接相适应，包括焊接方法、焊接材料及工件规格。

7）焊接环境的检查，包括是否考虑焊接环境中的风、雨、雪袭击和采取防护措施。焊接环境温度低于规范允许值时，与所焊材质、焊件厚度及预热措施是否相适应。

2. 焊接中检验

1）焊接中是否执行了焊接工艺要求，包括焊接方法、焊接材料、焊接规范（电流、电压、线能量）、焊接顺序、焊接变形及温度控制。

2）焊接层间是否存在裂纹、气孔、夹渣等表面缺陷。

3. 焊后检验

1）外观检验

（1）利用低倍放大镜或肉眼观察焊缝表面是否有咬边、夹渣、气孔、裂纹等表面缺陷。

（2）用焊接检验尺测量焊缝余高、焊瘤、凹陷、错边等。

（3）用样板和量具测量焊件收缩变形、弯曲变形、波浪变形、角变形等。

2）致密性试验

（1）液体盛装试漏：用不承压设备直接盛装液体，检验其焊缝致密性。

（2）气密性试验：压缩空气通入容器或管道内，焊缝外部涂肥皂水检查渗漏。

（3）氨气试验：焊缝一侧通入氨气，另一侧贴上酚酞-酒精溶液试纸，检查渗漏。

（4）煤油试漏：焊缝一侧涂刷白垩粉水，另一侧浸煤油，白垩上留下油渍即有渗漏。

（5）氦气试验：对致密性要求严格的焊缝，用氦气检漏仪来测定。

3）强度试验

（1）常用水进行容器的液压强度试验，也称水压试验。耐压试验压力一般为设计压力的1.25倍。对不锈钢进行水压试验时，要控制水的氯离子含量不超过25ppm。

（2）用气体为介质进行气压强度试验，试验压力一般为设计压力的1.15倍。气压试验危险性很大，应采取措施确保安全。

4）常用的焊缝无损检测方法

焊缝的无损检测方法，一般包括射线探伤（X、γ）、超声波探伤、磁粉、渗透和涡流探伤等，其中射线探伤和超声波探伤适用于焊缝内部缺陷的检测，磁粉、渗透和涡流适用于焊缝表面质量的检验。无损检测方法应根据焊缝材质与结构特性来选择。

（1）射线探伤（X、γ）方法（RT）：是利用X、γ射线源发出的贯穿辐射线穿透焊缝后使胶片感光，焊缝中的缺陷影像便显示在经过处理后的射线照相底片上，是目前应用较广泛的无损检验方法，能发现焊缝内部气孔、夹渣、裂纹及未焊透等缺陷。射线探伤基本不受焊缝厚度限制，但无法测量缺陷深度，检验成本较高、时间长，射线对探伤操作人员有损伤。

（2）超声波探伤（UT）：是利用压电换能器通过瞬间电激发产生脉冲振动，借助于声耦合介质传入金属中形成超声波，并在传播时遇到缺陷反射并返回到换能器，再把声脉冲转换成电脉冲，测量该信号的幅度及传播时间就可评定工件中缺陷的位置及严重程度。超声波比射线探伤灵敏度高、灵活方便、周期短、成本低、效率高、对人体无害，但显示缺陷不直观，对缺陷判断不精确，探伤人员经验和技术熟练程度影响较大。

(3) 磁性探伤（MT）：利用铁磁性材料表面与近表面缺陷引起磁率发生变化，磁化时在表面上产生漏磁场，再采用磁粉、磁带或其他磁场测量方法记录与显示缺陷。主要用于检测焊缝表面或近表面缺陷。

(4) 渗透探伤（PT）：采用含有颜料或荧光粉剂的渗透液喷洒或涂敷在被检焊缝表面上，利用液体的毛细作用，使其渗入表面开口的缺陷中，然后清洗去除表面上多余的渗透液，干燥后施加显像剂，将缺陷中的渗透液吸附到焊缝表面上，观察缺陷的显示痕迹。此法主要用于焊缝表面检测或气刨清根后的根部缺陷检测。

(5) 涡流探伤（ET）：利用探头线圈内流动的高频电流可在焊缝表面感应出涡流的效应，有缺陷会改变涡流磁场，引起线圈输出（如电压或相位）变化来反映缺陷。其检验参数控制相对困难，可检验导电材料表面或焊缝与堆焊层表面或近表面缺陷。

第 7 章 流体力学与热功转换

7.1 流体的物理性质

7.1.1 流体力学的研究内容

流体力学是研究流体的平衡和流体的机械运动规律及其在工程实际中应用的一门学科。流体力学研究的对象是流体，包括液体和气体。

流体最基本的特征是它具有流动性，也就是说流体在一个微小剪切力作用下，就能够连续不断地发生变形，即发生流动，只有在外力停止作用后，变形才能停止，这正是流体不同于固体最基本的特征。固体则不同，固体能维持它固有的形状，它可以承受一定的拉力、压力和剪切力。液体由于具有流动性，因此没有一定的形状，会随容器的形状而变。液体具有自由表面，不能承受拉力，静止时不能承受剪切力，气体不能承受拉力，静止时不能承受剪切力，具有明显的压缩性，因此也不具有一定的体积，可以充满整个容器。

流体作为物质的一种基本形态，必须遵循自然界一切物质运动的普遍规律，如牛顿的力学定律、质量守恒定律和能量守恒定律等有关物体宏观机械运动的一般规律。所以，流体力学中的基本定理实质上都是这些普遍规律在流体力学中的具体体现和应用。例如，空气动力学、水动力学都是流体力学的一个分支。

7.1.2 流体的主要物理性质

外因是变化的条件，内因是变化的依据。流体在外力作用下是处于相对平衡还是作机械运动是由流体本身的物理力学性质决定的，因此，流体的物理力学性质是我们研究流体相对平衡和机械运动的基本出发点，在流体力学中，有关流体的主要物理力学性质有以下几个方面。

1. 惯性

惯性是物体保持原来运动状态不变的性质。物体运动状态的任何改变，都必须克服惯性作用。一切物体都具有惯性，惯性的大小只与质量有关，与其他因素无关。质量越大，惯性越大，运动状态越难以改变。一个物体反抗改变原有运动状态而作用于其他物体上的反作用力称为惯性力。设物体质量为 m，加速度为 a，则惯性力 F 的数值为

$$F = -ma \tag{7-1}$$

负号表示惯性力的方向与物体加速度的方向相反。

流体单位体积内所具有的质量称为密度，以 ρ 表示。对于均质流体，若其体积为 V，质量为 m，则

$$\rho = \frac{m}{v} \tag{7-2}$$

流体的密度随温度和压强的变化而变化。在一个标准大气压下，不同温度下水和空气的密度值不一样。实验表明，液体的密度随温度和压强的变化甚微，在绝大多数实际工程流体力学问题中，可近似认为液体的密度为一常数。计算时，一般采用水的密度值为 1000kg/m^3。

2. 万有引力特性

物体之间具有相互吸引的性质，这个吸引力称为万有引力。在流体运动中，一般只需考虑地球对流体的引力，这个引力就是重力，用重量 G 表示。设物体的质量为 m，重力加速度为 g，则重量

$$G = mg \tag{7-3}$$

3. 黏性

由于流体具有流动性，在静止时不能承受剪切力以抵抗剪切变形，但在运动状态下，流体内部质点间或流层间因相对运动而产生内摩擦力以抵抗剪切变形，这种性质叫作黏性。内摩擦力又称为黏滞力。流体的黏性是流体中发生机械能损失的根源，是流体的一个非常重要的性质。

运动液体的内摩擦力由分子内聚力和分子间的动量交换产生。液体分子间的内聚力随温度增高而减小，分子的动量交换则随温度升高而增大，但是，液体分子的动量交换对液体黏性的影响不大。所以，液体的温度增高时黏性减小。

气体的黏性则主要由分子间的动量交换产生，温度增高时，动量交换加剧。因此，气体的黏性随温度增高而增大。

由牛顿在1686年首先提出的，并经后人加以验证的流体内摩擦定律可表述为：处于相对运动的两层相邻流体之间的内摩擦力，其大小与流体的物理性质有关，并与流速梯度和流层的接触面积成正比，而与接触面上的压力无关。

牛顿内摩擦定律只适用于一般液体，而对某些特殊液体是不适用的。我们将满足牛顿内摩擦定律的流体称为牛顿流体，如水、酒精和空气等均为牛顿流体。而将不符合牛顿内摩擦定律的流体称为非牛顿流体，如油漆、泥浆、浓淀粉糊等。本教材中，我们仅限于研究牛顿流体。

4. 压缩性和膨胀性

流体的压缩性是指流体受压，体积缩小，密度加大，除去外力后能恢复原状的性质。流体的膨胀性是指流体受热，体积膨胀，密度减小，温度改变后能恢复原状的性质。液体和气体虽然都是流体，但它们的压缩性和膨胀性大不一样，下面分别介绍。

1) 液体的压缩性和膨胀性

液体的压缩性以体积压缩系数 β 度量。若压缩前液体的体积为 V，压强增加 Δp 之后，体积减小 $-\Delta V$，则其体积应变为 $\frac{-\Delta V}{V}$。则体积压缩系数定义为：

$$\beta = -\frac{\frac{\Delta V}{V}}{\Delta p} \tag{7-4}$$

β 越大，表明液体越容易压缩。因液体的体积随压强增大而减小，ΔV 与 Δp 的符号相反，故有一负号，而 β 则可保持为正值。

体积弹性系数（弹性模量）K 是体积压缩系数的倒数，即

$$K = \frac{1}{\beta} \tag{7-5}$$

不同种类的液体具有不同的 β 值和 K 值。同一种液体，β 值和 K 值随温度和压强略有变化。

水的压缩性很小，当压强在 1~100 个大气压范围内，$\beta = 0.52 \times 10^{-9}$ m²/N，即，每增加一个大气压，水体积相对压缩量只有 $\frac{1}{20000}$。工程上一般都忽略水的压缩性，视水的密度和容重为常数。但在某些特殊情况下，如讨论管道中的水击问题时，由于压强变化很大，则要考虑水的压缩性。

水的膨胀性也很小，每增加 1℃ 水温，体积相对膨胀率小于 $\frac{1}{1000}$，因此，在温度变化不大的情况下，一般不考虑水的膨胀性。

忽略其压缩性的液体称为不可压缩液体，这又是一种简化分析模型，称为"不可压缩液体模型"。

2）气体的压缩性和膨胀性

气体具有显著的压缩性和膨胀性。在温度不过低（热力学温度不低于 253K）、压强不过高（压强不超过 20MPa）时，常用气体（如空气、氮气、氧气、二氧化碳等）的密度、压强和温度三者之间的关系，视为符合理想气体状态方程，即

$$\frac{p}{\rho} = RT \tag{7-6}$$

式中 p 为气体的绝对压强（Pa）；ρ 为气体密度（kg/m³）；T 为气体的热力学温度（K）；R 为气体常数，在标准状态下，$R = \frac{8314}{n}$ [J/(kg·K)]，n 为气体的相对分子质量。空气的气体常数为 287J/(kg·K)。

最后应指出，对于低速气流，其速度远小于音速，密度变化不大，通常可以忽略压缩性的影响，按不可压缩流体来处理，其结果也是足够精确的。

5. 表面张力特性

1）液体的表面张力

在液体的自由表面上，由于分子间引力作用的结果，产生了极其微小的拉力，这种拉力称为表面张力。气体由于分子的扩散作用，不存在自由表面，也就不存在表面张力。所以，表面张力是液体的特有性质。表面张力只发生在液体和气体、固体或者和另一种不相混合的液体的界面上。

表面张力现象是日常生活中经常遇到的一种自然现象，如水面可以高出碗口不外溢，钢针可以水平地浮在液面上不下沉等等都是表面张力作用的结果。表面张力的作用，使液体表面好像是一张均匀受力的弹性薄膜，有尽量缩小的趋势，从而使得液体的表面积最小。例如一滴液体，如果没有别的力影响的话，它总是使得自己变成一个球形，因为球形的表面积最小。

2）毛细管现象

直径很小两端开口的细管竖直插入液体中，由于表面张力的作用，管中的液面会发生上升或下降的现象，称为毛细管现象。

为什么细管中的液面有时会上升，有时会下降呢？这可以从液体分子和管壁分子间相互不同的作用加以说明。把液体分子间的吸引力称为内聚力，液体分子和固体壁面分子间的吸引力称为附着力。当玻璃细管插入水中时，由于水的内聚力小于水同玻璃间的附着力，水将玻璃湿润，并沿着壁面向上延伸，使液面向上弯曲成凹面，再由于表面张力作用，使液面有所上升，直到上升的水柱重量和表面张力的垂直分量相平衡为止。液面上升或下降的高度与管径成反比，即玻璃管内径越小，毛细管现象引起的误差越大。因此，通常要求测压管的内径不小于10mm，以减小误差。

7.2 流体机械能的特性

7.2.1 流体静压强特性

根据流体的物理性质，在流体处于相对静止、质点之间无相对运动的条件下，黏性将不起作用，流体内部不存在切应力，流体质点之间只存在正应力。实际上，由于流体不能承受拉应力，流体质点之间的作用是通过压应力的形式来体现的。在流体静力学中，将流体内的压应力称为静压强。因此，根据力学平衡条件研究压强的空间分布规律，确定各种承压面上静压强产生的总压力，是流体静力学的主要任务。

处于流动状态的流体内部的压强称为流体动压强。在很多情况下，流体动压强的分布规律与流体静压强相同或相近。因此，流体静力学也是研究流体运动规律的基础。

流体静压强有两个基本特性。

1. 静压强的垂向性

流体静压强总是沿着作用面的内法线方向。选取位于流体内部的曲面ab［图7-1（a）］，考察曲面ab下方的流体受到的作用力。设n表示曲面ab在C点的单位内法线矢量（指向流体内部），根据静压强的垂向性，压强p的方向应当与n的指向一致。实际上，能够根据静止流体的性质来证明静压强的垂向性。假定静压强p的方向不在作用面ab的内法线矢量方向上，则p能够分解成切向分量τ与法向分量P_n［图7-1（b）］。根据流体的性质，在切应力τ的作用下，流体将产生流动，违背了静止流体的假定。所以，必有$\tau=0$，p必须与作用面垂直。又因为流体不能承受拉应力，静压强p只能沿着指向作用面的方向。

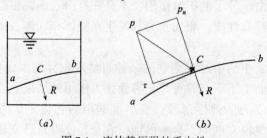

图7-1 流体静压强的垂向性

2. 静压强的各向等值性

某一固定点上流体静压强的大小与作用面的方位无关，即同一点上各个方向的流体静压强大小相等。这一特性与弹性体的应力状态截然不同，因根据材料力学的分析，在弹性体内某一点的应力状态一般与方位有关。实际上，静止流体中不存在切应力的事实是产生这一差别的根本原因。

7.2.2 流体力学基本方程

流体动力学研究流体机械运动的基本规律，即流体运动要素与引起运动的动力要素——作用力之间的关系。其基本任务是根据物理学与理论力学中的动量守恒和能量守恒定律，建立流体运动的动力学方程，以描述流动要素（流速等运动要素和压强等动力要素）的空间分布与时间变化。

流体动力学发展至今已包含了较为丰富的内容：根据黏性作用的大小，分为理想流体动力学与黏性流体动力学；根据压缩性又分为可压缩性流体动力学与不可压缩流体动力学；根据流动要素的时间、空间变化等特征，研究以时间、空间脉动为固有特征的紊流流动规律已经成为流体动力学的一个重要分支。严格而论，多数实际流体是有黏性的、可压缩的，其流动要素随时间、空间作脉动变化，而且在三维空间内发展变化。实践证明，从解决实际工程问题的角度看，实际流体常常能够由较简单的力学模型来描述，例如，不可压缩流体模型适合于一般的液流运动和流速不很高的气流运动；一维流动模型适合于某一方向上的运动趋势占主动的流动；采用研究实际流动的运动要素时间平均量的方法来避免流动因素的固有脉动所产生的困扰；通过首先对理想流体模型的研究，然后再进行修正，研究黏性作用不可忽视的实际流体的运动。

本节主要讨论实际流体的能量方程和动量方程。

1. 实际流体的能量方程

实际流体具有黏性，流动过程因质点之间相对运动而产生内摩擦力，质点之间的这种相互摩擦作用使流体的机械能转化为热能的形式而耗散。一般地，流体系统的机械能向热能的转化过程是不可逆的，流体的机械能会沿程减少，表现为机械能损失。

1）元流的伯努利方程

将元流中（或流线上）单位重力流体在过流断面 1-1 与 2-2 之间的机械能损失称为元流的水头损失，以 h'_w 表示。假设流动满足下列条件：

（1）流体不可压缩、密度为常量；
（2）流动是恒定的；
（3）质量力为重力；
（4）沿流线积分。

能够通过对理想流体的伯努利方程进行修正的方法，来建立实际流体元流的能量方程。根据能量守恒原理，1-1 断面上的机械能应当等于 2-2 断面上的机械能与水头损失之和，因此有：

$$\frac{U_1^2}{2g} + \frac{p_1}{g\rho} + z_1 = \frac{U_2^2}{2g} + \frac{p_2}{g\rho} + Z_2 + h'_w \tag{7-7}$$

这就是实际流体元流的伯努力方程，其中水头损失 $h_w > 0$ 是具有长度的量纲。

2) 总流的能量方程

在解决实际问题时，常常需要了解总流流动要素的沿程变化情况。可以通过在过流断面上将元流积分，建立总流的能量方程。实际流体的恒定总流的能量方程如下：

$$Z_1 + \frac{p_1}{g\rho} + \frac{a_1 V_1^2}{2g} = Z_2 + \frac{P_2}{g\rho} + \frac{a_2 V_2^2}{2g} + h_w \tag{7-8}$$

h_w 为总流的水头损失。一般地，影响 h_w 的因素较为复杂，除了与流速的大小、过流断面的尺寸及形状有关外，还与流道固体边壁的粗糙程度等因素有关。

若由

$$H_0 = z + \frac{p}{g\rho} + \frac{a V^2}{2g} \tag{7-9}$$

表示单位重力流体的机械能，则能量方程能够表示成较为简洁的形式：

$$H_{01} = H_{02} + h_w \tag{7-10}$$

实际流体总流的能量方程是工程流体力学中最常用的基本方程之一。应该熟练掌握其应用条件：

（1）流动是恒定的；
（2）流动的密度是常数；
（3）质量力中只有重力；
（4）在所选取的两个过流断面上，流动是均匀流或渐变流（两断面间可以是急变流）；
（5）两个过流断面间除了水头损失外，无其他机械能的输入或输出；
（6）两个过流断面间无流量的输入或输出，即总流的流量沿程不变。

在解决实际问题时，上述 6 个条件中的条件（1）~（3）常常是可以满足的。当上述条件（5）不能满足，即两个过流断面之间存在其他机械能的输入或输出时（如管道上设有水轮机或水泵等流体机械），应当将能量方程修改成：

$$\Delta H + H_{01} = H_{01} + h_w \tag{7-11}$$

其中 ΔH 表示流体机械输入给单位重力流体的机械能（机械能输出时 ΔH 为负）。

2. 实际流体的动量方程

解决实际工程问题时，常常需要确定流体与流道固定边界的相互作用力。为了确定固体边界上的压强与切应力分布，一般需要求解复杂的连续方程与运动微积分方程。然而，实际问题往往只要求了解总作用力的大小与方向，而不需要知道固体边界上作用力的分布形式，更不需要了解流动区域内部的运动状态。此时，求解复杂的运动微分方程既没有必要，又十分困难，而总流的动量方程却为此提供了十分简便的途径。

$$\rho Q (\beta_2 V_2 - \beta_1 V_1) = F \tag{7-12}$$

这就是不可压缩流体恒定总流的动量方程。它表示两控制断面之间的恒定总流在单位时间内流出该段的动量与流入该段的动量之差等于该段总流所受质量力与所有表面力的合力。

动量方程既能用于理想流体、又能用于实际流体，而且适合于任何质量力场作用下的流动。即使控制断面内的流动是非恒定的（如两断面间装有水泵），只要该流段内的流体总动量不随时间而变，动量方程仍然是成立的。此外，在应用动量方程时，应当注意以下几点：

（1）适当选取控制断面位置，必须使控制断面上的流动满足均匀流或渐变流条件。

（2）在计算外力的合力时，应计入作用在控制断面之间的总流控制体的所有表面上的表面力（包括控制断面上的压力和固体边壁上的压力，控制断面上的切应力一般可以忽略不计），以及总流控制体所受的所有质量力。

（3）实际计算时一般采用动量方程坐标轴的分量形式，应当注意动量和外力的合力各分量的正、负号。而且根据具体条件适当选取坐标轴的方向，能够简化计算。

7.2.3 流量与流速

1. 流量

垂直于元流或总流的断面称为过水断面，对于气体流动，则称为过流断面。单位时间内通过过水断面（过流断面）的流体的数量，称为流量。流体的数量如果以体积度量，称为体积流量；流体的数量如果以质量度量，称为质量流量。对于液体流动问题，工程上一般采用体积流量，简称流量，实验室中常采用重量流量；对于气体流动问题，则采用质量流量。

2. 平均流速

由于液体的黏性及液流边界的影响，总流过水断面上各点的流速是不相同的，即过水断面上流速分布是不均匀的。为了表示过水断面上流速的平均情况，可根据积分中值定理引入断面平均流速 V，得到断面平均流速的定义式：

$$V = \frac{Q}{A} \tag{7-13}$$

其中，Q、A 分别表示单位时间通过的流体流量 Q、截面面积 A。

7.3 热力系统工质能量转换关系

7.3.1 热力学基本概念

1. 热能在热机中转变成机械能的过程

热力过程所利用的热源物质主要是矿物燃料。从燃料燃烧中得到热能，再利用热能得到动力的整套设备（包括辅助设备），统称为热能动力装置。

热能动力装置可分为蒸汽动力装置及燃气动力装置两大类。工程热力学不深入研究各种热机的具体结构和各自的特性，而是抽取所有热机的共同问题进行探讨。无论哪一种动力装置，总是用某种媒介物质从某个能源获取热能，从而具备做功能力并对机械做功，最后又把余下的热能排向环境介质。吸热、膨胀做功、排热对任何一种热能动力装置都是共同的，也是本质性的。我们把实现热能和机械能相互转化的媒介物质叫作工质；把工质能从中吸取热能的物质叫热源，或称高温热源；把能接受工质所排出热能的物质叫做冷源，或称低温热源。热源和冷源可以是恒温的，也可以是变温的。如利用燃气轮机的高温排气作热源在余热锅炉里加热水，由于热源的热容量不是无穷大，故而热源（燃气轮机的排气）的温度不断下降，是变温热源；又如用环境大气作冷源，由于其热容量非常大，故可以认为是恒温热源。热能动力装置的工作过程可概括成：工质自高温热源吸热，将其中一部分转化为机械能而做功，并把余下部分传给低温热源。

2. 热力系统

为分析问题方便起见，和力学中取分离体一样，热力学中常把分析的对象从周围物体中分割出来，研究它与周围物体之间的能量和物质的传递。这种被人为分割出来作为热力学分析对象的有限物质系统叫作热力系统，周围物体统称外界。系统和外界之间的分界面叫作边界。边界可以是实际存在的，也可以是假想的。

根据热力系统和外界之间的能量和物质交换情况，热力系统可分为各种不同的类型。一个热力系统如果和外界只有能量交换而无物质交换，则该系统称为闭口系统。闭口系统内的质量保持恒定不变，所以闭口系统又叫作控制质量。

如果热力系统和外界不仅有能量交换而且有物质交换，则该系统叫作开口系统。开口系统中的能量和质量都可以变化，但这种变化通常是在某一划定的空间范围内进行的，所以开口系统又叫作控制容积，或控制体。

当热力系统和外界间无热量交换时，该系统称为绝热系统。当一个热力系统和外界既无能量交换又无物质变换时，则该系统就称为孤立系统。孤立系统的一切相互作用都发生在系统内部。

热力系统的划分要根据具体要求而定。例如，我们可把整个蒸汽动力装置划作一个热力系统，计算它在一段时间内从外界投入的燃料，向外界输出的功，以及冷却水带走的热量等。这时整个蒸汽动力装置中工质的质量不变，是闭口系统。倘若只分析其中某个设备，如汽轮机或锅炉中的工作过程，它们不仅有吸热做功等能量交换过程，而且有工质流出流进的物质交换过程。这时，如取汽轮机或锅炉为划定的空间就组成开口系统。同样地，内燃机在汽缸进、排气阀门都关闭时，取封闭于汽缸内的工质为系统就是闭口系统；而把内燃机进、排气及燃烧膨胀过程一起研究时，取汽缸为划定的空间就是开口系统。

在热力工程中，最常见的热力系统是由可压缩流体（如水蒸汽、空气、燃气等）构成的。这类热力系统若与外界可逆的功交换只有体积变化功（膨胀功或压缩功）一种形式，则该系统称为简单可压缩系统。工程热力学讨论的大部分系统都是简单可压缩系统。

7.3.2 热力学常用参数

工质在热力设备中，必须通过吸热、膨胀、排热等过程才能完成将热能转变为机械能的工作。在这些过程中，工质的物理特性随时在变化，或者说，工质的宏观物理状况随时在变化。我们把工质在热力变化过程中的某一瞬间所呈现的宏观物理状况称为工质的热力学状态，简称状态。

为了说明热力设备中的工作过程，必须研究工质所处的状态和它所经历的状态变化过程。研究热力过程时，常用的状态参数有压力 p、温度 T、体积 V、热力学能（以前称为内能）U、焓 H 和熵 S，其中压力、温度及体积可直接用仪器测量，又被称为基本状态参数。其余状态参数可根据基本状态参数间接算得。

1. 温度

温度是物体冷热程度的标志。经验告诉我们，若令冷热程度不同的两个物体 A 和 B 相互接触，它们之间将产生能量交换，净能流将从较热的物体流向较冷的物体。在不受外界影响的条件下，两物体会同时发生变化：热物体逐渐变冷，冷物体逐渐变热。经过一段时间后，它们达到相同的冷热程度，不再有净能量交换，这时物体 A 和物体 B 达到热平衡。当物体 C 同时与物体 A 和 B 接触而达到热平衡，物体 A 和 B 也一定热平衡。这一事实说明物质具备某种宏观性质。当各物体的这一性质不同时，它们若相互接触，期间将有净能流传递；当这一性质相同时，它们之间达到热平衡。我们把这一宏观物理性质称为温度。

从微观上看，温度标志物质分子热运动的激烈程度。对于气体，它是大量分子平移动能平均值的量度，其关系式为：

$$\frac{m\bar{C}^2}{2} = BT \tag{7-14}$$

式中：T 是热力学温度；$B = \frac{3}{2}k$，$k = (1.380058 \pm 0.000012) \times 10^{-23}$ J/K 是玻尔兹曼常数；$\bar{C}$ 是分子移动的均方根速度。

两个物体接触时，通过接触面上分子的碰撞进行动能交换，能量从平均动能较大的一方，即温度较高的物体，传到了平均动能较小的一方，即温度较低的物体。这种微观的动能交换就是热能的交换，也就是两个温度不同的物体间进行的热量传递。传递的方向总是由温度高的物体传向温度低的物体。这种热量的传递将持续不断进行，直至两物体的温度相等时为止。

热力学温标的温度单位是开尔文，符号为 K（开），把水的三相点的温度，即水的固相、液相、气相平衡共存状态的温度作为单一基准点，并规定为 273.16K。因此，热力学温度单位"开尔文"是水的三相点温度的 1/273.16。

2. 压力

单位面积上所受的垂直作用力称为压力（即压强）。分子运动学说把气体的压力看作是大量气体分子撞击器壁的平均结果。

工质绝对压力 p 与大气压力 p_b 及表压力 p_e 或真空度 p_v 的关系，如下：

当绝对压力大于大气压力时，有：

$$p = p_b + p_e \tag{7-15}$$

式中 p_e 表示测得的差数，称为表压力。如工质的绝对压力低于大气压力，则

$$p = p_b - p_v \tag{7-16}$$

式中 p_v 也表示测得的差数，称为真空度。此时测量压力的仪表叫作真空计。

3. 比体积及密度

单位质量物质所占的体积称为比体积，即

$$v = \frac{V}{m} \tag{7-17}$$

式中 v 为比体积（m³/kg）；m 为物质的质量（kg）；V 为物质的体积（m³）。

单位体积物质的质量，称为密度，单位 kg/m³。密度用符号 ρ 表示，即

$$\rho = \frac{m}{V} \tag{7-18}$$

显然，v 与 ρ 互成倒数，因此它们不是互相独立的参数，可以任意选用其中之一，工程热力学中通常用 v 作为独立参数。

7.3.3 热力学第一定律

1. 热力学第一定律的实质

能量守恒与转换定律是自然界的基本规律之一。它指出：自然界中的一切物质都具有能量，能量不可能被创造，也不可能被消灭；但能量可以从一种形态转变为另一种形态，且在能量的转化过程中能量的总量保持不变。

我们知道，运动是物质的属性，能量是物质运动的度量。分子运动学说阐明了热能是组成物质的分子、原子等微粒的杂乱运动——热运动的能量。既然热能和其他形态的能量都是物质的运动，那么热能和其他形态的能量可以相互转换，并在转化时保持能量守恒。

在工程热力学的范围内，主要考虑的是热能和机械能之间的相互转换与守恒，所以热力学第一定律可表述为：

"热是能的一种，机械能变热能，或热能变机械能的时候，它们间的比值是一定的。"

或"热可以变为功，功也可以变为热。一定量的热消失时必产生相应量的功；消耗一定量的功时必出现与之对应的一定量的热。"

热力学第一定律是人类在实践中累积的经验总结，它不能用数学或其他的理论来证明，但第一类永动机迄今仍未造成以及由第一定律所得出的一切推论都与实际经验相符合等事实，可以充分说明它的正确性。

2. 热力学能

能量是物质运动的度量，运动有各种不同的形态，相应地就有各种不同的能量。力学中研究过物体的动能和位能，前者决定于物体宏观运动的速度，后者取决于物体在外力场中所处的位置。它们都是因为物体作机械运动而具有的能量，都属机械能。宏观静止的物体，其内部的分子、原子等微粒不停地作热运动。据气体分子运动学说，气体分子在不断地作不规则的平移运动，这种平移运动的动能都是温度的函数。如果是多原子分子，则还有旋转运动和振动运动，根据能量按自由度均分原理和量子理论，这些能量也是温度的函数。总之，这种热运动而具有的内动能是温度的函数。此外，由于分子间有相互作用力存在，因此分子还具有位能，称内位能，它决定于气体的比体积和温度。内动能、内位能及维持一定分子结构的化学能和原子核内部的原子能，以及电磁场作用下的电磁能等一起构成所谓的热力学能。

3. 总能

除热力学能外，工质的总能量还包括工质在参考坐标系中作一个整体，因用宏观运动速度而具有动能，因有不同高度而具有位能。前一种能量称之为内部存储能，后两种能量则称之为外部储存能。热力学能和机械能是不同形式的能量，但是可以同时储存在热力系统内。我们把内部储存能和外部储存能的总和，即热力学能与宏观运动动能及位能的总和，叫做工质的总储存能，简称总能。若总能用 E 表示，动能和位能分别用 E_k 和 E_p 表示，则

$$E = U + E_k + E_p \tag{7-19}$$

若工质的质量为 m，流速为 c_f，在重力场中的高度为 z，则宏观动能：

$$E_k = \frac{1}{2}mc_f^2 \tag{7-20}$$

重力位能：
$$E_p = mgz \tag{7-21}$$

式中 c_f、z 是力学参数，它们只取决于工质在参考系中的速度和高度。

这样，工质的总能可写成：
$$E = U + \frac{1}{2}mc_f^2 + mgz \tag{7-22}$$

1kg 工质的总能，即比总能 e，可写为：
$$e = u + \frac{1}{2}c_f^2 + gz \tag{7-23}$$

7.3.4 热力学第二定律

热力学第一定律未能表明能量传递或转化时的方向、条件和限度。热力学第二定律就是解决与热现象有关的过程进行的方向、条件和限度等问题的规律，其中最根本的是方向的问题。热力学第一、第二定律是两个相互独立的基本定律，它们共同构成了热力学的理论基础。

1. 热力学第二定律的克劳修斯说法

1850 年，克劳修斯（Dudolf Clausius）从热量传递方向性的角度提出：热不可能自发地、不付代价地从低温物体传至高温物体。

这里着重指出的是"自发地、不付代价地"。通过热泵装置的逆向循环可以将热量自低温物体传向高温物体，并不违反热力学第二定律，因为它是花了代价而非自发进行的。非自发过程（热量自低温传向高温）的进行，必须同时伴随一个自发过程（机械能转变为热能）作为代价、补充条件，后者称为补偿过程。

2. 热力学第二定律的开尔文说法

1842 年，卡诺（Sadi Carnot）最早提出了热能转化为机械能的根本条件："凡有温度差的地方都能产生动力。"实质上，它是热力学第二定律的一种表达方式。随着蒸汽机的出现，人们在提高热机效率的研究中认识到，只有一个热源的热动力装置是无法工作的，要使热能连续地转化为机械能至少需要两个（或多于两个）温度不同的温度热源，通常以大气中的空气或环境温度下的水作为低温热源，另外还需要高于环境温度的高温热源，例如高温烟气。1851 年左右，开尔文（Lord Kelvin）和普朗克（Max Planck）等人从热能转化为机械能的角度先后提出更为严密的表示，被称为热力学第二定律的开尔文说法：不可能制造出从单一热源吸热、使之全部转化为功而不留下其他任何变化的热力发动机。

7.4 流体流动阻力的影响因素

7.4.1 流体流动阻力产生的原因

实际流体具有黏性，贴近固体壁面的流体质点会黏附在壁面上固定不动，从而引起流速沿横向的变化梯度，相邻两层流体之间会产生摩擦切应力。流速较低的流层通过摩擦切应力作用使流速较高的流层受到阻力作用，即摩擦阻力。在流动过程中，摩擦阻力会做功，将流体的部分机械能转化为热能而散失，即产生能量损失。实际流体总流能量方程中的水头损失 h_w，便体现了流体中的这种摩擦阻力作用产生的能量损失。为了应用实际流体能量方程来解决实际问题，必须确定流体能量损失的大小。

流动阻力与水头损失的大小取决于流道的形状，因为在不同的流动边界作用下流场内部的流动结构与流体黏性所起的作用均有差别。为了方便地分析一维流动，能够根据流动边界形状的不同，将流动阻力与水头损失分为两种类型：沿程阻力与沿程水头损失、局部阻力与局部水头损失。

在长直管道或长直明渠中，流动为均匀流或渐变流，流动阻力中只包括与流程的长短有关的摩擦阻力，称其为沿程阻力。流体为克服沿程阻力而产生的水头损失称为沿程水头损失或简称沿程损失。

在流道发生突变的局部区域，流动属于变化较剧烈的急变流，流动结构急剧调整，流速大小、方向迅速改变，往往伴有流动分离与旋涡运动，流体内部摩擦作用增大。称这种流动急剧调整产生的流动阻力为局部阻力，流体为克服局部阻力而产生的水头损失称为局部水头损失或简称局部损失。局部损失的大小主要与流道的形状有关。在实际情况下，大多急变流产生的部位会产生局部水头损失。

将水头损失分成沿程损失与局部损失的方法能够简化水头损失计算，方便于对水头损失变化规律的研究。在计算一段流道的总水头损失时，能够将整段流道分段来考虑。先计算每段的沿程损失或局部损失，然后将所有的沿程损失相加，所有的局部损失相加，两者之和即为总水头损失。

7.4.2　流体流动类型

1. 层流与紊流的概念

实际流体黏性的存在，一方面使流层间产生摩擦阻力；另一方面使流体的运动具有截然不同的两种运动状态，即层流流态和紊流流态。处于层流流态的流体，质点呈有条不紊、互不掺混的层状运动形式；而处于紊流流态的流体，质点的运动形式以杂乱无章、相互掺混与涡体旋转为特征。

2. 流态的判别——雷诺数

由于层流与紊流流态的流动结构与能量损失规律不同，在计算水头损失时首先要判断流态的类型。将流态发生转换时的圆管过流断面的平均流速称为临界流速。将紊流流态向层流流态转换的临界速度 V_c 称为下临界流速，由层流流态向紊流流态转换的临界流速 V'_c 称为上临界流速。

实验发现，临界流速的大小与管径 d 以及流态的运动黏度 v 有关，即：

$$V_c = R_{ec}\frac{v}{d}, \quad V'_c = R'_{ec}\frac{v}{d} \tag{7-24}$$

其中 R_{ec} 与 R'_{ec} 是无量纲常数，称 R_{ec} 为下临界雷诺数，R'_{ec} 为上临界雷诺数。

通过对各种流体与不同管径的实验，发现 R_{ec} 是一个常数：

$$R_{ec} = 2000 \tag{7-25}$$

即下临界雷诺数不随流体性质、管径或流速大小而变。然而，上临界雷诺数一般不是常数，因为流动由层流流态向紊流流态的转变取决于流动所受到的外界扰动程度。一

般地，
$$R'_{ec} = 12000 \sim 40000 \tag{7-26}$$

为了判别圆管流动的流态类型，定义无量纲参数：
$$R_e = \frac{Vd}{v} \tag{7-27}$$

其中 V 表示实际发生的断面平均流速，称 R_e 为雷诺数。从理论角度来看，当层流的 $R_e > R_{ec}$ 时，尽管层流开始处于不稳定状态，但如果没有外界扰动，层流流态仍可以继续维持下去，直至 $R_e = R'_{ec}$。然而上临界雷诺数 R'_{ec} 依赖于外界扰动的程度，而且在实际流动中扰动总是存在的，因此用 R'_{ec} 来判别流态是没有什么实际意义的。在工程实际中，通常采用下临界雷诺数 R_{ec} 作为流态判别的标准：

$$层流流态：R_e \leq R_{ec} = 2000 \tag{7-28}$$
$$紊流流态：R_e > R_{ec} = 2000 \tag{7-29}$$

7.4.3 均匀流沿程水头损失的计算公式

1. 形成均匀流的条件

均匀流是沿流程各个过水断面上的流速分布及其他各水力要素都保持不变的流动，并且流线是相互平行的直线。

对于圆管有压流动，若管道是管径及管材均沿程不变的长直管，则形成均匀流。

对于明渠流动（指具有自由液面的流动），若渠道断面的形状、尺寸、壁面粗糙情况以及渠道的底坡都沿程不变，且在长、直、顺坡（即渠底高程沿流程下降）渠道中的恒定流，则形成均匀流。

2. 沿程水头损失的计算公式

在工程实际中计算液流的沿程水头损失常采用下列经验公式：
$$h_f = \lambda \frac{l}{4R} \frac{v^2}{2g} \tag{7-30}$$

式中 h_f 为沿程水头损失，λ 为沿程阻力系数，R 是水力半径，l 为两过水断面之间的距离。

式中水力半径 R 是过水断面面积 ω 与湿周 x 之比，即 $R = \frac{\omega}{x}$，湿周 x 是指过水断面上固体边界与液体接触的部分的周长。

圆管层流的沿程阻力系数为：
$$\lambda = \frac{64}{Re} \tag{7-31}$$

式中 Re 为实际管流的雷诺数。

上式称为达西公式，它是计算沿程水头损失的通用公式，即该式适用于任何流动形态的液流。

对于有压圆管流动，因为 $R = \frac{d}{4}$，代入上式，则可得有压圆管流的沿程水头损失计算公式为：

$$h_\mathrm{f} = \lambda \frac{l}{d} \frac{v^2}{2g} \tag{7-32}$$

3. 局部水头损失

在产生局部水头损失的流段上,流态一般为紊流粗糙。局部障碍的形状繁多,水力现象极其复杂,因此,在各种局部水头损失的计算中只有少数局部水头损失可以通过理论分析得出计算公式,其余都有试验测定。

在工程问题的水力计算中,通常把局部水头损失表示为以下通用公式:

$$h_\mathrm{j} = \zeta \frac{v^2}{2g} \tag{7-33}$$

由于局部障碍不同,局部阻力系数 ζ 值不同。用不同的流速水头计算 h_j,则 ζ 也不同。

7.4.4 管路的总阻力损失

管路的总阻力损失 h_w 为流体流经直管的阻力损失与各局部阻力损失之和。

$$h_\mathrm{w} = \sum h_\mathrm{f} + \sum h_\mathrm{j} \tag{7-34}$$

7.4.5 管路的经济流速

管网内各管段的管径是根据流量 Q 及流速 V 两者来决定的,在流量 Q 一定的条件下,不同的流速对应不同的管径,$Q = \omega \cdot v = \frac{\pi d^2}{4} \cdot v$,则 $d = \sqrt{\frac{4Q}{\pi v}} = 1.13\sqrt{\frac{Q}{V}}$。如果流速大,则管径小,管道造价低,但因流速大,而造成的水头损失大,从而需要增加水塔高度及抽水费用。反之,采用较大管径可使流速减小,降低了运转费用,却又增加了管材用量,管道造价高。所以选用管径同整个工程的经济性和运转费用等有关。目前给水工程上采用的办法是通过综合考虑各种因素的影响对每一种管径定出一定的流速,使得供水的总成本最小。这种流速称为经济流速 v_e。综合实际设计经验及技术经济资料,对于中、小直径的给水管道:

当直径 $D = 100 \sim 400\mathrm{mm}$,采用 $v_\mathrm{e} = 0.6 \sim 1.0\mathrm{m/s}$;当直径 $D > 400\mathrm{mm}$,采用 $v_\mathrm{e} = 1.0 \sim 1.4\mathrm{m/s}$。

以上规定供参考,但是要注意 v_e 是因时因地而变动的。

第8章 电路与自动控制

8.1 单相电路简介

8.1.1 交流电的基本概念

交流电是指大小和方向随时作周期性变化的电流（或电压、电动势），简称交流电。所谓正弦交流电，是指大小和方向都随时间按正弦规律作周期性变化的电流、电压或电动势。它被广泛应用于现代生产和日常生活中。我国的交流电源电压称为工频电压，它的有效值为220/380V、频率为50Hz。

1. 正弦交流电的基本物理量

一个正弦交流电压的瞬时值可用三角函数式（解析式）来表示，即：

$$u(t) = U_m \sin(\omega t + \varphi) \tag{8-1}$$

同理，电流和电动势分别为：

$$i(t) = I_m \sin(\omega t + \varphi) \tag{8-2}$$

$$e(t) = E_m \sin(\omega t + \varphi) \tag{8-3}$$

1) 瞬时值

瞬时值：任意时刻正弦交流电的数值称为瞬时值。

2) 最大值

最大值：交流电在变化中出现的最大瞬时值称为最大值。

3) 周期

周期：交流电每变化一次所需的时间称为周期 T。

4) 频率

频率：交流电在1s内变化的次数称为频率 f。

5) 角频率

角频率：角频率是指交流电在1s内变化的电角度 ω。

三者内在的联系是：

$$\omega = 2\pi f = 2\pi/T \tag{8-4}$$

式中　ω——角频率（rad/s）；

　　　f——频率（Hz）；

　　　T——周期（s）。

6) 初相角

初相角：$\omega(t) = \omega t + \varphi$ 为相位角，当 $t=0$ 时，φ 为初相角。

7) 相位差

相位差：两个同频率的正弦交流电的相位之差称为相位差。根据相位差，可以判断两个同频率正弦交流电超前和滞后关系。

例如，i_1 和 i_2 为两个同频率电流，

$$i_1 = I_1\sin(\omega t + \varphi_1) \tag{8-5}$$

$$i_2 = I_2\sin(\omega t + \varphi_2) \tag{8-6}$$

则这两个正弦量的相位差为 $\varphi_{12} = (\omega t + \varphi_1) - (\omega t + \varphi_2) = \varphi_1 - \varphi_2$。

可见，两个同频率正弦量的相位差即为初相位之差。相位差实质上反映了两个同频率正弦量变化进程的差异，表明在时间上的先后关系。

8）有效值

有效值：正弦交流电压和电流的最大值是有效值 $\sqrt{2}$ 倍。

一般利用电流的热效应来确定电流的大小。在热效应方面，交流电流与直流电流（i 与 I）是等效的，直流电流 I 的数值可以表示交流电流 i 的大小，于是把这一特定的数值 I 称为交流电流 i 的有效值。用大写英文字母 I 表示交流电流的有效值，和直流电流的表示一样。实际工程中，交流仪表所测出的数值都是有效值。

2. 正弦交流电的三要素

最大值、角频率（频率或周期）和初相角。

8.1.2 单一参数元件交流电路

电阻元件、电感元件和电容元件都是构成电路模型的理想元件，前者是耗能元件，后两者是储能元件。在直流稳态电路中，电感元件可视为短路，电容元件可视为开路，只讨论电阻对电路的阻碍作用。但在正弦交流电路中，这3种元件将显现它们各自不同的电路特性，所以必须先讨论单一元件在正弦电路中的特性。

1. 电阻电路

只具有电阻的交流电路称为纯电阻电路。

1）交流电路中的电阻元件

电阻就是表征导体对电流呈现阻碍作用的电路参数。对于金属导体，可用下式计算：

$$R = \rho L/S \tag{8-7}$$

其中，L 为长度（m）；S 为线截面面积（mm^2）；ρ 为电阻率（$\Omega mm^2/m$）。

2）电阻电流与电压的关系

（1）电阻电流与电压的瞬时值关系

如图8-1所示，电阻与电压、电流瞬时值之间的关系服从欧姆定律。设加在电阻 R 上的正弦交流电压瞬时值为 $u = U_m\sin(\omega t + \varphi)$。

则 $i = u/R = U_m\sin(\omega t + \varphi)/R = I_m\sin(\omega t + \varphi)$。

（2）电阻电流与电压的有效值关系

电压、电流的有效值关系又叫做大小关系。

正弦交流电压和电流的振幅之间满足欧姆定律，为 $I = U/R$。

可见，电阻元件上电压和电流成线性关系。

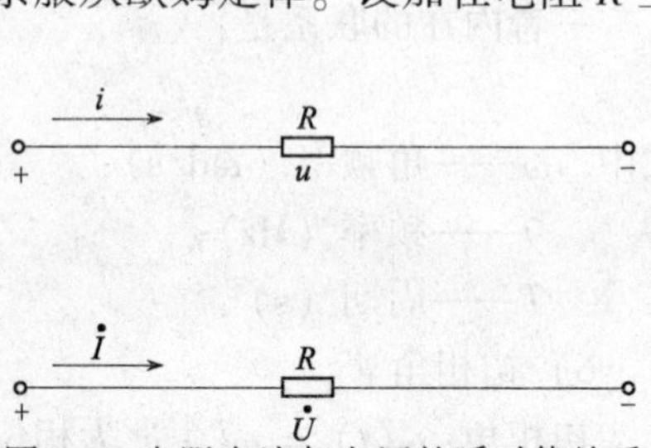

图8-1 电阻电流与电压的瞬时值关系

(3) 电阻电流与电压的相位关系为同相。

3) 功率

(1) 瞬时功率

瞬时功率是电路在任一瞬间所吸收或发出的功率，用小写字母 p 表示。在关联参考方向下，瞬时功率为正，表明外电路从电源取用电能，电路在消耗电能。

在纯电阻电路中，由于电压与电流同相，即相位差 $\varphi = 0$，则瞬时功率为：

$$p = ui = U_m\sin\omega t \cdot I_m\sin\omega t = U_mI_m(1 - \cos^2\omega t) \tag{8-8}$$

式中，U_m 是电压的最大值（V）；I_m 是电流的最大值（A）。

可见，电阻的瞬时功率由两部分组成，第 1 部分是常数 U_mI_m；第 2 部分是以 2ω 的角速度随时间而变化的交变量。

(2) 有功功率

有功功率即平均功率，是瞬时功率在一个周期内的平均值，用大写字母 P 表示。有功功率反映了电路在一个周期内消耗电能的平均速率，表示为 $P = U^2/R$。

纯电阻电路消耗的平均功率的计算公式与直流电路中功率的计算公式相同，表明了电阻元件上实际消耗的功率。

2. 电感电路

只具有电感的交流电路称为纯电感电路。忽略了电阻且不带铁芯的电感线圈组成的交流电路可近似看成纯电感电路。

1) 感抗

(1) 感抗的概念

反映电感对交流电流阻碍作用程度的电路参数叫做电感电抗，简称感抗，用 X_L 表示。

对直流电而言，频率为零，则感抗等于零；电感线圈可视为短路，相当于一根导线的作用。

(2) 感抗的因素

纯电感电路中通过正弦交流电流时，呈现的感抗为：

$$X_L = 2\pi fL \tag{8-9}$$

式中，L 是线圈的自感系数，简称自感或电感，电感的单位是亨［利］（H）或简写为亨（H）。

线性电感，又称为空心电感，线圈中不含有导磁介质，电感 L 是一常数，与外加电压或通电电流无关。

非线性电感：线圈中含有导磁介质，电感 L 不是常数，是与外加电压或通电电流有关的量，例如铁芯电感。

(3) 电感线圈在电路中的作用

在电路中，低频扼流圈的作用为"通直流、阻交流"；高频扼流圈的作用为"通低频、阻高频"。

2) 电感电流与电压的关系

(1) 电感电流与电压的瞬时值关系

如图 8-2 所示的纯电感电路，

设正弦电流为 $i = I_m \sin\omega t$。

根据电磁感应定律及基尔霍夫定律：

图 8-2 电感电流与电压的瞬时值关系 $U_L = L \cdot di/dt$

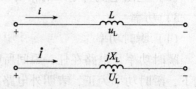

图 8-2 电感电流与电压的瞬时值关系

图 8-2 电感电流与电压的瞬时值关系 $U_L = L \cdot d(\sin\omega t)/dt = \omega L \cos\omega t = \omega L \sin(\omega t + 90°)$

式中 L 是线圈的自感系数。

(2) 电感电流与电压的有效值关系

由上式可知，电感电流与电压的关系为 $I = U_L/X_L$。

显然，感抗与电阻的单位相同，都是欧姆（Ω）。

感抗只是电感上电压与电流的幅值或有效值之比，而不是其瞬时值之比，瞬时电压与瞬时电流不是线性比例关系。

(3) 电感电流与电压的相位关系

在相位上，电感电压比电流超前 90°（或 π/2），即电感电流比电压滞后 90°。

(4) 电感电压与电流的相量关系

电感电压的有效值等于电流有效值与感抗的乘积，在电流相量上乘以算子 j，即向空间逆时针方向旋转，表示电压比电流超前 90°。

3) 功率

(1) 瞬时功率

在纯电感电路中，由于电压比电流超前，即电压与电流的相位差 $\varphi = 90°$，则

$$p = U_L I \sin2\omega t \tag{8-10}$$

可见，电感瞬时功率的幅值为 $U_L I$，角频率为 2ω。

(2) 有功功率

电感在一个周期内的平均功率为零，即 $P = 0$，表明电感元件是一个储能元件，在电路中不消耗功率（能量）。

(3) 无功功率

电感上瞬时功率的最大值称为电感的无功功率，简称感性无功功率，即 $Q_L = U_L I = I^2 X_L$。

电感的无功功率用字母 Q 表示，单位为乏（var）或千乏（kvar）。电感在电路中只与电源之间进行着可逆的能量交换，工程中即用无功功率来表示这种能量交换的规模大小。

3. 电容电路

只含有电容元件的交流电路叫做纯电容电路，如只含有电容器的电路。

1) 容抗

(1) 容抗的概念

反映电容对交流电流阻碍作用程度的电路参数叫做电容电抗，简称容抗，用 X_C 表示。容抗按下式计算：

$$X_C = 1/(2\pi f C) = 1/(\omega C) \tag{8-11}$$

式中，C 是电容器的电容量，简称电容，电容的单位是法 [拉]（FL）或简写为法（F）；

f是交流电的频率。

（2）电容在电路中的作用

在电路中，隔直电容器的作用为"通交流、隔直流"；高频旁路电容器的作用为"通高频、阻低频"，将高频电流成分滤除。

2）电容电流与电压的关系

（1）电容电流与电压的瞬时值关系

如图8-3所示为纯电容电路。

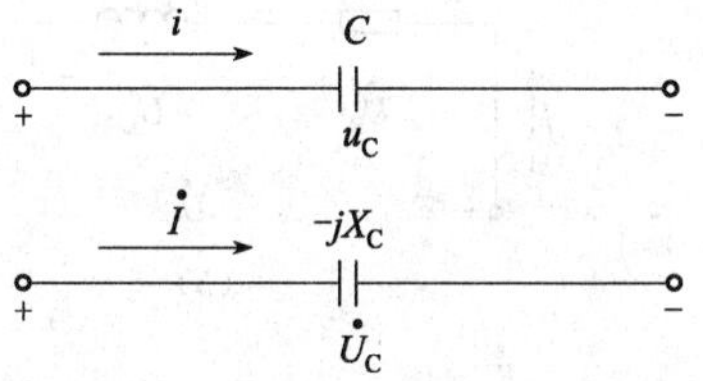

设正弦电压为 $U_C = U_m\sin\omega t$，由 $i = C \cdot du/dt$ 得：

$$i = \omega C U_m \cos\omega t = I_m \sin(\omega t + 90°) \quad (8\text{-}12)$$

（2）电容电流与电压的有效值关系

由上式可知，电容电流与电压的大小关系为 $I = \omega C \cdot U_m = U_m/X_C$，或 $I = U_C/X_C$。

图8-3 电容电流与电压的瞬时值关系

式中 U_C 是电容器电压的有效值（V），X_C 是电容器的容抗。

容抗与电阻的单位相同，都是欧姆（Ω）。

容抗只是电容上电压与电流的幅值或有效值之比，而不是其瞬时值之比，瞬时电压与瞬时电流不是线性比例关系。

（3）电容电流与电压的相位关系

在相位上，电容电流比电压超前90°（或 $\pi/2$），即电容电压比电流滞后90°。

（4）电容电压与电流的相量关系

电容电压的有效值等于电流有效值与容抗的乘积，在电流相量上乘以算子（$-j$），即向空间顺时针方向旋转，表示在相位上电压比电流滞后90°。

3）功率

（1）瞬时功率

在纯电容电路中，由于电流比电压超前，即电流与电压的相位差 $\varphi = 90°$，则

$$p = ui = U_C I \sin 2\omega t \quad (8\text{-}13)$$

可见，电容瞬时功率的幅值为 $U_C I$，角频率为 2ω。

（2）有功功率

电容在一个周期内的平均功率为零，即 $P = 0$，表明电容元件是一个储能元件，在电路中不消耗功率（能量）。

（3）无功功率

电容上瞬时功率的最大值称为无功功率，用字母 Q_C 表示，单位为乏（var）或千乏（kvar）。电容在电路中只与电源之间进行着可逆的能量交换，用无功功率来表示这种能量交换的大小。

8.1.3 RLC串联电路及电路谐振

1. RLC 串联电路

由电阻、电感和电容组成的串联电路称为 RLC 串联电路，如图8-4所示。

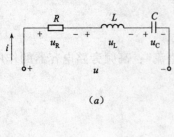

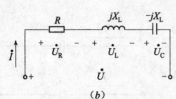

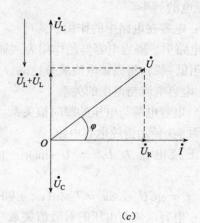

图 8-4 RLC 串联回路图
(a) RLC 串联回路电压电流瞬时值标注图；
(b) RLC 串联回路电流电压有效值标注图；
(c) RLC 串联回路相量的表示图

1）阻抗：电路元件对交流电的阻碍作用称为阻抗。

$$Z = R + j(X_L - X_C) \tag{8-14}$$

电抗 X 的正负决定阻抗角 φ 的正负，而阻抗角 φ 的正负反映了总电压与电流的相位关系。因此，可以根据阻抗角 φ 为正、为负、为零的 3 种情况，将电路分为 3 种性质。

(1) 感性电路：当 $X > 0$ 时，即 $X_L > X_C$，$\varphi > 0$，$U_L > U_C$，总电压 u 比电流 i 超前 φ，表明电感的作用大于电容的作用，电抗是电感性的，称为感性电路；

(2) 容性电路：当 $X < 0$ 时，即 $X_L < X_C$，$\varphi < 0$，$U_L < U_C$，总电压 u 比电流 i 滞后 $|\varphi|$，电抗是电容性的，称为容性电路；

(3) 电阻性电路：当 $X = 0$ 时，即 $X_L = X_C$，$\varphi = 0$，$U_L = U_C$，总电压 u 与电流 i 同相，表明电感的作用等于电容的作用，达到平衡，电路阻抗是电阻性的，称为电阻性电路。当电路处于这种状态时，又叫做谐振状态。

2）电压、电流和阻抗三者之间的关系：电压有效值等于电流与阻抗的乘积。

在交流电路中各元件上的电压可以比总电压大，这是交流电路与直流电路特性的不同之处。

3）频率关系：电压与电流同频率。

4）功率

(1) 视在功率 S：又称表观功率，单位为伏安（VA）或千伏安（kVA）；

其值为电路两端电压与电流的乘积，它表示电源提供的总功率，反映了交流电源容量的大小。

(2) 有功功率 P：等于电阻两端电压与电流的乘积，也等于视在功率×功率因数。

(3) 无功功率 Q：为建立交变磁场和感应磁通而需要的电功率称为无功功率，无功功率单位为乏（var）。

三种功率之间的关系：

$$S = \sqrt{P^2 + Q^2} \tag{8-15}$$

5）功率因数：反映了电路对电源功率的利用率，P/S。

注意：

（1）当感抗大于容抗时，则电压超前电流，电路呈感性；

（2）当感抗小于容抗时，则电压滞后电流，电路呈容性；

（3）当感抗等于容抗时，则电压与电流同相，电路呈电阻性，此时电路的工作状态称为谐振。

2. 电路谐振

在具有电阻 R、电感 L 和电容 C 元件的交流电路中，电路两端的电压与其中电流位相一般是不同的。当电路元件（L 或 C）的参数或电源频率，可以使它们位相相同，整个电路呈现为纯电阻性，电路达到这种状态称为谐振。在谐振状态下，电路的总阻抗达到极值或近似达到极值。按电路联接的不同，有串联谐振和并联谐振两种。

1）串联谐振

电路中电阻、电感和电容元器件串联产生的谐振称为串联谐振。

（1）谐振条件

当感抗等于容抗电路处于谐振状态。

电感和电容元件串联组成的一端口网络如图 8-5 所示。

该网络的等效阻抗：

$$Z = R + j(\omega L - 1/\omega C) \tag{8-16}$$

是电源频率的函数。当该网络发生谐振时，其端口电压与电流同相位。

即：

$$\omega L - 1/\omega C = 0 \tag{8-17}$$

得到谐振角频率

$$\omega_0 = 1/\sqrt{LC} \tag{8-18}$$

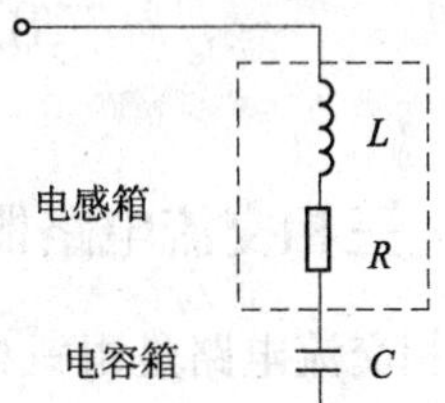

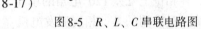

图 8-5　R、L、C 串联电路图

定义谐振时的感抗 ωL 或容抗 $1/\omega C$ 为特性阻抗 ρ，特性阻抗 ρ 与电阻 R 的比值为品质因数 Q。

即：

$$Q = \rho/R = \omega_0 L/R = \sqrt{L/C}/R \tag{8-19}$$

（2）串联谐振特点

电流与电压同相位，电路呈电阻性；阻抗最小，电流最大；电感电压与电容电压大小相等，相位相反，电阻电压等于总电压；电感电压与电容电压有可能大大超过总电压。故串联谐振又称电压谐振。

2）并联谐振

（1）谐振条件

并联谐振电路的谐振条件和谐振频率与串联谐振相同。

（2）并联谐振特点

电流与电压同相位，电路呈电阻性；阻抗最大，电流最小；电感电流与电容电流大小相等，相位相反；电感电流或电容电流有可能大大超过总电流。故并联谐振又称电流谐振。

供电系统中不允许电路发生谐振,以免产生高压引起设备损坏或造成人身伤亡等。

8.1.4 功率因数的提高

1. 提高功率因数的意义

1) 使电源设备得到充分利用

负载的功率因数越高,发电机发出的有功功率就越大,电源的利用率就越高。

2) 降低线路损耗和线路压降

要求输送的有功功率一定时,功率因数越低,线路的电流就越大。电流越大,线路的电压和功率损耗越大,输电效率也就越低。

2. 提高功率因数的方法

电力系统的大多数负载是感性负载(如电动机、变压器等),这类负载的功率因数较低。

为了提高电力系统的功率因数,常在负载两端并联电容器,叫做并联补偿。

感性负载和电容器并联后,线路上的总电流比未补偿时减小,总电流和电源电压之间的相角也减小了,这就提高了线路的功率因数。

8.2 三相交流电路的联接方法

8.2.1 三相交流电路概述

三相交流电路是由三相交流供电的电路,即由三个频率相同、最大值(或有效值)相等,在相位上互差120°电角的单相交流电动势组成的电路,这三个电动势称为三相对称电动势。最常用的是三相交流发电机。三相发电机的各相电压的相位互差120°。它们之间各相电压超前或滞后的次序称为相序。若a相电压超前b相电压,b相电压又超前c相电压,这样的相序是a-b-c相序,称为正序;反之,若是c-b-a相序,则称为负序(又称逆序)。三相电动机在正序电压供电时正转,改成负序电压供电则反转。因此,使用三相电源时必须注意它的相序。但是,许多需要正反转的生产设备可利用改变相序来实现三相电动机正反转控制。

1. 三相电源连接方式

常用的有星形连接(即Y形)和三角形连接(即△形)。星形连接有一个公共点,称为中性点;三角形连接时线电压与相电压相等,且3个电源形成一个回路,只有三相电源对称且连接正确时,电源内部才没有环流。

2. 三相电源的输电方式

三相五线制,由三根火线、一根地线和一根零线组成;三相四线制,由三根火线和一根地线组成,通常在低压配电系统中采用;由三根火线所组成的输电方式称三相三线制。

3. 三相电源星形联结时的电压关系

三相电源星形联结时,线电压是相电压的$\sqrt{3}$倍。

4. 三相电源三角形联结时的电压关系

三相电源三角形联结时,线电压的大小与相电压的大小相等。

5. 三相交流电较单相交流电的优点

三相交流电较单相交流电，它在发电、输配电以及电能转换为机械能方面都有明显的优越性。

8.2.2 三相四线制-电源星形连接

在低压配电网中，输电线路一般采用三相四线制，其中三条线路分别代表 A、B、C 三相，不分裂，另一条是中性线 N（区别于零线，在进入用户的单相输电线路中，有两条线，一条我们称为火线，另一条我们称为零线，零线正常情况下要通过电流以构成单相线路中电流的回路，而三相系统中，三相自成回路，正常情况下中性线是无电流的），故称三相四线制（如图8-6所示）。

在380V 低压配电网中，为了从 380V 线间电压中获得 220V 相间电压而设 N 线，有的场合也可以用来进行零序电流检测，以及三相供电平衡的监控。标准、规范的导线颜色：A 相用黄色，B 相用绿色，C 相用红色，N 线用蓝色，PE 线用黄绿双色。

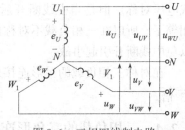

图8-6 三相四线制电路

三相五线制是指 A、B、C、N 和 PE 线，其中，PE 线是保护地线，也叫安全线，是专门用于接到诸如设备外壳等保证用电安全。PE 线在供电变压器侧和 N 线接到一起，但进入用户侧后绝不能当作零线使用，否则，容易发生触电事故。现在民用住宅供电已经规定要使用三相五线制。

中性线是三相电路的公共回线。中性线能保证三相负载成为三个互不影响的独立回路；不论各相负载是否平衡，各相负载均可承受对称的相电压；无论哪一相发生故障，都可保证其他两相正常工作。中性线如果断开，就相当于中性点与负载中性点之间的阻抗为无限大，这时中性点位移最大，此时用电功率多的相，负载实际承受的电压低于额定相电压；用电功率少的相，负载实际承受的电压高于额定电压，因此，中性线要安装牢固，不允许在中性线上装开关和保险丝，防止断路。

不论 N 线还是 PE 线，在用户侧都要采用重复接地，以提高可靠性。但是，重复接地只是重复接地，它只能在接地点或靠近接地的位置接到一起，但绝不表明可以在任意位置特别是户内可以接到一起。

8.2.3 三相负载的星形连接

通常把各相负载相同的三相负载称为对称三相负载，如三相电动机、三相电炉等。如果各相负载不同，称为不对称的三相负载，如三相照明电路中的负载。

根据不同要求，三相负载既可作星形（即 Y 形）连接，也可做三角形（即 △ 形）联接。

把三相负载分别接在三相电源的一根端线和中线之间的接法，称为三相负载的星形连接，如图8-7所示。

对于三相电路中的每一相来说，就是一单相电路，所以各相电流与电压间的相位关系及数量关系都与单相电路的原理相同。

在对称三相电压作用下，流过对称三相负载中每相负载的电流应相等。

三相对称负载作星形连接时的中线电流为零。此时取消中线也不影响三相电路的工作，三相四线制就变成三相三线制。通常在高压输电时，一般都采用三相三线制输电。

当负载不对称时，这时中线电流不为零。但通常中线电流比相电流小得多，所以中线的截面积可小些。当中线存在时，它能平衡各相电压，保证三相负载成为三个互不影响的独立电路，此时各相负载电压对称。但是当中线断开后，各相电压就不再相等了。所以在三相负载不对称的低压供电系统中，不允许在中线上安装熔断器或开关，以免中线断开引起事故。

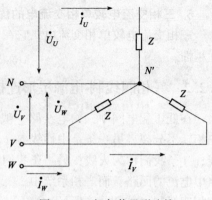

图 8-7　三相负载星形连接

在对称三相负载的星形连接中，线电流就等于相电流，线电压是每相负载相电压的 $\sqrt{3}$ 倍。

8.2.4　三相负载的三角形连接

把三相负载分别接在三相电源的每两根端线之间，称为三相负载的三角形连接，如图 8-8 所示。

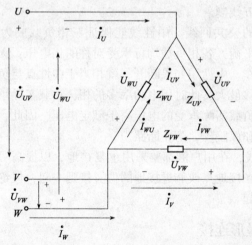

图 8-8　负载三角形连接

对于三角形连接的每相负载来说，也是单相交流电路，所以各相电流、电压和阻抗三者的关系仍与单相电路相同。

由于作三角形连接的各相负载是接在两根端线之间，因此负载的相电压就是电源的线电压。在对称三相电压作用下，流过对称三相负载中每相负载的电流应相等，而各相电流间的相位差仍为 120°，而线电流是相电流的 $\sqrt{3}$ 倍。

负载作三角形连接时的相电压是作星形联接时的相电压的 $\sqrt{3}$ 倍。因此，三相负载接到三相电源中,应作△形连接还是Y形连接,要根据三相负载的额定电压而定。若各相负载的额定电压等于电源的线电压,则应作△形连接;若各相负载的额定电压是电源线电压的$\frac{1}{\sqrt{3}}$,则应作Y形连接。

8.2.5 三相负载的电功率

在三相交流电路中,三相负载消耗的总电功率为各相负载消耗功率之和。

在实际工作中,测量线电流比测量相电流要方便些,三相功率的计算式常用线电流和线电压来表示。在对称三相电路中,三相负载的有功功率是线电压、线电流和功率因数三者乘积的$\sqrt{3}$倍。视在功率是线电压和线电流乘积的$\sqrt{3}$倍。

8.3 变压器的工作特性

8.3.1 变压器的分类

变压器是一种静止的电气设备,利用电磁感应原理将一种形态(电压、电流、相数)的交流电能转换成另一种形态的交流电能。

变压器可以按照用途、绕组数目、相数、冷却方式和调压方式分类。

1. 按用途分类

主要有电力变压器、调压变压器、仪用互感器和供特殊电源用的变压器(如整流变压器、电炉变压器)。

2. 按绕组数目分类

主要有双绕组变压器、三绕组变压器、多绕组变压器和自耦变压器。

3. 按相数分类

主要有单相变压器、三相变压器和多相变压器。

4. 按冷却方式分类

主要有干式变压器、充气式变压器和油浸式变压器。

5. 按调压方式分类

主要有无载调压变压器、有载调压变压器和自动调压变压器。

8.3.2 变压器的工作原理

变压器是依据电磁感应原理工作的,如图8-9所示。

单相变压器是由一个闭合的铁芯和套在其上的两个绕组构成。这两个绕组彼此绝缘,同心套在一个铁芯柱上,但是为了分析问题的方便,将这两个绕组分别画在两个不同的铁芯柱上。与电源相连的称为原绕组(或称初级绕组、一次绕组),与负载相连的称为副绕组(或称次级绕

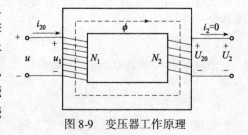

图8-9 变压器工作原理

组、二次绕组），原、副绕组的匝数分别为 N_1 和 N_2，当原绕组接上交流电压时，原绕组中便有电流通过。原绕组的磁通势产生的磁通绝大部分通过铁芯而闭合，从而在原、副绕组中感应出电动势 e_1、e_2。

若略去漏磁通的影响，不考虑绕组电阻上的压降，则有原、副边的电动势和电压分别相等。且原、副绕组上的电压的比值等于两者的匝数比，比值 K 称为变压器的变比。

综上所述，变压器是利用电磁感应原理，将原绕组吸收的电能传送给副绕组所连接的负载，实现能量的传送；使匝数不同的原、副绕组中分别感应出大小不等的电动势，实现电压等级变换。

8.3.3 基本结构

以工程中常用的三相油浸式电力变压器为例说明。

三相油浸式电力变压器主要由铁芯、绕组及其他部件组成。

1. 铁芯

铁芯构成变压器的磁路和固定绕组及其他部件的骨架。为了减小铁损，铁芯大多采用薄硅钢片叠装而成。国产三相油浸式电力变压器大多采用心式结构。

2. 绕组

绕组是变压器的电路部分，原绕组吸取电源的能量，副绕组向负载提供电能。变压器的绕组由包有绝缘材料的扁导线或圆导线绕成，有铜导线和铝导线两种。按照高、低压绕组之间的安排方式，变压器的绕组有同芯式和交叠式两种基本形式。

3. 其他部件

1) 油箱

变压器的器身放置在灌有高绝缘强度、高燃点变压器油的油箱内。

变压器运行时产生的热量，通过变压器油在油箱内发生对流，将热量传送至油箱壁及壁上的散热器，再利用周围的空气或冷却水达到散热的目的。

2) 储油柜

又称为油枕，设置在油箱上方，通过连通管与油箱连通，起到保护变压器油的作用。

3) 气体继电器

又称为瓦斯继电器，设置在油箱与储油柜的连通管道中，对变压器的短路、过载、漏油等故障起到保护的作用。

4) 安全气道

又称为防爆管，设置在较大容量变压器油箱顶上的一个钢质长筒，下筒口与油箱连通，上筒口以玻璃板封口。当变压器内部发生严重故障时，避免油箱受力变形或爆炸。

5) 绝缘套管

绝缘套管是装置在变压器油箱盖上面的绝缘套管，以确保变压器的引出线与油箱绝缘。

6) 分接开关

分接开关装置在变压器油箱盖上面，通过调节分接开关来改变原绕组的匝数，从而使副绕组的输出电压可以调节。分接开关分为无载分接开关和有载分接开关两种。

8.3.4 变压器的特性参数

1. 工作频率

变压器铁芯损耗与频率关系很大，故应根据使用频率来设计和使用，这种频率称为工作频率。

2. 额定功率

在规定的频率和电压下，变压器能长期工作，而不超过规定温升的输出功率。

3. 额定电压

指在变压器的线圈上所允许施加的电压，工作时不得大于规定值。

4. 电压比

指变压器初级电压和次级电压的比值，有空载电压比和负载电压比的区别。

5. 空载电流

变压器次级开路时，初级仍有一定的电流，这部分电流称为空载电流。空载电流由磁化电流（产生磁通）和铁损电流（由铁芯损耗引起）组成。对于50Hz电源变压器而言，空载电流基本上等于磁化电流。

6. 空载损耗

指变压器次级开路时，在初级测得功率损耗。主要损耗是铁芯损耗，其次是空载电流在初级线圈铜阻上产生的损耗（铜损），这部分损耗很小。

7. 效率

指次级功率 P_2 与初级功率 P_1 比值的百分比。通常变压器的额定功率愈大，效率就愈高。

8. 绝缘电阻

表示变压器各线圈之间、各线圈与铁芯之间的绝缘性能。绝缘电阻的高低与所使用的绝缘材料的性能、温度高低和潮湿程度有关。

8.3.5 额定值和运行特性

变压器的油箱表面都镶嵌有铭牌，铭牌上标明了变压器的型号、额定数据及其他一些数据。

1. 变压器的型号

按照国家标准规定，变压器的型号由汉语拼音字母和几位数字组成，表明变压器的系列和规格。

2. 变压器的额定值

1）额定容量：指变压器的额定视在功率，单位为 VA 或 kVA。

2）额定电压：指保证变压器原绕组安全的外加电压最大值，单位为 V 或 kV。对三相变压器，额定电压指线电压值。

3）额定电流：指变压器原、副绕组允许长期通过的最大电流值，单位为 A。对三相变压器，额定电流指线电流值。

4）额定频率：

我国工业的供用电频率标准规定为 50Hz。

除了上述特性参数以外，变压器的铭牌上还标明效率、温升等额定值以及短路电压或短路阻抗百分值、连接组别、使用条件、冷却方式、重量、尺寸等。

3. 运行特性

变压器的运行特性主要指外特性和效率特性。

1）外特性

当变压器的一次绕组电压和负载功率因数一定时，二次电压随负载电流变化的曲线称为变压器的外特性。

对于电阻性和感性负载来说，外特性曲线是稍向下倾斜的，而且功率因数越低，下降得越快。

2）效率特性

变压器的效率特性是指变压器的传输效率与负载电流的关系，如图 8-10 所示。

图中 β 是负载电流与额定电流的比值，称为负载系数。变压器的效率总是小于 1，变压器的效率与负载有关。空载时，效率 $\eta = 0$，随着负载增大，开始时效率 η 也增大，但后来因铜损增加很快，在不到额定负载时出现 η 的最大值，其后开始下降。

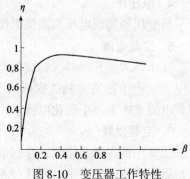

图 8-10　变压器工作特性

8.3.6　其他常用变压器

1. 仪用变压器

仪用变压器是在测量高电压、大电流时使用的一种特殊的变压器，也称为仪用互感器，有电流互感器和电压互感器两种形式。

仪用变压器用于电力系统中，作为测量、控制、指示、继电保护等电路的信号源。使用仪用变压器，可以使仪表、继电器等与高电压、大电流的被测电路绝缘；可以使仪表、继电器等的规格比直接测量高电压、大电流电路时所用的仪表、继电器规格小得多；可以使仪表、继电器的规格统一，以便于制造且可减小备用容量。

2. 电焊变压器

交流电弧焊在生产实践中应用很广泛，其主要部件就是电焊变压器。电焊变压器实际上是一台特殊的变压器，为了满足电焊工艺的要求，电焊变压器应该具有以下特点：

1）具有 60~75V 的空载起弧电压；

2）具有陡降的外特性；

3）工作电流稳定且可调；

4）短路电流被限制在两倍额定电流以内。

要具备以上特点，电焊变压器必须比普通变压器具有更大的电抗值，而且其电抗值可以调节。电焊变压器的原、副绕组通常分绕在不同的两个铁芯柱上，以便获得较大的电抗值。电抗值通常采用磁分路法和串联可变电抗法来进行调节。

8.4 旋转电机工作特性

8.4.1 旋转电机的分类

电机是利用电磁感应原理工作的机械，它应用广泛、种类繁多、性能各异，分类方法也很多。常见的分类方法为：

按功能用途可分为发电机、电动机、变压器和控制电机四大类。

按电机的结构或转速可分为变压器和旋转电机。

根据电源的不同可分为直流电机和交流电机两大类。

电动机是将电能转换成机械能并输出机械转矩的动力设备。一般可分为直流电动机和交流电动机两大类。交流电动机按使用的电源相数分为单相电动机和三相电动机，其中三相电动机又可分为同步和异步两种。异步电动机按转子结构分线绕式和鼠笼式两种。

目前广泛应用的异步电动机，它具有结构简单、坚固耐用、运行可靠、维护方便、启动容易、成本较低等优点，但也有调速困难、功率因数偏低等缺点。

8.4.2 三相交流异步电动机的基本结构

三相异步电动机的结构由定子（固定部分）、转子（转动部分）和附件组成。

1. 定子

定子是电动机静止不动的部分，定子由定子铁芯、定子绕组和机座三部分组成。定子的主要作用是产生旋转磁场。

1) 定子是用内圆上冲有均匀分布槽口的 0.35~0.5mm 厚的硅钢片叠成的，定子绕组嵌放在槽口内，整个铁芯压入机座内。

2) 定子绕组是用电磁线绕制成的三相对称绕组。各相绕组彼此独立，按互差 120°的角度嵌入定子槽内，并与铁芯绝缘。定子绕组可接成星形或三角形。

3) 机座一般用铸铁或铸钢制成，用于固定定子铁芯和绕组，并通过前后端盖支撑转轴。机座表面的散热筋还能提高散热效果，机座上还有接线盒，盒内六个接线柱分别与三相定子绕组的六个起端和末端相连。

2. 转子

转子是电动机的旋转部分，它由转轴、转子铁芯和转子绕组三部分组成。

1) 转轴用于支撑转子铁芯和绕组，传递输出机械转矩。

2) 转子铁芯是把相互绝缘的外圆上冲有均匀槽口的硅钢片压装在转轴上的圆柱体。这些槽口（又叫导线槽）内将嵌放转子绕组。

3) 转子绕组是在导线槽内嵌放铜条，铜条两端分别焊接在两个铜环（又称短路环）上，绕组形状与密闭的鼠笼相似。目前 100kW 以下的鼠笼式电动机的转子绕组常用熔化的铝浇铸在导线槽内并连同短路环、风扇一起铸成一个整体，称为铸铝转子。

8.4.3 三相异步电动机的工作原理

三相异步电动机是利用定子绕组中三相交流电产生的旋转磁场和转子绕组内的感生电流相互作用工作的。

当电动机的三相定子绕组（各相差120°的电角度），通入三相对称交流电后，将产生一个旋转磁场，该旋转磁场切割转子绕组，从而在转子绕组中产生感应电流（转子绕组是闭合通路），载流的转子导体在定子旋转磁场作用下将产生电磁力，从而在电机转轴上形成电磁转矩，驱动电动机旋转，并且电机旋转方向与旋转磁场方向相同。

当导体在磁场内切割磁力线时，在导体内产生感应电流，"感应电机"的名称由此而来。

感应电流和磁场的联合作用向电机转子施加驱动力。

让闭合线圈 ABCD 在磁场 B 内围绕轴 xy 旋转。如果沿顺时针方向转动磁场，闭合线圈经受可变磁通量，产生感应电动势，该电动势会产生感应电流（法拉第定律）。根据楞次定律，电流的方向为：感应电流产生的效果总是要阻碍引起感应电流的原因。因此，每个导体承受与感应磁场运动方向相反的洛仑兹力 F。

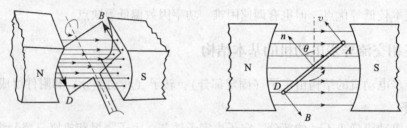

图 8-11 法拉第定律

确定每个导体力 F 方向的一个简单的方法是采用右手三手指定则将拇指置于感应磁场的方向，食指为力的方向，将中指置于感应电流的方向。这样一来，闭合线圈承受一定的转矩，从而沿与感应子磁场相同方向旋转，该磁场称为旋转磁场。闭合线圈旋转所产生的电动转矩平衡了负载转矩。

1. 旋转磁场的产生

三组绕组间彼此相差120°，每一组绕组都由三相交流电源中的一相供电，绕组与具有相同电相位移的交流电流相互交叉，每组产生一个交流正弦波磁场。此磁场总是沿相同的轴，当绕组的电流位于峰值时，磁场也位于峰值。每组绕组产生的磁场是两个磁场以相反方向旋转的结果，这两个磁场值都是恒定的，相当于峰值磁场的一半。此磁场在供电期内完成旋转，其速度取决于电源频率（f）和磁极对数（P），这称作"同步转速"。

2. 转差率

只有当闭合线圈有感应电流时，才存在驱动转矩。转矩由闭合线圈的电流确定，且只有当环内的磁通量发生变化时才存在。因此，闭合线圈和旋转磁场之间必须有速度差。因而，遵照上述原理工作的电机被称作"异步电机"。

同步转速（n_s）和闭合线圈速度（n）之间的差值称作"转差"，用同步转速的百分比表示：

$$s = [(n_s - n)/n_s] \times 100\%$$

运行过程中，转子电流频率为电源频率乘以转差率。当电动机启动时，转子电流频率处于最大值，等于定子电流频率。

转子电流频率随着电机转速的增加而逐步降低。处于恒稳态的转差率与电机负载有关系。它受电源电压的影响，如果负载较低，则转差率较小，如果电机供电电压低于额定值，则转差率增大。

同步转速三相异步电动机的同步转速与电源频率成正比，与定子的对数成反比。

$$n_s = 60f/P$$

式中　n_s——同步转速（r/min）；

　　　f——频率（Hz）；

　　　P——磁极对数。

若要改变电动机的旋转方向，则改变电源的相序便可实现，即将通入到电机的三相电压接到电机端子中任意两相就行。

3. 铭牌数据

每台电动机的外壳上都附有一块铭牌，上面有这台电动机的基本数据。铭牌数据的含义如下：

1）型号

例如"Yl60L-4"，其中：

Y-表示（笼型）异步电动机；160-表示机座中心高为160mm；L-表示长机座（S表示短机座，M表示中机座）；4-表示4极电动机。

2）额定电压

指电动机定子绕组应加的线电压有效值，即电动机的额定电压。

3）额定频率

指电动机所用交流电源的频率，我国电力系统规定为50Hz。

4）额定功率

指在额定电压、额定频率下满载运行时电动机轴上输出的机械功率，即额定功率。

5）额定电流

指电动机在额定运行（即在额定电压、额定频率下输出额定功率）时定子绕组的线电流有效值，即额定电流。

6）接法

指电动机在额定电压下，三相定子绕组应采用的联接方法（三角形联接和星形联接）。

7）绝缘等级

按电动机所用绝缘材料允许的最高温度来分级的。目前一般电动机采用较多的是E级绝缘和B级绝缘。

8.4.4 三相异步电动机的特性

1. 机械特性

电源电压一定时，异步电动机的转速与电磁转矩之间的关系称为机械特性。电动机的电磁转矩与电压平方成正比。

2. 启动特性

电机拖动对电机启动要求如下：

1) 要有足够大的转矩，保证生产机械的正常启动，这就要求电机启动转矩大于负载转矩；
2) 在满足启动的条件下，启动电流越小越好；
3) 启动要平稳，即要求加速要平滑，以减小对机械的冲击；
4) 启动设备安全可靠；
5) 启动时功耗要小。

若要满足启动性能的技术指标要求，它的启动特性：

1) 定子启动电流大，一般 $I_{st} = (5 \sim 7)I_e$。
2) 启动转矩小，一般 $T_{st} = (0.8 \sim 1.5)T_e$。

3. 工作特性

电源电压和频率为额定值时，电动机定子电流 I_1、转速 n、定子功率因数 $\cos\varphi_1$、效率 η 与电动机输出机械功率 P_2 之间的关系，称为电动机的工作特性。

8.4.5 三相异步电动机启动方法的选择和比较

三相异步电动机常用的启动方法有：直接启动、降压启动、软启动、变频器启动。下面分别介绍各种启动方法的优点和选择。

1. 直接启动

直接启动的优点是所需设备少，启动方式简单，操纵控制方便，维护简单，而且比较经济。电动机直接启动的电流是正常运行电流的 5~7 倍，理论上来说，只要向电动机提供足够大的启动电流都可以直接启动。这一要求对于小容量的电动机容易实现，所以小容量的电动机绝大部分都是直接启动的，不需要降压启动。对于大容量的电动机来说，一方面是提供电源的线路和变压器容量很难满足电动机直接启动的条件；另一方面强大的启动电流冲击电网和电动机，影响电动机的使用寿命，对电网不利，所以大容量的电动机和不能直接启动的电动机都要采用降压启动。直接启动一般用于小功率电动机的启动，从节约电能的角度考虑，大于 11kW 的电动机不宜用此方法。

2. 降压启动

降压启动又分为：Y-△降压启动、延边三角形启动、转子串电阻启动、用自耦变压器降压启动。

1) Y-△降压启动

定子绕组为△连接的电动机，启动时接成 Y，速度接近额定转速时转为△运行，采用这种方式启动时，每相定子绕组降低到电源电压的 58%，启动电流为直接启动时的 33%，启动转矩为直接启动时的33%。启动电流小，启动转矩小。

Y-△降压启动的优点是不需要添置启动设备，有启动开关或交流接触器等控制设备就可以实现，缺点是只能用于△连接的电动机，大型异步电机不能重载启动。

2）延边三角形启动

延边三角形启动方法就是在启动时使定子绕组的一部分作三角形连接，另一部分作星形连接，从启动时定子绕组连接的图形来看，就好像将一个三角形延长了一样，因此，称为延边三角形。这种启动法启动时将定子绕组接成延边三角形，启动完了绕组换接成图示的三角形。由于这种启动方法对电动机定子绕组的出线有特殊要求，所以用得比较少。

它的优点：既保持了Y-△降压启动结构简单、价格低廉的特点，又保持了较大的启动转矩。但延边三角形启动电动机制成后，抽头不能随意变动，从而限制了延边三角形启动方法的应用。

这些启动方式都属于有级减压启动，存在明显缺点，即启动过程中出现二次冲击电流。

3）转子串电阻启动

在这种启动方式中，由于电阻是常数，将启动电阻分为几级，在启动过程中逐级切除，可以获取较平滑的启动过程。要想获得更加平稳的启动特性，必须增加启动级数，这就会使设备复杂化。采用了在转子上串频敏变阻器的启动方法，可以使启动更加平稳。

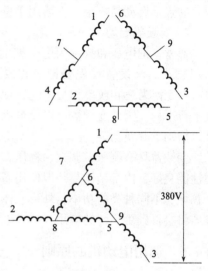

图8-12 延边三角形启动

频敏变阻器启动原理是：电动机定子绕组接通电源电动机开始启动时，由于串接了频敏变阻器，电动机转子转速很低，启动电流很小，故转子频率较高，$f_2 \approx f_1$，频敏变阻器的铁损很大，随着转速的提升，转子电流频率逐渐降低，电感的阻抗随之减小。这就相当于启动过程中电阻的无级切除。当转速上升到接近于稳定值时，频敏电阻器短接，启动过程结束。

转子串电阻或频敏变阻器虽然启动性能好，可以重载启动，但只适合于价格昂贵、结构复杂的绕线式三相异步电动机，所以只是在启动控制、速度控制要求高的各种升降机、输送机、行车等行业使用。

4）用自耦变压器降压启动

采用自耦变压器降压启动，电动机的启动电流及启动转矩与其端电压的平方成比例降低，因此，在启动电流相同的情况下能获得较大的启动转矩。如启动电压降至额定电压的65%，其启动电流为全压启动电流的42%，启动转矩为全压启动转矩的42%。

自耦变压器降压启动的优点是可以直接人工操作控制，也可以用交流接触器自动控制，经久耐用，维护成本低，适合所有的空载、轻载启动异步电动机使用，在生产实践中得到广泛应用。缺点是人工操作要配置比较贵的自耦变压器箱（自耦补偿器箱），自动控制要配置自耦变压器、交流接触器等启动设备和元件。

3. 软启动

软启动器是一种集电机软启动、软停车、轻载节能和多种保护功能于一体的新颖电机控制装置，国外称为 Soft Starter。它的主要构成是串接于电源与被控电机之间的三相反并联闸管交流调压器。运用不同的方法，改变晶闸管的触发角，就可调节晶闸管调压电路的输出电压。在整个启动过程中，软启动器的输出是一个平滑的升压过程，直到晶闸管全导通，电机在额定电压下工作。

软启动器的优点是降低电压启动，启动电流小，适合所有的空载、轻载异步电动机使用。缺点是启动转矩小，不适用于重载启动的大型电机。

4. 变频器启动

通常，把电压和频率固定不变的交流电变换为电压或频率可变的交流电的装置称作"变频器"。该设备首先要把三相或单相交流电变换为直流电（DC）。然后再把直流电（DC）变换为三相或单相交流电（AC）。变频器同时改变输出频率与电压，使电机运行曲线平行下移。因此变频器可以使电机以较小的启动电流，获得较大的启动转矩，即变频器可以启动重载负荷。

变频器具有调压、调频、稳压、调速等基本功能，应用了现代的科学技术，价格昂贵但性能良好，内部结构复杂但使用简单，因此不只是用于启动电动机，而且广泛应用到各个领域，不同种类的功率、外形、体积、用途等都有。随着技术的发展，成本的降低，变频器将会得到更广泛的应用。

8.4.6 选用电动机的原则

为了适应各种不同用途，工厂生产了不同种类、形式及容量的电动机。在选用电动机时，要充分考虑它们的特性，在仔细研究了被拖动机械的特性后，选择适合负载特性的电动机。

1. 选择电动机的原则

1）根据负载的启动特性及运行特性，选出最适合于这些特性的电动机，满足生产机械工作过程中的各种要求。

2）选择具有与使用场所的环境相适应的防护方式及冷却方式的电动机，在结构上应能适合电动机所处的环境条件。

3）计算和确定合适的电动机容量。通常设计制造的电动机，在 75%~100% 额定负载时，效率最高。因此，应使设备需求的容量与被选电动机的容量差值最小，使电动机的功率被充分利用。

4）选择可靠性高、便于维护的电动机。

5）考虑到互换性，尽量选择标准电动机。

6）为使整个系统高效率运行，要综合考虑电机的极数及电压等级。

2. 选用电动机的主要步骤

1）根据生产机械性的要求，选择电动机种类。

2）根据电源情况，选择电动机额定电压。

3）根据生产机械所要求的转数及传动设备的情况，选择电动机的转数。

4）根据电动机和生产机械安装的位置和场所环境，选择电动机的结构和防护形式。

5）根据生产机械所需要的功率和电动机的运行方式，选择电动机的额定功率。

综合以上因素，配合制造厂的产品目录，选定一台合适的电动机。

8.5 电气设备简介

8.5.1 高压熔断器

1. 熔断器的作用

熔断器（FU）是最为简单和常用的保护电器，它是在通过的电流超过规定值并经过一定的时间后熔体（熔丝或熔片）熔化而分断电流、断开电路，在电路中起到过载（过负荷）和短路保护。

在输配电系统中，对容量小且不太重要的负荷，广泛采用高压熔断器作为高压输配电线路、电力变压器、电压互感器和电力电容器等电气设备的短路和过负荷保护。户内广泛采用 RN 系列的高压管式限流熔断器，户外则广泛使用 RW4、RW10F 等型号的高压跌开式熔断器或 RW10-35 型的高压限流熔断器。

2. 户内高压熔断器

RN 系列户内高压管式熔断器有 RN1、RN2、RN3、RN4、RN5 及 RN6 等。主要用于 3~35kV 配电系统中作短路保护和过负荷保护。

RN 型熔断器的灭弧能力很强，能在短路后不到半个周期即短路电流未达到冲击电流值时就能完全熄灭电弧、切断短路电流。具有这种特性的熔断器称为"限流"式熔断器。

3. 户外高压熔断器

RW 系列跌开式熔断器，又称跌落式熔断器，被广泛用于环境正常的户外场所，作高压线路和设备的短路保护用。它串接在线路中，可利用绝缘钩棒（俗称"令克棒"）直接操作熔管（含熔体）的分、合，此功能相当于"隔离开关"。

8.5.2 高压隔离开关

1. 高压隔离开关的作用

高压隔离开关（QS）的主要功能是隔离高压电源，以保证对其他电器设备及线路的安全检修及人身安全。

2. 隔离开关的特点

1）隔离开关的结构特点是断开后具有明显可见的断开间隙，且断开间隙的绝缘及相间绝缘都是足够可靠的。

2）隔离开关没有灭弧装置，所以不容许带负荷操作。但可容许通断一定的小电流，如励磁电流不超过 2A 的 35kV、1000kVA 及以下的空载变压器电路和电容电流不超过 5A 的 10kV 及以下、长 5km 的空载输电线路以及电压互感器和避雷器回路等。

3. 高压隔离开关分类

高压隔离开关按安装地点，分为户内式和户外式两大类；按有无接地开关可分为不接地、单接地、双接地三类。

1）10kV 高压隔离开关型号较多，常用的有 GN8、GN19、GN24、GN28、GN30 等户

内式系列。

2）户外高压隔离开关常用的有 GW4、GW5 等系列。

3）带有接地开关的隔离开关称接地隔离开关，是用来进行电气设备的短接、联锁和隔离，一般是用来将退出运行的电气设备和成套设备部分接地和短接。

8.5.3 高压负荷开关

1. 高压负荷开关的特点和作用

高压负荷开关（QL）具有简单的灭弧装置，能通断一定的负荷电流和过负荷电流，但是不能用它来断开短路电流，它常与熔断器一起使用，具有分断短路电流的能力。高压负荷开关大多还具有隔离高压电源，保证其后的电气设备和线路安全检修的功能，因为它断开后通常有明显的断开间隙，与高压隔离开关一样，所以这种负荷开关有"功率隔离开关"之称。

2. 高压负荷开关的分类

高压负荷开关根据所采用的灭弧介质不同可分为：产气式、压气式、油浸式、真空式和六氟化硫（SF_6）等；按安装场所分户内式和户外式两种。

8.5.4 高压断路器

1. 高压断路器的特点和作用

高压断路器（QF）是高压输配电线路中最为重要的电气设备。高压断路器具有完善的灭弧装置，不仅能通断正常的负荷电流和过负荷电流，而且能通断一定的短路电流，并能在保护装置作用下，自动跳闸，切断短路电流。

2. 高压断路器的分类

1）按其采用的灭弧介质分为：油断路器、六氟化硫（SF_6）断路器、真空断路器、压缩空气断路器和磁吹断路器等。

2）按使用场合分为户内型和户外型。

3）按开断时间分为高速（$<0.08s$）、中速（$0.08\sim0.12s$）和低速（$>0.12s$），现采用高速比较多。

3. 各种断路器的特点

1）油断路器按油量大小又分为少油和多油两类。少油断路器的油量少，只作灭弧介质用。少油断路器因其成本低，结构简单，依然应用于不需要频繁操作及要求不高的各级高压电网中，但压缩空气断路器和多油断路器已基本淘汰。

2）真空断路器目前应用较广，高压真空断路器是利用"真空"作为绝缘和灭弧介质，具有无爆炸、低噪声、体积小、重量轻、寿命长、电磨损少、结构简单、无污染、可靠性高、维修方便等优点，因此，虽然价格较贵，仍在要求频繁操作和高速开断的场合，尤其是安全要求较高的工矿企业、住宅区、商业区等被广泛采用。

3）SF_6 断路器具有下列优点：断流能力强，灭弧速度快，电绝缘性能好，检修周期长，适用于需频繁操作及有易燃易爆炸危险的场所；然而，SF_6 断路器的要求加工精度高，密封性能要求严，价格相对昂贵。

8.5.5 成套配电装置

配电装置是按电气主结线的要求，把一、二次电气设备如开关设备、保护电器、监测仪表、母线和必要的辅助设备组装在一起构成在供配电系统中接受、分配和控制电能的总体装置。

1. 配电装置的分类

1) 配电装置按安装的地点，可分为户内配电装置和户外配电装置。为了节约用地，一般35kV及以下配电装置宜采用户内式。

2) 配电装置还可分为装配式配电装置和成套配电装置。电气设备在现场组装的配电装置称为装配式配电装置；成套配电装置是制造厂成套供应的设备，在制造厂按照一定的线路接线方案预先把电器组装成柜再运到现场安装。一般企业的中小型变配电所多采用成套配电装置。

（1）常用的成套配电装置按电压高低可分为高压成套配电装置（也称高压开关柜）和低压成套配电装置（低压配电屏和配电箱），低压成套配电装置通常只有户内式一种，高压开关柜则有户内式和户外式两种。另外还有一些成套配电装置，如高、低压无功功率补偿成套装置、高压综合启动柜等也常使用。

（2）高压成套配电装置按主要设备的安装方式分为固定式和移开式（手车式）；按开关柜隔室的构成形式分为铠装式、间隔式、箱型、半封闭型等；根据一次电路安装的主要元器件和用途分为断路器柜、负荷开关柜、高压电容器柜、电能计量柜、高压环网柜、熔断器柜、电压互感器柜、隔离开关柜、避雷器柜等。

2. 高压开关柜的功能

开关柜在结构设计上要求具有"五防"功能。所谓"五防"是指防止误操作断路器，防止带负荷拉合隔离开关（防止带负荷推拉小车），防止带电挂接地线（防止带电合接地开关）；防止带接地线（接地开关处于接地位置时）送电，防止误入带电间隔。

3. 低压配电装置

低压成套配电装置包括低压配电屏（柜）和配电箱，它们是按一定的线路方案将有关的低压一、二次设备组装在一起的一种成套配电装置，在低压配电系统中作控制、保护和计量之用。

低压配电屏（柜）按其结构形式分为固定式、抽屉式和混合式。

低压配电箱有动力配电箱和照明配电箱等。

8.5.6 低压电器

供配电系统中的低压开关设备种类繁多，常用的有：刀开关、刀熔开关、负荷开关、低压断路器等。

低压刀开关（QK）是一种最普通的低压开关电器，适用于交流50Hz、额定电压380V、直流440V、额定电流1500A及以下的配电系统中，作不频繁手动接通和分断电路或作隔离电源以保证安全检修之用。

刀熔开关（QKF或FU-QK）又称熔断器式刀开关，是一种由低压刀开关和低压熔断器组合而成的低压电器，通常是把刀开关的闸刀换成熔断器的熔管。它具有刀开关和熔断器的双重功能。因为其结构的紧凑简化，又能对线路实行控制和保护的双重功能，被广泛地应用于低压配电网络中。

低压负荷开关（QL）是由带灭弧装置的刀开关与熔断器串联而成，外装封闭式铁壳或开启式胶盖的开关电器，又称"开关熔断器组"。低压负荷开关具有带灭弧罩的刀开关和熔断器的双重功能，既可带负荷操作，也能进行短路保护，但一般不能频繁操作，短路熔断后需重新更换熔体才能恢复正常供电。

低压断路器（QF），俗称低压自动开关、自动空气开关或空气开关等，它是低压供配电系统中最主要的电器元件。它不仅能带负荷通断电路，而且能在短路、过负荷、欠压或失压的情况下自动跳闸，断开故障电路。

8.5.7 变压器

变压器的功能主要有：电压变换；电流变换；阻抗变换；隔离；稳压（磁饱和变压器）等，变压器常用的铁芯形状一般有 E 型、C 型、XED 型、ED 型和 CD 型。变压器按用途可以分为：配电变压器、电力变压器、全密封变压器、组合式变压器、干式变压器、油浸式变压器、单相变压器、电炉变压器、整流变压器、电抗器、抗干扰变压器、防雷变压器、箱式变压器、试验变压器、转角变压器、大电流变压器、励磁变压器。

8.6 自动控制系统

8.6.1 自动控制的方式

1. 自动控制的定义

1）自动控制、自动控制系统的定义

自动控制：在没有人直接参与的情况下，利用外加的设备或装置（控制器或控制装置）使机器设备或生产过程（被控对象）的某个工作状态或参数（被控量）自动的按照预定的规律运行。

自动控制系统：将被控对象和控制装置按照一定的方式组合起来，组成一个整体，从而实现复杂的自动控制任务。

2）自动控制的方式

按照不同的目的和要求，自动控制方式分为：简单控制系统、串级控制系统、前馈控制系统、比值控制系统、均匀控制系统、分程控制系统、选择性控制系统。

生产过程中 80% 左右的控制系统是简单控制系统。以提高系统质量为目的的复杂控制系统，主要有串级控制系统和前馈控制系统；满足特定要求的控制系统，主要有比值控制系统、均匀控制系统、分程控制系统、选择性控制系统。

2. 简单控制系统

简单控制系统是指由一个控制器、一个执行器（控制阀）、一个被控对象、一个检测单元和一个变送器组成的单闭环负反馈控制系统，也称单回路控制系统。

简单控制系统作用原理：在简单控制系统中，检测元件和变送器用来检测被控量并转换成标准信号。当系统受到扰动时，检测信号与设定值之间就有偏差，检测变送信号在控制器中，与设定值比较，并将偏差值按一定控制规律运算，输出控制信号驱动执行器，改变操作变量，使控制变量回到设定值。

简单控制系统特点：

（1）结构简单；

（2）所需自动化装置数量少、投资低、操作维护简单；

（3）在一般情况下易满足控制要求。

3. 串级控制系统

串级控制系统，即用两只调节器串联起来工作，其中一个调节器的输出作为另一个调节器的给定值的系统。例如，加热炉出口温度与炉膛温度串级控制系统。

1）组成结构

串级控制系统采用两套检测变送器和两个调节器，前一个调节器的输出作为后一个调节器的设定，后一个调节器的输出送往调节阀。

前一个调节器称为主调节器，它所检测和控制的变量称为主变量（主被控参数），即工艺控制指标；后一个调节器称为副调节器，它所检测和控制的变量称为副变量（副被控参数），是为了稳定主变量而引入的辅助变量。

整个系统包括两个控制回路，主回路和副回路。副回路由副变量检测变送、副调节器、调节阀和副过程构成；主回路由主变量检测变送、主调节器、副调节器、调节阀、副过程和主过程构成。

一次扰动：作用在主被控过程上的，而不包括在副回路范围内的扰动；二次扰动：作用在副被控过程上的，即包括在副回路范围内的扰动。

2）串级控制系统的工作原理

当扰动发生时，破坏了稳定状态，调节器进行工作。根据扰动施加点的位置不同，分三种情况进行分析：

（1）扰动作用于副回路；

（2）扰动作用于主过程；

（3）扰动同时作用于副回路和主过程。

分析可以看到：在串级控制系统中，由于引入了一个副回路，不仅能及早克服进入副回路的扰动，而且又能改善过程特性。副调节器具有"粗调"的作用，主调节器具有"细调"的作用，从而使其控制品质得到进一步提高。

3）系统特点及分析

（1）改善了过程的动态特性，提高了系统控制质量；

（2）能迅速克服进入副回路的二次扰动；

（3）提高了系统的工作频率；

（4）对负荷变化的适应性较强。

4）工程应用场合

（1）应用于容量滞后较大的过程；

（2）应用于纯时延较大的过程；

（3）应用于扰动变化激烈而且幅度大的过程；
（4）应用于参数互相关联的过程；
（5）应用于非线性过程。

4. 前馈控制系统

1）前馈控制系统的原理

前馈控制的基本概念是测取进入过程的干扰（包括外界干扰和设定值变化），并按其信号产生合适的控制作用去改变操纵变量，使受控变量维持在设定值上。

它主要根据扰动大小来进行的控制系统，与前馈控制系统比较，具有快速及时的特点，但不易做到完全补偿。

在前馈控制系统中，一旦出现扰动，控制器将直接测得扰动大小和方向，按一定规律实施控制，补偿扰动对被控对象的影响。

2）前馈控制系统的特点

（1）是一个开环控制；
（2）是按一种扰动大小进行补偿的控制；
（3）是视对象特性而定的专用控制器；
（4）作用是克服一种扰动、干扰；
（5）只能抑制可测不可控的扰动对被控量的影响。

5. 其他控制系统

1）均匀控制系统

均匀控制系统是在连续生产过程中各种设备前后紧密联系的情况下采用的特殊液位（气压）——流量控制系统，目的在于使液位保持在一个允许的变化范围，而流量保持平稳。

均匀控制系统：以控制方案所起作用而言，因为从结构上无法看出它与简单控制系统和串级控制系统的区别。

均匀控制系统应具有如下特点：

（1）允许表征前后供求矛盾的两个变量在一定范围内变化。
（2）又要保证它们的变化不过于剧烈。

均匀控制系统是通过控制器的参数整定来实现控制作用。

2）自动保护控制系统

自动保护控制系统是把工艺的限制条件所构成的逻辑关系，叠加到正常的自动控制系统上去的一种组合逻辑方案。在正常工况下，有一个正常的控制方案起作用，当生产操作趋向限制条件时，另一个用于防止不安全情况的控制方案起作用，直到生产操作回到允许范围内，恢复原来的控制方案。

3）分程控制系统

一般一台调节器的输出仅操纵一只调节阀，若用一台调节器去控制两个以上的阀并且是按输出信号的不同区间去操作不同的阀门，这种控制方式习惯上称为分程控制。其目的：一是改善控制系统的品质，分程控制可以扩大控制阀的可调范围，使系统更为合理；二是为了满足操作工艺的特殊要求。

8.6.2 自动控制系统的类型

根据系统元件的属性可分为机电系统、液动系统、气动系统等；根据系统功率大小可分为大功率系统与小功率系统。通常是根据系统较明显的结构特征来进行分类的，常见的分类如下：

1. 按给定信号的特征划分

给定信号是系统的指令信息。它代表了系统希望的输出值，反映了控制系统要完成的基本任务和职能。

1) 恒值控制系统

恒值控制系统的特点是给定输入一经设定就维持不变，希望输出维持在某一特定值上。这种系统主要任务是当被控量受某种干扰而偏离希望值时，通过自动调节的作用，使它尽可能快地恢复到希望值。例如，液位控制系统、直流电动机调速系统，以及其他恒定压力、恒定流量、恒定温度等系统，都属于这一类系统。

2) 随动控制系统

随动控制系统的主要特点是给定信号的变化规律是事先不能确定的随机信号。这类系统的任务是使输出快速、准确地随给定值的变化而变化，故称作随动控制系统。

如用于军事上的自动炮火系统、雷达跟踪系统，用于航天、航海中的自动导航系统、自动驾驶系统，工业生产中的自动测量仪器等都属于典型随动控制系统。

3) 程序控制系统

程序控制系统与随动控制系统不同之处就是它的给定输入不是随机的，而是按事先预定的规律变化。这类系统往往适用于特定的生产工艺或工业过程，按所需要的控制规律给定输入，要求输出按预定的规律变化。

在工业生产中广泛应用的程序控制有仿真控制系统、机床数控加工系统、加热炉温度自动变化控制等。

2. 按系统的数学描述划分

1) 线性系统

当系统各元件输入输出特性是线性特性、系统的状态和性能可以用线性微分（或差分）方程来描述时，则称这种系统为线性系统。

2) 非线性系统

系统中只要存在一个非线性特性的元件，系统就由非线性方程来描述，这种系统称为非线性系统。

3. 按信号传递的连续性划分

1) 连续系统

连续系统的特点是系统中各元件的输入信号和输出信号都是时间的连续函数。这类系统的运动状态是用微分方程来描述的。

连续系统中各元件传输的信息在工程上称为模拟量，多数实际物理系统都属于这一类。

2) 离散系统

控制系统中只要有一处的信号是脉冲序列或数码序列时，该系统即为离散系统。这种系统的状态和性能一般用差分方程来描述。实际物理系统中，信息的表现形式为离散信号的并不多见，往往是控制上的需要，人为地将连续信号离散化，我们称其为采样。采样过程是通过采样开关把连续的模拟量变为脉冲序列，具有这类信号的系统一般又称为脉冲控制系统。

当今时代，计算机作为控制器用于系统控制越来越普遍，计算机进行采样的过程，是把采样信号转换成数码信号来进行运算处理的，MD转换器承担了这一任务。具有数码信号的系统一般称为数字控制系统。

离散系统的数学描述形式与连续系统不同，分析研究方法也有不同的特点。随着计算机控制的广泛应用，离散系统理论方法也越显重要。

4. 按系统的输入与输出信号的数量划分

1）单变量系统（SISO）

单变量系统只有一个输入量和一个输出量，所谓单变量是从系统外部变量的描述来分类的，不考虑系统内部的通路与结构。也就是说给定输入是单一的，响应也是单一的。但系统内部的结构回路可以是多回路的，内部变量显然也是多种形式的。内部变量可称为中间变量，输入与输出变量称为外部变量。对系统的性能分析，只研究外部变量之间的关系。

单变量系统是经典控制理论的主要研究对象。它以传递函数作为基本数学工具，讨论线性定常系统的分析和设计问题。

2）多变量系统（MIMO）

多变量系统有多个输入量和多个输出量。一般地说，当系统输入与输出信号高于一个时，就称为多变量系统。多变量系统的特点是变量多，回路也多，而且相互之间呈现多路耦合，研究起来比单变量系统复杂得多。

多变量系统是现代控制理论研究的主要对象。在数学上以状态空间法为基础，讨论多变量、变参数、非线性、高精度、高效能等控制系统的分析和设计。

8.6.3 典型自动控制系统的组成

在自动控制系统中，反馈控制是最基本的控制方式之一。一个典型的反馈控制系统总是由控制对象和各种结构不同的职能元件组成的。除控制对象外，其他各部分可统称为控制装置。每一部分各司其职，共同完成控制任务。

1. 典型自动控制系统职能元件的种类和各自的职能

1）给定元件：其职能是给出与期望输出相对应的系统输入量，是一类产生系统控制指令的装置。

2）测量元件：其职能是检测被控量，如果测出的物理量属于非电量，大多情况下要把它转化成电量，以便利用电的手段加以处理。

3）比较元件：其职能是把测量元件检测到的实际输出值与给定元件给出的输入值进行比较，求出它们之间的偏差。常用的电量比较元件有差动放大器、电桥电路等。

4）放大元件：其职能是将过于微弱的偏差信号加以放大，以足够的功率来推动执行机构或被控对象。当然，放大倍数越大，系统反应越敏感。一般情况下，只要系统稳定，放大倍数应适当大些。

5）执行元件：其职能是直接推动被控对象，使其被控量发生变化，如阀门、伺服电动机等。

6）校正元件：为改善或提高系统的性能，在系统基本结构基础上附加参数可灵活调整的元件。工程上称为"调节器"。常用串联或反馈的方式连接在系统中。简单的校正元件可以是一个 RC 网络，复杂的校正元件可含有电子计算机。

2. 典型的反馈控制系统表示方式

典型的反馈控制系统基本组成可用图 8-13 表示，比较元件可用"⊗"代表。

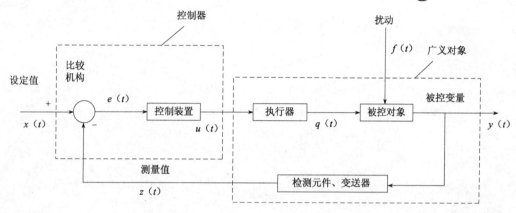

图 8-13　典型的反馈控制系统基本组成

第3篇

安装工程项目造价

第9章 安装工程造价基础

9.1 工程定额的种类及计价依据

9.1.1 定额的种类

建设工程定额是工程建设中各类定额的总称。为对建设工程定额有一个全面的了解，可以按照不同的原则和方法对其进行科学的分类。

1. 按编制单位和适用范围分类

1）国家定额

国家定额是指由国家建设行政主管部门组织，依据有关国家标准和规范，综合全国工程建设的技术与管理状况等编制和发布，在全国范围内使用的定额。

2）行业定额

行业定额是指由行业建设行政主管部门组织，依据有关行业标准和规范，考虑行业工程建设特点等情况所编制和发布的，在本行业范围内使用的定额。

3）地区定额

地区定额是指由地区建设行政主管部门组织，考虑地区工程建设特点和情况制定发布的，在本地区内使用的定额。

4）企业定额

企业定额是指由施工企业自行组织，主要根据企业的自身情况，包括人员素质、机械装备程度、技术和管理水平等编制，在本企业内部使用的定额。

2. 按编制程序和用途分类

1）施工定额

施工定额是具有合理劳动组织的建筑安装工人小组在正常施工条件下完成单位合格产品所需人工、机械、材料消耗的数量标准。它以同一性质的施工过程——工序作为研究对象，表示生产产品数量与时间消耗综合关系的定额。施工定额是施工企业（建筑安装企业）组织生产和加强管理在企业内部使用的一种定额，属于企业定额的性质。施工定额是建设工程定额中分项最细、定额子目最多的一种定额，也是建设工程定额中的基础性定额。施工定额由人工定额、材料消耗定额和施工机械台班使用定额所组成。

施工定额是施工企业进行施工组织、成本管理、经济核算和投标报价的重要依据。施工定额直接应用于施工项目的管理，用来编制施工作业计划、签发施工任务单、签发限额领料单，以及结算计件工资或计量奖励工资等。施工定额和施工生产结合紧密，施工定额的定额水平反映施工企业生产与组织的技术水平和管理水平。施工定额也是编制预算定额的基础。

在市场经济条件下,国家定额和地区定额不再是强加给施工企业的约束和指令,而是对企业的施工定额管理进行引导,从而实现对工程造价的宏观调控。

2)预算定额

预算定额是以建筑物或构筑物各个分部分项工程为对象编制的定额。预算定额是以施工定额为基础综合扩大编制的,同时也是编制概算定额的基础。其中的人工、材料和机械台班的消耗水平根据施工定额综合取定,定额项目的综合程度大于施工定额。

预算定额是工程建设中的一项重要的技术经济文件,它的各项指标,反映了在完成规定计量单位符合设计标准和施工及验收规范要求的分项工程消耗的劳动和物化劳动的数量限度。这种限度最终决定着单项工程和单位工程的成本和造价。

预算定额是编制施工图预算的主要依据,是编制单位估价表、确定工程造价、控制建设工程投资的基础和依据。与施工定额不同,预算定额是社会性的,而施工定额则是企业性的。

3)概算定额

概算定额是以扩大的分部分项工程为对象编制的。概算定额是编制扩大初步设计概算、确定建设项目投资额的依据。概算定额一般是在预算定额的基础上综合扩大而成的,每一综合分项概算定额都包含了数项预算定额。

4)概算指标

概算指标是概算定额的扩大与合并,它是以整个建筑物和构筑物为对象,每100m^2建筑面积或1000m^3建筑体积、构筑物以座为计量单位来编制的。概算指标的设定和初步设计的深度相适应,一般是在概算定额和预算定额的基础上编制的,是设计单位编制设计概算或建设单位编制年度投资计划的依据,也可作为编制估算指标的基础。

5)投资估算指标

投资估算指标通常是以独立的单项工程或完整的工程项目为对象编制。确定的生产要素消耗的数量标准或项目费用标准,是根据已建工程或现有工程的价格数据和资料,经分析、归纳和整理编制而成的。

投资估算指标的制定是建设工程项目管理的一项重要工作。估算指标是编制项目建议书和可行性研究报告书投资估算的依据,是对建设项目全面的技术性与经济性论证的依据。估算指标对提高投资估算的准确度、建设项目全面评估、正确决策具有重要意义。

3. 按生产要素内容分类

1)人工定额

人工定额,也称劳动定额,是指在正常的施工技术和组织条件下,完成单位合格产品所必需的人工消耗量标准。

人工定额反映生产工人在正常施工条件下的劳动效率,表明每个工人在单位时间内为生产合格产品所必需消耗的劳动时间,或者在一定的劳动时间中所生产的合格产品数量。

人工定额按表现形式的不同,可分为时间定额和产量定额。

(1) 时间定额

时间定额,就是某种专业、某种技术等级工人班组或个人,在合理的劳动组织和合理使用材料的条件下,完成单位合格产品所必需的工作时间,包括准备与结束时间、基本工作时间、辅助工作时间、不可避免的中断时间及工人必需的休息时间。时间定额以工日为单位,每一工日按八小时计算。其计算方法如下:

$$单位产品时间定额(工日) = \frac{1}{每工产量} \tag{9-1}$$

或

$$单位产品时间定额(工日) = \frac{小组成员工日数的总和}{台班产量} \tag{9-2}$$

(2) 产量定额

产量定额,又称为"每工产量",就是在合理的劳动组织和合理使用材料的条件下,某种专业、某种技术等级的工人班组或个人在单位工日中所应完成的合格产品的数量。其计算方法如下:

$$每工产量 = \frac{1}{单位产品时间定额(工日)} \tag{9-3}$$

或

$$台班产量 = \frac{小组成员工日数的总和}{单位产品时间定额(工日)} \tag{9-4}$$

产量定额的计量单位有:m、m^2、m^3、t、台、块、根、件、扇等。

从以上公式可以看出,时间定额与产量定额互为倒数,即:

$$时间定额 \times 产量定额 = 1 \tag{9-5}$$

$$时间定额 = \frac{1}{产量定额} \tag{9-6}$$

$$产量定额 = \frac{1}{时间定额} \tag{9-7}$$

(3) 人工定额的测定

人工定额是根据国家的经济政策、劳动制度和有关技术文件及资料制定的。制定人工定额,常用的方法有四种。

① 技术测定法

技术测定法是根据先进合理的生产技术条件和施工组织条件,对施工过程中各工序采用测时法、写实记录法、工作日写实法,分别对每一道工序进行工时消耗测定,再对所获得的资料进行科学的分析,制定出人工定额的方法。该方法通过测定得出结论,具有较高的准确度和较充分的依据,是一种科学的方法。

② 统计分析法

统计分析法是把过去施工生产中的同类工程或同类产品的工时消耗的统计资料,与当前生产技术和施工组织条件的变化因素结合起来,进行统计分析的方法。这种方法简单易行,适用于施工条件正常、产品稳定、工序重复量大和统计工作制度健全的施工过程。但是,过去的记录只是实耗工时,不反映生产组织和技术的状况。所以,在这样条件下求出的定额水平,只是已达到的劳动生产率水平,而不是平均水平。实际工作中,必须分析研究各种变化因素，使定额能真实地反映施工生产平均水平。

③ 比较类推法

对于同类型产品规格多、工序重复、工作量小的施工过程，常用比较类推法。采用此法制定定额是以同类型工序和同类型产品的实耗工时为标准，类推出相似项目定额水平的方法。此法必须掌握类似的程度和各种影响因素的异同程度。

④ 经验估计法

根据定额专业人员、经验丰富的工人和施工技术人员的实际工作经验，参考有关定额资料，对施工管理组织和现场技术条件进行调查、讨论和分析制定定额的方法，叫做经验估计法。采用这种方法，制定定额的工作过程较短，工作量较小，但往往因参加估工人员的经验有一定的局限性，定额的制定过程较短，准确程度较差。因此，应参照现行同类定额，广泛收集工时消耗资料进行必要分析比较，并多方吸收经验，经充分研讨后确定。经验估计法通常作为一次性定额使用。

(4) 工时消耗分配

工人在工作班内消耗的工作时间，按其消耗的性质，基本可以分为两大类：必需消耗的时间（定额工时）和损失时间（非定额工时），见图9-1。

必需消耗的时间是工人在正常施工条件下，为完成一定产品（工作任务）所消耗的时间，它是制定定额的主要依据。

损失时间，是与产品生产无关，而与施工组织和技术上的缺陷有关，与工人在施工过程中的个人过失或某些偶然因素有关的时间消耗。

① 必需消耗的工作时间，包括有效工作时间、休息时间和不可避免的中断时间。

a. 有效工作时间是从生产效果来看与产品生产直接有关的时间消耗。包括基本工作时间、辅助工作时间、准备与结束工作时间。

基本工作时间是工人完成一定产品的施工工艺过程所消耗的时间。基本工作时间所包括的内容依工作性质各不相同，基本工作时间的长短和工作量大小成正比例。

辅助工作时间是指为保证基本工作能顺利完成所消耗的时间。在辅助工作时间里，不能使产品的形状大小、性质或位置发生变化。辅助工作时间的结束，往往就是基本工作时间的开始。辅助工作一般是手工操作，但如果在机手并动的情况下，辅助工作是在机械运转过程中进行的，为避免重复则不应再计辅助工作时间的消耗。

准备与结束工作时间是执行任务前或任务完成后所消耗的工作时间。如工作地点、劳动工具和劳动对象的准备工作时间，工作结束后的整理工作时间等，准备和结束工作时间的长短与所担负的工作量大小无关，但往往和工作内容有关。准备与结束工作时间可以分为班内的准备与结束工作时间和任务的准备与结束工作时间。

b. 不可避免的中断时间是指由于施工工艺特点引起的工作中断所必需的时间。与施工过程、工艺特点有关的工作中断时间，应包括在定额时间内，但应尽量缩短此项时间消

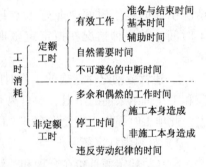

图9-1 工时消耗图解

耗。与工艺特点无关的工作中断所占用的时间，是由于劳动组织不合理引起的，属于损失时间，不能计入定额时间。

c. 休息时间是工人在工作过程中为恢复体力所必需的短暂休息和生理需要的时间消耗。这种时间是为了保证工人精力充沛地进行工作，所以在定额时间中必须进行计算。休息时间的长短和劳动条件有关，劳动越繁重紧张、劳动条件越差（如高温），则休息时间越长。

② 损失时间中包括多余和偶然工作、停工、违背劳动纪律所引起的损失时间。

a. 多余工作是指工人进行了任务以外而又不能增加产品数量的工作。多余工作的工时损失，一般都是由于工程技术人员和工人的差错而引起的，因此，不应计入定额时间。偶然工作也是工人在任务外进行的工作，但能够获得一定产品。如抹灰工不得不补上偶然遗留的墙洞等。由于偶然工作能获得一定产品，拟定定额时要适当考虑它的影响。

b. 停工时间是工作班内停止工作造成的工时损失。停工时间按其性质可分为施工本身造成的停工时间和非施工本身造成的停工时间两种。施工本身造成的停工时间，是由于施工组织不善、材料供应不及时、工作面准备工作做得不好、工作地点组织不良等情况引起的停工时间。非施工本身造成的停工时间，是由于水源、电源中断引起的停工时间。前一种情况在拟定定额时不应该计算，后一种情况定额中则应给予合理的考虑。

c. 违背劳动纪律造成的工作时间损失，是指工人在工作班开始和午休后的迟到、午饭前和工作班结束前的早退、擅自离开工作岗位、工作时间内聊天或办私事等造成的工时损失，此项工时损失不应允许存在，因此，在定额中是不能考虑的。

2) 材料消耗定额

材料消耗定额是指在合理和节约使用材料的条件下，生产单位合格产品所必须消耗的一定规格的材料、成品、半成品和水、电等资源的数量标准。合理使用材料消耗定额，不仅对合理使用各项物资材料、资源有重要意义，而且对减少施工中成本开支也有制约作用。

（1）材料消耗定额指标

材料消耗定额指标的组成，按其使用性质、用途和用量大小划分为四类。

① 主要材料，指直接构成工程实体的材料；

② 辅助材料，直接构成工程实体，但比重较小的材料；

③ 周转性材料（又称工具性材料），指施工中多次使用但并不构成工程实体的材料，如模板、脚手架等；

④ 零星材料，指用量小、价值不大、不便计算的次要材料，可用估算法计算。

（2）材料消耗定额的编制

编制材料消耗定额，主要包括确定直接使用在工程上的材料净用量和在施工现场内运输及操作过程中的不可避免的废料和损耗。

① 材料净用量的确定

材料净用量的确定，一般有以下几种方法：

a. 理论计算法

理论计算法是根据设计、施工验收规范和材料规格等，从理论上计算材料的净用量。如砖墙的用砖数和砌筑砂浆的用量可用理论计算公式计算各自的净用量。

b. 测定法

测定法是通过测定在完成一定的工程量中材料消耗数量的方法来制定定额。用该法制定定额必须选择有代表性的作业班组，同时材料的品种、质量应符合设计和施工技术规程的要求。

c. 图纸计算法

根据选定的图纸，计算各种材料的体积、面积、延长米或重量。

d. 经验法

根据历史上同类项目的经验进行估算。

② 材料损耗量的确定

材料的损耗一般以损耗率表示。材料损耗率可以通过观察法或统计法计算确定。材料消耗量计算的公式如下：

$$损耗率 = \frac{损耗量}{净用量} \times 100\% \tag{9-8}$$

$$总消耗量 = 净用量 + 损耗量 = 净用量 \times (1+损耗率) \tag{9-9}$$

3）施工机械台班使用定额

（1）施工机械时间定额

施工机械时间定额，是指在合理劳动组织与合理使用机械条件下，完成单位合格产品所必需的工作时间，包括有效工作时间（正常负荷下的工作时间和降低负荷下的工作时间）、不可避免的中断时间、不可避免的无负荷工作时间。机械时间定额以"台班"表示，即一台机械工作一个作业班时间。一个作业班时间为8小时。它反映了合理地、均衡地组织劳动和使用机械时该机械在单位时间内的生产效率。

$$单位产品机械时间定额(台班) = \frac{1}{台班产量} \tag{9-10}$$

由于机械必须由工人小组配合，所以完成单位合格产品的时间定额，同时列出人工时间定额，即：

$$单位产品人工时间定额(工日) = \frac{小组成员总人数}{台班产量} \tag{9-11}$$

（2）机械产量定额

机械产量定额，是指在合理劳动组织与合理使用机械的条件下，机械在每个台班时间内，应完成合格产品的数量。

$$机械台班产量定额 = 1/机械时间定额(台班) \tag{9-12}$$

机械产量定额和机械时间定额互为倒数关系。

（3）定额表示方法

机械台班使用定额的复式表示法的形式如下：人工时间定额／机械台班产量。

（4）施工机械台班使用定额的编制

① 机械工作时间消耗的分类

机械工作时间的消耗可分为必需消耗的时间和损失时间两大类。

a. 在必需消耗的工作时间里，包括有效工作、不可避免的无负荷工作和不可避免的中断三项时间消耗，而在有效工作的时间消耗中又包括正常负荷下、有根据地降低负荷下的工时消耗。

正常负荷下的工作时间，是指机械在与机械说明书规定的计算负荷相符的情况下进行工作的时间。

有根据地降低负荷下的工作时间，是指在个别情况下由于技术上的原因，机械在低于其计算负荷下工作的时间。例如，货车运输重量轻但体积大的货物时，不能充分利用汽车的载重吨位因而不得不降低其计算负荷。

不可避免的无负荷工作时间，是指由施工过程的特点和机械结构的特点造成的机械无负荷工作时间。例如筑路机在工作区末端调头等，都属于此项工作时间的消耗。

不可避免的中断工作时间，是与机械的使用和保养、工艺过程的特点、工人休息有关的中断时间。

与机械有关的不可避免中断工作时间，是由于工人进行准备与结束工作或辅助工作时，机械停止工作而引起的中断工作时间。它是与机械的使用与保养有关的不可避免中断时间。

与工艺过程的特点有关的不可避免中断工作时间，有循环的和定期的两种。循环的不可避免中断，是在机械工作的每一个循环中重复一次，如汽车装货和卸货时的停车。定期的不可避免中断，是经过一定时期重复一次。比如把灰浆泵由一个工作地点转移到另一工作地点时的工作中断。

工人休息时间前面已经作了说明。要注意的是应尽量利用与工艺过程有关的和与机械有关的不可避免中断时间进行休息，以充分利用工作时间。

b. 损失的工作时间，包括多余工作、停工、违背劳动纪律所消耗的工作时间和低负荷下的工作时间。

机械的多余工作时间，是机械进行任务内和工艺过程内未包括的工作而延续的时间。如由于工人没有及时供料而使机械空运转的时间。

机械的停工时间，按其性质也可分为施工本身造成和非施工本身造成的停工。前者是由于施工组织得不好而引起的停工现象，如由于未及时供给机械燃料而引起的停工。后者是由于气候条件所引起的停工现象，如暴雨时压路机的停工。上述停工中延续的时间，均为机械的停工时间。

违反劳动纪律引起的机械的时间损失，是指由于工人迟到早退或擅离岗位等原因引起的机械停工时间。

低负荷下的工作时间，是由于工人或技术人员的过错所造成的施工机械在降低负荷的情况下工作的时间。例如，工人装车的砂石数量不足引起的汽车在降低负荷的情况下工作所延续的时间。此项工作时间不能作为计算时间定额的基础。

(5) 机械台班使用定额的编制内容

① 拟定机械工作的正常施工条件，包括工作地点的合理组织、施工机械作业方法的拟定、配合机械作业的施工小组的组织以及机械工作班制度等。

② 确定机械净工作生产率,即机械纯工作一小时的正常生产率。

③ 确定机械的利用系数。机械的正常利用系数指机械在施工作业班内对作业时间的利用率。

$$机械利用系数 = 工作班净工作时间/(机械工作班时间) \tag{9-13}$$

④ 计算机械台班定额。施工机械台班产量定额的计算如下:

$$施工机械台班产量定额 = 机械净工作生产率 \times 工作班延续时间 \times 机械利用系数 \tag{9-14}$$

$$施工机械时间定额 = 1/(施工机械台班产量定额) \tag{9-15}$$

⑤ 拟定工人小组的定额时间。工人小组的定额时间指配合施工机械作业工人小组的工作时间总和。

$$工人小组的定额时间 = 施工机械时间定额 \times 工人小组的人数 \tag{9-16}$$

9.1.2 江苏省建设工程计价依据

随着我国市场经济体制改革的不断深入和完善,如何充分发挥市场机制作用,建立公平竞争市场,形成建设工程造价的运行机制,达到合理确定和有效控制工程建设投资的目的,已成为建设市场中亟待解决的重要课题。

为了适应市场经济的需要,逐步与国际惯例接轨,维护与建立公平、公开、竞争的建设市场经济秩序,保障工程建设各方的合法权益,提升企业的竞争优势,推动建设事业的发展,根据建设部、国家质检总局联合颁发的《建设工程工程量清单计价规范》,江苏省建设厅自2003年陆续颁发了一系列配套的计价依据。主要有:

1. 江苏省建设工程费用定额

为规范建设工程计价行为,合理确定和有效控制工程造价,根据《建设工程工程量清单计价规范》(GB 50500—2008)和《建筑安装工程费用项目组成》(建标〔2003〕206号)(注:现已更新为《建筑安装工程费用项目组成》建标〔2013〕44号文)等有关规定,结合江苏省实际情况,江苏省建设厅组织编制了《江苏省建筑工程费用定额》,并决定自2009年5月1日起在全省范围内施行。

1) 费用定额作用

《江苏省建筑工程费用定额》是建设工程编制设计概算、施工图预(结)算、招标控制价(或标底)以及调解处理工程造价纠纷的依据;是确定投标报价、工程结算审核的指导;也可作为企业内部核算和制订企业定额的参考。

2) 费用定额适用范围

本定额适用于在江苏省行政区域范围内新建、扩建和改建的建筑与装饰、安装、市政、仿古建筑及园林绿化、房屋修缮工程,与《建设工程工程量清单计价规范》(GB 50500—2008)及江苏省现行的建筑与装饰、安装、市政、仿古建筑及园林绿化、房屋修缮工程计价表(定额)配套使用。

3) 费用定额的组成内容

费用定额包括分部分项工程费、措施费、其他项目费、规费和税金。

2. 江苏省建设工程计价表

为贯彻执行《建设工程工程量清单计价规范》,适应江苏省建设工程计价改革的需要,江苏省建设厅颁发了《江苏省建筑与装饰工程计价表》（苏建定［2003］371号）、《江苏省安装工程计价表》（苏建定［2003］372号）、《江苏省市政工程计价表》（苏建定［2003］373号）、《江苏省建设工程工程量清单计价项目指引》（苏建定［2003］374号）（以下统称《计价表》）、《江苏省仿古建筑与园林工程计价表》（苏建定［2007］247号）（以下简称《计价表》）。

1)《计价表》的作用

(1) 指导招投标工程编制工程标底、投标报价和审核工程结算；

(2) 企业内部核算、制定企业定额的参考依据；

(3) 一般工程（依法非招标工程）编制和审核工程预、结算的依据；

(4) 编制建筑工程概算定额的依据；

(5) 建设行政主管部门调解工程造价纠纷、合理确定工程造价的依据。

2)《计价表》编制依据

(1)《计价表》是依据国家有关现行产品标准、设计规范、施工验收规范、质量评定标准、安全技术操作规程编制的，并适当参考了行业、地方标准以及有代表性的工程设计、施工资料和其他资料。

(2)《计价表》是按照正常施工条件下，目前国内大多数施工企业采用的施工方法、施工工艺、机械化装备程度、合理的工期和劳动组织条件编制的，反映了社会平均消耗水平。

(3)《计价表》中的材料价格主要采用了南京市2003年下半年发布的建筑材料指导价格。

3.《计价表》适用范围和主要内容

《江苏省安装工程计价表》是将2001版《全国统一安装工程预算定额江苏省单位估价表》和《江苏省安装费用定额》进行修订后进行。

1) 适用范围

《江苏省安装工程计价表》适用于新建、扩建及技术改造项目的设备安装工程。

2) 主要内容

《江苏省安装工程计价表》共十二册，包括：

第一册　机械设备安装工程

第二册　电气设备安装工程

第三册　热力设备安装工程

第四册　炉窑砌筑工程

第五册　静置设备与工艺金属结构制作安装工程

第六册　工业管道工程

第七册　消防及安全防范设备安装工程

第八册　给排水、采暖、燃气工程

第九册　通风空调工程

第十册　自动化控制仪表安装工程

第十一册　刷油、防腐蚀、绝热工程

第十二册　建筑智能化系统设备安装工程

9.2 安装工程概预算概述

9.2.1 概预算的性质

安装工程概预算是反映拟建设备工程经济效果的一种技术经济文件，它是根据设计文件和设计图样、概预算定额以及其他的有关规定，编制的确定项目全部投资额的文件，是设计、施工文件的组成部分，也是基本建设管理工作的重要环节。

9.2.2 概预算的作用

基本建设在整个国民经济中占有很重要的位置，国家每年都在基本建设方面投入约占国民经济财政总支出的25%，要用好这笔巨额资金，充分发挥投资效益，做好概预算工作是十分必要的。基本建设程序规定，设计必须有概算，施工必须有预算。概预算不仅是计算基本建设项目的全部费用的重要依据，而且是对全部基本建设投资进行筹措、分配、管理、控制和监督的重要依据。是编制基本建设计划、控制基本建设投资、考核工程成本、确定工程造价、办理工程结算、办理银行贷款的依据。同时，基本建设概预算也是实行工程招标、投资和投资包干的重要文件，可以作为编制标底和投标报价的依据。另外，基本建设概预算还是对设计方案进行技术经济分析的重要尺度。此外，施工单位还能通过编制施工预算作为加强企业内部经济核算的依据。

9.2.3 概预算的分类

目前，基本建设概预算一般包括设计概算、施工图预算和施工预算三部分，根据建设阶段的不同，建设工程概预算有以下的分类：

1. 投资估算

投资估算是指在项目投资决策阶段，按照现有的资料和特定的方法，对建设项目的投资数额进行的估计。投资估算是建设项目决策的一个重要依据。根据国家规定，在整个建设项目投资决策过程中，必须对拟建建设工程造价（投资）进行估算，并据此研究是否进行投资建设。投资估算的准确性是十分重要的，若估算误差过大，必将导致决策的失误。因此，准确、全面地估算建设项目的工程造价是建设项目可行性研究的重要依据，也是整个建设项目投资决策阶段工程造价管理的重要任务。它的编制依据主要是估算指标、估算手册或类似工程的预（决）算资料等。其主要作用有：

1）项目建议书阶段的投资估算，是多方案比选，优化设计，合理确定项目投资的基础。是项目主管部门审批项目建议书的依据之一，并对项目的规划、规模起参考作用，从经济上判断项目是否应列入投资计划；

2）项目可行性研究阶段的投资估算，是项目投资决策的重要依据，是正确评价建设项目投资合理性，分析投资效益，为项目决策提供依据的基础。当可行性研究报告被批准之后，其投资估算额就作为建设项目投资的最高限额，不得随意突破；

3）项目投资估算对工程设计概算起控制作用，它为设计提供了经济依据和投资限额，设计概算不得突破批准的投资估算额。投资估算一经确定，即成为限额设计的依据，用以对各设计专业实行投资切块分配，作为控制和指导设计的尺度或标准；

4）项目投资估算是进行工程设计招标，优选设计方案的依据；

5）项目投资估算可作为项目资金筹措及制订建设贷款计划的依据，建设单位可根据批准的投资估算额进行资金筹措向银行申请贷款。

2. 设计概算

设计概算是在初步设计或扩大初步设计阶段，由设计单位根据初步设计或扩大初步设计图纸，概算定额、指标，工程量计算规则，材料、设备的预算单价，建设主管部门颁发的有关费用定额或取费标准等资料预先计算工程从筹建至竣工验收交付使用全过程建设费用经济文件。简言之，即计算建设项目总费用。其主要作用有：

1）国家确定和控制基本建设总投资的依据；

2）确定工程投资的最高限额；

3）工程承包、招标的依据；

4）核定贷款额度的依据；

5）考核分析设计方案经济合理性的依据。

3. 修正概算

在技术设计阶段，由于设计内容与初步设计的差异，设计单位应对投资进行具体核算，对初步设计概算进行修正而形成的经济文件，其作用与设计概算相同。

4. 施工图预算

施工图预算是指拟建工程在开工之前，施工单位根据已批准并经会审后的施工图纸计算的工程量、施工组织设计（施工方案）和国家现行预算定额、单位估价表以及各项费用的取费标准、建筑材料预算价格和设备预算价格等资料、建设地区的自然和技术经济条件等进行计算和确定单位工程和单项工程建设费用的经济文件。其主要作用有：

1）是考核工程成本、确定工程造价的主要依据；

2）是编制标底、投标文件、签订承发包合同的依据；

3）是工程价款结算的依据；

4）是施工企业编制施工计划的依据。

5. 施工预算

施工预算是在施工图预算的控制下，施工单位根据施工图纸计算的分项工程量、施工定额（包括劳动定额、材料消耗定额、机械台班定额）、单位工程施工组织设计或分部（项）过程设计和降低工程成本、技术组织措施等资料，通过工料分析计算和确定完成一个单位工程或其中的分部（项）工程所需要的人工、材料、机械台班消耗量及其相应费用的经济文件。施工预算实质上是施工企业的成本计划文件。其主要作用有：

1）是企业内部下达施工任务单、限额领料、实行经济核算的依据；

2）是企业加强施工计划管理、编制作业计划的依据；

3）是实行计件工资、按劳分配的依据。

6. 工程结算

工程结算是指施工企业按照承包合同和已完工程量向建设单位（业主）办理工程价清算的经济文件。工程建设周期长，耗用资金数大，为使建筑安装企业在施工中耗用的资金及时得到补偿，需要对工程价款进行中间结算（进度款结算）、年终结算，全部工程竣工验收后应进行竣工结算。

我国现阶段工程结算方式主要有以下几种：

1) 按月结算

实行旬末或月中预支，月终结算，竣工后清算的方法。跨年度竣工的工程，在年终进行工程盘点，办理年度结算。

2) 竣工后一次结算

建设项目或单项工程全部建筑安装工程建设期在 12 个月以内，或者工程承包价值在 100 万元以下的，可以实行工程价款每月月中预支，竣工后一次结算。建设项目或单项工程全部建筑安装工程建设期在 12 个月以内，或者工程承包价值在 100 万元以下的，可以实行工程价款每月月中预支，竣工后一次结算。

3) 分段结算

即当年开工，当年不能竣工的单项工程或单位工程按照工程形象进度，划分不同阶段进行结算。

4) 目标结算方式

即在工程合同中，将承包工程的内容分解成不同的控制界面，以业主验收控制界面作为支付工程款的前提条件。也就是说，将合同中的工程内容分解成不同的验收单元，当施工单位完成单元工程内容并经业主经验收后，业主支付构成单元工程内容的工程价款。

在目标结算方式下，施工单位要想获得工程价款，必须按照合同约定的质量标准完成界面内的工程内容，要想尽早获得工程价款，施工单位必须充分发挥自己的组织实施能力，在保证质量的前提下，加快施工进度。

5) 结算双方约定的其他结算方式

实行预付款的工程项目，在承包合同或协议中应明确发包单位（甲方）在开工前拨付给承包单位（乙方）工程预付款的数额、预付时间，开工后扣还预付款的起扣点、逐次扣还的比例，以及办理的手续和方法。

按照我国有关规定，预付款的预付时间应不迟于约定的开工日期前 7 天。发包方不按约定预付的，承包方在约定预付时间 7 天后向发包方发出要求预付的通知。发包方收到通知后仍不能按要求预付，承包方可在发出通知后 7 天停止施工，发包方应从约定应付之日起向承包方支付应付款的贷款利息，并承担违约责任。

7. 竣工决算

单位工程竣工后进行竣工决算。竣工决算由业主委托有相应资质的专家编制。工程决算的工程费用就是建筑安装工程的实际成本（实际造价），是建设单位确定固定资产的唯一根据，也是反映工程项目投资效果的文件。

竣工决算的内容包括竣工财务决算说明书、竣工财务决算报表、工程竣工图和工程造价对比分析四个部分。其中竣工财务决算说明书和竣工财务决算报表又合称为竣工财务决算，它是竣工决算的核心内容。

9.3 安装工程费用

根据《建筑安装工程费用项目组成》（建标 [2003] 206 号）和《建设工程工程量清单计价规范》（GB 50500—2008）等有关规定，并结合江苏省实际情况，通过充分调查研究，反复论证分析后编制完成了《江苏省建设工程费用定额》（以下简称《费用定额》）。并决定自2009年5月1日起在全省范围内施行，结合最新颁布实施的《建筑安装工程费用项目组成》（建标［2013］44号）的规定进行讲述。

9.3.1 《费用定额》简介

1. 《费用定额》主要内容

《费用定额》共包括五部分主要内容，即：
1) 总说明；
2) 安装工程费用项目组成；
3) 工程类别划分；
4) 工程费用取费标准及有关规定；
5) 工程造价计算程序。

2. 《费用定额》适用范围

《费用定额》适用于江苏省行政区域内一般工业与民用安装工程的新建、扩建和改造工程的计价活动，与《江苏省安装工程计价表》配套执行。

安装工程计价活动在这里是指编制施工图预算、招标工程标底、投标报价，签订施工合同价以及确定工程竣工结算等内容。安装工程计价活动均应遵守本《费用定额》的规定。

3. 《费用定额》的作用

《费用定额》的主要作用是，在江苏省安装工程计价活动中，统一安装工程费用的项目构成及组成内容，统一形成安装工程费用的方法和程序，统一安装工程的类别标准。

《费用定额》中的费率作为安装工程招标标底的编制依据，也可以作为业主进行工程建设投资分析、编制可行性研究报告投资估算及设计概算的基础，此外也可作为工程建设有关方面进行成本分析和经济核算的基础。

4. 《费用定额》编制原则

在编制过程中，针对安装工程造价的确定和管理，主要掌握以下原则：
1) 适应市场经济运行机制，创造公平竞争环境，体现市场形成工程造价的原则。
2) 考虑向推行工程量清单计价的过渡与衔接，方便采用工料单价法和综合单价法两种计价形式。
3) 充分发挥企业施工、技术、管理优势，激发提高企业的竞争力，给企业提供更多发展和选择的空间。
4) 提高工程建设投资效益，维护国家和工程建设各方利益，保证工程质量和安全。

9.3.2 费用项目构成及内容

按照《建筑安装工程费用项目组成》（建标［2013］44号）的规定，工程费用可按费用构成要素及造价形成划分为两种不同的组成形式。

1. 建筑安装工程费用项目组成（按费用构成要素划分）

建筑安装工程费按照费用构成要素划分：由人工费、材料（包含工程设备，下同）费、施工机具使用费、企业管理费、利润、规费和税金组成。其中人工费、材料费、施工机具使用费、企业管理费和利润包含在分部分项工程费、措施项目费、其他项目费中（见图9-2）。

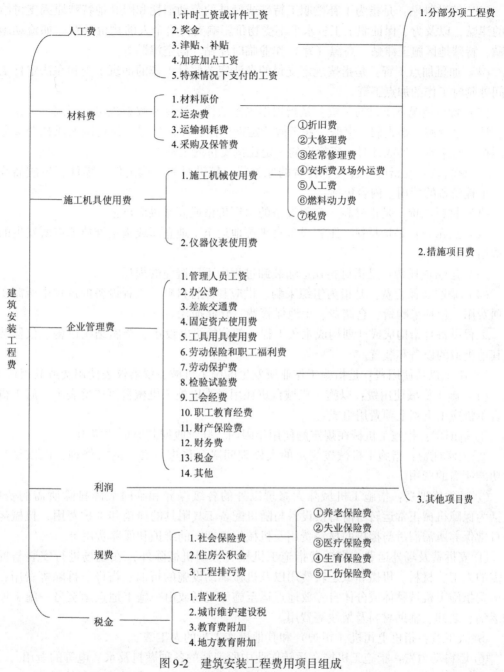

图 9-2 建筑安装工程费用项目组成
(按费用构成要素划分)

1) 人工费：是指按工资总额构成规定，支付给从事建筑安装工程施工的生产工人和附属生产单位工人的各项费用。内容包括：

(1) 计时工资或计件工资：是指按计时工资标准和工作时间或对已做工作按计件单价支付给个人的劳动报酬。

(2) 奖金：是指对超额劳动和增收节支支付给个人的劳动报酬。如节约奖、劳动竞赛奖等。

(3) 津贴补贴：是指为了补偿职工特殊或额外的劳动消耗和因其他特殊原因支付给个人的津贴，以及为了保证职工工资水平不受物价影响支付给个人的物价补贴。如流动施工津贴、特殊地区施工津贴、高温（寒）作业临时津贴、高空津贴等。

(4) 加班加点工资：是指按规定支付的在法定节假日工作的加班工资和在法定日工作时间外延时工作的加点工资。

(5) 特殊情况下支付的工资：是指根据国家法律、法规和政策规定，因病、工伤、产假、计划生育假、婚丧假、事假、探亲假、定期休假、停工学习、执行国家或社会义务等原因按计时工资标准或计时工资标准的一定比例支付的工资。

2) 材料费：是指施工过程中耗费的原材料、辅助材料、构配件、零件、半成品或成品、工程设备的费用。内容包括：

(1) 材料原价：是指材料、工程设备的出厂价格或商家供应价格。

(2) 运杂费：是指材料、工程设备自来源地运至工地仓库或指定堆放地点所发生的全部费用。

(3) 运输损耗费：是指材料在运输装卸过程中不可避免的损耗。

(4) 采购及保管费：是指为组织采购、供应和保管材料、工程设备的过程中所需要的各项费用。包括采购费、仓储费、工地保管费、仓储损耗。

工程设备是指构成或计划构成永久工程一部分的机电设备、金属结构设备、仪器装置及其他类似的设备和装置。

3) 施工机具使用费：是指施工作业所发生的施工机械、仪器仪表使用费或其租赁费。

(1) 施工机械使用费：以施工机械台班耗用量乘以施工机械台班单价表示，施工机械台班单价应由下列七项费用组成：

① 折旧费：指施工机械在规定的使用年限内，陆续收回其原值的费用。

② 大修理费：指施工机械按规定的大修理间隔台班进行必要的大修理，以恢复其正常功能所需的费用。

③ 经常修理费：指施工机械除大修理以外的各级保养和临时故障排除所需的费用。包括为保障机械正常运转所需替换设备与随机配备工具附具的摊销和维护费用，机械运转中日常保养所需润滑与擦拭的材料费用及机械停滞期间的维护和保养费用等。

④ 安拆费及场外运费：安拆费指施工机械（大型机械除外）在现场进行安装与拆卸所需的人工、材料、机械和试运转费用以及机械辅助设施的折旧、搭设、拆除等费用；场外运费指施工机械整体或分体自停放地点运至施工现场或由一施工地点运至另一施工地点的运输、装卸、辅助材料及架线等费用。

⑤ 人工费：指机上司机（司炉）和其他操作人员的人工费。

⑥ 燃料动力费：指施工机械在运转作业中所消耗的各种燃料及水、电等的费用。

⑦ 税费：指施工机械按照国家规定应缴纳的车船使用税、保险费及年检费等。

(2) 仪器仪表使用费：是指工程施工所需使用的仪器仪表的摊销及维修费用。

4) 企业管理费：是指建筑安装企业组织施工生产和经营管理所需的费用。内容包括：

(1) 管理人员工资：是指按规定支付给管理人员的计时工资、奖金、津贴补贴、加班加点工资及特殊情况下支付的工资等。

(2) 办公费：是指企业管理办公用的文具、纸张、账表、印刷、邮电、书报、办公软件、现场监控、会议、水电、烧水和集体取暖降温（包括现场临时宿舍取暖降温）等费用。

（3）差旅交通费：是指职工因公出差、调动工作的差旅费、住勤补助费、市内交通费和误餐补助费，职工探亲路费，劳动力招募费，职工退休、退职一次性路费，工伤人员就医路费，工地转移费以及管理部门使用的交通工具的油料、燃料等费用。

（4）固定资产使用费：是指管理和试验部门及附属生产单位使用的属于固定资产的房屋、设备、仪器等的折旧、大修、维修或租赁费。

（5）工具用具使用费：是指企业施工生产和管理使用的不属于固定资产的工具、器具、家具、交通工具和检验、试验、测绘、消防用具等的购置、维修和摊销费。

（6）劳动保险和职工福利费：是指由企业支付的职工退职金、按规定支付给离休干部的经费、集体福利费、夏季防暑降温、冬季取暖补贴、上下班交通补贴等。

（7）劳动保护费：是企业按规定发放的劳动保护用品的支出。如工作服、手套、防暑降温饮料以及在有碍身体健康的环境中施工的保健费用等。

（8）检验试验费：是指施工企业按照有关标准规定，对建筑以及材料、构件和建筑安装物进行一般鉴定、检查所发生的费用，包括自设试验室进行试验所耗用的材料等费用。不包括新结构、新材料的试验费，对构件做破坏性试验及其他特殊要求检验试验的费用和建设单位委托检测机构进行检测的费用，对此类检测发生的费用，由建设单位在工程建设其他费用中列支。但对施工企业提供的具有合格证明的材料进行检测不合格的，该检测费用由施工企业支付。

（9）工会经费：是指企业按《工会法》规定的全部职工工资总额比例计提的工会经费。

（10）职工教育经费：是指按职工工资总额的规定比例计提，企业为职工进行专业技术和职业技能培训，专业技术人员继续教育、职工职业技能鉴定、职业资格认定以及根据需要对职工进行各类文化教育所发生的费用。

（11）财产保险费：是指施工管理用财产、车辆等的保险费用。

（12）财务费：是指企业为施工生产筹集资金或提供预付款担保、履约担保、职工工资支付担保等所发生的各种费用。

（13）税金：是指企业按规定缴纳的房产税、车船使用税、土地使用税、印花税等。

（14）其他：包括技术转让费、技术开发费、投标费、业务招待费、绿化费、广告费、公证费、法律顾问费、审计费、咨询费、保险费等。

5）利润：是指施工企业完成所承包工程获得的盈利。

6）规费：是指按国家法律、法规规定，由省级政府和省级有关权力部门规定必须缴纳或计取的费用。包括：

（1）社会保险费

① 养老保险费：是指企业按照规定标准为职工缴纳的基本养老保险费。

② 失业保险费：是指企业按照规定标准为职工缴纳的失业保险费。

③ 医疗保险费：是指企业按照规定标准为职工缴纳的基本医疗保险费。

④ 生育保险费：是指企业按照规定标准为职工缴纳的生育保险费。

⑤ 工伤保险费：是指企业按照规定标准为职工缴纳的工伤保险费。

（2）住房公积金：是指企业按规定标准为职工缴纳的住房公积金。

（3）工程排污费：是指按规定缴纳的施工现场工程排污费。

其他应列而未列入的规费，按实际发生计取。

7）税金：是指国家税法规定的应计入建筑安装工程造价内的营业税、城市维护建设税、教育费附加以及地方教育附加。

2. 建筑安装工程费用项目组成（按造价形成划分）

建筑安装工程费按照工程造价形成由分部分项工程费、措施项目费、其他项目费、规费、税金组成，分部分项工程费、措施项目费、其他项目费包含人工费、材料费、施工机具使用费、企业管理费和利润（见图9-3）。

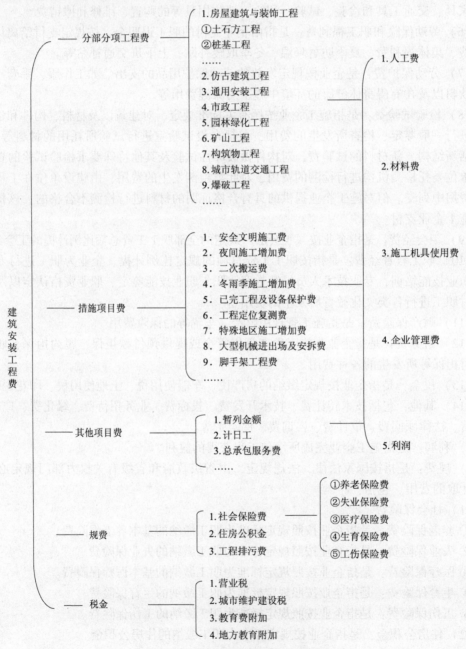

图9-3 建筑安装工程费用项目组成表
（按造价形成划分）

1）分部分项工程费：是指各专业工程的分部分项工程应予列支的各项费用。

（1）专业工程：是指按现行国家计量规范划分的房屋建筑与装饰工程、仿古建筑工程、通用安装工程、市政工程、园林绿化工程、矿山工程、构筑物工程、城市轨道交通工程、爆破工程等各类工程。

（2）分部分项工程：指按现行国家计量规范对各专业工程划分的项目。如房屋建筑与装饰工程划分的土石方工程、地基处理与桩基工程、砌筑工程、钢筋及钢筋混凝土工程等。

各类专业工程的分部分项工程划分见现行国家或行业计量规范。

2）措施项目费：是指为完成建设工程施工，发生于该工程施工前和施工过程中的技术、生活、安全、环境保护等方面的费用。内容包括：

（1）安全文明施工费

① 环境保护费：是指施工现场为达到环保部门要求所需要的各项费用。

② 文明施工费：是指施工现场文明施工所需要的各项费用。

③ 安全施工费：是指施工现场安全施工所需要的各项费用。

④ 临时设施费：是指施工企业为进行建设工程施工所必须搭设的生活和生产用的临时建筑物、构筑物和其他临时设施费用。包括临时设施的搭设、维修、拆除、清理费或摊销费等。

（2）夜间施工增加费：是指因夜间施工所发生的夜班补助费、夜间施工降噪、夜间施工照明设备摊销及照明用电等费用。

（3）二次搬运费：是指因施工场地条件限制而发生的材料、构配件、半成品等一次运输不能到达堆放地点，必须进行二次或多次搬运所发生的费用。

（4）冬雨期施工增加费：是指在冬期或雨期施工需增加的临时设施、防滑、排除雨雪，人工及施工机械效率降低等费用。

（5）已完工程及设备保护费：是指竣工验收前，对已完工程及设备采取的必要保护措施所发生的费用。

（6）工程定位复测费：是指工程施工过程中进行全部施工测量放线和复测工作的费用。

（7）特殊地区施工增加费：是指工程在沙漠或其边缘地区、高海拔、高寒、原始森林等特殊地区施工增加的费用。

（8）大型机械设备进出场及安拆费：是指机械整体或分体自停放场地运至施工现场或由一个施工地点运至另一个施工地点，所发生的机械进出场运输及转移费用及机械在施工现场进行安装、拆卸所需的人工费、材料费、机械费、试运转费和安装所需的辅助设施的费用。

（9）脚手架工程费：是指施工需要的各种脚手架搭、拆、运输费用以及脚手架购置费的摊销（或租赁）费用。

措施项目及其包含的内容详见各类专业工程的现行国家或行业计量规范。

3）其他项目费

（1）暂列金额：是指建设单位在工程量清单中暂定并包括在工程合同价款中的一笔款项。用于施工合同签订时尚未确定或者不可预见的所需材料、工程设备、服务的采购，施工中可能发生的工程变更、合同约定调整因素出现时的工程价款调整以及发生的索赔、现场签证确认等的费用。

(2) 计日工：是指在施工过程中，施工企业完成建设单位提出的施工图纸以外的零星项目或工作所需的费用。

(3) 总承包服务费：是指总承包人为配合、协调建设单位进行的专业工程发包，对建设单位自行采购的材料、工程设备等进行保管以及施工现场管理、竣工资料汇总整理等服务所需的费用。

4) 规费：是指按国家法律、法规规定，由省级政府和省级有关权力部门规定必须缴纳或计取的费用。包括：

(1) 社会保险费

① 养老保险费：是指企业按照规定标准为职工缴纳的基本养老保险费。

② 失业保险费：是指企业按照规定标准为职工缴纳的失业保险费。

③ 医疗保险费：是指企业按照规定标准为职工缴纳的基本医疗保险费。

④ 生育保险费：是指企业按照规定标准为职工缴纳的生育保险费。

⑤ 工伤保险费：是指企业按照规定标准为职工缴纳的工伤保险费。

(2) 住房公积金：是指企业按规定标准为职工缴纳的住房公积金。

(3) 工程排污费：是指按规定缴纳的施工现场工程排污费。

其他应列而未列入的规费，按实际发生计取。

5) 税金：是指国家税法规定的应计入建筑安装工程造价内的营业税、城市维护建设税、教育费附加以及地方教育附加。

9.3.3 安装工程费用的参考计算方法

1. 各费用构成要素参考计算方法

1) 人工费

公式1：

$$人工费 = \sum (工日消耗量 \times 日工资单价) \qquad (9\text{-}17)$$

注：公式1主要适用于施工企业投标报价时自主确定人工费，也是工程造价管理机构编制计价定额确定定额人工单价或发布人工成本信息的参考依据。

公式2：

$$人工费 = \sum (工程工日消耗量 \times 日工资单价) \qquad (9\text{-}18)$$

日工资单价是指施工企业平均技术熟练程度的生产工人在每工作日（国家法定工作时间内）按规定从事施工作业应得的日工资总额。

工程造价管理机构确定日工资单价应通过市场调查、根据工程项目的技术要求，参考实物工程量人工单价综合分析确定，最低日工资单价不得低于工程所在地人力资源和社会保障部门所发布的最低工资标准的：普工1.3倍、一般技工2倍、高级技工3倍。

工程计价定额不可只列一个综合工日单价，应根据工程项目技术要求和工种差别适当划分多种日人工单价，确保各分部工程人工费的合理构成。

注：公式2适用于工程造价管理机构编制计价定额时确定定额人工费，是施工企业投

标报价的参考依据。

2）材料费

（1）材料费

$$材料费 = \sum（材料消耗量 \times 材料单价） \tag{9-19}$$

$$材料单价 = [（材料原价 + 运杂费） \times [1 + 运输损耗率(\%)]] \times [1 + 采购保管费率(\%)] \tag{9-20}$$

（2）工程设备费

$$工程设备费 = \sum（工程设备量 \times 工程设备单价） \tag{9-21}$$

$$工程设备单价 = （设备原价 + 运杂费） \times [1 + 采购保管费率(\%)] \tag{9-22}$$

3）施工机具使用费

（1）施工机械使用费

$$施工机械使用费 = \sum（施工机械台班消耗量 \times 机械台班单价） \tag{9-23}$$

$$机械台班单价 = 台班折旧费 + 台班大修费 + 台班经常修理费 + 台班安拆费及场外运费 +$$
$$台班人工费 + 台班燃料动力费 + 台班车船税费 \tag{9-24}$$

注：工程造价管理机构在确定计价定额中的施工机械使用费时，应根据《建筑施工机械台班费用计算规则》，结合市场调查编制施工机械台班单价。施工企业可以参考工程造价管理机构发布的台班单价，自主确定施工机械使用费的报价，如租赁施工机械，公式为：施工机械使用费 = $\sum$（施工机械台班消耗量 × 机械台班租赁单价）。

（2）仪器仪表使用费

$$仪器仪表使用费 = 工程使用的仪器仪表摊销费 + 维修费 \tag{9-25}$$

4）企业管理费费率

（1）以分部分项工程费为计算基础

$$企业管理费费率(\%) = \frac{生产工人年平均管理费}{年有效施工天数 \times 人工单价} \times 人工费占分部分项工程费比例(\%) \tag{9-26}$$

（2）以人工费和机械费合计为计算基础

$$企业管理费费率(\%) = \frac{生产工人年平均管理费}{年有效施工天数 \times （人工单价 + 每一工日机械使用费）} \times 100\% \tag{9-27}$$

（3）以人工费为计算基础

$$企业管理费费率(\%) = \frac{生产工人年平均管理费}{年有效施工天数 \times 人工单价} \times 100\% \tag{9-28}$$

注：上述公式适用于施工企业投标报价时自主确定管理费，是工程造价管理机构编制计价定额确定企业管理费的参考依据。

工程造价管理机构在确定计价定额中企业管理费时，应以定额人工费或（定额人工费 + 定额机械费）作为计算基数，其费率根据历年工程造价积累的资料，辅以调查数据确定，列入分部分项工程和措施项目中。

5）利润

（1）施工企业根据企业自身需求并结合建筑市场实际自主确定，列入报价中。

（2）工程造价管理机构在确定计价定额中利润时，应以定额人工费或（定额人工费+定额机械费）作为计算基数，其费率根据历年工程造价积累的资料，并结合建筑市场实际确定，以单位（单项）工程测算，利润在税前建筑安装工程费的比重可按不低于5%且不高于7%的费率计算。利润应列入分部分项工程和措施项目中。

6）规费

（1）社会保险费和住房公积金

社会保险费和住房公积金应以定额人工费为计算基础，根据工程所在地省、自治区、直辖市或行业建设主管部门规定费率计算。

$$社会保险费和住房公积金 = \sum(工程定额人工费 \times 社会保险费和住房公积金费率) \tag{9-29}$$

式中：社会保险费和住房公积金费率可以每万元发承包价的生产工人人工费和管理人员工资含量与工程所在地规定的缴纳标准综合分析取定。

（2）工程排污费

工程排污费等其他应列而未列入的规费应按工程所在地环境保护等部门规定的标准缴纳，按实计取列入。

7）税金

税金计算公式：

$$税金 = 税前造价 \times 综合税率(\%) \tag{9-30}$$

综合税率：

（1）纳税地点在市区的企业

$$综合税率(\%) = \frac{1}{1 - 3\% - (3\% \times 7\%) - (3\% \times 3\%) - (3\% \times 2\%)} - 1 \tag{9-31}$$

（2）纳税地点在县城、镇的企业

$$综合税率(\%) = \frac{1}{1 - 3\% - (3\% \times 5\%) - (3\% \times 3\%) - (3\% \times 2\%)} - 1 \tag{9-32}$$

（3）纳税地点不在市区、县城、镇的企业

$$综合税率(\%) = \frac{1}{1 - 3\% - (3\% \times 1\%) - (3\% \times 3\%) - (3\% \times 2\%)} - 1 \tag{9-33}$$

（4）实行营业税改增值税的，按纳税地点现行税率计算。

2. 建筑安装工程计价参考公式如下

1）分部分项工程费

$$分部分项工程费 = \sum(分部分项工程量 \times 综合单价) \tag{9-34}$$

式中：综合单价包括人工费、材料费、施工机具使用费、企业管理费和利润以及一定范围的风险费用（下同）。

2）措施项目费

（1）国家计量规范规定应予计量的措施项目，其计算公式为：

$$措施项目费 = \sum(措施项目工程量 \times 综合单价) \tag{9-35}$$

（2）国家计量规范规定不宜计量的措施项目计算方法如下：

① 安全文明施工费

$$\text{安全文明施工费} = \text{计算基数} \times \text{安全文明施工费费率}(\%) \quad (9\text{-}36)$$

计算基数应为定额基价（定额分部分项工程费+定额中可以计量的措施项目费）、定额人工费或（定额人工费+定额机械费），其费率由工程造价管理机构根据各专业工程的特点综合确定。

② 夜间施工增加费

$$\text{夜间施工增加费} = \text{计算基数} \times \text{夜间施工增加费费率}(\%) \quad (9\text{-}37)$$

③ 二次搬运费

$$\text{二次搬运费} = \text{计算基数} \times \text{二次搬运费费率}(\%) \quad (9\text{-}38)$$

④ 冬雨期施工增加费

$$\text{冬雨期施工增加费} = \text{计算基数} \times \text{冬雨期施工增加费费率}(\%) \quad (9\text{-}39)$$

⑤ 已完工程及设备保护费

$$\text{已完工程及设备保护费} = \text{计算基数} \times \text{已完工程及设备保护费费率}(\%) \quad (9\text{-}40)$$

上述②~⑤项措施项目的计费基数应为定额人工费或（定额人工费+定额机械费），其费率由工程造价管理机构根据各专业工程特点和调查资料综合分析后确定。

3）其他项目费

（1）暂列金额由建设单位根据工程特点，按有关计价规定估算，施工过程中由建设单位掌握使用、扣除合同价款调整后如有余额，归建设单位。

（2）计日工由建设单位和施工企业按施工过程中的签证计价。

（3）总承包服务费由建设单位在招标控制价中根据总包服务范围和有关计价规定编制，施工企业投标时自主报价，施工过程中按签约合同价执行。

4）规费和税金

建设单位和施工企业均应按照省、自治区、直辖市或行业建设主管部门发布标准计算规费和税金，不得作为竞争性费用。

3. 相关问题的说明

1）各专业工程计价定额的编制及其计价程序，均按本通知实施。

2）各专业工程计价定额的使用周期原则上为5年。

3）工程造价管理机构在定额使用周期内，应及时发布人工、材料、机械台班价格信息，实行工程造价动态管理，如遇国家法律、法规、规章或相关政策变化以及建筑市场物价波动较大时，应适时调整定额人工费、定额机械费以及定额基价或规费费率，使建筑安装工程费能反映建筑市场实际。

4）建设单位在编制招标控制价时，应按照各专业工程的计量规范和计价定额以及工程造价信息编制。

5）施工企业在使用计价定额时除不可竞争费用外，其余仅作参考，由施工企业投标时自主报价。

9.3.4 工程类别划分标准

1）安装工程类别以分项工程确定工程类别，按表9-1、表9-2的划分规定执行。

安装工程类别划分标准	表 9-1

一类工程

(1) 10kV 以上变配电装置。
(2) 10kV 及 10kV 以上电缆敷设工程或实物量在 5km 以上的单独 6kV（含 6kV）电缆敷设分项工程。
(3) 锅炉单炉蒸发量在 10t/h 以上（含 10t/h）的锅炉安装及其相配套的设备、管道、电气工程。
(4) 建筑物使用空调面积在 15000m^2 以上的单独中央空调分项安装工程。
(5) 运行速度在 1.75m/s 以上的单独自动电梯分项安装工程。
(6) 建筑面积在 15000m^2 以上的建筑智能化系统设备安装工程和消防工程。
(7) 24 层以上高层建筑的水电安装工程。
(8) 工业安装工程一类项目（见表 9-2）。

二类工程

(1) 除一类范围以外的变配电装置和 10kV 以下架空线路工程。
(2) 除一类范围以外且在 380V 以上的电缆敷设工程。
(3) 除一类范围以外的各类工业设备安装、车间工艺设备安装及其相配套的管道、电气工程。
(4) 锅炉单炉蒸发量在 10t/h 以下的锅炉安装及其相配套的设备、管道、电气工程。
(5) 建筑物使用空调面积在 15000m^2 以下，5000m^2 以上的单独中央空调分项安装工程。
(6) 除一类范围以外的单独自动扶梯、自动或半自动电梯分项安装工程。
(7) 除一类范围以外的建筑智能化系统设备安装工程和消防工程。
(8) 8 层以上建筑的水电安装工程

三类工程

(1) 除一、二类范围以外的电缆敷设工程。
(2) 8 层以下（含 8 层）建筑的水电安装工程。
(3) 除一、二类范围以外的通风空调工程。
(4) 除一、二类范围以外的工业项目辅助设施的安装工程

四类工程

(1) 四层以下（含四层）建筑的水电安装工程。
(2) 除一、二、三类取费范围以外的各项零星安装工程

工业安装工程一类工程项目表	表 9-2

(1) 洁净要求高于（等于）一万级的单位工程。
(2) 焊口有探伤要求的工艺管道、热力管道、煤气管道、供水（含循环水）管道等工程。
(3) 易燃、易爆、有毒、有害介质管道工程（GB5044 职工性接触毒物危害程度分级）。
(4) 防爆电气、仪表安装工程。
(5) 各种类气罐、不锈钢及有色金属贮罐。碳钢贮罐容积单只≥1000m^3。
(6) 压力容器制作安装。
(7) 设备单重≥10t/台或设备本体高度≥10m。
(8) 空分设备安装工程。
(9) 起重运输设备：
　① 双梁桥式起重机：起重量≥50/10t 或轨距≥21.5m 或轨道高度≥15m
　② 龙门式起重机：起重量≥20t
　③ 皮带运输机：
　a. 宽≥650mm，斜度≥10°
　b. 宽≥650mm，总长度≥50m
　c. 宽≥1000mm
(10) 锻压设备：
　① 机械压力：压力≥250t
　② 液压机：压力≥315t
　③ 自动锻压机：压力≥5t
(11) 塔类设备安装工程。
(12) 炉窑类：
　① 回转窑：直径≥1.5m
　② 各类含有毒气体炉窑
(13) 总实物量超过 50m^3 的炉窑砌筑工程。
(14) 专业电气调试（电压等级在 500V 以上）与工业自动化仪表调试。
(15) 公共安装工程中的煤气发生炉、液化站、制氧站及其配套的设备、管道、电气工程

2）在一个单位工程中由几种不同的工程类别组成，分别确定工程类别，按相应的费率标准计算。

3）改建、装修工程使用安装定额的可参照相应的标准确定工程类别。

4）工程类别划分标准中未包括的特殊工程，如影剧院、体育馆等，由各市工程造价管理部门根据工程实际情况予以核定，并报省工程建设标准定额总站备案。

第 10 章 安装工程专业施工图预算的编制

10.1 施工图预算的编制、审查与管理

10.1.1 施工图预算的概念和作用

1. 施工图预算的概念

施工图预算是指在设计施工图完成后,根据已批准的施工图、按照工程量计算规则、并考虑实施施工图的施工组织设计确定的施工方案、计算工程量,套用现行的预算定额、材料预算价格和费用定额以及费用计算程序,逐项进行计算并汇总的单位工程或单项工程的技术经济文件。

2. 施工图预算的作用

施工图预算确定的设备工程造价可以理解为设备工程产品的价格。因此,施工图预算在工程招标投标和结算工程价款时,对建设工程各方都有着重要的作用。

1) 施工图预算对投资方的作用
(1) 根据施工图预算修正建设投资;
(2) 根据施工图预算确定招标的标底;
(3) 根据施工图预算拨付和结算工程价款;
(4) 根据施工图预算调整投资。

2) 施工图预算对施工企业的作用
(1) 根据施工图预算确定投标报价;
(2) 根据施工图预算进行施工准备;
(3) 根据施工图预算拟定降低成本措施;
(4) 根据旅工图预算编制施工预算。

3) 施工图预算是落实和调整年度建设计划的依据。
由于施工图预算比设计概算更具体更切合实际,可据以落实或调整年度投资计划。

4) 施工图预算是进行"两算"对比的前提条件。

10.1.2 施工图预算的编制

1. 施工图预算编制的依据

1) 经审批的设计施工图纸、设计施工说明书以及必需的通用设计图(标准图)。
2) 国家或地区颁发的现行预算定额及取费的标准以及有关费用文件、材料预算价格等。
3) 施工组织设计(施工方案)或技术组织措施等。

4）工程量计算规则。

5）工程协议或合同条款中有关预算编制原则和取费标准规定。

6）预算工程手册。如各种材料手册，常用计算公式和数据。

2. 施工图预算的编制程序

1）熟悉施工图纸

包括阅读设计说明书、熟悉图例符号、熟悉工艺流程、阅读各系统图、平面图等，这样可以了解设计的意图和施工要求。

2）熟悉合同或协议

熟悉和了解建设单位和施工单位签订的工程合同或协议内容和有关的规定是很必要的，因为有些内容在施工图和设计说明书中是反映不出来的，如工程材料供应方式、包干方式、结算方式、工期及相应奖罚措施等内容，都是在合同或协议中写明的。

3）熟悉施工组织设计

施工单位根据设备工程的工程特点、施工现场情况和自身施工条件和能力（技术、装备等），编制的施工组织设计，对施工起着组织、指导作用。编制施工图预算时，应考虑施工组织设计对工程费用的影响因素。

4）划分工程项目，计算工程量

（1）划分工程项目

划分的工程项目，必须和定额规定的项目一致，这样才能正确地套用定额，不能重复列项计算，也不能漏项少算。例如：给水排水工程，管件连接工程量已包含在管道安装工程项目内，就不能在列管道安装项目的同时，再列管件连接项目套工艺管道管件连接定额。有些工程量，在图样上不能直接表达，往往在施工说明中加以说明，注意不可漏项。如：管道除锈、刷油、绝热、系统调试等项目都是容易漏项的项目。再如，电动机安装不包括电动机测试内容，如果电动机要求测试，就必须列项。

（2）计算工程量

① 计算工程量规则

必须按定额规定的工程量计算规则进行计算，该扣除的部分要扣除，不该扣除的部分不能扣除。例如，给水排水管道、镀锌给水管道（螺纹连接）工程量计算规则规定以延长米计算，不扣除管件、阀门长度；通风管道安装制作工程量，定额规定以展开面积计算，不扣除送吸风口、检查孔等所占面积，咬口余量也不增加；计算风管长度时，以图注中心长度为准，不扣除管件长度，但扣除部件所占位置长度等。这些规则在计算工程量时都应严格遵守。

② 工程量计量单位要与定额一致

例如给水管道安装工程量定额计量单位是 10m，风管制作安装工程量计量单位是 $10m^2$，电线穿管工程量定额计量单位是 100m。在计算工程量时，必须和定额计量单位化为一致的单位，例如：100m 给水管道安装工程量应是 10（10m），$100m^2$ 风管制作安装工程应是 10（$10m^2$），而 100m 电线穿管工程只有一个单位，即 1（100m）。

③ 计算工程量应尽量查找工具书

例如，风管展开面积、管道绝热、刷油工程量以及管道绝热保护层工程量的计算，均可利用预算手册求得。

④ 计算工程量必须准确无误

在计算工程量时,必须严格按图样标示尺寸进行,不能加大或缩小;设备规格型号必须与图样完全一致,不准任意更改名称高套定额,数量要按图清点,按序进行,反复校对,避免重复,避免丢漏。例如在给水排水工程中,计算大便器的工程量,可以先在平面图上清点数量,再在系统图上校对,从设备材料表上核实,以确保准确无误。

工程量计算通常采用表 10-1 的形式。

工程量计算书　　　　　　　　　　　　　　　表 10-1

工程名称:　　　　　　　　　　　　　年　月　日　　　　　　　　共　页　第　页

序号	分部分项工程名称	单位	数量	计算式	备注

5) 整理工程项目和工程量

当按照工程项目将工程量全部计算完以后,要对工程项目和工程量进行整理,即合并同类项和按序排列,给套定额、计算直接费和进行工料分析打下基础。

6) 套用定额,求定额直接费

套用定额的基本原则:在选用预算单价时,施工图分项工程的名称、材料品种、规格、配合比及施工做法等,必须与定额所列内容相符合。

预算定额单价套用的三种情况:

(1) 直接套用预算单价

当施工图上分项工程的设计要求与基价表中相应项目的工作内容完全一致时,就能直接套用。

其方法和步骤:

① 根据设计施工图中的分部分项工程的名称,从预算定额中找出该分部分项工程在定额中的编号;

② 判断设计施工图中的分部分项工程内容与预算定额中规定的相应内容是否一致。若完全一致或不完全一致但定额又不允许换算时,即可以直接套用定额的基价;

③ 将定额编号和定额基价等填入预算计算表内。

(2) 换算预算单价

① 定额换算的原因。当设计要求与定额项目的内容不相一致时,为了使定额项目的内容适应设计要求的差异调整;

② 定额换算的依据。为了保证定额的水平不变,避免人为改变定额水平的不合理现象,定额在说明中规定了若干换算条件。

(3) 编制补充单价

7) 计算单位工程预算造价

计算出定额直接费后,以定额直接费中的人工费为计算基础,根据《建筑安装工程费用定额》中规定的各项费率,计算出工程费用总额,即单位工程预算造价。

8）编写施工图预算编制说明

其主要内容是对所采用的施工图、预算定额、价目表、费用定额以及在编制施工图预算中存在的问题，处理结果等加以说明。

3. 施工图预算的编制方法

单位工程施工图预算的编制方法有工料单价法、实物（金额）法和综合单价法三种。

1）工料单价法

工料单价法是首先根据单位工程施工图计算出各分项工程的工程量；套用预算定额的定额单价，计算分项工程的价值；再累计各分项工程的价值即定额直接费；根据地区费用定额，计算出间接费、利润、税金和其他费用等；最后汇总各项费用。

工料单价法确定工程造价的数学模型：

$$直接工程费 = 直接费 + 其他直接费 + 现场经费 \quad (10-1)$$

其中：

$$直接费或定额直接费 = \Sigma[分项工程量 \times 分项工程单价(基价)] \quad (10-2)$$

$$其他直接费 = 直接费 \times 其他直接费费率 \quad (10-3)$$

$$现场经费 = 直接费 \times 现场经费规定费率 \quad (10-4)$$

$$间接费 = 直接工程费 \times 间接费规定费率 \quad (10-5)$$

$$利润 = (直接工程费 + 间接费) \times 利润率 \quad (10-6)$$

$$税金 = (直接工程费 + 间接费 + 利润) \times 综合税率 \quad (10-7)$$

$$工程造价 = 直接工程费 + 间接费 + 利润 + 税金 \quad (10-8)$$

2）实物（金额）法

实物法首先根据施工图计算分项工程的工程量；套用预算定额中的人工、材料和机械台班定额用量，计算分项工程的人工、材料和机械台班需用量；并汇总计算单位工程全部的人工、材料和机械台班的总耗用量；结合当时当地的工资单价、材料预算价格和机械台班单价，汇总计算单位工程的直接费；根据地区费用定额和取费标准，计算出间接费、利润、税金和其他费用；最后汇总各项费用。

实物（金额）法确定工程造价的数学模型：

$$直接费 = 单位工程人工工日数 \times 地区日工资标准 + \Sigma(单位工程某种材料耗用量 \times 地区材料预算价格) + \Sigma(单位工程某种机械台班量 \times 台班预算价格) \quad (10-9)$$

其中：

$$单位工程人工工日 = \Sigma(分项工程量 \times 定额用工数) \quad (10-10)$$

$$单位工程某种材料用量 = \Sigma(分项工程量 \times 定额耗用量) \quad (10-11)$$

$$单位工程某种机械台班 = \Sigma(分项工程量 \times 定额使用量) \quad (10-12)$$

$$间接费 = 直接工程费 \times 间接费规定费率 \quad (10-13)$$

$$计划利润 = (直接工程费 + 间接费) \times 计划利润率 \quad (10-14)$$

$$税金 = (直接工程费 + 间接费 + 计划利润) \times 综合税率 \quad (10-15)$$

$$单位工程造价 = 直接工程费 + 间接费 + 计划利润 + 税金 \quad (10-16)$$

3）综合单价法

综合单价法即分项工程完全价（全费用单价）法，也就是工程量清单的单价。全费用单价经综合计算后生成，其内容包括直接工程费、间接费和利润（措施费也可按此方法生成全费用价格)。各分项工程量乘以综合单价的合价汇总后,生成工程发承包价。

综合单价法确定工程造价的数学模型:

$$\text{分项工程直接费} = \text{人工费} + \text{材料费} + \text{机械费} \quad (10\text{-}17)$$

其中:

$$\text{分项工程人工费} = \text{单位分项工程用工数} \times \text{人工单价} \quad (10\text{-}18)$$

$$\text{分项工程材料费} = \Sigma(\text{单位分项工程某种材料耗用量} \times \text{材料预算价格}) \quad (10\text{-}19)$$

$$\text{分项工程机械费} = \Sigma(\text{单位分项工程某种机械台班量} \times \text{台班预算价格}) \quad (10\text{-}20)$$

$$\text{间接费} = \text{分项工程直接费} \times \text{相应费率} \quad (10\text{-}21)$$

$$\text{利润} = (\text{分项工程直接费} + \text{间接费}) \times \text{相应的利润率} \quad (10\text{-}22)$$

$$\text{分项工程完全价} = \text{分项工程直接费} + \text{间接费} + \text{利润} \quad (10\text{-}23)$$

$$\text{单位工程造价} = \Sigma(\text{分项工程量} \times \text{分项工程完全单价}) + \text{税金} \quad (10\text{-}24)$$

4. 工料分析

为了加强施工管理和经济核算,在施工图预算书编制完成后,应对工程中消耗的人工、材料和机械台班进行分析,此过程称为工料分析。

1) 工料分析的意义

工料分析是控制材料供应,计算劳动力需要量,编制作业计划,签发班组施工任务书,进行成本核算和开展班组经济核算的依据。工料分析得出的材料总耗用量,为计算材料价差提供计算依据。因此,做好工料分析工作,对于加强施工企业经营管理、经济核算和降低工程成本都具有重要意义。

2) 工料分析的步骤和方法

(1) 计算分项工程的人工、材料和机械台班数量。

(2) 计算分部工程数量。将分项工程的人工、材料和机械台班数量逐项汇总,计算出分部的人工、材料和机械台班数量。

(3) 工料分析可采用表格形式进行。表格形式见表10-2。

工程工料分析表   表10-2

工程名称:　　　　　　　　　　　　　　　年 月 日

序号	定额编号	单位	工程量	基价(元)		其中						人工数量(工日)		材料耗用量								机械台班数量				
						人工费		材料费		机械费				材料名称								类型			
				定额	合计	定额	合计	定额	合计	定额	合计	定额	合计	定额	合计	定额	合计	定额	合计	定额	合计	定额	合计	定额	合计

10.1.3 施工图预算的审查与管理

为了保证施工图预算的合理性、准确性,在施工图预算编制完成后,应对其进行审查。预算审查必须遵照国家和省市地级有关部门的相关政策、要求进行。

1. 审查的内容

审查的重点是施工图预算的工程量计算是否准确、定额或单价套用是否合理、各项取费标准是否符合现行规定等方面。审查的详细内容如下：

1）审查工程量

工程量是计算工程造价的基础，工程量计算的正确与否，直接影响工程造价的准确性，因此，工程量计算是工程预算审查的关键内容。按照工程量计算规则和施工图纸，应审查各分部、分项工程量是否准确，是否符合计算规则，是否有多算或漏算等。

2）审查定额或单价的套用

（1）预算中所列各分项工程单价是否与预算定额的预算单价相符；其名称、规格、计量单位和所包括的工程内容是否与预算定额一致。

（2）有单价换算时应审查换算的分项工程是否符合定额规定及换算是否正确。

（3）对补充定额和单位计价表的使用应审查补充定额是否符合编制原则、单位计价表计算是否正确。

3）审查其他有关费用

其他有关费用包括的内容各地不同，具体审查时应注意是否符合当地规定和定额的要求。

2. 审查的步骤

1）审查前准备工作

（1）熟悉施工图纸。施工图是编制与审查预算分项数量的重要依据，必须全面熟悉了解。

（2）根据预算编制说明，了解预算包括的工程范围。如配套设施、室外管线、道路，以及会审图纸后的设计变更等。

（3）弄清所用单位工程计价表的适用范围，搜集并熟悉相应的单价、定额资料。

2）选择审查方法、审查相应内容

工程规模、繁简程度不同，编制工程预算繁简和质量就不同，应选择适当的审查方法进行审查。

3）整理审查资料并调整定案

综合整理审查资料，同编制单位交换意见，定案后编制预算审查调整表。经审查如发现差错，应与编制单位协商，统一意见后进行相应增加或核减的修正。调整表填完后应加盖有关单位及责任人公章。格式见表10-3、表10-4。

定额直接费调整表 表10-3

年 月 日

序号	分部分项工程名称	原预算						调整后预算						金额核减（元）	金额核增（元）
		定额编号	单位	工程量	直接费（元）		人工费（元）		定额编号	单位	工程量	直接费（元）		人工费（元）			
					单价	合价	单价	合价				单价	合价	单价	合价		

编制单位（公章）责任人： 审查单位（公章）责任人：

预算费用调整表 表 10-4

年 月 日

序号	费用名称	原预算			调整后预算			核减金额（元）	核增金额（元）
		费率（%）	计算基础	金额（元）	费率（%）	计算基础	金额（元）		

编制单位（公章）责任人： 审查单位（公章）责任人：

3. 审查的方法

1）逐项审查法

逐项审查法又称全面审查法，即按定额顺序或施工顺序，对各分项工程中的工程细目逐项全面详细审查的一种方法。

这种审查方法的优点是全面、细致，审查质量高、效果好。缺点是工作量大，时间较长。这种方法适合于一些工程量较小、工艺比较简单的工程。

2）标准预算审查法

标准预算审查法就是对利用标准图纸或通用图纸施工的工程，先集中力量编制标准预算，以此为标准来审查工程预算的一种方法。

按标准设计图纸或通用图纸施工的工程，一般上部结构做法相同，只是根据现场施工条件或地质情况不同，仅对基础部分做局部改变。凡这样的工程，以标准预算为准，对局部修改部分单独审查即可，不需逐一详细审查。

这种方法的优点是时间短、效果好、易定案。缺点是适用范围小，仅适用于采用标准图纸的工程。

3）分组计算审查法

分组计算审查法就是把预算中有关项目按类别划分若干组，利用同组中的一组数据审查分项工程量的一种方法。

这种方法首先将若干分部分项工程按相邻且有一定内在联系的项目进行编组，利用同组分项工程间具有相同或相近计算基数的关系，审查一个分项工程数量，由此判断同组中其他几个分项工程的准确程度。

该方法特点是审查速度快、工作量小。

4）对比审查法

对比审查法是当工程条件相同时，用已完工程的预算或未完但已经过审查修正的工程预算对比审查拟建工程的同类工程预算的一种方法。采用该方法一般须符合下列条件：

（1）拟建工程与已完或在建工程采用同一施工图，但基础部分和现场施工条件不同，则相同部分可采用对比审查法。

（2）工程设计相同，但建筑面积不同，两工程的建筑面积之比与两工程各分部分项工程量之比大体一致。此时可按分项工程量的比例，审查拟建工程各分部分项工程的工程量，或用两工程每平方米建筑面积造价、每平方米建筑面积的各分部分项工程量对比进行审查。

（3）两工程面积相同，但设计图纸不完全相同，则对相同的部分，如厂房中的柱子、屋架、屋面、砖墙等，可进行工程量的对照审查。对不能对比的分部分项工程可按图纸计算。

5)"筛选"审查法

"筛选法"是能较快发现问题的一种方法。建筑工程虽面积和高度不同，但其各分部分项工程的单位建筑面积指标变化却不大。将这样的分部分项工程加以汇集、优选，找出其单位建筑面积工程量、单价、用工的基本数值，归纳为工程量、价格、用工三个单方基本指标，并注明基本指标的适用范围。这些基本指标用来筛分各分部分项工程，对不符合条件的应进行详细审查，若审查对象的预算标准与基本指标的标准不符，就应对其进行调整。

"筛选法"的优点是简单易懂，便于掌握，审查速度快，便于发现问题。但解决差错问题，尚需继续审查。该方法适用于审查住宅工程或不具备全面审查条件的工程。

6) 重点审查法

重点审查法是相对逐项审查法而言，是抓住工程预算中的重点进行审核的方法。

审查的重点一般是工程量大或者造价较高的各种工程、补充定额、计取的各项费用（计取基础、取费标准）等。

重点审查法的优点是突出重点、审查时间短、效果好。这种方法比较简单，非专职预算审价人员采用较多。

4. 预算管理与审批

为了合理、节约使用建设资金，提高投资效果，保证并维护国家、建设单位和施工企业三者的经济利益，国家非常重视预算管理与审批工作，并成立了专门部门和机构负责这项工作。

预算管理通常由建设部，各省、市、自治区建设委员会或建设厅，各地、市建设委员会或建设局，国家各专业部委和各省、市、自治区对口专业厅、局的定额管理部门负责。

10.2 电气设备安装工程施工图预算的编制

10.2.1 电气设备安装工程基础知识

1. 电气照明

电气照明是建筑物不可缺少的组成部分，也是建筑安装工程重要的组成部分。照明质量的好坏直接影响着人们的生产、生活、工作与学习。衡量照明质量的好坏主要有照度均匀性、照度合理性、限制眩光性以及光源的显色性、照度的稳定性几个方面。这些主要是由设计来保证的。下面我们就着重对与预算有关的基本知识加以介绍。

1) 照明方式

照明分为正常照明和事故照明两大类。正常照明即满足一般生产、生活需要的照明。在突然停电、正常照明中断的情况下供继续工作和使人员安全通行的照明称为事故照明，也称应急照明。

正常的照明分为一般照明、局部照明、混合照明三种方式。一般照明即整体照明，可以使整个房屋内都具有一定的照度，如学校教室、阅览室内的照明。局部照明是为了满足局部区域高照度的要求，单独为其设置照明灯具的方式，分固定式和移动式两种。混合照明即一般照明和局部照明兼而有之的照明方式，多用于工业厂房的照明。

2) 灯具常用的安装方式

建筑物灯具安装方式如图 10-1 所示。

（1）吸顶式

将照明灯具直接安装在顶棚上，称为吸顶式。为了防止眩光，通常采用乳白玻璃吸顶灯和乳白塑料吸顶灯。

（2）嵌入式

将照明灯具嵌入顶棚内的安装方式，称为嵌入式。具有吊顶的房间常采用嵌入式。

（3）悬挂式

用软导线、链子等将灯具从顶棚处吊下来的方式，称为悬挂式。这是一种在一般照明中使用较多的安装方式。

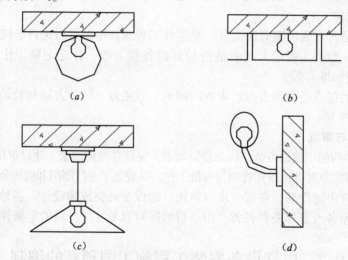

图 10-1　建筑物照明灯具安装方式
(a) 吸顶式；(b) 嵌入式；(c) 悬挂式；(d) 壁装式

（4）壁装式

用托架将照明灯具直接安装在墙壁上称为壁装式。壁装式照明灯具主要作为装饰之用，兼作局部照明，是一种辅助性照明。

3）常用的照明灯具安装高度

为了限制眩光，要正确选择灯具的悬挂高度。灯具的悬挂高度由设计决定，并在施工图中加以标注。照明灯具距楼地面最低悬挂高度见表 10-5。

照明灯具距地面的最低悬挂高度规定　　　　表 10-5

光源种类	灯具型式	光源功率（W）	最低悬挂高度（m）
白炽灯	有反射罩	≤60 100～150 100～300 ≥500	2.0 2.5 3.5 4.0
	有乳白玻璃漫反射罩	≤100 150～200 300～500	2.0 2.5 3.0
碘钨灯	有反射罩	≤500 1000～2000	6.0 7.0

续表

光源种类	灯具型式	光源功率（W）	最低悬挂高度（m）
荧光灯	无反射罩	<40 >40	2.0 3.0
	有反射罩	≥40	2.0
荧光高压汞灯	有反射罩	≤125 250 ≥400	3.5 5.0 6.0
高压汞灯	有反射罩	≤125 250 ≥400	4.0 5.5 6.5

2．配管配线

配管配线是指由配电箱接到用电器具的供电和控制线路的安装，通常采用明敷设和暗敷设两种方式。

1）明敷设

明敷设配电线路有绝缘子配线（瓷夹配线、瓷瓶配线）、槽板配线、穿明管配线、塑料护套线配线等。

2）暗敷设

暗敷设及穿暗管配线。是将穿线管预埋在墙、楼板或地板内，再将导线穿入管内。这种配线方式看不见导线，不影响屋内墙面的整洁美观，但费用较高。

常用的穿线管有电线管、焊接钢管、硬质塑料管、半硬质塑料管等。

穿管配线，线管管径选择的基本原则是：多根导线穿于同一根线管内时，线管内截面不小于导线截面积（含绝缘层和保护层）总和的2.5倍；单根穿管时，线管内经不小于导线外径的1.4～1.5倍；电缆穿管时，线管内经不小于电缆外径的1.5倍。

常用绝缘电线和线管的配合见表10-6。

常用绝缘电线和线管的配合表　　表10-6

导线截面积（mm²）	最小半径（mm）								
	2根			3根			4根		
	DG	C	VG	DG	C	VG	DG	C	VG
1.5	15	15	15	20	15	20	25	20	20
2.5	15	15	15	20	15	20	25	20	25
4.0	20	15	20	25	20	20	25	20	25
6.0	20	15	20	25	20	25	25	25	25
10	25	20	25	32	25	32	40	32	40
16	32	25	32	40	32	40	40	32	40
25	40	32	32	50	32	40	50	40	50
35	40	32	40	50	40	50	50	50	50
50	50	40	50	50	40	50	70	50	70
70	70	50	70	80	70	70	80	80	80
95	70	70	70	80	70	80	—	80	—

注：DG—电线管；C—水煤气管；VG—塑料管。

穿管配线，管内的导线不得有接头。有接头时（如分支），应设接线盒，在接线盒里接头。为便于穿线，当管路过长或弯多时，也应适当地加装接线盒。《建筑电气工程施工质量验收规范》GB 50303 中对钢管和电线管敷设，主要有以下规定：

(1) 管路超过下列长度时中间应加装接线盒：每超过 45m 无弯曲时；每超过 30m，有一个弯时；每超过 20m，有两个弯时；每超过 12m，有三个弯时。

(2) 埋于地下时，应采用钢管。钢管内外均应刷防腐漆，埋入混凝土内的管路外壁除外。

(3) 明配管固定点（管卡）最大距离应符合表 10-7 的规定。

明配管固定点（管卡）最大距离　　　　　表 10-7

名称	直径（mm）			
	15~20	25~30	40~50	65~100
	最大允许距离（m）			
钢管	1.5	2	2.5	3
电线管	1	1.5	2	—

3. 常用电线和电缆

在线芯外有一定绝缘层或完全没有绝缘层的导线称为电线。除了有一定绝缘层外，还有多层保护层的导线称为电缆。

常用电线电缆的种类如下：

(1) 裸导线的外层没有绝缘层，常用裸导线有裸绞线，如铜绞线（TJ）、铝绞线（LJ）、铜芯铝绞线（LGJ）等。

(2) 绝缘电线低压供电线路及电气设备联线，多采用绝缘电线。常用绝缘电线的种类及型号见表 10-8。

常见绝缘电线种类及型号　　　　　表 10-8

类别	型号	名称
聚氯乙烯塑料绝缘电线 （JB666）	BV	铜芯聚氯乙烯绝缘电线
	BLV	铝芯聚氯乙烯绝缘电线
	BVV	铜芯聚氯乙烯绝缘聚氯乙烯护套电线
	BLVV	铝芯聚氯乙烯绝缘聚氯乙烯护套电线
	BVR	铜芯聚氯乙烯绝缘软线
	BLVR	铝芯聚氯乙烯绝缘软线
	RVB	铜芯聚氯乙烯绝缘平行软线
	RVS	铜芯聚氯乙烯绝缘绞形软线
	RVV	铜芯聚氯乙烯绝缘聚氯乙烯护套软线
橡皮绝缘电线 （JB665） （JB870）	BX	铜芯橡皮线
	BLX	铝芯橡皮线
	BBX	铜芯玻璃丝橡皮线
	BBLX	铝芯玻璃丝橡皮线
	BXR	铜芯橡皮软线
	BXS	棉纱织双绞软线
丁腈聚氯乙烯复合物绝缘软线 （JB1170）	RFS	复合物绞形软线
	RFB	复合物平行软线

（3）电力电缆按照主绝缘材料的不同分为纸绝缘电缆（代号为Z）、塑料绝缘（代号为V）电缆和橡胶绝缘（代号为X）电缆。例如，ZLQ是纸绝缘铝芯铅包电力电缆。型号中的Q表示保护层为铅包。

4. 电力、照明配电箱

由各种开关电器、电气仪表、保护电气、引入引出线等按照一定方式组合而成的成套电气装置，称为配电箱。在建筑物内应用十分广泛。主要用于电力配电的称为电力配电箱；主要用于照明配电的为照明配电箱；两者兼用的为综合式配电箱。

配电箱有标准产品和非标准产品两大类。标准产品是国家统一设计的产品，其结构和内部元件、接线都是统一的；非标准产品是在标准产品的基础上作部分改动的产品。

配电箱安装方式有明装（裸露装于墙上）、暗装（嵌于墙体内）、立式安装（立于地上）等几种形式。

照明配电箱型号的基本表示方法如下：

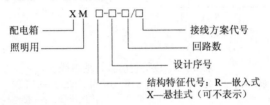

电力配电箱型号的基本表示方法如下：

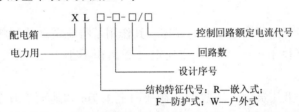

配电箱在电气平面图上的表示方法见表10-9。

配电箱的平面图形符号 表10-9

序号	名称	符号	备注	序号	名称	符号	备注
1	配电箱一般符号	▭	适用于屏、台、箱、柜	4	照明配电箱	▭	需要时允许涂红
2	动力配电箱	▭	或动力-照明配电箱	5	事故照明配电箱	⊠	
3	信号板、箱	⊗		6	多种电源配电箱	▨	

5. 防雷接地装置

防雷接地装置是指为了防止雷击对建筑物、构筑物电气设备等的危害以及为了预防人体接触电压及跨步电压，保证电气装置可靠运行等所设置的防雷及接地设施。防雷接地装置由接地极、接地母线、避雷针、避雷网、避雷针引下线等构成，见图10-2。

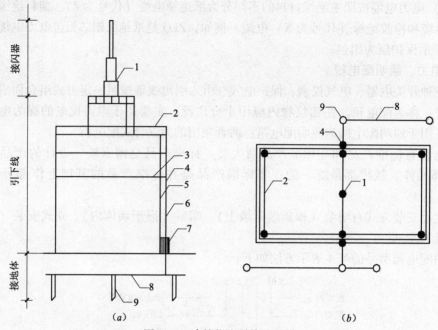

图 10-2　建筑物防雷接地组线
1—避雷针；2—避雷网；3—均压环；4—引下线；5—引下线卡子；
6—断接卡子；7—引下线保护管；8—接地母线；9—接地极

1）引下线

引下线是连接避雷针和接地母线的导体。其作用是将避雷针接到的雷电流引入接地母线。一般用圆钢（直径不小于 8mm）或扁钢（截面积不小于 48mm²，厚度不小于 4mm）制成。

引下线明装时，沿建筑物外墙敷设，在地面上 1.7m 和地面下 0.3m 线段上必须用保护管加以保护（竹管或塑料管）。安装时，可利用建筑物本身的金属结构作为引下线。

2）避雷网

避雷网即在屋面上纵横敷设的避雷带组成的网络，一般用镀锌圆钢或扁钢制成。圆钢直径为 8mm；扁钢截面积不小于 48mm²，厚度为 4mm。其安装见图 10-3。

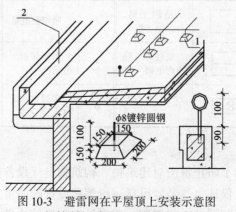

图 10-3　避雷网在平屋顶上安装示意图
1—钢制混凝土支座；2—桡檐支座做法

3）避雷针

避雷针是安装在建筑物突出部位或独立安装的针型金属导体。通常采用镀锌圆钢或镀锌钢管制成。所用圆钢及钢管直径依针长不同而不同。当针长小于1m时，圆钢和钢管直径分别不得小于12mm、20mm；当针长为1～2m时，不得小于16mm和25mm；烟囱顶上的避雷针，圆钢为20mm；当避雷针长度超过2m时，针体则由针尖和不同管径的管段组合而成。

4）接地体

接地母线和接地地极共同构成接地体。接地体分水平接地和垂直接地两种。水平接地埋深0.6m以下。垂直接地体顶部埋深0.8m，底部成锥形，接地体长度为2.5m。各接地体间距为5m以上。

接地体应设置在人畜少到的地方，与建筑物的水平距离不得小于3m，以确保安全。避雷引下线及接地装置安装见图10-4。

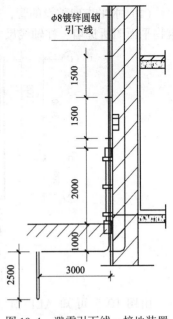

图10-4 避雷引下线、接地装置安装示意图

10.2.2 电气设备工程定额的应用

电气设备安装工程量计算主要依据《江苏省安装工程计价表》中的第二册《电气设备安装工程》，除本计价表的各项规定外，还应依据如下有效文件：①施工设计图纸及说明；②施工组织设计或施工技术措施方案；③其他有关技术经济文件。本计价表的计算尺寸，以设计图纸表示的或设计图纸能读出的尺寸为准。除另有规定外，工程量的计量单位应按下列规定计算：

（1）以体积计算的为m^3；

（2）以面积计算的为m^2；

（3）以长度计算的为m；

（4）以重量计算的为t或kg；

（5）以台（套或件等）计算的为台（套或件等）。

汇总工程量时，其准确度取值：m^3、m^2、m以下取2位；t以下取3位；台（套或件等）取整数，2位或3位小数后的位数按四舍五入取舍。

1. 配管工程量计算

配管工程以所配管的材质、敷设方式以及按管的规格划分定额子目。

1）计算规则及其要领：

（1）计算规则：各种配管工程量以管材质、规格和敷设方式不同，按"延长米"计量，不扣除接线盒（箱）、灯头盒、开关盒所占长度。

（2）计算要领：从配电箱起按各个回路进行计算，或按建筑物自然层划分计算，或按建筑平面形状特点及系统图的组成特点分片划块计算，然后汇总。千万不要"跳算"，防止混乱，影响工程量计算的正确性。

2）计算方法：计算配管的工程量，分两步走，先算水平配管，再算垂直配管。

(1) 水平方向敷设的管，以施工平面布置图的管线走向和敷设部位为依据，并借用建筑物平面图所标墙、柱轴线尺寸进行线管长度的计算，以图 10-5 为例。

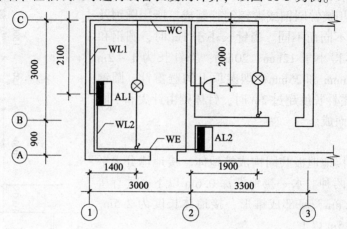

图 10-5 水平配管长度计算示意图

由图 10-5 可知 AL1 箱（800×500×200）有两个回路，即 WL1：BV-2×2.5SC15 和 WL2：BV-4×2.5PC20，其中 WL1 回路是沿墙、顶棚暗敷，WL2 沿墙、顶棚明敷至 AL2 箱（500×300×160）。工程量的计算需要分别计算、分别汇总、套用不同的定额。

① WL1 回路的配管线为：BV-2×2.5SC15，回路沿 1-C-2 轴沿暗墙敷及房间内沿顶棚暗敷，按相关墙轴线尺寸计算该配管长度。

那么 WL1 回路水平配管长度 SC15 = 2.1+3+1.9+3.9+2+3 = 15.9m。

② WL2 回路的配管线为：BV-4×2.5PC20，回路沿 1-A 轴沿墙明敷，按相关墙面净空长度尺寸计算线管长度。

那么 WL2 回路水平配管长度 PC20 = 3.9-2.1-0.12+3 = 4.68m。

(2) 垂直方向敷设的管（沿墙、柱引上或引下），其工程量计算与楼层高度及与箱、柜、盘、板、开关等设备安装高度有关。无论配管是明敷或暗敷均按图 10-6 计算线管长度。

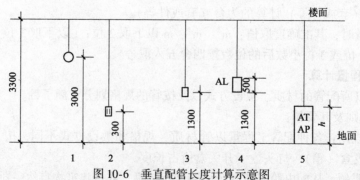

图 10-6 垂直配管长度计算示意图
1—拉线开关；2—插座；3—开关；4—配电箱或 Wh 表；5—配电柜

由图 10-6 可知，各电气元件的安装高度知道后，垂直长度的计算就解决了，这些数据可参见具体设计的规定，一般按照配电箱底距地 1.5m，板式开关距地 1.3~1.5m，一般插座距地 0.3m，拉线开关距顶 0.2~0.3m，灯具的安装高度按具体情况而定，本图灯具按吸顶灯考虑。

① WL1 回路的垂直配管长度 SC15 =（3.3 - 1.5 - 0.5）配电箱 +（3.3 - 0.3）插座 + 0.3×2 拉线开关 = 4.9m。

② WL2 回路的垂直配管长度 PC20 =（3.3 - 1.5 - 0.5）AL1 +（3.3 - 1.5 - 0.3）AL2 = 2.8m；

合计：暗配 SC15 的管长度为：水平长 + 垂直长 = 15.9 + 4.9 = 20.8m；

明配 PC20 的管长度为：水平长 + 垂直长 = 4.68 + 2.8 = 7.48m。

（3）当埋地配管时（FC），水平方向的配管按墙、柱轴线尺寸及设备定位尺寸进行计算。穿出地面向设备或向墙上电气开关配管时，按埋地深度和引向墙、柱的高度进行计算，如图 10-7、图 10-8 所示。

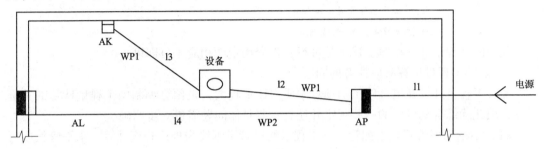

图 10-7 埋地水平管长度

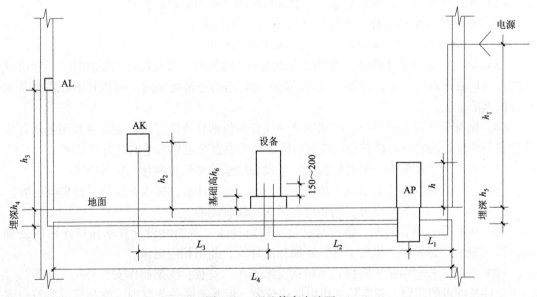

图 10-8 埋地管穿出地面

① 水平长度的计算：若电源架空引入，穿管 SC50 进入配电箱（AP）后，一条回路 WP1 进入设备，再连开关箱（AK），另一回路 WP2 连照明箱（AL）。水平方向配管长度为 $L_1 = 1m$，$L_2 = 3m$，$L_3 = 2.5m$，$L_4 = 9m$ 等，水平方向配管长度均算至各电气元件的中心处。

a. 引入管的水平长度（墙外考虑 0.2m）：SC50 = 1 + 0.24 + 0.2 = 1.44m；

b. WP1 的配管线为：BV -4×6 SC32 FC 管长度 SC32 $= 3 + 2.5 = 5.5$m；

c. WP2 的配管线为：BV -4×4 SC25 FC 管长度 SC25 $= 9$m。

② 垂直长度的计算：当管穿出地面时，沿墙引下管长度 (h) 加上地面埋深才为垂直长度，出地面的配管还应考虑设备基础高和出地面高度，一般考虑 150～200mm，即为垂直配管长度。各电气元件的高度分别为：架空引入高度 $h_1 = 3$m；开关箱距地 $h_2 = 1.3$m；配电箱距地 $h_3 = 1.5$m；管埋深 $h_4 = 0.3$m；管埋深 $h_5 = 0.5$m；基础高 $h_6 = 0.1$m。

a. 引入管的垂直长度 SC50 $= h_1 + h_5 = 3 + 0.5 = 3.5$m；

b. WP1 的垂直配管长度 SC32 $= (h_5 + h_6 + 0.2) \times 2 + (h_5 + h_2)$ (AL) $= (0.5 + 0.1 + 0.2) \times 2 + 0.5 + 1.3 = 3.4$m（伸出基础高按 200mm 考虑）；

c. WP2 的垂直配管长度 SC25 $= h_3 + h_4 = 1.5 + 0.3 = 1.8$m。

合计：引入管 SC50 $= 1.44 + 3.5 = 1.79$m；

SC32 $= 5.5 + 3.4 = 8.9$m；

SC25 $= 9 + 1.8 = 10.8$m。

配管的工程量计算按照上述步骤进行，再套用定额相应子目即可。

3）配管工程量计算时应注意的问题

配管工程量计算在电气施工图预算中所占比重较大，是预算编制中工程量计算的关键之一，因此除综合基价中的一些规定外还有一些具体问题需进一步明确。

（1）不论明配管还是暗配管，其工程量均以管子轴线为理论长度计算。水平管长度可按平面图所示标注尺寸或用比例尺量取，垂直管长度可根据层高和安装高度计算。

（2）在计算配管工程量时要重点考虑管路两端、中间的连接件：

① 两端应该预留的要计入工程量（如进、出户管端）；

② 中间应该扣除的必须扣除（如配电箱等所占长度）。

（3）明配管工程量计算时，要考虑管轴线距墙的距离，如在设计无要求时，一般可以墙皮作为量取计算的基准；设备、用电器具作为管路的连接终端时，可依其中心作为量取计算的基准。

（4）暗配管工程量计算时，可依墙体轴线作为量取计算的基准；如设备和用电器具作为管路的连接终端时，可依其中心线与墙体轴线的垂直交点作为量取计算的基准。

（5）在钢索上配管时，另外计算钢索架设和钢索拉紧装置制作与安装两项。

（6）当动力配管发生刨混凝土地面沟时，以"m"计量，按沟宽分档，套相应定额。

（7）在吊顶内配管敷设时，用相应管材明配线管定额。

（8）电线管、钢管明配、暗配均已包括刷防锈漆，若图纸设计要求作特殊防腐处理时，按《刷油、防腐蚀、绝热工程》定额规定计算，并用相应定额。

（9）配管工程包括接地跨接，不包括支架制作、安装，支架制作安装另立项计算。

上述基准点的问题，在实际工作中形式较多，但要掌握一条原则，就是尽可能符合实际。基准点一旦确定后，对于一项工程要严格遵守，不得随意改动，这样才能达到整体平衡，使整个电气工程配管工程量计算的误差降到最低。

2. 管内穿线工程量计算

1）计算规则

管内穿线按"单线延长米"计量。导线截面超过 6mm² 以上的照明线路，按动力穿线定额计算。

2）管内穿线长度可按下式计算：

管内穿线长度 =（配管长度 + 导线预留长度）× 同截面导线根数　　（10-25）

各类开关箱、柜及其他设备导线预留长度详见表 10-10。

连接设备导线预留长度表　　　　表 10-10

序号	项目	预留长度	说明
1	各种配电箱、开关箱，柜、板	（高 + 宽）	盘面尺寸
2	单独安装（无箱、盘）的铁壳开关、闸刀开关、启动器、母线槽进出线盒等	0.3m	以安装对象中心算起
3	由地坪管子出口引至动力接线箱	1.0m	以管口计算
4	电源与管内导线连接（管内穿线与软、硬母线接头）	1.5m	以管口计算
5	出户线	1.5m	以管口计算

【例 1】 如图 10-9、图 10-10 所示，电缆架空引入，标高 3.0m，穿 SC50 的钢管至 AP 箱，AP 箱尺寸为（1000mm × 2000mm × 500mm），从 AP 箱分出两条回路 WP1、WP2，其中一条回路进入设备，再连开关箱（AK），即 WP1 箱，其配管线为：BV – 4 × 6 SC32 FC；另一回路 WP2 连照明箱（AL），WP2 的配管线为：BV – 4 × 4 SC25 FC，AL 配电箱尺寸（800mm × 500mm × 200mm）。计算图内的管内穿线的工程量。

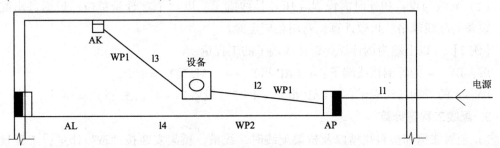

图 10-9　埋地平面图

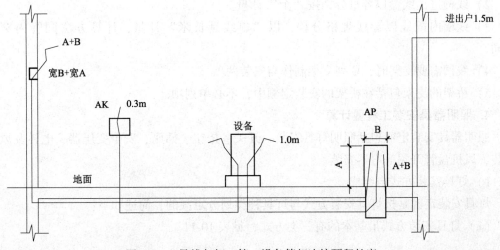

图 10-10　导线与柜、箱、设备等相连接预留长度

解：根据上题的配管工程量，计算管内穿线的工程量。

入户电缆 = 配管长度 + 预留长度 = 1.79 + （1 + 2） + 1.5 = 6.29m；

WP1 的配管线为：BV – 4 × 6 SC32 FC

BV – 6：（SC32 管长 + 各预留长度）× 4 = ［8.9 + （1 + 2）AP 箱 + 1 × 2 设备 + 0.3AK 箱］× 4 = （8.9 + 3 + 2 + 0.3）× 4 = 56.8m；

WP2 的配管线为：BV – 4 × 4 SC25 FC

BV – 4：（SC25 的管长 + 各预留长度）× 4 = ［10.8 + （1 + 2）AP 箱 + （0.8 + 0.5）AL 箱］× 4 = （10.8 + 3 + 1.3）× 4 = 60.4m。

3）管内穿线工程量计算应注意的问题

(1) 计算出管长以后，要具体分析管两端连接的是何种设备。

① 如果相连的是盒（接线盒、灯头盒、开关盒、插座盒）和接线箱时，因为穿线项目中分别综合考虑了进入灯具及明暗开关、插座、按钮等预留导线的长度，因此穿线工程量不必考虑预留。

$$单线延长米 = 管长 \times 管内穿线的根数(型号、规格相同) \qquad (10-26)$$

② 如果相连的是设备，那么穿线工程量必须考虑预留。

$$单线延长米 = (管长 + 管两端所接设备的预留长度) \times 管内穿线根数 \qquad (10-27)$$

(2) 导线与设备相连时需设焊（压）接线端子，以"个"计量单位，根据进出配电箱、设备的配线规格、根数计算，套用相应定额。

【例2】 以上题为例计算焊铜接线端子的工程量。

解：BV – 4 的焊铜接线端子：4（AP 箱）+ 4（AL 箱）= 8 个；

BV – 6 的焊铜接线端子：4（AP 箱）+ 4 × 2（设备）+ 4（AK 箱）= 16 个。

3. 配线工程量计算

1）金属线槽和塑料线槽以及桥架配线时，线槽、桥架安装按"m"计量，工程量按施工图设计长度计算。

2）线槽进出线盒以容量分档按"个"计量。

3）线槽内配线以导线规格分档，以"单线延长米"计量，计算方法同管内穿线相同。

4）线槽需要支架时，要列支架制作与安装两项。

5）桥架的支架包括在桥架的安装定额中，不必单列项。

4. 照明器具安装工程量计算

照明器具安装定额包括照明灯具安装、开关、按钮、插座、安全变压器、电铃及风扇安装，风机盘管开关等电器安装。

1）灯具安装方式与组成

灯具安装定额是按灯具安装方式与灯具种类划分定额的，简述如下：

(1) 灯具安装方式最基本的有三类方式，见表10-11。

灯具安装方式　　　　　　　　　　　　　　　表 10-11

安装方式		旧符号	新符号	备注
吊式	线吊式	X	WP	
	链吊式	L	C	
	管吊式	G	P	
吸定式	一般吸顶式	D	—	
	嵌入吸定式	RD	R	
壁装式	一般壁装式	B	W	
	嵌入壁装式	RB	R	

（2）灯具组成以常见灯具为准，如图 10-11 所示。

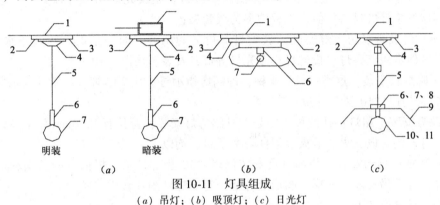

图 10-11　灯具组成
(a) 吊灯；(b) 吸顶灯；(c) 日光灯

(a) 吊灯

明装：1-固定木台螺钉；2-木台；3-固定吊线盒螺钉；4-吊线盒；5-灯线（花线）；6-灯头（螺口 E，插口 C）；7-灯泡。

暗装：1-灯头盒；2-塑料台固定螺栓；3-塑料台；4-吊杆盘；5-吊杆（吊链，灯线）；6-灯头；7-灯泡。

(b) 吸顶灯

1-固定木台螺钉；2-木台；3-固定木台螺钉；4-灯圈（灯架）；5-灯罩；6-灯头座；7-灯泡。

(c) 日光灯

1-固定木台螺钉；2-固定吊线盒螺钉；3-木台；4-吊线盒（或吊链底座）；5-吊线（吊链、吊杆、灯线）；6-镇流器；7-启辉器；8-电容器；9-灯罩；10-灯管灯脚（固定和弹簧式）；11-灯管。

2）灯具安装工程量计算

灯具安装工程量以灯具种类、型号、规格、安装方式划分定额，按"套"计量数量。

（1）《全国统一安装工程预算定额》第二册"电气设备安装工程"灯具安装定额使用注意问题：

① 各型灯具的引线除注明者外，均已综合考虑在定额内，不另计算；

② 定额已包括用摇表测量绝缘及一般灯具试亮工作，但不包括系统调试工作；

③ 路灯、投光灯、碘钨灯、烟囱和水塔指示灯，均已考虑了一般工程的高空作业因素。其他灯具，安装高度如果超过5m以上20m以下时，应按第二册中的规定，计算操作高度增加费；

④ 灯具安装定额包括灯具和灯管（泡）的安装。灯具和灯管（泡）为未计价材料，它们的价格要列入主材费计算，一般情况灯具的预算价不包括灯管（泡）的价格，以各地灯具预算价或市场价为准；

⑤ 吊扇和日光灯的吊钩安装已包括在定额项目中，不另计；

⑥ 路灯安装，不包括支架制作及导线架设，应另列项计算。

（2）《全国统一安装工程定额》第二册中，灯具安装定额分类：

① 普通灯具安装。包括吸顶灯、其他普通灯具两大类，均以"10套"计量；

② 荧光灯具安装。分组装型和成套型两类。组装型荧光灯每套可计算一个电容器安装及电容器的未计价材料价值，工程中多为成套型；

③ 工厂灯及防水防尘灯安装。这类灯具可分为两类，即一是工厂罩及防水防尘灯；二是工厂其他常用碘钨灯、投光灯、混光灯等灯具安装，均以"10套"计量；

④ 医院灯具安装。这类灯具分4种，即病房指示灯、病房暗脚灯、紫外线杀菌灯、无影灯（G），均以"10套"计量；

⑤ 路灯安装。路灯包括两种：一是大马路弯灯安装，臂长有1200mm以下及以上；二是庭院路灯安装，以三火、七火以下柱灯两子目，均以"10套"计量。

（3）装饰灯具的安装。装饰灯具安装仍以"10套"计量。根据灯的类别和形状，以灯具直径，灯垂吊长度、方形、圆形等分档。对照灯具图片套用定额。

装饰灯具分类如下：

① 吊式艺术装饰灯具：蜡烛、挂片、串珠（棒）、吊杆、玻璃罩等式；

② 吸顶式艺术装饰灯具：串珠（棒）、挂片（碗、吊碟）、玻璃罩等式；

③ 荧光艺术装饰灯具：组合、内藏组合、发光棚和其他等式；

④ 几何形状组合艺术装饰灯具；

⑤ 标志、诱导装饰灯具；

⑥ 水下艺术装饰灯具；

⑦ 点光源艺术装饰灯具；

⑧ 草坪灯具；

⑨ 歌舞厅灯具。

3）开关、按钮、插座及其他器具安装工程量计算

（1）开关安装包括拉线开关、板把开关、板式开关、密闭开关、一般按钮开关安装。并且分明装与暗装，均以"10套"计量。

注意：本处所列"开关安装"是指"照明器具"用的开关，而不是指"控制设备及低压电器"所列的自动空气开关、铁壳开关和胶盖开关等电源用"控制开关"，及普通按钮、防爆按钮、电铃安装分开，前一个用于照明工程，后一个用于控制，注意区别，不能混用。

（2）插座安装定额分普通插座和防爆插座两类，又分明装与暗装，均以"10套"计量。

(3) 风扇、安全变压器、电铃安装

① 风扇安装：吊扇不论直径大小均以"台"计量，定额包括吊扇调速器安装；壁扇、排风扇、鸿运扇安装，均以"台"计量。可套用壁扇的定额；带灯吊风扇安装用吊扇安装定额，或见各地补充定额。

② 安全变压器安装：以容量（VA）分档，以"台"计量；但不包括支架制作，应另立项计算。

③ 电铃安装：以铃径大小分档，以"套"计量；门铃安装分明装与暗装以"个"计量。

4）接线箱、盒等安装工程量计算

明配管和暗配线管，均发生接线盒（分线盒）或接线箱安装，开关盒、灯头盒及插座盒安装，它们均以"个"计量。其箱盒均为未计价材料。

(1) 接线盒的设置：接线盒的设置往往在平面图中反映不出来，但在实际施工中接线盒又是不可缺少的，一般在碰到下列情况时应设置接线盒（拉线盒），以便于穿线。

① 管线分支、交叉接头处在没有开关盒、灯头盒、插座盒可利用时，就必须设置接线盒。

② 水平线管敷设超过下列长度时中间应加接线盒。

管长超过30m，且无弯时；

管长超过20m，中间只有1个弯时；

管长超过15m，中间有2个弯时；

管长超过8m，中间有3个弯时。

③ 垂直敷设电线管路超过下列长度时应设接线盒，并应将导线在管口处或接线盒中加以固定。

导线截面50mm² 及以下为30mm²；

导线截面70～95mm² 为20mm²；

导线截面120～240mm² 为18mm²。

④ 电线管路过建筑物伸缩缝、沉降缝等一般应作伸缩、沉降处理，宜设置接线盒（拉线盒）。

(2) 开关盒、灯头盒及插座盒：无论是明配管还是暗配管，应根据开关、灯具、插座的数量计算相应盒的工程量，材质根据管道的材质而定，分为铁质和塑料两种，插座盒、灯头盒安装，执行开关盒定额。

【例3】 图10-12为某办公楼照明工程局部平面布置图，建筑物为混合结构，层高3.3m。由图可知该房间内装设了两套成套型吸顶式双管荧光灯、一台吊风扇，它们分别由一个单控双联板式暗开关和一个调速开关控制，开关安装距楼地面1.3m，配电线路导线为BV-2.5，穿电线管沿顶棚、墙暗敷设，其中2、3根穿TC15，4根穿TC20。试计算此房间的各分项工程量。

解：先识图：房间内各管段的配管配线情况，WL回路管、线从轴线算起。

① 管、线的工程量的计算：

BV-2×2.5 TC15：1.2+1.95=3.15m；

BV-3×2.5 TC15：1.2m；

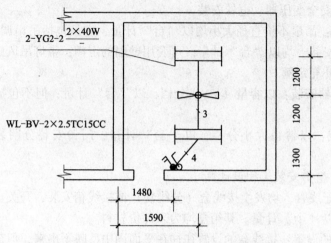

图 10-12 某办公楼照明工程局部平面布置图

BV-4×2.5TC20：水平长度：利用勾股定理：1.38m（正常比例，可以用比例尺计算）；

垂直长度：3.3-1.3=2m，共计：1.38+2=3.38m；

汇总如下，管：TC15=3.15+1.2=4.35m；

TC20=3.38m；

线：BV-2.5=3.15×2+1.2×3+3.38×4=23.42m。

② 灯具工程量的统计

吸顶式双管荧光灯：2套；吊扇：1台；双联板式暗开关：1个。

③ 盒类：根据管材定材质

接线盒：0个；灯头盒：3个；开关盒：2个。

5. 防雷及接地装置工程量计算

1）接闪器安装工程量计算

（1）避雷针安装按在平屋顶上、在墙上、在构筑物上、在烟囱上及在金属容器上等划分定额。

① 定额单位

a. 平屋顶上、墙上、烟囱上避雷针安装以"根"或"组"计量。

b. 独立避雷针安装以"基"计量，长度、高度、数量均按设计规定。

② 避雷针加工制作，以"根"为计量单位。

③ 避雷针拉线安装，以三根为一组，以"组"计量。

（2）避雷网安装

① 避雷网敷设按沿折板支架敷设和沿混凝土块敷设，工程量以"m"计量。工程量计算式如下：

$$\text{避雷网长度} = \text{按图示尺寸计算的长度} \times (1+3.9\%) \tag{10-28}$$

式中 3.9%——为避雷网转弯、避绕障碍物、搭接头等所占长度附加值。

② 混凝土块制作，以"块"计量，按支持卡子的数量考虑，一般每米1个，拐弯处每半米1个。

③ 均压环安装，以"m"计量。

a. 单独用扁钢、圆钢作均压环时,工程量以设计需要作均压接地的圈梁的中心线长度按"延长米"计算,执行"均压环敷设"项目。

b. 利用建筑物圈梁内主筋作均压环时,工程量以设计需要作均压接地的圈梁中心线长度,按"延长米"计算,定额按两根主筋考虑,超过两根主筋时,可按比例调整。

④ 柱子主筋与圈梁焊接,以"处"计量。

柱子主筋与圈梁连接的"处"数按设计规定计算。每处按两根主筋与两根圈梁钢筋分别焊接连接考虑。如果焊接主筋和圈梁钢筋超过两根时,可按比例调整。

2) 引下线安装工程量计算

避雷引下线是从接闪器到断接卡子的部分,其定额划分有:沿建筑物、沿构筑物引下;利用建(构)筑物结构主筋引下;利用金属构件引下等。

① 引下线安装,按施工图建筑物高度计算,以"延长米"计量,定额包括支持卡子的制作与埋设。其引下线工程量按下式计算:

$$\text{引下线长度} = \text{按图示尺寸计算的长度} \times (1 + 3.9\%) \quad (10\text{-}29)$$

② 利用建(构)筑物结构主筋作引下线安装:按下列方法计算工程量:

用柱内主筋作"引下线"时,定额按焊接两根主筋考虑,以"m"计量,超过两根主筋时可按比例调整。

③ 断接卡子制作、安装,按"套"计量。按设计规定装设的断接卡子数量计算。接地检查井内的断接卡子安装按每井一套计算。

3) 接地体装置安装工程量计算

接地装置有接地母线、接地极组成,目前建筑物接地极利用建筑物基础内的钢筋作接地极,接地母线是从断接卡子处引出钢筋或扁钢预留,备用补接地极用。

① 接地母线安装,一般以断接卡子所在高度为母线的计算起点,算至接地极处。接地母线材料用镀锌圆钢、镀锌扁钢或铜绞线,以"延长米"计量。其工程量计算如下:

$$\text{接地母线长度} = \text{按图示尺寸计算的长度} \times (1 + 3.9\%) \quad (10\text{-}30)$$

② 接地极安装

a. 单独接地极制作、安装,以"根"为计量,按施工图图示数量计算。

b. 利用基础钢筋作接地极,以"m^2"为计量单位,按基础尺寸计算工程量,引下线通过断接卡子后和基础钢筋焊接。

4) 接地跨接线工程量计算

接地跨接是接地母线、引下线、接地极等遇有障碍时,需跨越而相连的接头线称为跨接。接地跨接以"处"为计量单位。

接地跨接线安装定额包括接地跨接线、构架接地、钢铝窗接地三项内容。

(1) 接地跨接一般出现在建筑物伸缩缝、沉降缝处,吊车钢轨作为接地线时的轨与轨连接处,为防静电管道法兰盘连接处,通风管道法兰盘连接处等,如图10-13 (a)、(b) 所示。

(2) 按规程规定凡需作接地跨接线的工程,每跨接一次按一处计算,户外配电装置构架均需接地,每副构架按"一处"计算。

(3) 钢、铝窗接地以"处"为计量单位(高层建筑六层以上的金属窗设计一般要求接地),按设计规定接地的金属窗数进行计算(玻璃幕墙)。

(4) 其他专业的金属管道要求在入户时进行接地的,按管道的根数进行计算。

(5) 金属线管通过箱、盘、柜、盒等焊接的连接线，线管与线管连接管箍处的连接线，定额已包括其安装工作，不得再算跨接。如图10-13（c）所示。

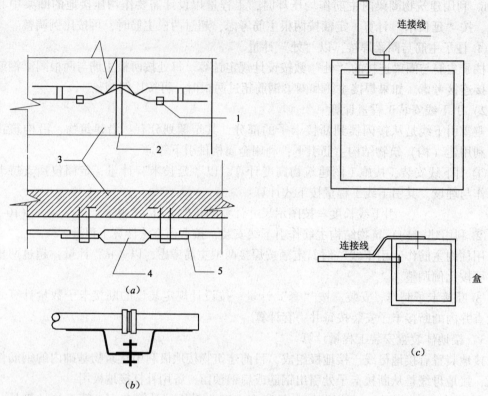

图10-13 各种接地跨接
(a) 风管接地跨接；(b) 法兰接地跨接；(c) 箱、盒接地跨接
1—接地母线卡子；2—伸缩（沉降）缝；3—墙体；4—跨接线；5—接地母线

5）其他问题

（1）高层建筑物屋顶的防雷接地装置应执行"避雷网安装"项目，电缆支架的接地线安装应执行"户内接地母线敷设"项目。

（2）接地装置调试

① 接地极调试，以"组"计量。

接地极一般三根为一组，计一组调试。如果接地电阻未达到要求时，增加接地体后需再作试验，可另计一次调试费。

② 接地网调试，以"系统"计量。

接地网是由多根接地极连接而成的，有时是由若干组构成大接地网。一般分网可按10至20根接地极构成。实际工作中，如果按分网计算有困难时，可按网长每50m为一个试验单位，不足50m也可按一个网计算工程量。设计有规定的可按设计数量计算。

6. 电缆工程量计算

1）电缆定额说明

10kV以下电力电缆无论采用什么方式敷设，以铝芯和铜芯分类，按电缆线芯截面积分档，以"m"计量。其中电缆地沟，挂墙支架（桥架）、电缆保护管、挂电缆钢索等另

列项计算。电缆的计算时定额的具体规定:

（1）电力电缆敷设定额按三芯（包括三芯连地）设定的，线芯多会增加工作难度，故当5芯时电力电缆基价×1.3；6芯×1.6；每增加一芯基价增加30%，依此类推。单芯电力电缆敷设按同截面电缆项目乘以0.67。截面400mm²以上至800mm²的单芯电力电缆敷设按400mm²电力电缆项目执行；截面800~1000mm²的单芯电力电缆敷设按400mm²电力电缆乘以系数1.25执行。240mm²以上的电缆头的接线端子为异型端子，需要单独加工。应按实际加工价计算（或调整项目价格）。

（2）敷设35mm²以下控制电缆（KXV，KLXV，KVV，KLVV等）按35mm²电力电缆定额用。

2）电缆工程量计算

10kV以下电力电缆和控制电缆，按单根"延长米"计量。其总长度由水平长度加上垂直长度，再加上预留长度而定，如图10-14及表10-12所示。其计算式如下：

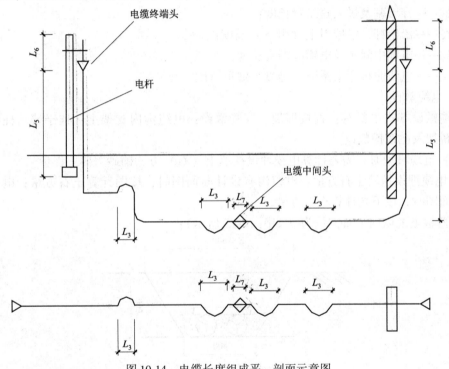

图10-14 电缆长度组成平、剖面示意图

电缆端头预留长度　　　　表10-12

序号	预留长度名称	预留长度（m）	说明
1	电缆进入建筑物处	2.0	规范规定最小值
2	电缆进入沟内或吊架时引上（下）预留	1.5	规范规定最小值
3	变电所进线与出线	1.5	规范规定最小值
4	电力电缆终端头	1.5	可供检修的余量
5	电缆中间接头盒	两端各2.0	可供检修的余量
6	电缆进入控制屏、保护屏	高+宽	按盘面尺寸

续表

序号	预留长度名称	预留长度（m）	说明
7	电缆进入高压开关柜、低压动力盘、箱	2.0	盘、柜下进出线
8	电缆至电动机	0.5	电缆头预留长
9	厂用变压器	3.0	从地坪算起
10	电梯电缆与电缆架固定点	每处0.5	规范规定最小值
11	电缆绕梁柱等增加长度	按实计算	按被绕物断面计算

注：电缆工程量 = 施工图用量 + 附加及预留长度。

$$L = (L_1 + L_2 + L_3 + L_4 + L_5 + L_6 + L_7) \times (1 + 2.5\%) \tag{10-31}$$

式中 L_1——水平长度；

L_2——垂直及斜长度；

L_3——预留（弛度）长度；

L_4——穿墙基及进入建筑物长度；

L_5——沿电杆、沿墙引上（引下）长度；

L_6、L_7——电缆中间头及电缆终端头长度；

2.5%——电缆曲折弯余系数（弛度、波形弯度、交叉）。

3）电缆敷设

电缆敷设方式主要有：直接埋地；穿管敷设；电缆沟内支架上；挂于墙、柱的支架上；沿桥架及电缆槽敷设。

(1) 电缆直埋时，需要计算电缆埋设挖填土（石）方、铺砂盖砖工程量。

① 电缆埋设挖填土石方量：电缆沟有设计断面图时，按图计算土石方量；电缆沟无设计断面图时，按下式计算土石方量。

a. 两根电缆以内土石方量为（如图10-15所示）：

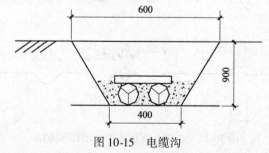

图10-15 电缆沟

截面积 $S = (0.6 + 0.4) \times 0.9/2 = 0.45 m^2$。

即每1m沟长，$V = 0.45 m^3$。沟长按设计图计算。

b. 每增加一根电缆时，沟底宽增加170mm，也即每米沟长增加 $0.153 m^3$ 土石方量（表10-13）。

直埋电缆的挖、填土（石）方量　　　表10-13

项目	电缆根数	
	1~2	每增一根
每米沟长挖方量（m³）	0.45	0.153

a) 两根以内的电缆沟,系按上口宽度600mm、下口宽度400mm、深度900mm计算的常规土方量(深度按规范的最低标准);

b) 每增加一根电缆,其宽度增加170mm;

c) 以上土方量系按埋深从自然地坪起算,如设计埋深超过900mm时,多挖的土方量应另行计算。

② 挖路面的埋设电缆时,按设计的沟断面图计算挖方量,可按下式计算:

$$V = HBL \tag{10-32}$$

式中 V——挖方体积;

H——电缆沟深度;

B——电缆沟底宽;

L——电缆沟长度。

③ 电缆直埋沟内铺砂盖砖工程量

a. 电缆沟铺砂盖砖工程量以沟长度"m"计量。以1~2根电缆为准,每增一根另立项再套定额计算。

b. 电缆不盖砖而盖钢筋混凝土保护板时,或埋电缆标志桩时,用相应定额;其钢筋混凝土保护板和标志桩的加工制作,定额不包括,按建筑工程定额有关规定或按实计算。

(2) 电缆保护管

由铸铁管、钢管和角钢组成的保护管,按下述方法计算:

① 电缆保护管:无论是引上管、引下管、过沟管、穿路管、穿墙管均按长度"m"计量,以管的材质(铸铁管、钢管和混凝土管)分档,套相应预算定额。

② 电缆保护管长度,除按设计规定长度计算外,遇有下列情况,应按以下规定增加保护管长度:

a. 横穿道路,按路基宽度两端各增加2m;

b. 垂直敷设时,管口距地面增加2m;

c. 穿过建筑物外墙时,按基础外缘以外增加1m;

d. 穿过排水沟时,按沟壁外缘以外增加1m。

③ 电缆保护管沟土石方挖填量计算如下式:

$$V = (D + 2 \times 0.3)HL \tag{10-33}$$

式中 D——保护管外径;

H——沟深;

L——沟长;

0.3——工作面。

填方不扣保护管体积。有施工图时按图开挖,无注明时一般按沟深0.9m,沟宽按最外边的保护管两侧边缘外各增加0.3m工作面计算。

电缆沟的挖、填方、开挖路面、顶管等工作按江苏省建筑、市政综合基价相应项目执行。

(3) 电缆在支架、吊架、桥架上敷设时的工程量计算

这里就支架、吊架、电缆桥架的工程量的计算进行讲述。

① 支架、吊架制作与安装,以"100kg"计量,用第二册《电气设备安装工程》定额

第四章有关子目。

② 电缆桥架安装

a. 当桥架为成品时，按"m"计量安装，套用第二册《电气设备安装工程》定额第八章有关子目。其中桥架安装包括运输、组对、吊装、固定、弯通或三、四通修改、制作组对，切割口防腐，桥架开孔，上管件、隔板安装、盖板安装、接地、附件安装等工作内容；

b. 若须现场加工桥架时，其制作量以"100kg"计量，用第二册定额第四章有关子目；

c. 电缆桥架只按材质（钢、玻璃钢、铝合金、塑料）分类，按槽式、梯式、托盘式分档，以"m"计量。在竖井内敷设时人工和机械乘系数1.3；注意桥架的跨接、接地的安装项目；

d. 桥架支撑架项目适用于立柱、托臂及其他各种支撑架的安装。项目中已综合考虑了采用螺栓、焊接和膨胀螺栓三种固定方式；

e. 玻璃钢梯式桥架和铝合金梯式桥架项目均按不带盖考虑，如这两种桥架带盖，则分别执行玻璃钢槽式桥架和铝合金槽式桥架项目；

f. 钢制桥架主结构设计厚度大于3mm时，项目人工、机械乘以系数1.2；

g. 不锈钢桥架按本章钢制桥架项目乘以系数1.1执行。

(4) 电缆在电缆沟内敷设安装工程量计算

① 电缆敷设，除按与电缆敷设相关内容立项计算外，还要另立项计算下列内容。

② 电缆沟挖土石方，按断面尺寸计算，以"m^3"计量，用安装定额第二册子目，也可用《建筑工程预算定额》相应部分子目。

③ 电缆沟砌砖或浇混凝土以"m^3"计量，用《建筑工程预算定额》相应子目。

④ 电缆沟壁、沟顶抹水泥砂浆，以"m^2"计量，用土建定额。

⑤ 电缆沟盖板揭、盖项目，按每揭或每盖一次，以"m"为计量单位，如又揭又盖，则按两次计算。

⑥ 钢筋混凝土电缆沟盖板现场制作，以"m^3"计量，用土建定额。当向混凝土预制构件厂订购时，应计算电缆沟盖板采购价值。

⑦ 采购的电缆沟盖板场外运输，以"m^3"计量，用《建筑工程预算定额》计算运输费。用市场车辆运输时以"元/（t×km）"计算。

⑧ 电缆沟内铁件制作安装，以"100kg"计量，用安装定额第二册第四章相应子目，该子目已包括除锈、刷油漆，所以不再另立项计算这些内容。

⑨ 沟内接地母线及接地极制作安装，分别以"m"及"根"计量，用安装定额第二册防雷接地章节的相应子目。

⑩ 沟内接地装置调试，以"系统"计量，用相关定额第二册。

(5) 电缆终端头与中间头制作安装

无论采用哪种材质的电缆和哪种敷设方式，电缆敷设后，其两端要剥出一定长度的线芯，以便分相与设备接线端子连接。每根电缆均有始末两端，1根电缆有2个电缆头。另外，由于电缆长度不够，需要将两根电缆的两端连接起来，这个连接点，就是电缆中间接头。

① 10kV以下户内、户外电缆终端头，按制作方法（浇注式、干包式及热缩式）及电缆

截面规格的不同,以"个"计量。电力电缆和控制电缆均按一根电缆有两个终端头考虑。

a. 定额不包括电缆终端盒、塑料手套、塑料雨罩、铅套管、抱箍及螺栓等全套未计价材料。

b. 铜芯电缆终端头及中间头制作、安装,以相应定额乘以 1.2 计算。

c. 双屏蔽电缆头制作,如发生可按同截面电缆头制作、安装项目执行,人工乘以系数 1.05。

② 电缆中间头制作安装(10kV 以下),以电缆截面规格不同,以"个"计量,中间电缆头设计有图示的,按设计确定;设计没有规定的,按实际情况计算(或按平均 250m 一个中间头考虑)。

定额不包括中间头保护盒及铝(铜)导管材料。

7. 控制设备及低压电器

1) 各种开关的安装

常用开关有:控制开关、熔断器、限位开关、控制、接触启动器、电磁铁、快速自动开关、按钮、电笛、电铃、水位电气信号装置等。

(1) 定额单位:"个"或"台"。

(2) 工程量计算:按施工图中的实际数量计算。

2) 低压控制台、屏、柜、箱等安装

(1) 定额单位:无论明装、暗装、落地、嵌入、支架式安装方式,不分型号、规格,均以"台"计量。

(2) 工程量计算:按施工图中的实际数量计算。

3) 落地、支架安装的设备均未包括基础槽钢、角钢及支架的制作、安装。

(1) 基础槽钢、角钢的制作:按施工图设计尺寸计算重量,以"100kg"计量,执行铁构件制作项目。

(2) 基础槽钢、角钢的安装:按施工图设计尺寸计算长度,以"m"计量。

(3) 支架制作、安装:按施工图设计尺寸计算重量,以"100kg"计量,执行铁构件制作、安装项目。

4) 焊(压)接接线端子

进出配电箱、设备的接头需考虑焊(压)接接线端子时,以"个"计量。根据进出配电箱、设备的配线规格、根数计算。

5) 盘柜配线

盘柜配线是指非标准盘柜现场制作时,配电盘柜内组装各种电器元件之间的线路连接,不包括配电盘外部的引入线。定额不分导线材质,只按配线导线的截面大小划分子目。

(1) 盘柜配线工程量,以"m"计量。可采用下式计算配线长度:

单线长度(m) = 配电盘、柜半周长(m) × 配线根数

式中,配线根数是指盘柜内部电器元件之间的连接线的根数。

(2) 盘柜配线定额只适用于盘上小设备元件的少量现场配线,不适用于工厂的设备修、配、改工程。

8. 电机

电机系指在动力线路中的发电机和电动机。对于电机本体安装工程量,均执行第一册

《机械设备安装工程》定额;而对电机的检查接线、电机调试均执行第二册有关定额内容。

1)电机检查接线

(1)发电机、调相机、电动机的电气检查接线,均以"台"计量。直流发电机组和多台串联的机组,按单台电机分别执行。

(2)电机项目的界线划分:单台电机重量在3t以下的为小型电机;单台电机重量在3t以上至30t以下的为中型电机;单台电机重量在30t以上的为大型电机;凡功率在0.75kW以下的小型电机为微型电机。

(3)小型电机按电机类别和功率大小执行相应定额,凡功率在0.75kW以下的小型电机执行微型电机定额,大、中型电机不分类别一律按电机重量执行相应定额。如:风机盘管检查接线,执行微型电机检查接线项目;但一般民用小型交流电风扇、排气扇,不计微型电机检查接线项目。

(4)各种电机的检查接线,规范要求均需配有相应的金属软管,本章综合取定平均每台电机配0.8m金属软管,如设计有规定的按设计规格和数量计算,同时扣除原项目中金属软管和专用接头含量。譬如:设计要求用包塑金属软管、阻燃金属软管或采用铝合金软管接头等,均按设计计算。

(5)电机的电源线为导线时,需计算焊(压)接线端子。

(6)电机干燥与解体检查项目,应根据需要按实际情况执行,均以"台"计量。

2)电动机调试

(1)普通电动机调试按同步电动机、异步电动机、直流电动机分为三类,每类又按启动方式、功率、电压等级分档次,均以"台"计量。

(2)可控硅调速直流电动机、交流变频调速电动机调试,均以"系统"计量。

(3)微型电机系指功率在0.75kW以下的小型电机,不分类别,一律执行微型电机综合调试项目,以"台"计量。

(4)单相电动机,如轴流风机、排风扇、吊风扇等不计算调试费。

9. 电气调整试验

电气调整项目中最常用的是:送配电设备系统调试、电动机调试、接地系统调试等。

1)送配电设备系统调试

送配电设备系统调试适用于各种送配电设备和低压供电回路的系统调试。调试工作包括:有自动空气开关或断路器、隔离开关、常规保护装置、测量仪表电力电缆及一、二次回路调试。定额分交流、直流两类,分别以电压等级分档,按"系统"计量。

(1)1kV以下供电送配电设备系统调试

① 系统的划分:凡回路中需调试的元件可划分为一个系统。可调元件如仪表、继电器、电磁开关。上述仪表如单独安装时,不作"系统调试",只作"校验"处理,按校验单位收费标准收费即可。

② 低压电路中的电度表、保险器、闸刀等不作设备调试,只作试亮、试通工作。自动空气开关、漏电开关也不作调试工作,即不划分调试系统。但是一个单位工程,至少要计一个系统的调试费。

如某栋楼房照明若各分配电箱只有闸刀开关、保险器、空气开关、漏电开关等,则分配电箱不作为独立的一个调试系统,而只计算该楼总配电箱或整个工程的供配电系统为一个系统的调试。

③ 从配电箱到电动机的供电回路已包括在电动机系统调试项目中,不得重新计量系统调试。

④ 对于电气照明工程按照调试系统划分标准,不论单位工程大小,只能按一个系统计。

2) 自动投入、事故照明切换、中央信号装置调试

自动投入装置及信号系统调试,均包括继电器、仪表等元件本体和二次回路的调试。具体规定如下:

(1) 备用电源自动投入装置调试系统划分:按联锁机构的个数来确定备用电源自动投入装置系统数。

如:两条互为备用线路或两台备用变压器装有自动投入装置,应计算两个备用电源自投系统调试。备用电机自动投入也按此计算。

(2) 线路自动重合闸调试系统,按采用自动重合闸装置的线路中自动断路器的台数计算系统数。不论电气型或机械型均适用于该定额。

(3) 事故照明切换装置,按设计图凡能完成直、交流切换的,以一套装置为一个调试系统。

(4) 中央信号装置,按每一个变电所或配电室为一个调试系统计算工程量。

10.3 给水排水工程施工图预算的编制

10.3.1 给水排水工程基本知识

给水排水工程由给水工程和排水工程两大部分组成。给水工程分为建筑内部给水和室外给水两部分。它的任务是从水源取水,按照用户对水质的要求进行处理,以得到符合要求的水质和水压,将水输送到用户区,并向用户供水,满足人们生产和生活的需要。排水工程也分为建筑内部排水和室外排水两部分。它的任务是将污、废水等收集起来并及时输送至适当地点,妥善处理后排放或再利用。

1. **室外给水工程**

室外给水工程是指向民用和工业生产部门提供用水而建造的构筑物和输配水管网等设施,一般包括取水构筑物、水处理构筑物、泵站、输水管渠和管网及调节构筑物。

2. **室外排水工程**

室外排水工程是指把室内排出的生活污水、生产废水及雨水和冰雪融化水等,按一定系统组织起来,经过处理,达到排放标准后再排入天然水体。室外排水系统一般包括排水设备、检查井、管渠、水泵站、无水处理构筑物及除害设施等。

3. **建筑内部给水工程**

建筑内部的给水系统的任务是在满足各用水点对水量、水压和水质的要求下,将城镇给水管网或自备水源给水管网的水引入室内,经配水管送至生活、生产和消防用水设备。按不同的用途可分为:

1) 生活给水系统,供生活、洗涤用水;

2) 生产给水系统,供生产设备所需用水;

3）消防给水系统，供消防设备用水。

建筑内部给水系统如图 10-16 所示。

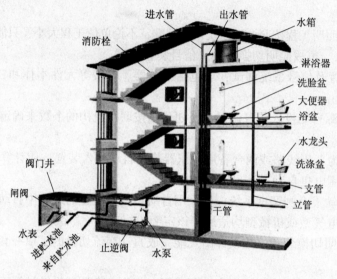

图 10-16　建筑内部给水系统

4. 建筑内部排水工程

建筑内部排水系统是将建筑内部人们在日常生活和工业生产中使用过的水以及屋面上的雨水、雪水加以收集，及时排放到室外。按系统接纳的污、废水类型不同，建筑内部排水系统可分为生活排水系统、工业废水排水系统、屋面雨水系统。

建筑内部排水最终要排入室外排水系统。室内排水体制是指污水和废水的分流和合流；室外排水体制是指污水和雨水的分流和合流。

建筑物内部排水系统如图 10-17 所示。

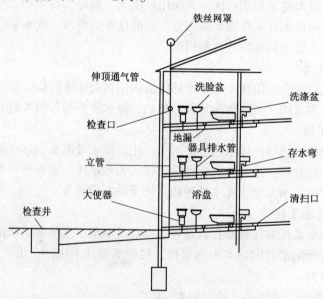

图 10-17　建筑物内部排水系统

10.3.2 给水排水工程工程量计算

1. 基价项目

室内给水排水工程施工图预算所套用的项目主要有：
1) 室内给水排水管管道安装（钢管、给水复合管）。
2) 套管（防水套管、钢套管）的制作安装。
3) 给水管道支架的制作安装。
4) 法兰安装。
5) 阀门安装。
6) 水表的组成与安装。
7) 卫生器具的安装。
8) 给水管道的消毒冲洗。
9) 管道、支架及设备的除锈、刷油等。
10) 热水供应管道伸缩器、减压器、疏水器的安装。
11) 热水供应管道的绝热。
12) 室内外给水排水管道土方工程。

2. 管道安装的说明及计算规则

1) 室内外管道界限划分标准如下：给水管道入户处有阀门者以阀门为界（水表节点），入户处无阀门者以建筑物外墙皮1.5m处为界；排水管道以出户第一个排水检查井为界。

2) 各种管道，均以施工图所示中心长度计算延长米，不扣除阀门，管件（包括减压阀、疏水器、水表、伸缩器等组成安装）所占的长度。定额单位为"10m"。

3) 管道安装已经综合考虑了接头零件、水压试验、灌水试验及钢管弯管制作、安装（伸缩器除外）。

4) 管道支架中的型钢支架定额单位为"100kg"，塑料管管夹的定额单位为"个"，此外，室内 $DN \leqslant 32$mm 的给水、供暖管道均已包括管卡及托钩制作安装，支架防腐的工程量需要另计。

5) 钢套管的制作、安装，按室外管道（焊接）子目计算。定额单位为"个"，规格按被套管的管径确定。

6) 管道消毒、冲洗，如设计要求仅冲洗不消毒时，可扣除材料费中漂白粉的价格，其余不变。定额单位为"100m"。

7) 室内外管道挖填土方及管道基础的工程量需另计，需参考土建定额。

8) 室内塑料排水管综合考虑了消音器安装所需的人工，但消音器本身的价格应按设计要求另计。

9) 管道防腐、保温。不同管材防腐的要求不同，焊接钢管要求管道除锈后要刷防锈漆和银粉，镀锌钢管要求丝扣处补刷防锈漆后刷银粉，塑料管不用防腐。管道防腐与保温定额单位均为"10m²"。

3. 阀门、水位标尺安装的说明及计算规则

1) 螺纹阀门安装适用于各种内外连接的阀门安装。如管件材质与项目给定的材料不同时，可作调整。

2）法兰阀门安装适用于各种法兰阀门的安装。如仅为一侧法兰连接时，法兰、带帽螺栓及钢垫圈数量减半。

3）三通调节阀安装按相应阀门安装项目乘以系数1.5。

4）各种阀门安装均以"个"为计量定额单位。浮球阀已包括了联杆及浮球的安装。

4. 低压器具、水表组成与安装的说明及计算规则

1）减压器、疏水器组成安装以组为计量定额单位，按标准图集N108编制，如实际组成与此不同时，阀门和压力表数量可按设计用量进行调整。

2）法兰水表安装按标准图集S145编制，其中已包括旁通管及止回阀的安装，如实际形式与此不同时，阀门及止回阀数量可按实际调整。

3）水表安装以"组"为计量定额单位，不分冷、热水表，均执行水表组成安装相应项目；如阀门、管件材质不同时，可按实际调整；螺纹水表安装已包括配套阀门的安装人工及材料，不应重复计算。

4）减压器安装按高压侧的直径计算。

5）远传式水表、热量表不包括电气接线。

5. 卫生器具制作安装的说明及计算规则

1）浴盆安装适用于各种型号和材质，但不包括浴盆支座和周边的砌砖、瓷砖的粘贴。定额单位为"10组"。

2）洗脸盆、洗手盆、洗涤盆适用于各种型号，但台式洗脸盆不包括台板、支架。定额单位均为"10组"。

3）冷热水混合器安装项目中，包括了温度计的安装，但不包括支架制作安装及阀门安装。

4）蒸汽–水加热器安装项目中，包括了莲蓬头安装，但不包括支架制作安装、阀门和疏水器安装。

5）复合管连接的卫生器具安装，人工按热熔连接、粘接或卡套、卡箍连接综合取定，如设计管道和管件不同时，可作调整，其他不变。

6）电热水器、开水炉安装项目内只考虑了本体安装，连接管、连接件等可按相应项目另计。

7）饮水器安装项目中未包括阀门和脚踏开关的安装，可按相应项目另计。

8）大、小便槽水箱托架安装已按标准图集计算在相应的项目内。定额单位为"10套"。

9）蹲式大便器安装，已包括了固定大便器的垫砖，但不包括大便器的蹲台砌筑。定额单位为"10套"。

10.4 供暖工程施工图预算的编制

10.4.1 供暖工程基本知识

供暖工程是为了改善人们的生活和工作条件及满足生产工艺、科学实验的要求而设置的。

1. 供暖工程系统组成

供暖系统一般由热源、管道系统、散热设备、辅助设备、循环水泵等组成,详见图10-18。

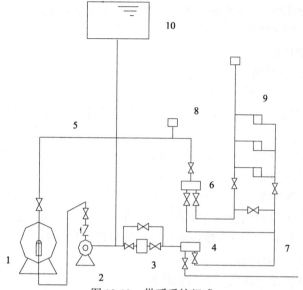

图 10-18 供暖系统组成
1—热水锅炉;2—循环水泵;3—除污器;4—集水器;5—供热水管
6—分水器;7—回水管;8—排气阀;9—散热片;10—膨胀水箱

热源:生产热能的部分,常见的有锅炉和热电站等;

管道系统:供热及回水、冷凝水管道;

散热设备:散热片(器),暖风机等;

辅助设备:膨胀水箱,集、分水器,除污器,冷凝水收集器,减压器,疏水器,过滤器等;循环水泵。

2. 供暖系统分类

供暖系统的分类方法有很多,通常有以下几种:

1)供暖系统按热媒种类的不同,分为热水供暖系统、蒸汽供暖系统、热风供暖系统。

热水供暖系统:热水供暖所采用的热媒是热水(低于100℃)或高温热水(110~130℃)。

蒸汽供暖系统:高温蒸汽经供暖管道输送至用户点,通过散热装置向室内供暖。

热风供暖系统:是将空气加热到适当温度(35~50℃)后,直接送入房间,与房间空气混合,是房间温度升高以达到供暖目的。

2)根据供热范围划分,一般可分为局部供暖系统、集中供暖系统和区域供暖系统。

3)根据散热设备的散热方式划分,一般可分为对流供暖系统和辐射供暖系统。

10.4.2 供暖工程工程量计算

供暖工程工程量的计算依据是供暖工程施工图,标准图集及供暖工程预算定额的有关说明等。定额中的有关说明即工程量计算规则。现在介绍一些主要部分:

1. 供暖热源管道界线的划分
1）室内外以入口阀门或建筑物外墙皮 1.5m 为界；
2）与工艺管道界线以锅炉房或泵站外墙皮 1.5m 为界；
3）工厂车间内供暖管道以供暖系统与工业管道碰头点为界；
4）设在高层建筑内的加压泵间管道以泵间外墙皮为界。

2. 管道的工程量计算
1）管道工程量计算规则
（1）各种管道均以施工图所示中心线长度，按不同材质，不同连接方式，不同直径，以"10m"为计量单位，不扣除管件、阀类及各种管道附件（包括减压器、疏水器等组成安装）所占的长度。
（2）室内管道的计算范围包括建筑物外墙皮 1.5m 以内的所有管道。

2）管道工程量计算方法
在计算中首先量截供暖进户管、立管、干管；再量回水管，最后量截立支管。
（1）水平导管、干管用比例尺直接在图纸上量截。量截时须注意沿墙敷设的管道应按建筑物轴线长度及墙皮距干管中心线距离计算水平管的实际长度，一般来讲，水平干管和垂直干管与墙皮的净距≥60mm。
（2）垂直导管按图纸标注的标高量截计算。
（3）立管的量截应根据干管的布置形式计算立管的长度。计算时应注意供暖系统的干管是有坡度的，因此供、回水干管的高度应采取平均高度。
（4）散热器支管的计算
由于每组散热器片数不同，立管安装位置不同等，支管的实际长度这样计算：
同侧连接的支管长度由立管中心至散热器中心线（一般为窗或墙的中心线），减去散热器整组长度的二分之一。其计算公式为：

$$L = L_1 - L_2 \tag{10-34}$$

异侧连接时，供水管量截方向与同侧连接相同，回水支管的量截长度的中心线量至散热中心线，然后再加上散热器长度的二分之一散热器出口至垂直管段的长度。散热器出口和垂直管段的长度一般可按 200mm 计算。回水支管的计算公式为：

$$L = L_1 + L_2 + 0.2 \text{m} \tag{10-35}$$

3. 供暖器具安装
1）散热器组安工程量计算
按不同类型的散热器以"片"为计量单位计算散热器组安的工程量。一般情况下，施工图纸中在平面图和系统轴测图上均标注散热器每组的片数，也有的图纸中平面不标散热器每组的片数，而只在系统图中标以测注。一般情况，散热器的工程量计算以平面图为准。
2）光排管散热器安装。按光排管长度（不包括联管长度），以"m"为计量单位。联管材料费已列入定额，不得重复计算。若一组散热器由几种不同管径的钢管组成时，其工程量按管径分别计算。
3）钢板式散热器和钢板板式、壁式散热器安装。只包括托钩的安装费，不包括托钩价格，应按托钩实际数量计算托钩本身价值。

4）钢板柱型散热器安装，已包括托钩工料费，不得另行计算。

4. 小型容器制作安装

1）钢板水箱制作，按施工图所示尺寸，不扣除接管口管人孔、手孔，包括接口短管和法兰重量，以"kg"为计量单位。法兰和短管另计材料费。

2）采用 N101《采暖通风国家标准图集》和 SI20《全国通用给水排水标准图集》的矩形水箱安装，以"个"为计量单位，按水箱总容积套用定额相应子目。圆形水箱安装也按总容积套用矩形水箱安装相应子目。

水箱安装不包括支架制作安装，如为型钢支架执行一般管道支架定额项目，若为混凝土或砖支座，执行土建定额相应项目。

3）除污器单独安装时，可执行《工艺管道工程》相同口径的阀门安装定额项目，其接口法兰安装也执行法兰安装项目。成组安装时，可按其构成部分分别套用定额相应项目。

5. 刷油工程量计算

1）散热器刷油工程量计算

按散热器表面积计算，散热器刷油工程量与散热面积相同。其计算公式为：

$$散热器表面积 = 片数 \times 每片散热器表面积 \tag{10-36}$$

2）管道刷油工程量计算

管道外表面积就是管道刷油工程量，不扣除管件及阀门等占的面积。其计算公式为：

$$管道刷油工程量 = 管道长度 \times 每米管道外表面积 \tag{10-37}$$

10.5 燃气安装工程施工图预算的编制

随着城市燃气事业的发展，城市气化率越来越高，对燃气设备及管道的设计、加工和敷设都应严格符合国家制定的规范要求，相应地对于有关燃气施工预算方面知识的需求也增加起来。

10.5.1 燃气安装工程基本知识

1. 燃气的分类

燃气是可燃气体为主要组分的混合气体燃料，主要有人工煤气（简称煤气）、天然气和液化石油气。人工燃气按制取方法可有：干馏燃气、裂化燃气、气化燃气。

2. 燃气系统

1）燃气管道系统

（1）系统的组成

城镇燃气管道系统由输气干管、中压输配干管、低压输配干管、配气支管和用气管道组成。

（2）系统的形式

城镇燃气管道系统由各种压力的燃气管道组成，其组合形式有一级系统、两级系统、三级系统和多级系统。三级系统由高压、中压和低压三级管网组成。

(3) 系统压力分级

① 城镇燃气管道按输送燃气的压力分级。

② 液态液化石油气管道按设计压力分为3级。

如单一气源的小城镇可以采用低压一级管道系统；供气量中等规模，建筑层数较低而建筑物又较分散的中小城市，可采用中压一级管道系统。目前我国大多数城市采用中、低压两级管道系统。

2) 燃气输配系统

(1) 燃气长距离输送系统

燃气长距离输送系统通常由集输管网、气体净化设备、起点站、输气干线、输气支线、中间调压计量站、压气站、分配站、电保护装置等组成。

(2) 燃气压送储存系统

燃气压送储存系统主要由压送设备和储存装置组成。

压送设备是燃气输配系统的心脏，用来提高燃气压力或输送燃气，目前在中、低压两级系统中使用的压送设备有罗茨式鼓风机和往复式压送机。储存装置的作用是保证不间断地供应燃气，平衡、调度燃气供变量。其设备主要有低压湿式储气柜、低压干式储气柜、高压储气罐（圆筒形、球形）。

燃气压送储存系统的工艺有低压储存中压输送、低压储存中低压分路输送等。

(3) 燃气系统附属设备

① 凝水器。常用的凝水器有铸铁凝水器、钢板凝水器等。

② 补偿器。补偿器形式有套筒式补偿器和波形管补偿器，埋地敷设的聚乙烯管道，在长管段上通常设置套筒式补偿器。

③ 调压器。按构造可分为直接式调压器与间接式调压器两类，按压力应用范围分为高压、中压和低压调节器，按燃气供应对象分为区域、专用和用户调压器，其作用是降低和稳定燃气输配管网的压力。直接式调压器靠主调压器自动调节，间接式调压器设有指挥系统。

④ 过滤器。过滤器的过滤层用不锈钢丝绒或尼龙网组成。

3) 燃气管道安装

(1) 燃气管道材料选用

一般情况下，煤气、天然气的中、低压管道系统可以采用铸铁管或聚乙烯管和钢管，而高压系统必须采用钢管。液态、气态液化石油气管道均采用钢管。

(2) 室内燃气管道安装

① 管道安装要求

a. 燃气管道采用螺纹连接时，煤气管可选用厚白漆或聚四氟乙烯薄膜为填料，天然气或液化石油气管选用石油密封脂或聚四氟乙烯薄膜为填料。

b. 燃气管道敷设高度（从地面到管道底部或管道保温层部）应符合下列要求：

a) 在有人行走的地方，敷设高度不应小于2.2m；

b) 在有车通行的地方，敷设高度不应小于4.5m。

② 燃气设备的安装要求

燃具与燃气管道宜采用硬管连接，镀锌活接头内用密封圈加工业脂密封。采用软管连接时，家用燃气灶和实验室用的燃烧器，其连接软管长度不应超过2m，并不应有接口，工业生产用的需移动的燃气燃烧设备，其连接软管的长度不应超过30m，接口不应超过2个，燃气用软管应采用耐油橡胶管，两端加装轧头及专用接头，软管不得穿墙、窗和门。燃气管道应涂以黄色的防腐识别漆。

(3) 室外燃气管道安装

① 管道安装基本要求

a. 地下燃气管道埋设的最小覆土厚度应符合如下要求：

a) 埋设在车行道下时，不得小于0.8m；

b) 埋设在非车行道（或街坊）下时，不得小于0.6m；

c) 埋设在庭院内时，不得小于0.3m；

d) 埋设在水田下时，不得小于0.8m。

b. 与输送腐蚀性介质的管道共架敷设时，燃气管道应架在上方。对于容易漏气、漏油、漏腐蚀性液体的部位，如法兰、阀门等，应在燃气管道上采取保护措施。

c. 煤气管道管径$DN \geqslant 500mm$中压管、天然气管道管径$DN \geqslant 300mm$的高中压干管上阀门的两侧宜设置放散管（孔）；地下液态液化石油气管道分段阀门之间应设置放散阀，其放散管管口距地面距离不应小于2m，地上液态液化石油气管道两阀门之间的管段上应设置管道安全阀。

d. 燃气管道所用钢管（除镀锌钢管外）在安装前应作防腐处理，其中架空钢管的外壁应涂环氧铁红等防锈漆两遍，埋地钢管外壁应按设计要求作外防腐。当设计无规定时，埋地钢管外防腐可采用环氧煤沥青或聚乙烯胶粘带，埋地镀锌钢管外壁及螺纹连接部位应作普通级防腐绝缘，螺纹连接部位的修补可用水柏油涂刷并包扎玻璃布作三油二布处理，或用环氧煤沥青涂刷并包扎玻璃布作二油一布处理。

e. 铸铁管的连接应采用S型机械接口，接口填料使用燃气用橡胶圈。

f. 铸铁管与钢管之间的连接，应采用法兰连接。螺栓宜采用可锻铸铁，如采用钢制螺栓，应采取防腐措施。

g. 聚乙烯燃气管道采用电熔连接（电熔承插连接、电熔鞍形连接）或热熔连接（热熔承插连接、热熔对接连接、热熔鞍形连接），不得采用螺纹连接和粘接。与金属管道连接时，采用钢塑过渡接头连接。钢塑过渡接头钢管端与钢管焊接时，应采取降温措施。

h. 钢塑过渡接头一般有两种形式，对小口径聚乙烯管（$D \leqslant 63mm$），一般采用一体式钢塑过渡接头；对大口径聚乙烯管（$D > 63mm$），一般采用钢塑法兰组件进行转换连接。

② 管道埋设的基本要求

a. 沟槽开挖

a) 钢管、聚乙烯管单沟边组装时，管沟沟底宽度为：

$$a = D + 0.3 \tag{10-38}$$

双管同沟铺设时，管沟沟底宽度为：

$$a = D_1 + D_2 + S + C \tag{10-39}$$

式中 a——沟底宽度（m）；

D ——管道外径（m）；
D_1 ——第一根管道外径（m）；
D_2 ——第二根管道外径（m）；
S ——两管之间的设计净距（m）；
C ——工作宽度（m），当在沟底组装时为0.6m，在沟边组装时为0.3m。

b）梯形槽上口宽度可按下式确定：

$$b = a + 2nh \tag{10-40}$$

式中 b ——沟槽上口宽度（m）；
a ——沟槽底宽度（m）；
n ——沟槽边坡率（边坡的水平投影与垂直投影的比值）；
h ——沟槽深度（m）。

b. 回填土

回填土应分层夯实，每层厚度0.2～0.3m。管道两侧及管顶以上0.5m内的填土必须人工夯实，超过管顶0.5m，可使用小型机械夯实，每层松土厚度为0.25～0.4m。

10.5.2 燃气安装工程量计算

1. 室内外管道分界线

1）室内外管道分界

（1）室内外管道地下管道室内的管道以室内第一个阀门为界；

（2）地上引入室内的管道以墙外三通为界。

2）室外管道

室外管道（包括生活用燃气管道、民用小区管网）和市政管道以两者的碰头点为界。

2. 定额内容

1）管道安装定额内容

（1）场内搬运、检查清扫、管道及管件安装、分段试压与吹扫；

（2）碳钢管管件制作，包括机械煨弯、三通制作等；

（3）室内管道托钩、角钢卡制作与安装；

（4）室外钢管（焊接）除锈及刷底漆。

2）使用本章定额时，下列项目另行计算：

（1）阀门、法兰安装，除第六章相应项目计算，调长器安装、调长器与阀门联装、法兰燃气计量表安装除外；

（2）室外管道保温、埋地管道防腐绝缘，按相关设计规定另行计算；

（3）埋地管道的土石方工程及排水工程，按建筑工程消耗量定额相应项目计算；

（4）非同步施工的室内管道安装的打、堵洞眼，可按相应消耗定额另计；

（5）室外管道带气碰头；

（6）民用燃气表安装，定额内已含支（托）架制作安装及刷漆；公用燃气表安装，其支架或支墩按实另计。

3）燃气承插铸铁管以 N1 型和 X 型接口形式编制。如果为 N 型和 SMJ 型接口时，其人工乘以系数1.05；安装 X 型 DN400 铸铁管接口时，每个口增加螺栓2.06套，人工乘以系数 1.08。

4）燃气输送压力大于 0.2MPa 时，燃气承插管安装定额中人工乘以系数 1.3。

10.6 通风空调施工图预算的编制

10.6.1 通风空调工程基础知识

把建筑物内被污浊的空气直接或净化后排至室外，同时把建筑物外的新鲜空气经过适当的处理后补充进建筑物内，从而保持建筑物内空气的新鲜和洁净，营造建筑物内舒适、卫生的空气环境和满足生产工艺要求的建筑环境工程称通风工程。

1. 系统的分类

1）按空气流动的动力划分

（1）自然通风：利用室外冷空气和室内热空气密度的不同以及建筑物迎风面（正压）和风压不同而进行通风换气的方式，称为自然通风。自然通风系统见图10-19。

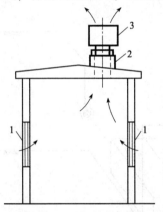

图 10-19　自然通风系统图
1—窗；2—防雨罩；3—筒形风帽

（2）机械通风：利用通风机提供的动力，借助通风管网，强制地进行室内外空气交换的通风方式，称为机械通风。

（3）混合通风：用全面送风和局部排风或全面排风和局部送风混合起来的通风形式。

在实际工程中，各种通风方式是联合使用的，选用哪一种通风方式，应根据卫生要求、建筑生产工艺特点以及经济适用等因数来决定。

2）按通风系统的作用范围划分

（1）全面通风：全面通风是对整个房间进行换气，用送入室内的新鲜空气把整个房间里的有害浓度稀释至卫生标准允许浓度以下，同时把室内被污染的空气直接或经过净化处理后排放到室外大气中去。

（2）局部通风：将污浊的空气或有害气体直接从产生的地方抽出，防止扩散到整个室内，或者将新鲜的空气送到某个局部范围，改善局部范围的空气状况，称为局部通风。局部机械排风系统见图10-20。

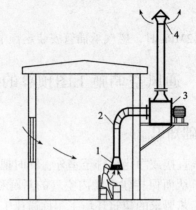

图 10-20 局部机械排风系统
1—排风罩;2—风管;3—风机;4—伞形风帽

2. 机械通风系统的组成

1) 机械送风系统的组成

机械送风系统组成见图 10-21。

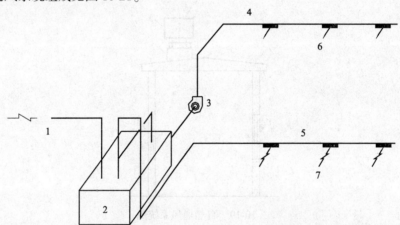

图 10-21 机械送风系统组成图
1—新风口;2—空气处理室;3—通风机;4—送风管;5—回风管;6—送风口;7—吸风口

(1) 新风口:新鲜空气入口;

(2) 空气处理室:对空气中的悬浮物、有害气体进行过滤、排除等处理;

(3) 通风机:将处理后的空气送入管网内;

(4) 送风管:将通风机送来的空气送到各个房间;管道上安装有调节阀、送风口、防火阀、检查孔等部件;

(5) 回风管:也称排风管,将被污染空气吸入管道内送回空气处理室。管道上安装有回风口、防火阀等部件;

(6) 送(出)风口:将处理后的空气均匀送入房间。

(7) 吸(回、排)风口:将房间内被污染空气吸入回风管道,送回空气处理室处理;

(8) 管道配件(管件):弯头、三通、四通、异径管、法兰盘、导流片等;

(9) 管道部件:各种风口、风阀、消声器、排气罩、风帽、检查孔、测定孔和风管支架、吊架、托架等。

2）机械排风系统组成

机械排风系统组成见图 10-22。

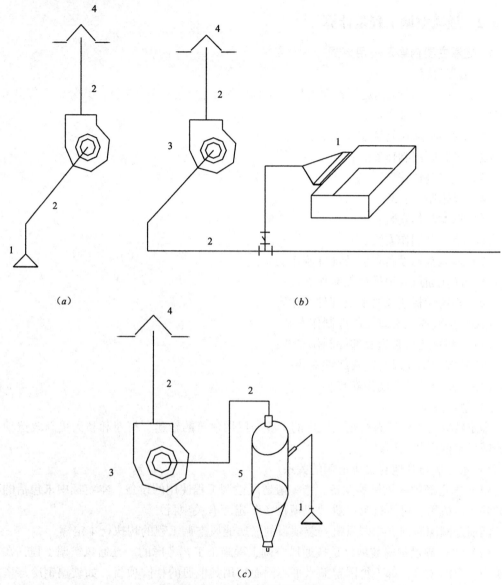

图 10-22 机械排风系统组成图
(a) 排风系统；(b) 侧吸罩排风系统；(c) 除尘系统
1—排风口（侧吸罩）；2—排风管；3—排风机；4—风帽；5—除尘器

(1) 吸风口：将被污染空气吸入排风管内。有吸风口、吸气罩等部件。

(2) 排风管：输送被污染空气的管道。

(3) 排风机：排风机是将被污染的空气用机械能量从排气管中排出。

(4) 风帽：将被污染空气排入大气中，防止空气倒灌及防止雨灌入的部件。

(5) 除尘器：用排风机的吸力将带有灰尘及有害尘粒的被污染空气吸入除尘器中，将尘粒集中排除。如袋式除尘器、旋风除尘器、滤尘器等。

（6）其他管件和部件等：各种风阀、吸气罩、风帽、检查孔、测定孔和风管支架、吊架、托架等。

10.6.2 通风空调工程量计算

1. 定额主要内容及适用范围

1）主要内容

江苏省安装工程量消耗定额第九册《通风空调工程》（简称定额），共分十三部分633个定额子目。具体划分如下：

（1）薄钢板通风管道制作安装；
（2）风管阀门制作安装；
（3）风口制作安装；
（4）风帽制作安装；
（5）罩类制作安装；
（6）消声器制作安装；
（7）通风空调设备安装及部件制作安装；
（8）净化通风管道及部件制作安装；
（9）不锈钢板通风管道及部件制作安装；
（10）铝板通风管道及部件制作安装；
（11）塑料通风管道及部件制作安装；
（12）玻璃钢通风管道及部件安装；
（13）复合型风管制作安装。

2）适用范围

本定额适用于江苏省行政区域内的工业与民用建筑的新建、扩建和整天更新改造项目中的通风空调安装工程。

3）本定额与其他有关册定额的关系

（1）本定额中的风机等设备，指一般通风空调工程使用的设备。本定额中未包括的项目如除尘风机等，可执行第一册"机械设备"定额有关项目。

两册定额同时列有相同风机安装项目的，属通风空调工程的均执行本定额。

（2）本定额设备安装项目是按通风空调工程施工工艺考虑的。凡通风空调工程，在本定额中列有的项目，都不得因定额水平不同而套用其他册的相同项目。如玻璃钢冷却塔安装等，本定额与第十五册"化工设备"定额都列有项目，凡通风空调工程必须执行本定额的项目。

4）定额中主要问题的说明

（1）塑料通风管道胎具材料摊销费的计算方法

塑料风管管件制作的胎具摊销材料费，未包括在定额内，按以下规定另行计算：

风管工程量在$30m^2$以上的，每$10m^2$风管胎具摊销材料为$0.06m^3$，按地区预算价格计算胎具材料摊销费。

风管工程量在$30m^2$以下的，每$10m^2$风管胎具摊销材料为$0.09m^3$，按地区预算价格计算胎具材料摊销费。

（2）部件重量表的使用方法

① 按施工图标注的部件名称型号去查附录重量表（kg/个）；

② 该部件的重量乘以施工图中该部件的个数，就等于该部件的总重量；

③ 用该部件的总重量套相应的部件制作安装定额；

④ 用该部件的总重量乘以系数1.15，然后套用相应的刷油定额。

（3）风管制作安装项目，只列有法兰连接，如采用无法兰连接时，定额不作调整。

5）套用定额时应注意的有关规定

（1）通风空调安装工程预算定额中有关系数调整的规定

① 各类通风管道，若整个通风系统设计采用渐缩管均匀送风者，执行相应规格项目，其人工乘以系数2.5；

② 如制作空气幕送风管时，按矩形风管平均周长套用相应风管规格项目，人工不变；

③ 玻璃挡水板套用钢板挡水板相应项目，其材料、机械均乘以系数0.45，人工不变；

④ 保温钢板密闭门套用钢板密闭门项目，其材料乘以系数0.5，机械乘以系数0.45，人工不变；

⑤ 风管及部件项目中，型钢未包括镀锌费，如设计要求镀锌时，另加镀锌费；

⑥ 不锈钢风管凡以电焊考虑的项目，如需使用手工氩弧焊者，其人工乘以系数1.238，材料乘以系数1.163，机械乘以系数1.673；

⑦ 铝板风管凡以电焊考虑的项目，如需使用手工氩弧焊者，其人工乘以系数1.154，材料乘以系数0.852，机械乘以系数9.242。

（2）通风空调安装工程预算定额中几项计费的规定

① 脚手架搭拆费按人工费的3%计算，其中人工工资占25%；

② 高度在六层或20m以上的工业与民用建筑通风空调新建和扩建工程应增加高度建筑增加费；

③ 系统调整费按系统工程人工费的13%计算，其人工工资占25%；

④ 安装与生产同时进行增加的费用，按人工费的10%计算；

⑤ 在有害身体健康的环境中施工增加的费用，按人工费的10%计算。

（3）通风空调安装工程定额中关于互相执行的规定

① 风管导流叶片不分单叶片和香蕉形双叶片均使用同一项目；

② 罩类制作安装基价中，项目中不包括的排气罩可执行近似的项目；

③ 清洗槽、浸油槽、晾干架、LWP滤尘器支架制作安装执行设备支架项目；

④ 风机减震台使用设备支架项目，定额中不包括减震器用量，应根据设计图纸按实重计算；

⑤ 通风机安装项目内包括电动机安装，其安装形式包括A、B、C或D型，也适用不锈钢和塑料风机的安装；

⑥ 诱导器安装执行风机盘管安装项目；

⑦ 风机盘管的配管执行第八册《给排水、供暖、燃气工程》相关项目；

⑧ 净化通风管道及部件制作安装基价，圆形风管执行矩形风管有关项目；

⑨ 过滤器安装项目中包括试装，如设计不要求试装者，其人工、材料、机械不变；

⑩ 洁净室安装以重量计算，执行第八章分段组装成空调器安装子目。

(4) 通风空调安装工程预算定额中关于换算的规定

① 镀锌薄钢板风管子目中的板材是按镀锌薄钢板编制的,如设计要求不用镀锌薄钢板者,板材可以换算,其他不变;

② 薄钢板风管子目中的板材,如设计要求厚度不同者可以换算,但人工、机械不变;

③ 软管接头使用人造革而不使用帆布者可以换算;

④ 项目中的法兰垫料,如设计要求使用材料品种不同者可以换算,但人工不变;

⑤ 通风空调设备安装项目的定额不包括设备费和应配备的地脚螺栓价值;

⑥ 净化风管项目中的板材,如设计厚度不同者可以换算,人工和机械不变;

⑦ 铝板通风管项目中的板材,如设计要求厚度不同者可以换算,人工、机械不变;

⑧ 塑料通风管制作安装项目中的主体板材,如设计要求厚度不同者可以换算,人工、机械不变;

⑨ 不锈钢风管项目中的板材,如设计要求厚度不同者可以换算,人工、机械不变;

⑩ 不锈钢矩形风管执行本定额第九册第十章圆形风管项目。

(5) 风管涂密封胶是按全部口缝外表面涂抹考虑的,如设计要求口缝不涂抹而只在法兰处涂抹者,每 10m² 风管应减去密封胶 1.5kg,人工 0.57 工日。

(6) 玻璃钢风管及管件按计算工程量加损耗外加工订作,其价值按实际价格;风管修补由加工单位负责,其费用按实际价格发生,计算在主材费内。

(7) 玻璃钢通风管道及部件安装项目未考虑预留铁件的制作和埋设,如果设计要求用膨胀螺栓安装吊托支架者,膨胀螺栓可按实际调整,其余不变。

(8) 各类风管管件和支架含量的处理

① 薄钢板通风管道和净化风管道制作安装项目中,包括弯头、三通、变径管、天圆地方等管件及法兰、加固框和吊托支架的制作用工,但不包括过跨风管落地支架,落地支架执行设备支架项目。

② 不锈钢通风管道和铝板通风管道制作安装项目中不包括法兰和吊托支架,法兰和吊托支架可按相应定额以"kg"为计量单位另行计算。

③ 塑料通风管道制作安装不包括吊托支架,吊托支架按相应定额以"kg"为计量单位另行计算。

2. 通风与空调工程量计算规则

1) 管道的制作安装

各种风管及风管上的附件制作安装工程量计算规则为:

(1) 制作安装工程量均按施工图示的不同规格,以展开面积计算,不扣除检查孔、测定孔、送风口、吸风口等所占面积。

矩形风管面积:

$$F = XL \tag{10-41}$$

圆形风管面积:

$$F = \pi DL \tag{10-42}$$

(2) 计算风管长度时,一律按施工图示中心线,主管与支管按两中心线交点划分,三通、弯头、变径管、天圆地方等管件包括在内,但不含部件长度。直径和周长以图示尺寸为准展开,咬口重叠部分已包括在定额内,不得另行增加。

（3）风管导流叶片制作安装按图示叶片面积计算。

（4）设计采用渐缩管均匀送风的系统，圆形风管以平均直径、矩形风管以平均周长计算。

（5）塑料风管、复合材料风管制作安装定额所列直径为内径，周长为内周长。

（6）柔性软风管安装按图示管道中心线长度以"m"为计量单位，柔性软风管阀门安装以"个"为计量单位。

（7）软管（帆布接口）制作安装，按图示尺寸以"m^2"为计量单位。

（8）风管测定孔制作安装，按其型号以"个"为计量单位。

（9）钢板通风管道、净化通风管道、玻璃钢通风管道、复合材料风管的制作安装中已包括法兰、加固框和吊托架，不得另行计算。

（10）不锈钢通风管道、铝板通风管道的制作安装中不包括法兰和吊托架，可按相应定额以"kg"为计量单位另行计算。

（11）塑料通风管制作安装不包括吊托架，可按相应定额以"kg"为计量单位计算。

2）风阀、风口等制作安装

调节阀、风口、百叶窗、风帽、罩类、消声器、过滤器、电加热器、风机减震台座等各类通风、空调部件的制作安装工程量计算规则为：

（1）标准部件的制作，按其成品重量以"kg"为计量单位，根据设计型号、规格，按本册定额附录二"国标通风部件标准重量表"计算重量，非标准部件按图示成品重量计算。部件安装按图示规格尺寸（周长或直径）以"个"为计量单位，分别执行相应定额。

（2）钢百叶窗及活动金属百叶风口的制作以"m^2"为计量单位，安装按规格以"个"为计量单位。

① 百叶风口的安装子目适用于带调节板活动百叶风口、单层百叶风口、双层百叶风口、三层百叶风口、连动百叶风口、135型（单层、双层及带导流叶片）百叶风口、活动金属百叶风口等；

② 散流器安装子目适用于圆形直片散流器、方形散流器、流线型散流器；

③ 送吸风口安装子目适用于单面送吸风口、双面送吸风口。铝合金或其他材料制作的风口安装也套用本章有关子目；

④ 成品风口安装以风口周长计算，执行定额相应子目。成品钢百叶窗安装，以百叶窗框面积套用相应子目。

（3）风帽筝绳制作安装，按其图示规格、长度，以"kg"为计量单位计算工程量。

（4）风帽泛水制作安装，按其图示展开面积尺寸，以"m^2"为计量单位计算工程量。

（5）挡水板制作安装工程量按空调器断面面积计算。

（6）空调空气处理室上的钢密闭门的制作安装工程量，以"个"为计量单位计算。

3）通风空调设备制作安装

通风空调设备制作安装适用于工业与民用工程通风空调系统中各类设备的制作安装，其工程量计算规则如下：

（1）风机安装按不同型号以"台"为计量单位计算工程量。

（2）整体式空调机组、空调器按其不同重量和安装方式以"台"为计量单位计算其安装工程量；分段组装式空调器按重量计算其安装工程量。

(3) 风机盘管安装，按其安装方式不同以"台"为单位计算工程量。

(4) 空气加热器、除尘设备安装，按不同重量以"台"为计量单位计算工程量。

(5) 设备支架的制作安装工程量，依据图纸按重量计算，执行第三册《静置设备与工艺金属结构制作安装工程》定额相应项目和工程量计算规则。

(6) 电加热器外壳制作安装工程量，按图示尺寸以"kg"为计量单位。

(7) 风机减震台座制作安装执行设备支架定额，定额内不包括减震器，应按设计规定另行计算。

(8) 高、中、低效过滤器及净化工作台安装以"台"为单位计算工程量，风淋室安装按不同重量以"台"为单位计算工程量。

(9) 洁净室安装工程量按重量计算。

10.7 刷油、防腐蚀、绝热工程施工图预算的编制

本定额是以原国家建委颁发试行的《刷油保温防腐蚀工程预算定额》等（简称原定额）为基础进行修编的。

10.7.1 定额编制依据

1. 定额编制依据

本定额编制所依据的标准规范如下：

1) 《设备、管道保温技术通则》GB 4272；

2) 《工业设备及管道绝热工程施工及验收规范》GBJ 126；

3) 《工业设备、管道防腐蚀工程施工及验收规范》HGJ 229。

2. 本定额与其他有关册定额的关系

1) 若发生采用阴极保护或牺牲阳极阴极保护腐蚀工程，执行第七册"长输管道"定额的有关项目；

2) 本定额砂轮机除锈项目，除"长输管道"外，也适用于其他各册；

3) 若发生隔热层石棉板贴衬工程时，执行第十二册"炉窑砌筑"定额第四章有关项目；

4) 本定额适用于设备、管道、金属结构等工程的刷油、绝热、防腐蚀；但不适用于建筑防腐蚀工程和长输管道防腐、加强防腐、特加强防腐蚀；不适用于土建工程中的金属结构刷油。

10.7.2 定额中主要问题的说明

1. 系数的使用

1) 对于设计没有明确提出除锈级别要求的一般工业工程，其除锈应按人工除锈项目中的人工除轻锈（人工、材料）乘以系数 0.2 计算。

2) 发生厂区外 1~10km 水平运输时，"刷油、绝热、防腐蚀"工程的增加系数可执行第六册"工艺管道"定额的标准。

3) 根据绝热工程施工及验收技术规范，保温层厚度大于 100mm，保冷层厚度大于

75mm 时,若应分为两层安装的,其工程量可按两层计算;如厚 120mm 的,要分 60mm 两层计算工程量,两层工程量相加。套用定额时,按单层定额人工用量乘以系数 1.8,捆扎线(或钢带)用量乘以系数 1.9。

4)对于采用镀锌铁皮作绝热保护层的通风管道,刷油时也增加对镀锌铁皮面的人工除油、除尘内容,并按人工除锈项目中的人工除轻锈子项(人工、材料)乘以系数 0.2。

5)绝热工程,垂直运输 6m 以下人工吊运已综合考虑在定额之内。超过 6m 时其超高部分乘以系数 1.3。

2. 使用中应注意的问题

1)本定额金属结构刷油的展开面积为 $58m^2/t$。

2)对预留焊口的部位,第一次喷砂除锈后,在焊接组装过程中产生新锈蚀时,其工程量另行计算。

3)管道绝热工程,不包括阀门、法兰工作内容发生时执行本册定额有关项目。

4)绝热工程,若采用钢带代替捆扎线时,总长度不变,重量可以按所用材料的换掉,若采用铆钉代替自攻螺丝固定保护层时,其用量不变,单价可以换算。

5)聚氨酯泡沫塑料发泡安装,是按无模具直喷施工考虑的,若采用有模具浇注安装,其模具(制作安装)费另行计算。由于批量不同,相差悬殊的,可另行协商,分次数摊销。

发泡效果受环境温度条件影响较大,因此本定额以成品立方米计算。换算发泡液消耗量仅能提出参考数据,即 15~20℃ 发泡液用量为 $68kg/m^3$,20~25℃ 发泡液用量为 $63kg/m^3$,25~35℃ 以上发泡液用量为 $56kg/m^3$,包括损耗在内。低于 15℃ 应采取措施,费用另计。

6)绝热工程金属盒制作安装,是按焊接制作成品盒安装考虑的,其中包括绝热层用工,它不适用于采用薄铁皮咬口或钉口金属盒制作安装(拟另作补充定额)。

7)活门、法兰绝热是按毡、席安装考虑,若采用其他绝热材料安装,其材料数量不变,单价可以换算。

8)绝热的金属保护层,按 0.5mm 镀锌铁皮计入基价。若采用 0.5~0.8mm 厚度的铁皮,其材料以"m^2"计算的,单价可以换算。

9)本定额第四章说明中第三条"涂料配合比与实际设计配合比不同时,可根据设计要求进行换算,但人工不变",机械台班费亦不调整。

10)玻璃钢衬里工程,贴衬玻璃布所用胶液,在总用量不变的前提下,可以按设计配方,调整换算配方中各种材料的用量。

11)本定额说明中第十一条"使用机械翻转施工的增加费,需要时按施工方案另计",指的是必须用机械翻转的施工方法,而不包括可以用人工翻转而采用了机械翻转的情况。

12)未硫化橡胶衬里,硫化处理是按间接硫化考虑的。若采用本体硫化法,需要接通水、电、汽源时,其发生的人工、材料、机械,按施工方案另行计算。

13)预硫化橡胶衬里,不包括胶板本身打毛,脱脂和金属面脱脂所用的人工、材料、机械,可另编补充定额。

14)设备内需要采用水泥砂浆找坡度、找平层时,可以执行本定额第九章涂抹耐酸胶泥定额，其材料可以换算。

15）调整胶泥不分机械和手工操作，均执行定额。

16）本定额第九章不包括设备衬里和接管处的套管填涵部位的人工、材料，如图10-23所示。

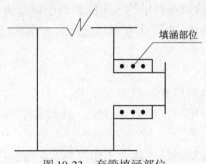

图10-23 套管填涵部位

17）玻璃钢衬里所用的玻璃布，按无碱、无蜡、无捻考虑的，厚度为0.2~0.25mm。有碱、有蜡的玻璃布，需要进行脱质处理，按施工方案所选定的方法另行计算其人工、材料、机械费；布厚度超出定额标准时，使用的底漆、面漆、布的用量（m^2）不变，但衬布所用胶漆可按以下公式调整：

$$定额中所用衬布胶漆量/(0.2~0.25)\times 所用布厚度 \tag{10-43}$$

18）橡胶板及塑料板单位用量是以"m^2"计算。胶泥用量以"m^3"作为未计价材料计算，其原因是：第一，胶泥配方中所用的各种材料，因施工地区的环境温度不同，其使用量不同，如环氧树脂胶泥，由环氧树脂、固化剂、稀释剂、填料等材料组成，由于施工环境温度的不同，使用的稀释剂、固化剂加入量不同；第二，在一个地区使用的固化剂、稀释剂、填料等因品种不同而加入量也不相同；如环氧树脂胶泥的配方中常用的固化剂就有很多种类，如乙二胺、多乙基多胺、T31，而且用量相差很大，用乙二胺只占胶泥重量的6%~8%，用多乙基多胺则占胶泥重量的12%~15%，用T31则为20%左右。

3. 有关问题的说明

1）同一种油漆刷三遍时，第三遍套用第二遍的定额子目。

2）保温捆扎，用钢带代替铁丝时可以换算，按每块瓦两道软质材料250mm捆扎一道计算。

3）铁皮保护层的自攻螺栓改用抽芯铆钉时可以换算。

4）超细玻璃棉的容重，定额中按57kg/m^3考虑，如实际情况有出入，不作调整。

5）工作物较大，人工无法翻转时，必须采用机械翻转，可以换算。

6）管道内壁除锈，小口径管已包括在安装定额中；大口径管道用打砂除锈，可选用相应子目。

7）用银粉浆代替银粉，不能换算。

8）用铝皮作保护层时，可以换算。

9）用硅酸铝代替硅酸钙保温时，可以换算。

10）圆形或矩形混凝土箱、槽防腐，应执行"建筑防腐定额"的有关项目。

11）软木板材安装定额编号13-359、13-360适用于铁线绑扎；13-361、13-362适用于包铁角或包铁皮箍安装。

10.7.3 常用工程量的计算

1. 除锈、刷油、防腐蚀工程

1）设备筒体、管道表面积计算公式：

$$S = \pi \times D \times L (m^2) \qquad (10\text{-}44)$$

式中 D——设备或管道直径（m）；
  L——设备筒体高或管道延长米。

2）各种管件、阀门、人孔、管口凹凸部分，定额消耗量中已综合考虑，不再另外计算工程量。

2. 绝热工程

1）设备筒体或管道绝热层、防潮层和保护层计算公式：

$$V = \pi \times (D + 1.033\delta) \times 1.033\delta \times L (m^3) \qquad (10\text{-}45)$$

$$S = \pi \times (D + 2.1\delta + 0.0082) \times L (m^2) \qquad (10\text{-}46)$$

式中 D——直径（m）；
1.033 及 2.1——调整系数；
       δ——绝热层厚度（m）；
       L——设备筒体或管道长度（m）；
  0.0082——捆扎线直径或钢带厚（+防潮层厚度）(m)。

2）伴热管道绝热工程量计算式：

将下列 D' 计算结果分别代入式（10-44）、式（10-45）计算出伴热管道的绝热层、防潮层和保护层工程量。

（1）单管伴热或双管伴热（管径相同，夹角小于90°时）

$$D' = D_1 + D_2 + (10 \sim 20mm) \qquad (10\text{-}47)$$

式中 D'——伴热管道综合值；
  D_1——主管道直径；
  D_2——伴热管道直径；

（10~20mm）——主管道与伴热管道之间的间隙。

（2）双管伴热（管径相同，夹角大于90°时）

$$D' = D_1 + 1.5D_2 + (10 \sim 20mm) \qquad (10\text{-}48)$$

（3）双管伴热（管径不同，夹角小于90°时）

$$D' = D_1 + D_{伴大} + (10 \sim 20mm) \qquad (10\text{-}49)$$

式中 D_1——主管道直径；
  $D_{伴大}$——伴热管大管直径。

3. 设备封头绝热层、防潮层和保护层工程量计算公式

$$V = [(D + 1.033\delta)/2]2 \times \pi \times 1.033\delta \times 1.5 \times N \quad (m^3) \qquad (10\text{-}50)$$

$$S = [(D + 2.1\delta)/2]2 \times \pi \times 1.5 \times N \quad (m^2) \qquad (10\text{-}51)$$

式中 N——封头个数。

4. 阀门绝热层、防潮层和保护层计算公式

$$V = \pi \times (D + 1.033\delta) \times 2.5D \times 1.033\delta \times 1.05 \times N \quad (m^3) \qquad (10\text{-}52)$$

$$S = \pi \times (D + 2.1\delta) \times 2.5D \times 1.05 \times N \quad (m^2) \tag{10-53}$$

式中 N——阀门个数。

5. 法兰绝热层、防潮层和保护层计算公式

$$V = \pi \times (D + 1.033\delta) \times 1.5D \times 1.033\delta \times 1.05 \times N \quad (m^3) \tag{10-54}$$

$$S = \pi \times (D + 2.1\delta) \times 1.5D \times 1.05 \times N \quad (m^2) \tag{10-55}$$

式中 N——法兰数量(副)。

6. 油罐拱顶绝热层、防潮层和保护层计算公式

$$V = 2\pi r \times (h + 0.5165\delta) \times 1.033\delta \, (m^3) \tag{10-56}$$

$$S = 2\pi r \times (h + 1.05\delta) \, (m^2) \tag{10-57}$$

式中 r——油罐拱顶球面半径;

h——罐顶拱高。

7. 矩形通风管道绝热层、防潮层和保护层计算公式

$$V = [2 \times (A + B) \times 1.033\delta + 4 \times (1.033\delta) \times 2] \times L \quad (m^3) \tag{10-58}$$

$$S = [2 \times (A + B) + 8 \times (1.05\delta + 0.0041)] \times L \quad (m^2) \tag{10-59}$$

式中 A——风管长边尺寸(m);

B——风管短边尺寸(m)。

10.7.4 刷油、防腐蚀、绝热工程量计算

1. 除锈工程

根据现行施工及验收技术规范的要求,对不同工程除锈级别、防锈方法的不同要求,本定额增加了人工除锈、化学除锈、砂轮机除锈等,同时增加了大型气柜喷砂除锈项目。

1) 喷射除锈按 Sa2.5 级标准确定。若变更级别标准,如按 Sa3 级则人工、材料、机械乘以系数 1.1;按 Sa2 级或 Sa1 级则人工、材料、机械乘以系数 0.9。

喷射除锈标准如下:

Sa3 级:除净金属表面上的油脂、氧化皮、锈蚀产物等一切杂物,呈现均一的金属本色,并有一定的粗糙度。

Sa2.5 级:完全除去金属表面上的油脂、氧化皮、锈蚀产物等一切杂物,可见的阴影条纹、斑痕等残留物不得超过单位面积的 5%。

Sa2 级:除去金属表面上的油脂、锈皮、疏松氧化皮、浮锈等杂物,允许有附紧的氧化皮。

2) 微锈、轻锈、中锈、重锈的区分标准,详见表 10-14。

锈蚀等级 表 10-14

类别	锈蚀情况
微锈	氧化皮完全紧附,仅有少量锈点
轻锈	氧化皮开始破裂脱落,红锈开始发生
中锈	部分氧化皮破裂脱落,成堆粉状,除锈后用肉眼能见到腐蚀小凹点
重锈	大部分氧化皮脱落,呈片状锈层或凸起的锈斑,除锈后出现麻点或麻坑

3）本章定额不包括除微锈（标准：氧化皮完全紧附，仅有少量锈点），发生时按轻锈定额乘以系数0.2。

2. 刷油工程

本定额增加有机耐热漆、白布面、麻布面、沥青玛蹄脂面、石棉灰面刷油项目。

1）本章定额适用于金属面、管道、设备、通风管道、金属结构与玻璃布面、石棉布面、玛蹄脂面、摸灰面等刷（喷）油漆工程。

2）本章定额按安装地点就地刷（喷）油漆考虑，如安装前管道集中刷油，人工乘以系数0.7（暖气片除外）。

3）标志色环、补口补伤等零星刷油，执行本章定额相应项目，其人工乘以系数2.0，材料消耗按相应定额项目乘以系数1.20。

4）本章内列有银粉和银粉漆两项。银粉是指采用银粉与稀料在施工现场进行配制后涂刷；银粉漆是指施工现场供应成品银粉浆直接用于涂刷。

5）定额主材与稀干料可以换算，但人工和材料消耗量不变。

3. 防腐蚀涂料工程

本定额适用于设备、管道、金属结构等各种防腐涂料工程，新增了氯磺化聚乙烯涂料、无机富锌漆和KJ-130涂料项目。

1）涂料配合比与实际设计配合比不同时，可根据设计要求进行换算，其人工、机械消耗量不变。

2）本章定额除过氯乙烯、H87、H8701及硅酸锌防腐蚀涂料是按喷涂施工方法考虑外，其他涂料均按刷涂考虑。若发生喷涂施工时，其人工乘以系数0.30，材料乘以系数1.16，同时增加喷涂机械内容。

3）本章定额涂料热固化是按采用蒸汽及红外线间接聚合固化考虑的，如采用其他方法，应按施工方案另行计算。

4）如采用本章定额未包括的新品种涂料，可按相近定额项目执行，其人工、机械消耗量不变。

4. 手工糊衬玻璃钢工程

本章定额适用于碳钢设备手工糊衬玻璃钢和塑料管道玻璃钢增强工程。

1）如因设计要求或施工条件不同，所用胶液配合比、材料品种与本章定额不同时，可以本章定额各种胶液中树脂用量为基数进行换算。

2）本章工作内容不包括金属表面除锈。发生时应根据其工程量执行本册第一章定额相应项目。

3）玻璃钢工程的底漆、腻子、衬贴玻璃布、面漆等实际层数超过定额的层数时，每超过一层套相应的定额子目一次。

4）塑料管道玻璃钢增强项目也适用与此施工工艺相同的其他管道。

5）塑料管道玻璃钢增强所用玻璃布幅宽是按200~250mm、厚度0.2~0.25mm考虑的。若玻璃布厚度与定额不同时，玻璃布消耗量不变价格可换算，胶料按［胶料定额用量（kg）/定额用玻璃布厚度（mm）］×实际玻璃布厚度（mm）进行换算。

6）玻璃钢聚合固化是按采用蒸汽及红外线间接聚合法考虑的，如因需要采用其他方法聚合时，应按施工方案另行计算。自然固化即能满足要求的则不需计算加热聚合固化。

5. 橡胶板及塑料板衬里工程

定额适用于金属管道、管件、阀门、多孔板、设备的橡胶板衬里和金属表面的软聚氯乙烯塑料板衬里工程，新增编预硫橡胶衬里项目及橡胶板硫化处理后硬度检验内容。

1）本章定额橡胶板及塑料板用量包括：

（1）有效面积需用量（不扣除人孔）；

（2）搭接面积需用量；

（3）法兰翻边及下料时的合理损耗量。

2）热硫化橡胶板衬里的硫化方法，按间接硫化处理考虑，需要直接硫化处理时，其人工乘以系数1.25，材料、机械按施工方案另行计算。

3）带有超过总面积15%衬里零件的贮槽、塔类设备，其人工乘以系数1.4。

4）定额中塑料板衬里工程，搭接缝均按胶接考虑，若采用焊接时，其人工乘以系数1.8，胶浆用量乘以系数0.5，聚氯乙烯塑料焊条用量为$5.19kg/10m^2$。

5）本章定额不包括除锈工作内容，发生时应执行本册第一章定额相应项目。

6. 衬铅及搪铅工程

适用于金属设备、型钢等表面衬铅、搪铅工程。

1）设备衬铅不分直径大小，均按卧放在滚动器上施工，对已经安装好的设备进行挂衬铅板施工时，其人工乘以系数1.39，材料、机械消耗量不作调整。

2）设备、型钢表面衬铅，铅板厚度按3mm考虑，若铅板厚度大于3mm时，其人工乘以系数1.29，材料按实计算。

3）本章定额不包括金属表面除锈，发生时应执行本册第一章定额相应项目。

7. 喷镀（涂）工程

适用于金属管道、设备、型钢等的表面气喷镀工程及塑料喷涂工程，本章不包括除锈工作内容，发生时应执行本册第一章定额相应项目。

8. 耐酸砖、板衬里工程

定额适用于各种金属设备的耐酸砖、板衬里工程。

1）设备衬砌定额中对设备底、壁、人孔、拱门等不同部位所耗用工料均以作了综合考虑，使用定额时不作区分。

2）硅质胶泥衬砖砌、板项目，定额内已包括酸化处理工作内容。

3）定额内各种耐酸胶泥均列为未计价材料，可按设计要求及施工条件参照相关定额。

4）衬砌砖、板定额按揉挤法考虑，如采用勾缝法施工时，相应项目定额人工和树脂胶泥用量乘以系数1.10，其余不变。

5）衬砌砖、板按规范进行自然养护考虑，若采用其他方法养护，其工程量应按施工方案另行计算。

6）树脂胶泥衬砌耐酸砖、板砌体需加热固化处理时，按砌体热处理项目计算，定额按采用电炉加热考虑，方法不同时按施工方案另计。

9. 绝热工程

定额适用于设备、管道、通风管道的绝热工程，本定额项目步距比原定额作了较大调整，分如下档次：设备分为立式设备、卧式设备、球形罐等；管道分为$\phi57$以下、$\phi133$以下、$\phi426$以下、$\phi426$以上等项目。

1) 管道绝热除橡塑保温管项目外均未包括阀门、法兰绝热工程量；发生时已列定额项目的按相应定额项目计算，其他材料按相应管道绝热定额项目计算。橡塑保温管项目阀门、法兰保温所需增加的人工、材料已综合考虑在管道项目中，不再另计。

2) 计算管道绝热工程量时不扣除阀门、法兰所占长度，而在计算阀门与法兰绝热工程量时与法兰阀门配套的法兰已含在阀门绝热工程量内，不再单独计算。

3) 计算管道绝热工程量时不扣除人孔、接管开孔面积，并应参照设备筒体绝热工程量计算式增计人孔与接管的管节部位绝热工程量。

4) 聚氨酯泡沫塑料发泡绝热工程，是按有模具浇注法施工考虑的，其模具已摊销计入定额中，不可另计；若采用现场直喷法施工，应扣除模具摊销量及黄油，其他不变；若在加工厂进行喷涂发泡时，其人工乘以系数0.70，其他不变。

5) 镀锌铁皮的规格按1000mm×2000mm和900mm×1800mm、厚度0.8mm以下综合考虑，若采用其他规格铁皮时，可按实际调整。厚度大于0.8mm时，其人工乘以系数1.2；卧式设备保护层安装，其人工乘以系数1.05。

6) 根据规范或设计要求，绝热工程若需分层安装，在计算外层保温工程量时，内保温层外径 D' 视为管道直径，计算公式为 $D' = D + 2.1\delta + 0.0032$（式中 δ 为内保温层厚度，0.0032为捆扎线直径或带厚）。

7) 管道绝热均按现场安装后绝热施工考虑，若先绝热后安装时，其绝热人工乘以系数0.9。

8) 现场补口、补伤等零星绝热工程，按相应材质定额项目，其人工、机械乘以系数2.0，材料消耗量乘以系数1.20。

9) 采用不锈钢薄钢板作保护层安装，执行本章金属保护层定额相应项目，其人工乘以系数1.25，钻头消耗量乘以系数2.0，机械乘以系数1.15。

10) 卷材安装应执行相同材质的板材安装项目，其人工、铁丝消耗量不变，但卷材损耗率按3.1%考虑。

11) 复合成品材料安装应执行相近材质瓦块（或管壳）安装项目，复合材料分别安装时应按分层计算。

12) 保温托盘、钩钉及钢板保温盒制作安装项目中已包括了除锈刷防锈漆的工作内容，不得重复计算。

10. 管道补口补伤工程

定额适用于金属管道的补口补伤的防腐工程。

1) 定额计量单位为"10个口"，每口涂刷长度取定为：$\phi 426mm$ 以下（含 $\phi 426mm$）管道每个口补口长度为400mm；$\phi 426mm$ 以上管道每个口补口长度为600mm。

2) 各类涂料涂层厚度：

(1) 氯磺化聚乙烯漆为0.3~0.4mm厚；

(2) 聚氨酯漆为0.3~0.4mm厚；

(3) 环氧煤沥青漆涂层厚度：

普通级，0.3mm厚，包括底漆一遍、面漆两遍；

加强级，0.5mm厚，包括底漆一遍、面漆三遍及玻璃布一层；

特加强级，0.8mm厚，包括底漆一遍、面漆四遍及玻璃布二层。

3）本章定额施工工序包括了补伤，但不含表面除锈，发生时应执行本册第一章定额相应项目。

11. 阴极保护及牺牲阳极

定额适用于长输管道工程阴极保护、牺牲阳极工程。

1）阴极保护站的恒电位仪和电气连接安装以"站"为计量单位。站内2台恒电位仪按设计选型计价，其他电器与材料消耗量不作调整。

2）检查头、通电头分别以"处"、"个"为单位计算，均压线安装以"处"（每处100m）为计量单位。通电点、均压线塑料电缆长度如超出定额用量的10%时，可以按实际调整。

3）牺牲阳极安装以"个"为单位计算，材质与规格按设计确定。阳极接地按材质分别以"个"或"m"计算，其接地调试按定额第二册中接地装置调试定额计算。

10.8 工程量清单计价

工程量清单计价是一种主要由市场定价的计价模式。为适应我国工程投资体制改革和建设管理体制改革的需要，加速我国建筑工程计价模式与国际接轨的步伐，自2003年起开始在全国范围内逐步推行工程量清单计价方法。规定全部使用国有资金投资或国有资金投资为主（二者简称"国有资金投资"）的工程建设项目，必须采用工程量清单计价；对于非国有资金投资的工程建设项目，是否采用工程量清单计价由项目业主自主确定。

到目前为止，工程量清单计价规范已先后发布实施了三个版本，《建设工程工程量清单计价规范》GB50500－2003自2003年7月1日起实施、《建设工程工程量清单计价规范》GB50500－2008（修编版）自2008年12月1日起实施、《建设工程工程量清单计价规范》GB50500－2013自2013年7月1日起实施，经过多年的实践，工程计价模式的改革取得丰硕的成果，基本上完成了工程造价从计划经济的预结算制，过渡到利用工程量确定公平竞争，由市场来形成价格的局面，以下简称《计价规范》。

10.8.1 工程量清单的意义

工程量清单是工程量清单计价的基础，贯穿于建设工程的招投标阶段和施工阶段，是编制招投标控制价、投标报价、计算工程量、支付工程款、调整合同价款、办理竣工结算以及工程索赔等的依据。工程量清单的主要意义如下：

1. 为投标人提供了一个平等和共同的竞争基础

工程量清单是由招标人负责编制，将要求投标人完成的工程项目及其相应的工程实体数量全部列出，为投标人提供拟建工程的基本内容、实体数量和质量要求等的基础信息。这样，在建设工程招标投标中，投标人的竞争活动就有了一个共同基础，投标人机会均等，受到的待遇是公正和公平的。

2. 工程量清单是建设工程计价的依据

在招投标过程中，招标人根据工程量清单编制招标工程的招标控制价；投标人按照工程量清单所表述的内容，依据企业定额计算投标价格，自主填报工程量清单所列项目的单价与合价。

3. 有利于工程款的拨付和工程造价的最终结算

中标后，业主与中标单位签订施工合同，中标价就是确定合同价的基础，投标清单上的单价就成了拨付工程款的依据。业主根据施工企业完成的工程量，可以很容易地确定进度款的拨付。工程竣工后，根据设计变更、工程量增减等，业主也很容易确定工程的最终造价，可在某种程度上减少业主与施工单位之间的纠纷。

4. 工程量清单是调整工程价款、处理工程索赔的依据

在发生工程变更和工程索赔时，可以选用或者参照工程量清单中的分部分项工程或计价项目及合同单价来确定变更价款和索赔费用。

5. 有利于业主对投资的控制

采用现在的施工图预算形式，业主对因设计变更、工程量的增减所引起的工程造价变化不敏感，往往等到竣工结算时才知道这些变更对项目投资有多大的影响，但此时常常是为时已晚。而采用工程量清单报价的方式则可对投资变化一目了然，在欲进行设计变更时，能马上知道它对工程造价的影响，业主就能根据投资情况来决定是否变更或进行方案比较，已决定最恰当的处理方法。

10.8.2 《建设工程工程量清单计价规范》GB 50500－2013 简介

为及时总结我国实施工程量清单计价以来的实践经验和最新理论研究成果，顺应市场要求，结合建设工程行业特点，在新时期统一建设工程工程量清单的编制和计价行为，实现"政府宏观调控、部门动态监管、企业自主报价、市场形成价格"的宏伟目标，住房和城乡建设部及时对《建设工程工程量清单计价规范》GB 50500－2008 进行全方位修改、补充和完善。

2013 版《计价规范》的编制是对 2008 版《计价规范》的修改、补充和完善，它不仅较好地解决了原《规范》执行以来存在的主要问题，而且对清单编制和计价的指导思想进行了深化，在"政府宏观调控、部门动态监管、企业自主报价、市场决定价格"的基础上，新《计价规范》规定了合同价款约定、合同价款调整、合同价款中期支付、竣工结算支付以及合同解除的价款结算与支付、合同价款争议的解决方法，展现了加强市场监管的措施，强化了清单计价的执行力度。新《计价规范》的出台，标志着我国工程价款管理迈入全过程精细化管理的新时代，工程价款管理将向集约型管理、科学化管理、全过程管理、重在前期管理的方向转变和发展。

1. 一般概念

工程量清单应由具有编制能力的招标人或受其委托，具有相应资质的工程造价咨询人编制。需按照《计价规范》配套的专业工程计算规范附录中统一的项目编码、项目名称、计量单位和工程量计算规则进行编制。采用工程量清单方式招标时，工程量清单必须作为招标文件的组成部分，招标人应将工程量清单连同招标文件的其他内容一并发给投标人，并对其编制的工程量清单的准确性和完整性负责。投标人依据工程量清单进行投标报价，对工程量清单不负有核实的义务，更不具有修改和调整的权力。

工程量清单由分部分项工程量清单、措施项目清单、其他项目清单、规费项目清单、税金项目清单五部分组成。

2. 《计价规范》GB50500－2013 的各章内容

《计价规范》GB50500－2013 包括正文和专业计量规范两大部分。正文共十六章，包括总则、术语、一般规定、工程量清单编制、招标控制价、投标报价、合同价款约定、工程计量、合同价款调整、合同价款中期支付、竣工结算支付、合同解除的价款结算与支付、合同价款争议的解决、工程造价鉴定、工程计价资料与档案、工程计价表格等内容。

专业计量规范包括：《房屋建筑与装饰工程工程量计算规范》；《通用安装工程工程量计算规范》；《市政工程工程量计算规范》；《园林绿化工程工程量计算规范》；《仿古建筑工程工程量计算规范》；《矿山工程工程量计算规范》；《构筑物工程工程量计算规范》；《城市轨道交通工程工程量计算规范》；《爆破工程工程量计算规范》。专业计量规范包括总则、术语、一般规定、分部分项工程、措施项目、条文说明等内容。

3. 《计价规范》GB50500－2013 的特点及与 2008 版《计价规范》的不同点

从《计价规范》GB50500－2013 的结构上看，这次修改的重点放在了正文部分，配套专业工程计算规范附录（计算规则，计量单位）除个别调整外，基本没有变动。相比原 2008 版《计价规范》，新版《计价规范》有以下特点及不同点：

1）专业划分更加精细

新《计价规范》将原《计价规范》中的六个专业（建筑、装饰、安装、市政、园林、矿山），重新进行了精细化调整：

（1）将建筑与装饰专业合并为一个专业；

（2）将仿古从园林专业中分开，拆解为一个新专业；

（3）新增了构筑物、城市轨道交通、爆破工程三个专业。

调整后分为以下九个专业：

① 房屋建筑与装饰工程； ② 仿古建筑工程；
③ 通用安装工程； ④ 市政工程；
⑤ 园林绿化工程； ⑥ 矿山工程；
⑦ 构筑物工程； ⑧ 城市轨道交通工程；
⑨ 爆破工程。

由此可见，新《计价规范》各个专业之间的划分更加清晰、更加具有针对性和可操作性。

2）责任划分更加明确

新《计价规范》对原《计价规范》里责任不够明确的内容作了明确的责任划分和补充。

（1）阐释了招标工程量清单和已标价工程量清单的定义（2.0.2、2.0.3）；

（2）规定了计价风险合理分担的原则（3.4.1、3.4.2、3.4.3、3.4.4、3.4.5）；

（3）规定了招标控制价出现误差时投诉与处理的方法（5.3.1~5.3.9）；

（4）规定了当法律法规变化、工程变更、项目特征描述不符、工程量清单缺项、工程量偏差、物价变化等 15 种事项发生时，发承包双方应当按照合同约定调整合同价款（9.1.1）。

3）可执行性更加强化

（1）增强了与合同的契合度，需要造价管理与合同管理相统一；

（2）明确了52条术语的概念，要求提高使用术语的精确度；
（3）提高了合同各方面风险分担的强制性，要求发、承包双方明确各自的风险范围；
（4）细化了措施项目清单编制和列项的规定，加大了工程造价管理复杂度；
（5）改善了计量、计价的可操作性，有利于结算纠纷的处理。

4）合同价款调整更加完善

凡出现以下情况之一者，发承包双方应当按照合同约定调整合同价款：

（1）法律法规变化；
（2）工程变更；
（3）项目特征描述不符；
（4）工程量清单缺项；
（5）工程量偏差；
（6）物价变化；
（7）暂估价；
（8）计日工；
（9）现场签证；
（10）不可抗力；
（11）提前竣工（赶工补偿）；
（12）误期赔偿；
（13）索赔；
（14）暂列金额；
（15）发承包双方约定的其他调整事项。

5）风险分担更加合理

强制了计价风险的分担原则，明确了应由发、承包人各自分别承担的风险范围和应由发、承包双方共同承担的风险范围以及完全不由承包人承担的风险范围。

6）招标控制价编制、复核、投诉、处理的方法、程序更加法治和明晰。

7）新《计价规范》章、节、条数量变化明显（表10-15）

新、旧《计价规范》章、节、条数量对比　　　　　表10-15

2008版《计价规范》				2013版《计价规范》			
章	名称	节数	条数	章	名称	节数	条数
第1章	总则	1	8	第1章	总则	1	7
第2章	术语	1	23	第2章	术语	1	52
第3章	工程量清单编制	6	21	第3章	一般规定	4	19
第4章	工程量清单计价	9	72	第4章	工程量清单编制	6	19
第5章	工程量清单计价表格	2	13	第5章	招标控制价	3	21
				第6章	投标报价	2	13
				第7章	合同价款约定	2	5
				第8章	工程计量	3	15
				第9章	合同价款调整	15	58

续表

2008 版《计价规范》				2013 版《计价规范》			
章	名称	节数	条数	章	名称	节数	条数
				第10章	合同价款中期支付	3	24
				第11章	竣工结算支付	6	35
				第12章	合同解除的价款结算与支付	1	4
				第13章	合同价款争议的解决	5	19
				第14章	工程造价鉴定	3	19
				第15章	工程计价资料与档案	2	13
				第16章	工程计价表格	1	6
合计	5章	19节	137条	合计	16章	58节	329条

10.8.3 工程量清单的编制

工程量清单由招标单位编制，招标单位不具有编制资质的要委托有工程造价咨询资质的单位编制。

1. 招标控制价

国有资金投资的工程建设项目应实行工程量清单招标，并应编制招标控制价。招标控制价由分部分项工程费、措施项目费、其他项目费、规费和税金组成。招标控制价应在招标时公布，不应上调或下浮。

招标控制价编制应注意以下事项：

1）招标控制价应根据下列依据编制：

（1）《建设工程工程量清单计价规范》GB50500-2013；

（2）国家或省级、行业建设主管部门颁发的计价定额和计价办法；

（3）建设工程设计文件及相关资料；

（4）招标文件中的工程量清单及有关要求；

（5）与建设项目相关的标准、规范、技术资料；

（6）工程造价管理机构发布的工程造价信息；工程造价信息没有发布的参照市场价。

2）分部分项工程费应根据招标文件中的分部分项工程量清单项目的特征描述及有关要求计算，分部分项工程量清单应采用综合单价计价，综合单价中应包括招标文件中有关投标人承担的风险费用。招标文件提供了暂估单价的材料，按暂估的单价计入综合单价。

3）措施项目费计价区分三种情况：

（1）措施项目清单中的安全文明施工费应按照国家或省级、行业建设主管部门的规定计价，不得作为竞争性费用；

（2）措施项目清单计价应根据拟建工程的施工组织设计，可以计算工程量的措施项目，应按分部分项工程量清单的方式采用综合单价计价；

（3）其余的措施项目可以"项"为单位的方式计价，应包括除规费、税金外的全部费用。

4）其他项目费应按下列规定计价：

（1）暂列金额应根据工程特点，按有关计价规定估算；

（2）暂估价中的材料单价应根据工程造价信息或参照市场价格估算；暂估价中的专业工程金额应分不同专业，按有关计价规定估算；

（3）计日工应根据工程特点和有关计价依据计算；

（4）总承包服务费应根据招标文件列出的内容和要求估算。

5）规费和税金应按国家或省级、行业建设主管部门的规定计算，不得作为竞争性费用。

2．投标价

投标价由投标人自主确定，但不得低于成本。投标价应由投标人或受其委托具有相应资质的工程造价咨询人编制。投标人应按招标人提供的工程量清单填报价格。填写的项目编码、项目名称、项目特征、计量单位、工程量必须与招标人提供的一致。其目的是使各投标人在投标报价中具有共同的竞争平台。同时要求投标总价应当与分部分项工程费、措施项目费、其他项目费和规费、税金合计金额一致。

投标人编制投标价应注意以下事项：

1）投标报价应根据下列依据编制：

（1）《建设工程工程量清单计价规范》GB50500-2013；

（2）国家或省级、行业建设主管部门颁发的计价办法；

（3）企业定额，国家或省级、行业建设主管部门颁发的计价定额；

（4）招标文件、工程量清单及其补充通知、答疑纪要；

（5）建设工程设计文件及相关资料；

（6）施工现场情况、工程特点及拟定的投标施工组织设计或施工方案；

（7）与建设项目相关的标准、规范等技术资料；

（8）市场价格信息或工程造价管理机构发布的工程造价信息；

（9）其他的相关资料。

2）分部分项工程费应按招标文件中分部分项工程量清单项目的特征描述确定综合单价计算。综合单价中应考虑招标文件中要求投标人承担的风险费用。招标文件中提供了暂估单价的材料，按暂估的单价计入综合单价。

3）投标人可根据工程实际情况结合施工组织设计，对招标人所列的措施项目进行增补。措施项目费区分三种情况计价：

（1）措施项目清单中的安全文明施工费应按照国家或省级、行业建设主管部门的规定计价，不得作为竞争性费用；

（2）措施项目清单计价应根据拟建工程的施工组织设计，可以计算工程量的措施项目，应按分部分项工程量清单的方式采用综合单价计价；

（3）其余的措施项目可以"项"为单位的方式计价，应包括除规费、税金外的全部费用。

4）其他项目费应按下列规定报价：

（1）暂列金额应按招标人在其他项目清单中列出的金额填写；

（2）材料暂估价应按招标人在其他项目清单中列出的单价计入综合单价；专业工程暂

估价应按招标人在其他项目清单中列出的金额填写；

（3）计日工按招标人在其他项目清单中列出的项目和数量，自主确定综合单价并计算计日工费用；

（4）总承包服务费根据招标文件中列出的内容和提出的要求自主确定。

5）规费和税金应按国家或省级、行业建设主管部门的规定计算，不得作为竞争性费用。

10.8.4 工程量清单计价与施工图预算计价的区别

1. 定价主体不同

工程量清单计价是企业自主定价。工程价格反映的是企业个别成本价格，施工企业完全可以依据自身生产经营成本，结合市场供求竞争状况的计算核定工程价格。

传统的施工图预算计价是在计划经济基础上的政府定价方式，工程价格反映的是工程定额编制期的社会平均成本价格，其中利润是政府规定的计划利润，没有充分体现企业自身竞争能力和自主定价，也不能及时反映市场动态变化。工程量清单计价有利于真正反映和促进企业的有序竞争，有利于促进工程新技术、新工艺、新材料的应用。

2. 表现形式不同

工程量清单计价采用综合单价。综合单价是一个全费用单价，包含工程直接费用、工程与企业管理费、利润、约定范围的风险等因素，企业完全可以自主定价，也可以参考各类工程定额调整组价。能够直观和全面反映企业完成分部、分项及单位工程的实际价格；且便于承发包双方测算核定与变更工程合同价格，计量支付与结算工程款，尤其适合于固定单价合同。

传统的施工图预算计价一般采用国家颁布的工程定额组成工料单价，管理费和利润另计，也没有考虑风险因素，既不能直观和全面反映企业完成分部、分项和单位工程的实际价格，工程合同价格计算核定、调整又比较复杂，难以界定合理性，容易引起各方理解争议。

3. 费用组成不同

采用工程量清单计价，工程造价包括分部分项工程费、措施项目费、其他项目费、规费和税金，包括完成每项工程包含的全部工程内容的费用，包括完成每项工程内容所需的费用（规费、税金除外），包括工程量清单中没有体现的，施工中又必须发生的工程内容所需费用，包括风险因素而增加的费用。

传统的施工图预算计价，工程造价由直接工程费、现场经费、间接费、利润和税金组成。

4. 清单计价更能体现竞争实力

采用工程量清单招标，遵循量价分离原则。招标人对工程内容及其计算的工程量负责，承担工程量的风险；投标人根据自身实力和市场竞争状况，自行确定要素价格、企业管理费和利润，承担工程价格约定范围的风险。采用工程量清单方式招标，招标人事先统一约定了工程量，工程量清单的准确性和完整性都由招标人负责，从而统一了投标报价的基础，投标人可以避免因工程数量计算误差造成的不必要风险，从而真正凭自身实力报价竞争。

采用传统的施工图预算招标由投标人自行计算工程量，投标总价的高低偏差既可能是分项工程单价差异，也可能包括了工程量的计算偏差，不能真正体现投标人的竞争实力。

5. 反映结果不同

传统的施工图预算招标的技术标和商务标是分别依据企业、政府的不同标准分离编制的，相互不能支持与匹配，不能全面正确反映和评价投标人的技术和经济的综合能力。

工程量清单招标的工程实体项目和措施项目单价组成完全能够与技术标紧密结合，相互支持、配合，既能从技术和商务两方面反映和衡量投标方案的可行性、可靠性和合理性，又能反映投标人的综合竞争能力。

第 4 篇

法律法规、职业健康与环境、职业道德

第 11 章 建设工程法律基础

11.1 建设工程合同的履约管理

11.1.1 建设施工合同履约管理的意义和作用

1. 建设施工合同的概念

建设工程施工合同是指发包方和承包方为完成建筑安装工程的建造工作，明确双方的权利义务关系而签订的协议。

2. 建设施工合同履约管理的意义

1）加强合同管理是市场经济的要求

随着市场经济机制的不断发育和完善，要求政府管理部门打破传统观念束缚，转变政府职能，更多地应用法律、法规和经济手段调节和管理市场，而不是用行政命令干预市场；建筑施工企业作为建筑市场的主体，进行建设生产与管理活动，必须按照市场规律要求，健全和完善其内部各项管理制度，合同管理制度是其管理制度的核心内容之一。建筑市场机制的健全和完善，施工合同必将成为规范建筑施工企业和发包方经济活动关系的依据。加强建设施工合同的管理，是社会主义市场经济规律的必然要求。

2）规范工程建设各方行为的需要

目前，从建筑市场经济活动及交易行为来看，工程建设的参与各方缺乏市场经济所必需的法制观念和诚信意识，不正当竞争行为时有发生，承发包双方合同自律行为较差，加之市场机制难以发挥应有的功能，从而加剧了建筑市场经济秩序的混乱。因此，必须加强建设工程施工合同的管理，规范市场主体交易行为，促进建筑市场的健康稳定发展。

3）建筑业迎接国际性竞争的需要

我国加入 WTO 后，建筑市场全面开放。国外建筑施工企业将进入我国建筑市场，如果发包方不以平等市场主体进行交易，仍存在着盲目压价、压工期和要求垫支工程款，就会被外国建筑施工企业援引"非歧视原则"而引起贸易纠纷。由于我们不能及时适应国际市场规则，特别是对 FIDIC 条款的认识和经验不足，将造成我国的建筑施工企业丧失大量参与国际竞争的机会。同时，使我们的建筑施工企业认识不到遵守规则的重要性，造成巨大经济损失。因此，承发包双方应尽快树立国际化竞争意识，遵循市场规则和国际惯例，加强建设施工合同的规范管理，建立行之有效的合同管理制度。

3. 合同在建设项目管理中的地位和作用

建设项目管理过程中合同正在发挥越来越重要的作用，具体来讲，合同在建设项目管理过程中的地位和作用主要体现在如下三个方面：

1）合同是建设项目管理的核心和主线

任何一个建设项目的实施，都是通过签订一系列的承发包合同来实现的。通过对承包内容、范围、价款和质量标准等合同条款的制订和履行，业主和建筑施工企业可以在合同环境下调控建设项目的运行状态。通过对合同管理目标责任的分解，可以规范项目管理机构的内部职能，紧密围绕合同条款开展项目管理工作。因此，无论是对建筑施工企业的管理，还是对项目业主本身的内部管理，合同始终是建设项目管理的核心。

2）施工合同是承发包双方权利和义务的法律基础

为保证建设项目的顺利实施，通过明确承发包双方的职责、权利和义务，可以明确承发包双方的责任风险，建设施工合同通常界定了承发包双方基本的权利义务关系。如发包方必须按时支付工程进度款，及时参加隐蔽工程验收和中间验收，及时组织工程竣工验收和办理竣工结算等。承包方则必须按施工图纸和批准的施工组织设计书组织施工，向业主提供符合约定质量标准的建筑产品等。合同中明确约定的各项权利和义务是承发包双方的最高行为准则，是双方履行义务、享有权利的法律基础。

3）建设施工合同是处理建设项目实施过程中发生的各种争执和纠纷的重要证据

由于建设项目具有建设周期长、合同金额大、参建单位众多和项目之间接口复杂等特点，所以在合同履行过程中，业主与建筑施工企业之间、不同建筑施工企业之间、总承包与分包之间以及业主与材料供应商之间不可避免地产生各种争执和纠纷。而处理这些争执和纠纷的主要尺度和依据应是承发包双方在合同中事先作出的各种约定和承诺，如合同的索赔与反索赔条款、不可抗力条款、合同价款调整变更条款等等。作为合同的一种特定类型，建设施工合同同样具有一经签订即具有法律效力的属性。所以，建设施工合同是处理建设项目实施过程中发生的各种争执和纠纷的重要依据。

11.1.2 目前建设施工合同履约管理中存在的问题

工程建设的复杂性决定了施工合同管理的艰巨性。目前我国建设市场有待完善，建设交易行为尚不规范，使得建设施工合同管理中存在诸多问题，主要表现为：

1. 合同双方法律意识淡薄

1）少数合同有失公平

由于目前建筑市场存在供求关系不平衡的现象，使得建设施工合同也存在着合同双方权利、义务不对等现象。从目前实施的建设施工合同文本看，施工合同中绝大多数条款是由发包方制定的，其中大多强调了承包方的义务，对业主的制约条款偏少，特别是对业主违约、赔偿等方面的约定也很不具体，缺少行之有效的处罚办法。这不利于施工合同的公平、公正履行，成为施工合同执行过程中发生争议较多的一个原因。

2）合同文本不规范

国家工商总局和建设部为规范建筑市场的合同管理，制定了《建设工程施工合同示范文本》，以全面体现双方的责任、权利和风险。有些建设项目在签订合同时为了回避业主义务，不采用标准的合同文本，而采用一些自制的、不规范的文本进行签约。通过自制的、笼统的、含糊的文本条件，避重就轻，转嫁工程风险。有的甚至仍然采用口头委托和政府命令的方式下达任务，待工程完工后，再补签合同，这样的合同根本起不到任何约束作用。

有些虽然按《建设工程施工合同示范文本》，但是在合同示范文本的专用条款中将风险转嫁给建筑施工企业。

3）"黑白合同"（又称"阴阳合同"），严重扰乱了建筑市场秩序

有些业主以各种理由、客观原因，除按招标文件签订"白合同"（又称"阳合同"）供建设行政主管部门审查备案外，私下与建筑施工企业再签订一份在实际施工活动中被双方认可的"黑合同"（又称"阴合同"），在内容上与原合同相违背，形成了一份违法的合同。这种工程承发包双方责任、利益不对等的"黑白合同"（又称"阴阳合同"），违反国家有关法律、法规，严重损害建筑施工企业的利益，为合同履行埋下了隐患，将直接影响工程建设目标的实现，进而给业主带来不可避免的损失。

4）建设施工合同履约程度低，违约现象严重

有些工程合同的签约双方都不认真履行合同，随意修改合同，或违背合同规定。合同违约现象时有发生，如：业主暗中以垫资为条件，违法发包；在工程建设中业主不按照合同约定支付工程进度款；建设工程竣工验收合格后，发包人不及时办理竣工结算手续，甚至部分业主已使用工程多年，仍以种种理由拒付工程款，形成建设市场严重拖欠工程款的顽症；建筑施工企业不按期依法组织施工，不按规范施工，形成延期工程、劣质工程等，严重扰乱了工程建设市场的管理秩序。

5）合同索赔工作难以实现

索赔是合同和法律赋予受损失者的权利，对于建筑施工企业来讲是一种保护自己维护正当权益、避免损失、增加利润的手段。而建筑市场的过度竞争，不平等合同条款等问题，给索赔工作造成了许多干扰因素，再加上建筑施工企业自我保护意识差、索赔意识淡薄，导致合同索赔难以进行，受损害者往往是建筑施工企业。

6）借用资质或超越资质等级签订合同的情况

有些不法建筑施工企业在自己不具备相应建设项目施工资质的情况下为了达到承包工程的目的，非法借用他人资质参加工程投标。并以不法手段获得承包资格，签订无效合同。一些不法建筑施工企业利用不法手段获得资质，专门从事资质证件租用业务，非法谋取私利，严重破坏了建筑市场的秩序。

7）违法转包、分包合同情况

一些建筑施工企业为了获得建设项目承包资格，不惜以低价中标。在中标之后又将工程肢解后以更低价格非法转包给一些没有资质的小的施工队伍。这些建筑施工企业缺乏对承包工程的基本控制步骤和监督手段，进而对工程进度、质量造成严重影响。

2. 不重视合同管理体系和制度建设

一些建设项目不重视合同管理体系的建设，合同归口管理、分组管理和受权管理机制不健全，谁都可以签合同，合同管理程序不明确，或有制度不执行，该履行的手续不履行，缺少必要的审查和评估步骤，缺乏对合同管理的有效监督和控制。

3. 专业人才缺乏

这也是影响建设项目合同管理效果的一个重要因素。建设合同内容多，专业面广，合同管理人员需要有一定的专业技术知识、法律知识和造价知识等。很多建设项目管理机构中，没有专业技术人员管理合同，或把合同管理简单地视为一种事务性工作。一旦发生合同纠纷，则会产生对建筑施工企业很不利的局面。

4. 不重视合同归档管理，管理信息化程度不高，合同管理手段落后

一些建设项目合同管理仍处于分散管理状态，合同的归档程序、要求没有明确规定，合同履行过程中没有严格监督控制，合同履行后没有全面评估和总结，合同管理粗放。有些建筑施工企业在发生合同纠纷后，有些重要的合同原件甚至发生缺失。很多单位合同签订仍然采用手工作业方式进行，合同管理信息的采集、存储加工和维护手段落后，合同管理应用软件的开发和使用相对滞后，没有按照现代项目管理理念对合同管理流程进行重构和优化，没能实现项目内部信息资源的有效开发和利用，建设项目合同管理的信息化程度偏低。

11.2 建设工程履约过程中的证据管理

11.2.1 民事诉讼证据的概述

1. 民事诉讼证据

民事诉讼证据（以下称证据），是指能够证明案件真实情况的事实。在民事案件中，所谓事实是指发生在当事人之间的引起当事人权利义务的产生、变更或者消灭的活动。

2. 证据的特征

1）客观性

证据是客观存在的事实材料，不以人的意志为转移。这一特征是证据最基本的特征，是证据的生命力所在。

《民事诉讼法》第7条规定："人民法院审理民事案件，必须以事实为根据，以法律为准绳。"但是，当事人的主张是否属实，是靠证据来证明的。

2）关联性

证据必须与证明对象有客观的联系，能够证明被证明对象的一部分或全部。关联性是证据的重要特征，是证据材料成为证据的必备条件，与证明对象没有任何联系的，绝不能作为认定事实的证据。

3）合法性

证据的合法性包含两层含义：

（1）当法律对证据形式、证明方法有特殊要求时，必须符合法律的规定，如当事人欲证明房产权属的变更必须提供重新登记的房产权属证明（如房产证）。

（2）对证据的调查、收集、审查须符合法定程序，否则不能作为定案的依据，如利用偷录、私拆他人信件等非法方式收集的证据就不符合法定程序。

上述3个特征为证据的基本特征，证据材料必须同时具备这3个特征，才能作为判决的依据。

11.2.2 证据的分类

理论上按不同的标准将证据分为不同的类别。目前来看，主要有本证与反证、直接证据与间接证据、原始证据与传来证据的分类。

1. **本证与反证——依据证据与证明责任之间的关系分类**

本证,是指能够证明负有举证责任的一方当事人所主张的事实的证据;反证,是指能否定负有证明责任的一方当事人所主张事实的证据,反证的目的是提出证据否定对方提出的事实。例如,原告诉被告拖欠工程款而提出的合同和付款单是本证,被告提出已付工程款的付款单据为反证。

区分本证与反证的实际意义是为了在具体证据中落实证明责任,明确举证顺序,有利于法官衡量当事人的举证效果,从而依据证明责任作出裁判。

需要注意以下几点:

1)该分类不是以原告、被告的地位为标准,原告、被告都有可能提出反证,也都有可能提出本证。

2)反证与证据反驳不同,两者最大的区别在于反证是提出证据否定对方所提出的事实;而证据反驳是不提出新的证据。

3)反证是针对对方所提出的事实的反对,而不是对诉讼请求的反对。

2. **直接证据和间接证据——依据证据与案件事实的关系分类**

直接证据是指能单独、直接证明案件主要事实的证据;间接证据是指不能单独、直接证明案件主要事实的证据。

直接证据的证明力一般大于间接证据。在没有直接证据时,从间接证据证明的事实可推导出待证事实,并且在很多情况下通过间接证据可发现直接证据,而在有直接证据时,间接证据可以印证直接证据。

3. **原始证据和传来证据——依据证据的来源分类**

原始证据是直接来源于案件事实而未经中间环节传播的证据;传来证据是指经过中间环节辗转得来,非直接来源于案件事实的证据。原始证据证明力一般大于传来证据。

11.2.3 证据的种类

证据的种类,是指《民事诉讼法》第63条所规定的7种证据形式,即:书证、物证、视听资料、证人证言、当事人的陈述、鉴定结论、勘验笔录。以上证据必须查证属实,才能作为认定事实的根据。

1. **书证**

书证,是指以文字、符号、图表所记载或表示的内容、含义来证明案件事实的证据。由于当事人在实施民事法律行为时,常采用书面形式,书证也就成为民事诉讼中最普遍应用的一种证据。对书证从不同的角度可以作以下分类:

1)公文书和非公文书

书证按制作主体的不同可分为公文书和非公文书。公文书是国家机关及其公务人员在其职权范围内制作的或者由公信权限机构制作的文书,如:判决书、公证书、会计师事务所出具的验资报告等;非公文书是指公民个人、企事业单位和不具有公权力的社会团体制作的文书。

2)处分性书证和报道性书证

这是根据书证的内容和民事法律关系的联系所作的分类。处分性书证是指确立、变更或终止一定民事法律关系内容的书证,如遗嘱、合同书等;报道性书证是指仅记载一定事实,但不具有使所记载的民事法律关系产生变动效果的书证,如日记、病历等。

3）普通形式的书证和特殊形式的书证

根据书证是否需具备特定形式和履行特定手续可将书证分为普通形式的书证和特殊形式的书证。普通形式的书证是指不要求具备特定形式或履行一定手续的书证；特殊形式的书证是指法律规定必须具备某种形式或履行某种手续的书证。特殊形式的书证如不具备特定形式或履行特定手续，就不能产生证据效力。

2. 物证

物证是以其外部特征和物质属性，即以其存在、形状、质量等证明案件事实的物品。

3. 视听资料

视听资料是指利用录音带、录像带、光盘等反映的图像和音响以及电脑储存的资料来证明案件事实的证据。视听资料是利用现代科技手段记载法律事件和法律行为的，具有信息量大、形象逼真的特点，具有较强的准确性和真实性，但同时又容易被编造或伪造，因此法院在审理案件的过程中也加强了对资料真伪的辨别。

4. 证人证言

证人证言是证人向法院所作的能够证明案件情况的陈述。

5. 当事人陈述

当事人陈述是指当事人就案件事实向法院所作的陈述。当事人陈述的内容可分为两种，一是对自己不利事实的陈述，包括承认对方主张的对自己不利事实的陈述和主动陈述对自己不利的事实；二是陈述对自己有利的事实。对于对当事人不利的陈述，视作当事人在诉讼中的承认，免除对方的证明责任；对当事人有利的陈述，应结合该案的其他证据，审查确定能否作为认定事实的证据。

6. 鉴定结论

鉴定结论是指鉴定人运用自己的专门知识，根据所提供的案件材料，对案件中的专门性问题进行分析、鉴别后作出的结论。民事诉讼中常见的鉴定结论有文书鉴定、医学鉴定、技术鉴定、工程造价鉴定等。

为保证鉴定结论的权威性、客观性和准确性，《民事诉讼法》规定应由法定鉴定部门鉴定，没有法定鉴定部门的，由法院指定。

7. 勘验笔录

勘验笔录是指法院为查明案件事实对有关现场和物品进行勘察检验所作的记录。

在民事诉讼中，有关物体因体积庞大或固定于某处无法提交法庭，有关现场也无法移至法庭，为获取这方面的证据，有必要进行勘验以便在法庭再现现场真相。勘验可由当事人申请进行，也可由法院依职权进行。勘验物品和现场时，勘验人员须出示法院的证件并邀请当地基层组织或有关单位派员参加。当事人或其成年家属应到场，拒不到场的不影响勘验的进行。有关单位和个人根据法院的通知有义务保护现场，协助勘验工作。勘验人员在制作笔录时应客观真实，不能把个人的分析判断记入笔录，否则就会同鉴定结论相混淆。勘验笔录应有勘验人、当事人和被邀请的人签名或盖章。当事人对勘验笔录有不同意见的，可以要求重新勘验，法庭认为当事人的要求有充分理由的，应当重新勘验。

11.2.4 证据的收集与保全

1. 证据收集的基本要求

《民事诉讼法》第64条第1款规定："当事人对自己提出的主张，有责任提供证据。"

当事人的主张能否成立，取决于其举证的质量。可见，收集证据是一项十分重要的准备工作，根据法律规定和司法实践，收集证据应当遵守如下要求：

1）为了及时发现和收集到充分、确凿的民事证据，在收集证据前应认真研究已有材料，分析案情，并在此基础上制定收集证据的计划，确定收集证据的方向、调查范围和对象、应当采取的步骤和方法，同时还应考虑到可能遇到的问题和困难，以及解决问题和克服困难的办法。

2）收集证据的程序、方式必须符合法律规定。凡是收集证据的程序和方式违反法律规定的，如以贿赂的方式使证人作证的，或不经过被调查人同意擅自进行录音的等等，所收集到的材料一律不能作为证据来使用。

3）收集证据必须客观、全面。

4）收集证据必须深入、细致。实践证明，只有深入、细致地收集证据，才能把握案件的真实情况。

5）收集证据必须积极主动、迅速，证据虽然是客观存在的事实，但可能由于外部环境或外部条件的变化而变化，如果不及时收集，就有可能灭失。

2. 在建筑施工的几个阶段如何做好证据的收集保管

1）合同签订阶段

在协议书和通用条款中规定，对合同当事人双方有约束力的合同文件包括签订合同时已形成的文件和履行过程中构成对双方有约束力的文件两大部分。

（1）订立合同时已形成的文件

① 施工合同协议书；
② 中标通知书；
③ 投标书及其附件；
④ 施工合同专用条款；
⑤ 施工合同通用条款；
⑥ 标准、规范及有关技术文件；
⑦ 图纸；
⑧ 工程量清单；
⑨ 工程报价单或预算书。

（2）合同履行过程中形成的文件

合同履行过程中，双方有关工程的洽商、变更等书面协议或文件也构成对双方有约束力的合同文件，将其视为协议书的组成部分。

2）开工阶段

（1）合同（黑白合同）；
（2）合同各项附件（尤其是最终报价文件、图纸等部分），双方签字盖章；
（3）材料设备的到货检验资料；
（4）材料设备使用前的检验资料。

3）履约过程

（1）施工许可证；
（2）甲方要求延期开工的函件；

（3）回填土的证据、土方外运的证据；
（4）租用发电设备等的证据；
（5）甲方要求暂停施工的证据；
（6）施工配合等非乙方原因导致工期或质量问题的证据；
（7）会议记录；
（8）验收记录；
（9）证明付款条件满足的证据（主体钢构初验合格后付20%、结算款、保修款）；
（10）停水停电及工期顺延的证据；
（11）等待施工指令的证据；
（12）有关甲方违约的证据；
（13）甲方要求设计变更的证据；
（14）甲供材料或甲方指定材料、设备、配件的证据——工期和质量责任；
（15）竣工报告的提交证据；
（16）工程交付使用的证据；
（17）区分房屋质量责任的证据。

寻找有实力的分包队伍是指寻找经过合法工商登记的企业，而非个人，涉及产品质量及分包工程质量赔偿的追偿、工伤责任、管理费的合法性。寻找分包还应注意：分包应经过业主同意，业主指定分包或材料供应商，应留下书面证据，这涉及质量责任的承担。

4）竣工结算阶段
（1）竣工结算报告；
（2）竣工结算报告的提交证据、对方签收证据；
（3）工程联络单。

3. 证据的保全

证据保全是指法院对有可能灭失或以后难以取得、对案件有证明意义的证据，根据诉讼参加人的申请或依职权采取措施，预先对证据加以固定和保护的制度。广义上的证据保全还包括诉讼外的保全，指公证机关根据申请，采取公证形式来保全证据。

证据保全可发生在诉讼开始前，也可发生在诉讼过程中。在诉讼开始前法院不依职权采取保全措施。对证人证言，一般采用笔录或录音的方式；对书证应尽可能提取原件，如确有困难，可采用复印、拍照等方式保全。法院采取保全措施所收集的证据是否可用作认定事实的根据，应在质证认证后方能确定。

11.2.5 证明过程

1. 举证和举证期限

举证是当事人将收集的证据提交给法院。当事人一般在一审时举证期限内可随时提出证据，在二审或再审时可提出新的证据。

举证期限是指当事人应当在法定期间内提出证据，逾期将承担证据失效或其他不利后果的诉讼期间制度。

2. 质证

质证是指在法庭上当事人就所提出的证据进行辨认和质对，以确认其证明力的活动。

质证是当事人实现诉权的重要手段，是法院认定事实的必经程序，未经庭审质证的证据，不得作为定案的根据。质证作为证明的重要内容，是贯彻民事诉讼辩论原则、公开原则的具体化，是庭审活动的核心内容。通过质证，可以辨明证据的真伪，排除与待证事实无关的证据，确认证据证明力的大小。

质证的对象包括所有证据材料，无论是当事人提供的，还是法院调查收集的，都必须经过质证，未经质证的证据不得作为定案依据。

3. 认证

认证是指法官在听取双方当事人对证据材料的说明、质疑和辩驳后，对证据材料作出采信与否的认定，是对当事人举证、质证的评价与认定。认证的主体是合议庭或独任庭的法官，认证的内容是确认证据材料能否作为定案的依据，认证的方法有逐一认证、分组认证和综合认证三种，认证的时间一般是当庭认证，认证的结果包括有效、无效和暂不认定。

根据最高法院的司法解释，认证时应注意以下问题：

1）一方当事人提出的证据，若对方认可或不予反驳，则可以确认其证明力；若对方举不出相应的证据反驳，则可结合全案情对该证据予以认定。对方对同一事实分别举出相反的证据，但都没有足够理由否定对方证据的，应分别对当事人提出的证据进行审查，并结合其他证据综合认定。

2）在判断数个证据效力时应注意：

（1）物证、历史档案、鉴定结论、勘验笔录或经过公证、登记的书证，其证明力一般高于其他书证、视听资料和证人证言等；

（2）证人提供的对与其有亲属关系或其他密切关系的一方当事人有利的证言，其证明力低于其他证人证言；

（3）原始证据的证明力大于传来证据。

3）下列证据不能单独作为定案的依据：

（1）未成年人所作的与其年龄和智力水平不相当的证言；

（2）与一方当事人有亲属关系的证人出具的对该当事人有利的证言；

（3）没有其他证据印证并有疑点的视听资料；

（4）无法与原件、原物核对的复印件、复制品。

4）当事人在庭审质证时对证据表示认可，庭审后又反悔，但提不出相应证据的，不得推翻已认定的证据。

5）有证据证明持有证据的一方当事人无正当理由拒不提供，若对方主张该证据的内容不利于证据持有人，可以推定该主张成立。

11.3 建设工程变更及索赔管理

11.3.1 工程量

1. 工程量的概念

工程量是指以物理计量单位或自然计量单位表示的分项工程的实物计算。工程量计算是确定工程造价的主要依据，也是进行工程建设计划、统计、施工组织和物资供应的参考依据。

2. 工程量的作用

在投标的过程中，投标人是根据招标文件提供的工程量清单所规定的工作内容和工程量编制标书报价。中标后，建设单位与中标的投标单位根据招投标文件签订建设工程施工合同。合同中的工程造价即为投标所报的单价与工程量的乘积。如单价是闭口价的合同中，招标文件仅列出工程量清单，建筑施工企业在投标时，则以招标单位提供的工程量清单报价。工程量的计算在整个建设工程招标、合同履行、竣工后的价款结算时都是必不可少的，是确定工程造价的主要依据。

3. 工程量的性质

工程量的性质只是单纯的量的概念，不涉及价格的因素。

11.3.2 工程量签证

1. 工程量签证的概念

工程量签证是指承发包双方在建设工程施工合同履行过程中因设计变更等因素导致工程量发生变化，由承发包双方达成的意思表示一致的协议，或者是按照双方约定（如建设工程施工合同、协议、会议纪要、来往函件等书面形式）的程序确认工程量。

2. 工程量签证的形式

工程量签证分为两种形式：

1）建设工程施工合同履行过程中因设计变更及其他原因导致工程量变化，由承发包双方达成的意思表示一致的协议。

根据《合同法》第13条的规定："当事人订立合同，采取要约、承诺方式。"

《合同法》第14条规定："要约是希望和他们订立合同的意思表示，该意思表示应当符合下列规定：①内容具体确定；②表明经受要约人承诺，要约人即受该意思表示约束。"

在建设工程施工合同履行中，建设施工企业遇到因设计变更或其他原因导致工程量发生变化，应当以书面形式向发包人提出确认因设计变更或其他原因导致工程量变化而需要增加的工程量。

2）双方对于工程量变更的签证程序已作事先约定，如通过建设工程施工合同、协议或补充协议、会议纪要、来往函件等书面形式所作的约定。

如：双方合同采用的是2013版《建设工程施工合同（示范文本）》，该文本的第10.4.2条规定对工程量签证的程序有着特别的规定："承包人应在收到变更指示后14天内，向监理人提交变更估价申请。监理人应在收到承包人提交的变更估价申请后7天内审查完毕并报送发包人，监理人对变更估价申请有异议，通知承包人修改后重新提交。发包人应在承包人提交变更估价申请后14天内审批完毕。发包人逾期未完成审批或未提出异议的，视为认可承包人提交的变更估价申请。"这种双方对工程量确认的约定也是一种签证，是一种对签证程序的特殊约定。

3. 工程量签证的法律性质

工程量签证的性质根据上述表现形式可以分为两种：

1）在第一种表现形式下的签证性质，首先，是一份协议，是一份补充合同。既然是一份协议，根据合同自治原则，只要不属于《合同法》第52～54条规定的情形，签证对承发包双方都具有法律约束力。其次，签证还是一份直接的原始证据，是直接作为结算的证据。

2）在第二种表现形式下的签证是对工程量确认的特殊程序，它不适用关于《合同法》中关于无效及可撤销规定。

11.3.3 工程索赔

1. 工程索赔的概念

工程索赔指的是建筑施工企业合同履行过程中，按照发包人的指令和通知进入施工现场后，一旦遇到了不具备开工的条件（如三通一平未完成、动拆迁未完成、规划需要修改等情况）、工程量增加、设计变更、工期延误以及合同约定的可以调整单价的材料价格上涨等，在发包人拒绝签证的情况下，建筑施工企业应在合同约定的期限内进入索赔程序进行索赔。工程索赔是工程合同承发包双方中的任何一方因未能获得按合同约定支付的各种费用，以及对顺延工期、赔偿损失的书面确认，在约定期限内向对方提出索赔请求的一种权利。

2. 工程索赔应符合的条件

工程索赔应符合以下条件：

1）甲方不同意签证或不完全签证的情况。

2）在双方约定的期限提出。

2013版《建设工程示范文本》第19条规定："（1）承包人应在知道或应当知道索赔事件发生后28天内，向监理人递交索赔意向通知书，并说明发生索赔事件的事由；承包人未在前述28天内发出索赔意向通知书的，丧失要求追加付款和（或）延长工期的权利；（2）承包人应在发出索赔意向通知书后28天内，向监理人正式递交索赔报告；索赔报告应详细说明索赔理由以及要求追加的付款金额和（或）延长的工期，并附必要的记录和证明材料；（3）索赔事件具有持续影响的，承包人应按合理时间间隔继续递交延续索赔通知，说明持续影响的实际情况和记录，列出累计的追加付款金额和（或）工期延长天数；（4）在索赔事件影响结束后28天内，承包人应向监理人递交最终索赔报告，说明最终要求索赔的追加付款金额和（或）延长的工期，并附必要的记录和证明材料。"

3）在索赔时要有确凿、充分的证据。

当一方向另一方提出索赔时，要有正当索赔理由，且有索赔事件发生时的有效证据。如：发包人未能按合同约定履行自己的各项义务；发包人发生错误；应由发包人承担责任的其他情况；造成工期延误和承包人不能及时得到合同价款及承包人的其他经济损失。

为推行工程量清单计价改革，规范建设工程发承包双方计价行为，《建设工程工程量清单计价规范》GB 50500中有专门条文，其中第9章的第13节为索赔，有4条，第14节签证有6条共10条。

11.4 建设工程工期及索赔管理

11.4.1 建设工程的工期

1. 工期的概念

根据《建设工程施工合同（示范文本）》的有关规定，工期是指发包方、建筑施工企业在协议书中约定，按总日历天数（包括法定节假日）计算的承包天数。建设工程工期控制的最终目的是确保建设项目按预定的时间动用或提前交付使用，建设工程进度控制的总目标是建设工期。

工期控制是监理工程师的主要任务之一。由于在工程建设过程中存在着许多影响工期的因素，这些因素往往来自不同的部门和不同的时期，它们对建设工程工期产生着复杂的影响。因此，工期控制人员必须事先对影响建设工程工期的各种因素进行调查分析，预计它们对建设工程进度的影响程度，确定合理的工期控制目标，编制可行的工期计划，使工程建设工作始终按计划进行。

但不管工期计划的周密程度如何，其毕竟是人们的主观设想，在其实施过程中，必然会因为新情况的产生、各种干扰因素和风险因素的作用而发生变化，使人们难以执行原定的工期计划。为此，应将实际情况与计划安排进行对比，从中得出偏离计划的信息，然后在分析偏差及其产生原因的基础上，通过采取组织、技术、合同、经济等措施，维持原计划，使之能正常实施。如果采取措施后不能维持原计划，则需要对原工期计划进行调整或修正，再按新工期计划实施。这样在工期计划的执行过程中进行不断的检查和调整，以保证建设工程工期得到有效控制。

2. 影响工期因素

由于建设工程具有规模庞大、工程结构与工艺复杂、建设周期长及相关单位多等特点，决定了建设工程工期将受到许多因素的影响。要想有效控制建设工程工期，就必须对影响工期的有利因素和不利因素进行全面、细致的分析和预测。这样，一方面可以促进对有利因素的充分利用和对不利因素的妥善预防；另一方面也便于事先制定预防措施，事中采取有效对策，事后进行妥善补救，以缩小实际工期与计划工期的偏差，实现对建设工程工期的主动控制和动态控制。

影响工期的因素很多，如人为因素，技术因素，设备、材料及构配件因素，机具因素，资金因素，水文、地质与气象因素，以及其他自然与社会环境等方面的因素。其中，人为因素是最大的干扰因素。从产生的根源看，有的来源于建设单位及其上级主管部门；有的来源于勘察设计、施工及材料、设备供应单位；有的来源于政府、建设主管部门、有关协作单位和社会；有的来源于各种自然条件；也有的来源于建设监理单位本身。在工程建设过程中，大致可分成以下几种：

1）资金因素：业主资金投入不足的原因造成工期延缓或停滞的现象最多，比如因拖欠设计费用而造成部分图纸无法交付施工企业付诸实施等，这就属于资金因素的影响。还有因为业主投资项目市场空间变小，业主将资金投资方向临时转移等。

2）社会因素：是否符合国家的宏观投资方向、是否及时取得了国家强制办理的批件及许可证，因这类问题延缓停滞也是较多的一种；外单位临近工程施工干扰；节假日交通、市容整顿的限制；临时停水、停电、断路等。

3）管理因素：业主、施工单位自身的计划管理问题，没有一个很好的计划，工程管理推着干、出现安全伤亡事故、出现重大质量事故、特种设备到使用前才想起来采购……，这类问题属于管理问题。再如有些部门提出各种申请审批手续的延误，参加工程建设的各个单位、各个专业、各个施工过程之间交接在配合上发生矛盾等。

4）业主因素：如业主使用要求改变而进行设计变更；应提供的施工场地条件不能及

时提供或所提供的场地不能满足工程正常需要；不能及时向施工承包单位或材料供应商付款等。

5）自然环境因素：如复杂的工程地质条件；不明的水文气象条件；地下埋藏文物的保护、处理；洪水、地震、台风等不可抗力等。

11.4.2 建设工程的竣工日期及实际竣工时间的确定

《最高人民法院关于审理建设工程施工合同纠纷案件适用法律问题的解释》规定，当事人对建设工程实际竣工日期有争议的，按照以下情形分别处理：建设工程经竣工验收合格的，以竣工验收合格之日为竣工日期；建筑施工企业已经提交竣工验收报告，发包方拖延验收的，以建筑施工企业提交验收报告之日为竣工日期；建设工程未经竣工验收，发包方擅自使用的，以转移占有建设工程之日为竣工日期。

11.4.3 建设工程停工的情形

建设工程能否如期完成，将直接影响到合同双方的切身利益，并将关系到其他一系列合同是否能够顺利履行。比如房地产开发经营项目的建筑工程不能按期完工，则商品房的预售合同也将难以按约履行，这必然又会牵涉到许多购房人的利益是否能得到切实保护。因此，建筑工程的工期是十分重要的。

建设工程工期纠纷的原因主要表现在以下几个方面：

1）合同对工期的约定脱离实际，不符合客观规律。

每一个建筑工程项目的工期长短都必然取决于工程量的大小、工程等级和建筑施工企业的综合实力等多种因素。而有些建筑承包企业为了承揽工程的需要，通常以短工期取胜，建筑发包方又未充分考虑客观规律，致使双方约定的工期本身就存在极大的不合理性，实际履行起来就难免产生纠纷。

2）工程建筑施工企业的综合实力欠缺，无论是施工管理，还是技术水平上都不能跟上工程进度的需要，致使合同中双方约定的工期难以切实保证。

3）建设发包方没有按约定提供施工必需的勘察、设计条件或者提供的资料不够准确，也会造成建筑工程的延期交付，并引发纠纷。

4）建设发包方不能按约定提供原材料、设备、场地、资金等，也是施工企业不能按约交付并导致纠纷的原因。

由于不同的原因所导致的工程工期延误，其所产生的法律责任及承担主体是各不相同的。为此，我国法律法规对此都作出了明确的规定。

1.《合同法》有关工程工期可能引起索赔的规定

1)《合同法》第二百七十八条规定，隐蔽工程在隐蔽以前，建筑施工企业应当通知发包方检查。发包方没有及时检查的，建筑施工企业可以顺延工程工期，并有权要求赔偿停工、窝工等损失。

2)《合同法》第二百八十条规定，勘察、设计的质量不符合要求或者未按照期限提交勘察、设计文件拖延工期，造成发包方损失的，勘查人、设计人应当继续完善勘察、设计，减收或者免收勘察、设计费并赔偿损失。

3)《合同法》第二百八十一条规定，因施工人的原因致使建设工程质量不符合约定的，发包方有权要求施工人在合理期限内无偿修理或者返工、改建。经过修理或者返工、改建后，造成逾期交付的，施工人应当承担违约责任。

4)《合同法》第二百八十三条规定，发包方未按照约定的时间和要求提供原材料、设备、场地、资金、技术资料的，建筑施工企业可以顺延工程工期，并有权要求赔偿停工、窝工等损失。

5)《合同法》第二百八十四条规定，因发包方的原因致使工程中途停建、缓建的，发包方应当采取措施弥补或者减少损失，赔偿建筑施工企业因此造成的停工、窝工、倒运、机械设备调迁、材料和构件积压等损失和实际费用。

2.《建设工程施工合同（示范文本)》对有关工程工期可能引起索赔的规定

1)《建设工程施工合同（示范文本)》第八条关于发包方未能完成其义务，造成延误，赔偿建筑施工企业损失的规定。

发包方未能履行合同8.1款各项义务，导致工期延误或给建筑施工企业造成损失的，发包方赔偿建筑施工企业有关损失，顺延延误的工期。

2)《建设工程施工合同（示范文本)》第十一条关于发包方因其自身原因，推迟开工的规定：因发包方原因不能按照协议书约定的开工日期开工，工程师应以书面形式通知建筑施工企业，推迟开工日期。发包方赔偿建筑施工企业因延期开工造成的损失，并相应顺延工期。

3)《建设工程施工合同（示范文本)》第十二条关于因发包方原因暂停施工的规定。工程师认为确有必要暂停施工时，应当以书面形式要求建筑施工企业暂停施工，并在提出要求48小时内提出书面处理意见。建筑施工企业应当按工程师要求停止施工，并妥善保护已完成工程。建筑施工企业实施工程师作出的处理意见后，可以书面形式提出复工要求，工程师应当在48小时内给予答复。工程师未能在规定时间内提出处理意见，或收到建筑施工企业复工要求后48小时内未予答复，建筑施工企业可自行复工。因发包方原因造成停工的，由发包方承担所发生的追加合同价款，赔偿建筑施工企业由此造成的损失，相应顺延工期；因建筑施工企业原因造成停工的，由建筑施工企业承担发生的费用，工期不予顺延。

11.4.4 工期索赔

1. 工期索赔概述

在工程施工中，常常会发生一些未能预见的干扰事件使施工不能顺利进行，使预定的施工计划受到干扰，造成工期延长，这样，对合同双方都会造成损失。施工单位提出工期索赔的目的通常有两个：

1）免去或推卸自己对已产生的工期延长的合同责任，使自己不支付或尽可能不支付工期延长的罚款；

2）进行因工期延长而造成的费用损失的索赔，对已经产生的工期延长。

建设单位一般采用两种解决办法：一是不采取加速措施，工程仍按原方案和计划实施，但将合同期顺延；二是指令施工单位采取加速措施，以全部或部分弥补已经损失的工期。

如果工期延缓责任不是由施工单位造成，而建设单位已认可施工单位工期索赔，则施工单位还可以提出因采取加速措施而增加的费用索赔。

工期索赔一般采用分析法进行计算，其主要依据合同规定的总工期计划、进度计划，以及双方共同认可的对工期修改文件，调整计划和受干扰后实际工程进度记录，如施工日记、工程进度表等。施工单位应在每个月底以及在干扰事件发生时，分析对比上述资料，以发现工期拖延以及拖延原因，提出有说服力的索赔要求。

2. 索赔的分类

1）按照干扰事件可以分为：工期拖延索赔；不可预见的外部障碍或条件索赔；工程变更索赔；工程中止索赔；其他索赔（如货币贬值、物价上涨、法令变化、建设单位推迟支付工程款引起索赔）等。

2）按合同类型索赔可以分为：总承包合同索赔；分包合同索赔；合伙合同索赔；劳务合同索赔；其他合同索赔等。

3）按索赔要求可以分为：工期索赔；费用索赔等。

4）按索赔起因索赔可以分为：建设单位违约索赔；合同错误索赔；合同变更索赔；工程环境变化索赔；不可抗力因素索赔等。

5）按索赔的处理方式索赔可以分为：单元项索赔；总索赔等。

11.5 建设工程质量管理办法

11.5.1 建设工程质量概述

1. 建设工程质量的定义

质量是由一群组合在一起的固有特性组成，这些固有特性是指能够满足顾客和其他相关方面的要求的特性，并由其满足要求的程度加以表征。

建设工程作为一种特定的产品，除具有一般产品共有的质量，如性能、寿命、可靠性、安全性、经济性等满足社会需要的使用价值及其属性外，还有自己特定的内涵。

建设工程质量是指土木工程、建筑工程、线路、管道和设备安装工程及装修工程的新建、扩建和改建的工程特性满足发包方需要的，符合国家法律、法规、技术规范标准、设计文件及合同约定的综合性。

2. 建设工程质量的特点

建设工程质量的特点是由建设工程本身和建设生产的规律性决定的。建设工程（产品）及其生产的规律：一是产品的固定性，生产的流动性；二是产品多样性，生产的单件性；三是产品形体庞大，高投入，生产周期长，具有风险性；四是产品的社会性，生产的外部约束性。正是由于上述建设工程的规律而形成了工程质量本身有以下特点。

1）稳定性不强

不像一般工业产品的生产那样，有固定的生产流水线、有规范化的生产工艺和完善的检测技术、有成套的生产设备和稳定的生产环境，建筑生产的具有单件、流动的特性，所以工程质量就不够稳定。与此同时，由于影响工程质量的偶然性因素和系统性因素比较多，其中任何一个因素产生变动，都会影响工程质量的稳定性。如设计计算失误、材料规格品种使用错误、施工方法不当、操作未按规程进行、机械设备过度磨损或发生故障等，都可能会发生质量问题，产生系统因素的质量变异，造成工程质量事故或瑕疵。为此，要加强建设工程质量的稳定性，要把质量波动控制在偶然性因素范围内。

2）隐蔽性较强

建设工程工程量比较大，施工周期比较长，在施工过程中，分项工程交接多、隐蔽工程多，因此质量存在隐蔽性。若在施工中不及时进行质量检查，而只是事后仅从表面上检查，就很难发现内在的质量问题，这样就容易产生判断错误。

3）影响因素众多

一般情况下，如决策、设计、材料、机具设备、施工方法、施工工艺、技术措施、人员素质、工期、工程造价等，这些因素都会直接或间接地影响工程项目质量，因此，建设工程质量受到多种因素的综合影响。

4）验收的局限性

一般工业产品可以通过将产品拆卸、解体来检查其内的质量，或对不合格零部件予以更换等方式来判断产品质量。工程项目建成后就无法进行工程内在质量的检验，发现隐蔽的质量缺陷。因此，工程项目的验收存在一定的局限性。这就要求工程质量控制要重视事先、事中控制，以预防为主，防患于未然。

3. 影响建设工程质量的因素

影响工程质量的因素很多，但归纳起来主要有三个方面，即物的因素、人的因素和环境的因素等。

1）物的因素

物的因素主要包括材料的因素和机械的因素。

工程材料是工程建设的物质条件之一，它泛指构成工程实体的各类建筑材料、构配件、半成品等。工程材料选用是否合理、产品是否合格、材料是否经过检验、保管使用是否得当等，都直接影响建设工程的结构刚度和强度，影响外表及观感，影响工程的使用功能，影响工程的使用安全，因此材料的因素是工程质量的基础。

机械设备大致可以分为两类：一是指组成工程实体及配套的工艺设备和各类机具，它们构成建筑设备安装工程或工业设备安装工程的组成部分，形成完整的使用功能，它们是施工生产的手段，如大型垂直与横向运输设备、各类操作工具、各种施工安全设施、各类测量仪器和计量器具等。机具设备对工程质量也有重要影响，工程用机具设备产品质量优劣，直接影响工程使用功能质量。施工机具设备的类型是否符合工程施工特点，性能是否先进稳定，操作是否方便安全等，都将会影响工程项目的质量。

2）人的因素

人的因素主要包括人的专业素质和人所运用的工艺方法。

人是工程项目建设的决策者、管理者、操作者，是工程项目建设过程中的活动主体，人的活动贯穿了工程建设的全过程，如项目的规划、决策、勘察、设计和施工。人员的素质，即人的文化水平、技术水平、决策能力、组织能力、作业能力、控制能力、身体素质及职业道德等，都将直接和间接地对规划、决策、勘察、设计和施工的质量产生影响，而规划是否合理，决策是否正确，设计是否符合所需要的质量功能，施工能否满足合同、规范、技术标准的需要等，都将对工程质量产生不同程度的影响，所以人员素质是影响工程质量的一个重要因素。因此，建筑行业实行经营资质管理和各类专业人员持证上岗制度显得尤为重要。

建设工程工艺方法包括技术方案和组织方案,它是指施工现场采用的施工方案,前者如施工工艺和作业方法,后者如施工区段空间划分及施工流向顺序、劳动组织等。在工程施工中,施工方案是否合理,施工工艺是否先进,施工操作是否正确,都将对工程质量产生重大的影响。大力推进采用新技术、新工艺、新方法,不断提高工艺技术水平,是保证质量稳定提高的有力措施。

3)环境的因素

环境因素是指在建设项目工程施工过程中对工程质量特性起重要作用的环境因素,包括:工程技术环境,如工程地质、水文、气象等;工程作业环境,如施工环境作业面大小、防护设施、通风照明和通信条件等;工程管理环境,主要指工程实施的合同结构与管理关系的确定,组织体制及管理制度等;周边环境,如工程邻近的地下管线、建(构)筑物等,环境条件往往对工程质量产生特定的影响。改进作业条件,把握好技术环境,加强环境管理,辅以相关必要措施,是控制环境对建设项目工程质量影响的重要保证。

11.5.2 建设工程质量纠纷的处理原则

1. 由于建筑施工企业的原因出现的质量纠纷

1)关于建设工程质量不符合约定的界定

这是的"约定"是指发包方和建筑施工企业之间关于工程建设具体质量标准的约定,一般通过签订《建设工程施工合同》等书面文件的形式表现出来。

《中华人民共和国建筑法》第3条规定:"建筑活动应当确保建筑工程质量和安全,符合国家的建筑工程安全标准",第52条第一款规定:"建筑工程勘察、设计、施工的质量必须符合国家有关建筑工程安全标准的要求,具体管理办法由国务院规定",以及国务院制定的行政法规的强制性规定。我们可以清楚知道,建筑工程质量达到安全标准是国家法律和行政法规的强制性规定,发包方和建筑施工企业之间关于工程建设具体质量标准的约定只能等于或者高于国家的规定。

因此,建设工程质量不符合约定是指由建筑施工企业承建的工程质量不符合《建设工程施工合同》等书面文件对工程质量的具体要求,这些具体要求必须等于或者高于国家对于建设工程质量的规定,否则"约定"无效,建设工程质量仍然使用国家制定的有关标准。

2)质量不符合约定的责任应由建筑施工企业承担

建筑施工企业承建工程,其最基本、最重要的责任,就是质量责任,这也是法律对建筑施工企业的强制性要求。建筑施工企业交付给发包方的工程,如果不符合他们之间关于质量标准的约定,在没有不可抗力或者其他正当事由等抗辩理由的,建筑施工企业就应当承担相应的工程质量责任。

依据《中华人民共和国合同法》第281条规定:"因施工人的原因致使建设工程质量不符合约定的,发包人有权要求施工人在合理期限内无偿修理或者返工、改建。"

因此,在出现此种质量问题时,应发包方的要求,建筑施工企业就必须在合理期限内无偿修理或者返工、改建。如果承包方拒绝修理或者返工、改建的,依据《最高人民法院关于审理建设工程施工合同纠纷案件适用法律问题的解释》第十一条规定:"因承包人的过错造成建设工程质量不符合约定,承包人拒绝修理、返工,或者改建,发包人请求减少支付工程价款的,应予支持。"

2. 由于发包方过错出现的质量纠纷

1) 发包方的过错情形

建设工程是一项系统工程,要使其质量符合国家强制性要求,并达到发包方与建筑施工企业约定的标准,是方方面面互动的结果,而发包方作为建设单位,更是在其中扮演了举足轻重的角色。但是,在实践中,发包方往往会在下列方面出现过错:

(1) 发包方提供的设计本身存在缺陷,或者擅自更改设计图纸以致出现质量问题;

(2) 发包方提供或者指定购买的建筑材料、建筑购配件、设备不符合国家强制性标准;

(3) 发包方违反国家关于分包的强制性规定或者《建设工程施工合同》中的约定,直接指定分包人分包专业工程。

2) 发包方过错出现的质量由此产生的责任依法应由发包方承担

发包方是建设工程的资金投入者,是工程建筑市场的原动力,同时由于建筑市场的施工竞争越来越激烈,发包方在建筑市场中就占据了优势地位,发包方往往借助自己的强势地位,忽视法律,漠视合同,因此上述过错行为在实践中经常出现。在发包方的上述过错行为导致了损害结果发生时,建筑施工企业没有过错的,则损害结果由发包方承担。

针对发包方的过错行为,我国的法律和行政法规都作了相应明确规定。

《中华人民共和国建筑法》第五十二条第一款规定:"建筑工程勘察、设计、施工的质量必须符合国家有关建筑工程安全标准的要求,具体管理办法由国务院规定。"

《建设工程质量管理条例》第十四条:"按照合同约定,由发包方采购建筑材料、建筑构配件和设备的,发包方应当保证建筑材料、建筑构配件和设备符合设计文件和合同要求。"

发包方不得明示或者暗示建筑施工企业使用不合格的建筑材料、建筑构配件和设备。《最高人民法院关于审理建设工程施工合同纠纷案件适用法律问题的解释》第十二条第一款规定:"发包人具有下列情形之一,造成建设工程质量缺陷,应当承担过错责任:①提供的设计有缺陷;②提供或者指定购买的建筑材料、建筑构配件、设备不符合强制性标准;③直接指定分包人分包专业工程。"

3. 建设工程未经验收发包方擅自使用的法律规定

1) 法律规定

《最高人民法院关于审理建设工程施工合同纠纷案件适用法律问题的解释》第十三条进行了明确的规定:"建设工程未经竣工验收,发包人擅自使用后,又以使用部分质量不符合约定为由主张权利的,不予支持;但是承包人应当在建设工程的合理使用寿命内对地基基础工程和主体结构质量承担民事责任。"

2) 具体适用

依据上述法律,建筑施工企业要想否定发包方的主张,应当证明满足以下三个前提:

(1) 建设工程没有竣工,且尚未验收;

(2) 发包方擅自使用了建设工程;

(3) 发包方以使用部分质量不符合约定为由,向建筑施工企业索赔。

对于此种情况，发包方向法院主张权利，法院是不予支持的，其损失应当由自己承担。

当然，建筑施工企业应当在建设工程的合理使用寿命内对地基基础工程和主体结构质量承担民事责任。

至于合理寿命，《民用建筑设计通则》GB 50352—2005 第3.2条作出了规定，民用建筑的设计使用年限应符合：临时性建筑——5年；易于替换结构构件的建筑——25年；普通建筑和构筑物——50年；纪念性建筑和特别重要的建筑——100年。

11.6 建设工程款纠纷的处理

11.6.1 工程项目竣工结算及其审核

建设工程竣工结算是建筑施工企业所承包的工程按照建设工程施工合同所规定的施工内容全部完工交付使用后，向发包单位办理工程竣工后工程价款结算的文件。竣工结算编制的主要依据为：

（1）施工承包合同补充协议，开、竣工报告；
（2）设计施工图及竣工图；
（3）设计变更通知书；
（4）现场签证记录；
（5）甲、乙方供料手续或有关规定；
（6）采用有关的工程定额、专用定额与工期相应的市场材料价格以及有关预算文件等。

2001年建设部第107号令《建设工程施工发包与承包计价管理办法》第十六条对竣工结算及其审核作了相应的规范性规定。工程竣工验收合格，应当按照下列规定进行竣工结算：

（1）承包方应当在工程竣工验收合格后的约定期限内提交竣工结算文件。
（2）发包方应当在收到竣工结算文件后的约定期限内予以答复。逾期未答复的，竣工结算文件视为已被认可。
（3）发包方对竣工结算文件有异议的，应当在答复期内向承包方提出，并可以在提出之日起的约定期限内与承包方协商。
（4）发包方在协商期内未与承包方协商或者经协商未能与承包方达成协议的，应当委托工程造价咨询单位进行竣工结算审核。
（5）发包方应当在协商期满后的约定期限内向承包方提出工程造价咨询单位出具的竣工结算审核意见。发承包双方在合同中对上述事项的期限没有明确约定的，可认为其约定期限均为28日。发承包双方对工程造价咨询单位出具的竣工结算审核意见仍有异议的，在接到该审核意见后一个月内可以向县级以上地方人民政府建设行政主管部门申请调解，调解不成的，可以依法申请仲裁或者向人民法院提起诉讼。工程竣工结算文件经发包方与承包方确认即应当作为工程决算的依据。《最高人民法院关于审理建设工程施工合同纠纷案件适用法律问题的解释》第二十条规定："当事人约定，发包人收到竣工结算文件后，在约定期限内不予答复,视为认可竣工结算文件的,按照约定处理。承包人请求按照竣工结算文件结算工程价款的,应予支持。"

要充分利用上述规定保护建筑施工企业的合法权益,建筑施工企业在办理工程竣工结算及报送建设方审核时就应注意以下问题:

1)建筑施工企业应当在竣工验收后尽快编制竣工结算报告,并在合同约定的期限内向建设方递交竣工结算报告。如果施工承包合同没有对递交竣工结算报告的期限作出约定,建筑施工企业也应尽快递交,以便建设方审核。

2)建筑施工企业在向建设方递交竣工结算报告的同时,应当同时递交完整的竣工结算文件。这些文件通常包括:

①施工承包合同及补充协议;②招标工程中标通知书;③施工图、施工组织设计方案和会审记录;④设计变更资料、现场签证及竣工图;⑤开工报告、隐蔽工程记录;⑥工程进度表;⑦工程类别核定书;⑧特殊工艺及材料的定价分析;⑨工程量清单、钢筋翻样单(附磁盘);⑩工程竣工验收证明等。

建设方在对竣工结算报告审核时,必须依照施工过程中形成的上述文件加以审核,如果建筑施工企业未能按期提供上述完整文件,建设方就可能以此为由拖延决算,其责任不在于建设方而在于建筑施工企业自身。

3)建设方应当在合同约定的期限或合理期限内对竣工结算文件进行审核。如果施工承包合同中约定了建设方审核竣工结算文件的期限,那么建设方应当在约定的期限内审核完毕,或者对竣工结算文件进行确认或者提出审核意见。如果合同没有约定审核期限,建设方也应当在合理的期限内作出审核意见。

4)充分利用竣工结算默示条款。建设部第107号令虽然对竣工结算的办理期限作了相应规定,但该规定只是行业指导性意见,并不能强制性用于工程结算的办理。因此,建议施工企业在签订施工承包合同时,可以对建设方审核结算文件的期限作出相应约定。比如约定:"承包方应当在工程竣工验收合格后的28在内提交竣工结算文件,发包方应当在收到竣工结算文件后的28天内予以答复。逾期未答复的,竣工结算文件视为已被认可。"或者直接约定:"双方按照建设部第107号令办理竣工结算。"如此一来,一旦建设方在收到施工企业递交的完整结算文件后拖延办理决算,施工企业可以直接以自己的结算金额要求建设方支付工程款。

11.6.2 工程款利息的计付标准

近年来,我国建筑工程领域蓬勃发展的同时,拖欠工程款问题越来越突出。我国政府为解决这一问题也采取了一些积极的措施。同时也从立法不断改进和完善相关的法律法规。

2005年初,建设部印发了《2005年清理建设领域拖欠工程款工作要点》(建市[2005]45号),司法部也发布了《关于为解决建设领域拖欠工程款和农民工工资问题提供法律服务和法律援助的通知》(司发通[2004]159号),为解决该问题提供政策支持。《最高人民法院关于审理建设工程合同纠纷案件适用法律问题的解释》(以下简称《司法解释》)也自2005年1月1日起施行,为解决该问题提供了一定的法律依据。

《司法解释》第十七条规定:"当事人对欠付工程价款利息计付标准有约定,按照约定处理；没有约定的，按照中国人民银行发布的同期同类贷款利率计息。"

因此，依据该条《司法解释》，承、发包双方可以协商确定工程价款利息的计付标准，同时依据相关规定，不能高于同期同类贷款利率的四倍；如果双方对利息计算没有达成一致的，按照中国人民银行发布的同期同类贷款利息计息。因此，合同双方在约定时也应当参考相关利息计付的法律法规，否则计算标准约定过高也得不到法院的支持。实践中有迟延付款应当支付"日千分之五"甚至"日百分之五"的利息或滞纳金的约定便属明显偏高。需要强调的是，应付工程价款之日的确定应当引起承包人的足够重视，即应付工程价款之日的确定分建设工程交付之日、提交竣工结算文件之日和当事人起诉之日，在建设工程未交付和未依法结算的情况下，施工企业应当及时提起诉讼，以依法主张拖欠工程款的利息。

《司法解释》第十八条规定："利息从应付工程价款之日计付。当事人对付款时间没有约定或者约定不明，下列时间视为应付款时间：（1）建设工程已实际交付的，为交付之日；（2）建设工程没有交付的，为提交竣工结算文件之日；（3）建设工程未交付，工程价款也未结算的，为当事人起诉之日。"

建设工程作为发包方和建筑施工单位之间的合同标的，也是一种特殊的商品。依据我国民法买卖合同的生效要件，即为交付。《司法解释》实际上是根据建设工程施工合同的不同履行情况，把工程欠款利息的起算时间分成了三种情况：（1）建筑施工单位交付商品（建设工程），发包方就应当付款，拖延付款就应当产生利息；（2）建设工程因各种原因结算不下来而未交付的，为了促使发包人积极履行给付工程价款的主要义务，把建筑施工单位结算报告的时间作为工程价款利息的起算时间具有一定的合理性；（3）当事人因拖欠工程款纠纷起诉到法院，建筑施工单位起诉之日就是以法律手段和发包人要求履行付款义务之时，人民法院对其合法权益应予以保护。

同时，《司法解释》第六条规定："当事人对垫资和垫资利息有约定，承包人请求按照约定返还垫资及其利息的，应予支持，但是约定的利息计算标准高于中国人民银行发布的同期同类贷款利率的部分除外。当事人对垫资没有约定的，按照工程欠款处理。当事人对垫资利息没有约定，承包人请求支付利息的，不予支持。"也就是说，《司法解释》原则上认定垫资有效，但垫资利息双方有约定的情况下，承包人才可以请求支付利息。

《司法解释》第14条规定，当事人对建设工程实际竣工日期有争议的，按照下列情形分别处理：（1）建设工程经竣工验收合格的，以竣工验收合格之日为竣工日期；（2）承包人已经提交竣工验收报告，发包人拖延验收的，以承包人提交验收报告之日为竣工日期；（3）建设工程未经竣工验收，发包人擅自使用的，以转移占有建设工程之日为竣工日期。

11.6.3 违约金、定金与工程款利息

过去施工单位被拖欠的工程款都常常不能足额收回，更不要说利息的问题，现在的《司法解释》对于被拖欠工程款的利息问题作出了明确的规定。从法理上讲，利息属于法定孳息，应当自工程款发生时起算，但由于建设工程是按形象进度付款的，许多案件难以确定工程欠款发生之日，因此，过去各级法院对拖欠工程款的利息应当从何时计付，认识不一，掌握的标准也不统一。有的从一审法庭辩论终结前起算，有的从一审举证期限届满

前起算，还有的从终审确定工程价款给付之日起算。为了统一拖欠工程价款的利息计付时间，维护合同双方的合法权益，《最高人民法院关于审理建设工程施工合同纠纷案件适用法律问题的解释》（以下简称《司法解释》）第17条和第18条分别规定了工程款利息的计算标准和起算时间。法律的出台将有利于保护建筑施工单位的利益，一定程度上使得想借拖欠融资的发包方会付出较高的成本，但利息并不是可以随便约定的。如果双方承包合同中没有约定将如何计算？是否可以同时约定利息又约定违约金？

1. 概念

1) 违约金

《合同法》第14条规定："当事人可以约定一方违约时应当根据违约情况向对方支付一定数额的违约金，也可以约定因违约产生的损失赔偿额的计算方法。约定的违约金低于造成的损失的，当事人可以请求人民法院或者仲裁机构予以增加；约定的违约金过分高于造成的损失的，当事人可以请求人民法院或者仲裁机构予以适当减少。当事人就迟延履行约定违约金的，违约方支付违约金后，还应当履行债务。"因此我们在签订合同时一定要对违约金作出明确的约定，以便发生纠纷时进行索赔。

2) 定金

定金指合同当事人为保证合同履行，由一方当事人预先向对方交纳一定数额的钱款。《合同法》第115条规定："当事人可以依照《中华人民共和国担保法》约定一方向对方给付定金作为债权担保。债务人履行债务后，定金应当抵作价款或者收回。给付定金的一方不履行约定的债务的，无权要求返还定金；收受定金的一方不履行约定的债务的，应当双倍返还定金。"这就是我们通常说的定金罚则。第116条规定："当事人既约定违约金，又约定定金的，一方违约时，对方可以选择适用违约金或者定金条款。"《中华人民共和国担保法》第90条规定："定金应当以书面形式约定。当事人在定金合同中应当约定交付定金的期限。定金合同从实际交付定金之日起生效。"第91条规定："定金的数额由当事人约定，但不得超过主合同标的额的20%。"

定金作为法定的担保形式，法律有其具体的要求：①形式要件，必须书面的形式；②数额的限定，定金的总额不得超过合同标的20%；③在选择赔偿时只能在定金和违约金中选其一。

2. 迟延付款违约金和利息

《司法解释》对当事人拖欠工程款利息作出了规定。但在实践中，常有合同没有约定逾期付款利息，而是约定"逾期付款违约金"，且该违约金通常要比银行利息高出许多，如何认定该违约金的性质与效力呢？

违约金与利息是两个不同性质的概念：第一，违约金在性质上是一种责任形式，是基于债权而产生的，而利息是物的法定孳息，具备物权的性质；第二，违约金基于对方的违约而存在，兼具补偿和惩罚性，而利息基于对物的所有而取得，具有对物的收益性；第三，通常合同中在约定迟延付款违约金的同时也约定了迟延交付违约金，这对双方都是一种约束，目的是为了保证合同的履行。而利息则固定的属债权方的收益权；第四，违约金的多少由双方约定，双方约定的违约金过高，守约方未遭受损失的，违约方可请求酌情降低违约金数额，但需对守约方的损失负举证责任。利息的多少也可以由双方约定，但不得超过法律规定，违约方对利息高低的合理性不负举证责任。

11.6.4　工程款的优先受偿权

优先受偿权是建筑施工企业的一个很重要的权利，充分运用建设工程价款的优先受偿权，可以保证工程款能及时收回。

《合同法》第286条规定："发包人未按照约定支付价款的，承包人可以催告发包人在合理期限内支付价款。发包人逾期不支付的，除按照建设工程的性质不宜折价、拍卖的以外，承包人可以与发包人协议将该工程折价，也可以申请人民法院将该工程依法拍卖，建设工程的价款就该工程折价或者拍卖的价款优先受偿。"2002年6月11日《最高人民法院关于建设工程价款优先受偿权问题的批复》进一步明确了建设工程价款优先受偿权的适用范围、条件、期限等。

施工企业行使优先受偿权应掌握如下要点：

1）行使优先受偿权的期限为6个月，自建设工程竣工之日或者建设工程合同约定的竣工之日起计算。施工企业可以与建设单位协议将工程折价或申请法院直接拍卖。

2）优先受偿的建筑工程价款包括承包人为建设工程应当支付的工作人员报酬、材料款等实际支出的费用，不包括承包人因发包人违约所造成的损失，比如违约金。

3）消费者交付购买商品房的全部或者大部分款项（50%以上）后，施工企业就该商品房享有的工程价款优先受偿权不得对抗买受人。

4）建设单位逾期支付工程款，经施工企业催告后在合理期限内仍不支付，施工企业方能行使工程价款优先受偿权。催告的形式最好是书面的。

5）建设工程性质必须适合于折价、拍卖。对学校、医院等以公益为目的的工程一般不在优先受偿范围之内。

11.7　建筑安全、质量及合同管理相关法律法规节选

11.7.1　《中华人民共和国建筑法》

第五条　从事建筑活动应当遵守法律、法规，不得损害社会公共利益和他人的合法权益。

第十五条　建筑工程的发包单位与承包单位应当依法订立书面合同，明确双方的权利和义务。

第二十九条　建筑工程总承包单位可以将承包工程中的部分工程发包给具有相应资质条件的分包单位；但是，除总承包合同中约定的分包外，必须经建设单位认可。施工总承包的，建筑工程主体结构的施工必须由总承包单位自行完成。

建筑工程总承包单位按照总承包合同的约定对建设单位负责；分包单位按照分包合同的约定对总承包单位负责。总承包单位和分包单位就分包工程对建设单位承担连带责任。

11.7.2　《建设工程质量管理条例》

第四章　施工单位的质量责任和义务

第二十五条　施工单位应当依法取得相应等级的资质证书，并在其资质等级许可的范

围内承揽工程。

第二十六条 施工单位对建设工程的施工质量负责。

施工单位应当建立质量责任制,确定工程项目的项目经理、技术负责人和施工管理负责人。

建设工程实行总承包的,总承包单位应当对全部建设工程质量负责;建设工程勘察、设计、施工、设备采购的一项或者多项实行总承包的,总承包单位应当对其承包的建设工程或者采购的设备的质量负责。

第二十七条 总承包单位依法将建设工程分包给其他单位的,分包单位应当按照分包合同的约定对其分包工程的质量向总承包单位负责,总承包单位与分包单位对分包工程的质量承担连带责任。

第二十八条 施工单位必须按照工程设计图纸和施工技术标准施工,不得擅自修改工程设计,不得偷工减料。

施工单位在施工过程中发现设计文件和图纸有差错的,应当及时提出意见和建议。

第二十九条 施工单位必须按照工程设计要求、施工技术标准和合同约定,对建筑材料、建筑构配件、设备和商品混凝土进行检验,检验应当有书面记录和专人签字;未经检验或者检验不合格的,不得使用。

第三十条 施工单位必须建立、健全施工质量的检验制度,严格工序管理,作好隐蔽工程的质量检查和记录。隐蔽工程在隐蔽前,施工单位应当通知建设单位和建设工程质量监督机构。

第三十一条 施工人员对涉及结构安全的试块、试件以及有关材料,应当在建设单位或者工程监理单位监督下现场取样,并送具有相应资质等级的质量检测单位进行检测。

第三十二条 施工单位对施工中出现质量问题的建设工程或者竣工验收不合格的建设工程,应当负责返修。

第三十三条 施工单位应当建立、健全教育培训制度,加强对职工的教育培训;未经教育培训或者考核不合格的人员,不得上岗作业。

第四十条 在正常使用条件下,建设工程的最低保修期限为:

(一)基础设施工程、房屋建筑的地基基础工程和主体结构工程,为设计文件规定的该工程的合理使用年限;

(二)屋面防水工程、有防水要求的卫生间、房间和外墙面的防渗漏,为5年;

(三)供热与供冷系统,为2个采暖期、供冷期;

(四)电气管线、给排水管道、设备安装和装修工程,为2年。

其他项目的保修期限由发包方与承包方约定。

建设工程的保修期,自竣工验收合格之日起计算。

第四十一条 建设工程在保修范围和保修期限内发生质量问题的,施工单位应当履行保修义务,并对造成的损失承担赔偿责任。

第八章 罚则

第五十四条 违反本条例规定,建设单位将建设工程发包给不具有相应资质等级的勘察、设计、施工单位或者委托给不具有相应资质等级的工程监理单位的,责令改正,处50万元以上100万元以下的罚款。

第六十四条 违反本条例规定，施工单位在施工中偷工减料的，使用不合格的建筑材料、建筑构配件和设备的，或者有不按照工程设计图纸或者施工技术标准施工的其他行为的，责令改正，处工程合同价款2%以上4%以下的罚款；造成建设工程质量不符合规定的质量标准的，负责返工、修理，并赔偿因此造成的损失；情节严重的，责令停业整顿，降低资质等级或者吊销资质证书。

第六十五条 违反本条例规定，施工单位未对建筑材料、建筑构配件、设备和商品混凝土进行检验，或者未对涉及结构安全的试块、试件及有关材料取样检测的，责令改正，处10万元以上20万元以下的罚款；情节严重的，责令停业整顿，降低资质等级或者吊销资质证书；造成损失的，依法承担赔偿责任。

第六十六条 违反本条例规定，施工单位不履行保修义务或者拖延履行保修义务的，责令改正，处10万元以上20万元以下的罚款，并对在保修期内因质量缺陷造成的损失承担赔偿责任。

第六十七条 工程监理单位有下列行为之一的，责令改正，处50万元以上100万元以下的罚款，降低资质等级或者吊销资质证书；有违法所得的，予以没收；造成损失的，承担连带赔偿责任：

（一）与建设单位或者施工单位串通，弄虚作假、降低工程质量的；

（二）将不合格的建设工程、建筑材料、建筑构配件和设备按照合格签字的。

第六十八条 违反本条例规定，工程监理单位与被监理工程的施工承包单位以及建筑材料、建筑构配件和设备供应单位有隶属关系或者其他利害关系承担该项目建设工程的监理业务的，责令改正，处5万元以上10万元以下的罚款，降低资质等级或者吊销资质证书；有违法所得的，予以没收。

第六十九条 违反本条例规定，涉及建筑主体或者承重结构变动的装修工程，没有设计方案擅自施工的，责令改正，处50万元以上100万元以下的罚款；房屋建筑使用者在装修过程中擅自变动房屋建筑主体和承重结构的，责令改正，处5万元以上10万元以下的罚款。

有前款所列行为，造成损失的，依法承担赔偿责任。

第七十条 发生重大工程质量事故隐瞒不报、谎报或者拖延报告期限的，对直接负责的主管人员和其他责任人员依法给予行政处分。

第七十一条 违反本条例规定，供水、供电、供气、公安消防等部门或者单位明示或者暗示建设单位或者施工单位购买其指定的生产供应单位的建筑材料、建筑构配件和设备的，责令改正。

第七十二条 违反本条例规定，注册建筑师、注册结构工程师、监理工程师等注册执业人员因过错造成质量事故的，责令停止执业1年；造成重大质量事故的，吊销执业资格证书，5年以内不予注册；情节特别恶劣的，终身不予注册。

第七十三条 依照本条例规定，给予单位罚款处罚的，对单位直接负责的主管人员和其他直接责任人员处单位罚款数额5%以上10%以下的罚款。

第七十四条 建设单位、设计单位、施工单位、工程监理单位违反国家规定，降低工程质量标准，造成重大安全事故，构成犯罪的，对直接责任人员依法追究刑事责任。

第七十五条 本条例规定的责令停业整顿，降低资质等级和吊销资质证书的行政处罚，由颁发资质证书的机关决定；其他行政处罚，由建设行政主管部门或者其他有关部门依照法定职权决定。

依照本条例规定被吊销资质证书的，由工商行政管理部门吊销其营业执照。

第七十六条 国家机关工作人员在建设工程质量监督管理工作中玩忽职守、滥用职权、徇私舞弊，构成犯罪的，依法追究刑事责任；尚不构成犯罪的，依法给予行政处分。

第七十七条 建设、勘察、设计、施工、工程监理单位的工作人员因调动工作、退休等原因离开该单位后，被发现在该单位工作期间违反国家有关建设工程质量规定，造成重大工程质量事故的，仍应当依法追究法律责任。

11.7.3 《建设工程安全生产管理条例》

第三条 建设工程安全生产管理，坚持安全第一、预防为主的方针。

第四条 建设单位、勘察单位、设计单位、施工单位、工程监理单位及其他与建设工程安全生产有关的单位，必须遵守安全生产法律、法规的规定，保证建设工程安全生产，依法承担建设工程安全生产责任。

第四章 施工单位的安全责任

第二十条 施工单位从事建设工程的新建、扩建、改建和拆除等活动，应当具备国家规定的注册资本、专业技术人员、技术装备和安全生产等条件，依法取得相应等级的资质证书，并在其资质等级许可的范围内承揽工程。

第二十一条 施工单位主要负责人依法对本单位的安全生产工作全面负责。施工单位应当建立健全安全生产责任制度和安全生产教育培训制度，制定安全生产规章制度和操作规程，保证本单位安全生产条件所需资金的投入，对所承担的建设工程进行定期的专项安全检查，并作好安全检查记录。

施工单位的项目负责人应当由取得相应执业资格的人员担任，对建设工程项目的安全施工负责，落实安全生产责任制度、安全生产规章制度和操作规程，确保安全生产费用的有效使用，并根据工程的特点组织制定安全施工措施，消除安全事故隐患，及时、如实报告生产安全事故。

第二十二条 施工单位对列入建设工程概算的安全作业环境及安全施工措施所需费用，应当用于施工安全防护用具及设施的采购和更新、安全施工措施的落实、安全生产条件的改善，不得挪作他用。

第二十三条 施工单位应当设立安全生产管理机构，配备专职安全生产管理人员。

专职安全生产管理人员负责对安全生产进行现场监督检查。发现安全事故隐患，应当及时向项目负责人和安全生产管理机构报告；对违章指挥、违章操作的，应当立即制止。

专职安全生产管理人员的配备办法由国务院建设行政主管部门会同国务院其他有关部门制定。

第二十四条 建设工程实行施工总承包的，由总承包单位对施工现场的安全生产负总责。总承包单位应当自行完成建设工程主体结构的施工。总承包单位依法将建设工程分包给其他单位的，分包合同中应当明确各自的安全生产方面的权利、义务。总承包单位和分包单位对分包工程的安全生产承担连带责任。

分包单位应当服从总承包单位的安全生产管理，分包单位不服从管理导致生产安全事故的,由分包单位承担主要责任。

第二十五条 垂直运输机械作业人员、安装拆卸工、爆破作业人员、起重信号工、登高架设作业人员等特种作业人员,必须按照国家有关规定经过专门的安全作业培训,并取得特种作业操作资格证书后,方可以上岗作业。

第二十六条 施工单位应当在施工组织设计中编制安全技术措施和施工现场临时用电方案,对下列达到一定规模的危险性较大的分部分项工程编制专项施工方案,并附具安全验算结果,经施工单位技术负责人、总监理工程师签字后实施,由专职安全生产管理人员进行现场监督:

(一) 基坑支护与降水工程;

(二) 土方开挖工程;

(三) 模板工程;

(四) 起重吊装工程;

(五) 脚手架工程;

(六) 拆除、爆破工程;

(七) 国务院建设行政主管部门或其他有关部门规定的其他危险性较大的工程。

对前款所列工程中涉及深基坑、地下暗挖工程、高大模板工程的专项施工方案,施工单位还应当组织专家进行论证、审查。

本条第一款规定的达到一定规模的危险性较大工程的标准,由国务建设行政主管部门会同国务院其他有关部门制定。

第二十七条 建设工程施工前,施工单位负责项目管理的技术人员应当对有关安全施工的技术要求向施工作业班级、作业人员作出详细说明,并由双方签字确认。

第二十八条 施工单位应当在施工现场入口处、施工起重机械、临时用电设施、脚手架、出入通道口、楼梯口、电梯井口、孔洞口、桥梁口、隧道口、基坑边沿、爆破物及有害危险气体和液体存放处等危险部位,设置明显的安全警示标志。安全警示标志必须符合国家标准。

施工单位应当根据不同施工阶段和周围环境及季节、气候的变化,在施工现场采取相应的安全施工措施。施工现场暂时停止施工的,施工单位应当做好现场防护,所需费用由责任方承担,或者按照合同约定执行。

第二十九条 施工单位应当将施工现场的办公、生活区与作业区分开设置,并保持安全距离;办公、生活区的选址应当符合安全性要求。职工的膳食、饮水、休息场所等应当符合卫生标准。施工单位不得在尚未竣工的建筑物内设置员工集体宿舍。

施工现场临时搭建的建筑物应当符合安全使用要求。施工现场使用的装配式活动房屋应当具有产品合格证。

第三十条 施工单位对因建设工程可能造成损害的毗邻建筑物、构筑物和地下管线等,应当采取专项防护措施。

施工单位应当遵守有关环境保护法律、法规的规定,在施工现场采取措施,防止或者减少粉尘、废气、废水、固体废物、噪声、振动和施工照明对人和环境的危害的污染。

在城市市区的建设工程,施工单位应当对施工现场实行封闭围挡。

第三十一条 施工单位应当在施工现场建立消防安全责任制度,确定消防安全责任人，制定用火、用电、使用易燃易爆材料等各项消防安全管理制度和操作规程，设置消防通道、消防水源，配备消防设施和灭火器材，并在施工现场入口处设置明显标志。

第三十二条 施工单位应当向作业人员提供安全防护用具和安全防护服装，并书面告知危险岗位的操作规程和违章操作的危害。

作业人员有权对施工现场的作业条件、作业程序和作业方式中存在的安全问题提出批评、检举和控告，有权拒绝违章指挥和强令冒险作业。

在施工中发生危及人身安全的紧急情况时，作业人员有权立即停止作业或者在采取必要的应急措施后撤离危险区域。

第三十三条 作业人员应当遵守安全施工的强制性标准、规章制度和操作规程，正确使用安全防护用具、机械设备等。

第三十四条 施工单位采购、租赁的安全防护用具、机械设备、施工机具及配件，应当具有生产（制造）许可证、产品合格证，并在进入施工现场前进行查验。

施工现场的安全防护用具、机械设备、施工机具及配件必须由专人管理，定期进行检查、维修和保养，建立相应的资料档案，并按照国家有关规定及时报废。

第三十五条 施工单位在使用施工起重机械和整体提升脚手架、模板等自升式架设设施前，应当组织有关单位进行验收，也可以委托具有相应资质的检验检测机构进行验收；使用承租的机械设备和施工机具及配件的，由施工总承包单位、分包单位、出租单位和安装单位共同进行验收。验收合格的方可使用。

《特种设备安全监察条例》规定的施工起重机械，在验收前应当有相应资质的检验检测机构监督检验合格。

施工单位应当自施工起重机械和整体提升脚手架、模板等自升式架设设施验收合格之日起30日内，向建设行政主管部门或者其他有关部门登记。登记标志应当置于或者附着于该设备的显著位置。

第三十六条 施工单位的主要负责人、项目负责人、专职安全生产管理人员应当经建设行政主管部门或者其他有关部门考核合格后方可任职。

施工单位应当对管理人员和作业人员每年至少进行一次安全生产教育培训，其教育培训情况记入个人工作档案。安全生产教育培训考核不合格的人员，不得上岗。

第三十七条 作业人员进入新的岗位或者新的施工现场前，应当接受安全生产教育培训。未经教育培训或者教育培训考核不合格的人员，不得上岗作业。

施工单位在采用新技术、新工艺、新设备、新材料时，应当对作业人员进行相应的安全生产教育培训。

第三十八条 施工单位应当为施工现场从事危险作业的人员办理意外伤害保险。

意外伤害保险费由施工单位支付。实行施工总承包的，由总承包单位支付意外伤害保险费。意外伤害保险期限自建设工程开工之日至竣工验收合格止。

第七章 法律责任

第六十一条 违反本条例的规定，施工起重机械和整体提升脚手架、模板等自升式架设设施安装、拆卸单位有下列行为之一的，责令限期改正，处5万元以上10万元以下的罚款；情节严重的，责令停业整顿，降低资质等级，直到吊销资质证书；造成损失的，依法承担赔偿责任：

(一) 未编制拆装方案、制定安全施工措施的；

(二) 未由专业技术人员现场监督的；

(三) 未出具自检合格证明或者出具虚假证明的；

(四) 未向施工单位进行安全使用说明，办理移交手续的。

施工起重机械和整体提升脚手架、模板等自升式架设设施安装、拆卸单位有前款规定的第 (一) 项、第 (三) 项行为，经有关部门或者单位职工提出后，对事故隐患仍不采取措施，因而发生重大伤亡事故或者造成其他严重后果，构成犯罪的，对直接责任人员，依照刑法有关规定追究刑事责任。

第六十二条 违反本条例的规定，施工单位有下列行为之一的，责令限期改正；逾期未改正的，责令停业整顿，依照《中华人民共和国安全生产法》的有关规定处以罚款；造成重大安全事故，构成犯罪的，对直接责任人员，依照刑法有关规定追究刑事责任：

(一) 未设立安全生产管理机构、配备专职安全生产管理人员或者分部分项工程施工时无专职安全生产管理人员现场监督的；

(二) 施工单位的主要负责人、项目负责人、专职安全生产管理人员、作业人员或者特种作业人员，未经安全教育培训或者经考核不合格即从事相关工作的；

(三) 未在施工现场的危险部位设置明显的安全警示标志，或者未按照国家有关规定在施工现场设置消防通道、消防水源、配备消防设施和灭火器材的；

(四) 未向作业人员提供安全防护用具和安全防护服装的；

(五) 未按照规定在施工起重机械和整体提升脚手架、模板等自升或架设设施验收合格后登记的；

(六) 使用国家明令淘汰、禁止使用的危及施工安全的工艺、设备、材料的。

第六十三条 违反本条例的规定，施工单位挪用列入建设工程概算的安全生产作业环境及安全施工措施所需费用，责令限期改正，处挪用费用20%以上50%以下的罚款；造成损失的，依法承担赔偿责任。

第六十四条 违反本条例的规定，施工单位有下列行为之一的，责令限期改正；逾期未改正的，责令停业整顿，并处5万元以上10万元以下的罚款；造成重大安全事故，构成犯罪的，对直接责任人员，依照刑法有关规定追究刑事责任：

(一) 施工前未对有关安全施工的技术要求作出详细说明的；

(二) 未根据不同施工阶段和周围环境及季节、气候的变化，在施工现场采取相应的安全施工措施，或者在城市市区内的建设工程的施工现场未实行封闭围挡的；

(三) 在尚未竣工的建筑物内设置员工集体宿舍的；

(四) 施工现场临时搭建的建筑物不符合安全使用要求的；

(五) 未对因建设工程施工可能造成损害的毗邻建筑物、构筑物和地下管线等采取专项防护措施的。

施工单位有前款规定第 (四) 项、第 (五) 项行为，造成损失的，依法承担赔偿责任。

第六十五条 违反本条例规定，施工单位有下列行为之一的，责令限期改正；逾期未改正的，责令停业整顿，并处10万元以上30万元以下的罚款；情节严重的，降低资质等级，直至吊销资质证书；造成重大安全事故，构成犯罪的，对直接责任人员，依照刑法有关规定追究刑事责任；造成损失的，依法承担赔偿责任：

（一）安全防护用具、机械设备、施工机具及配件在进入施工现场前未经查验或者检验不合格即投入使用的；

（二）使用未经验收或者验收不合格的施工起重机械和整体提升脚手架、模板等自升式架设设施的；

（三）委托不具有相应资质的单位承担施工现场安装、拆卸施工起重机械和整体提升脚手架、模板等自升式架设设施的；

（四）在施工组织设计中未编制安全技术措施、施工现场临时用电方案或者专项施工方案的。

第六十六条 违反本条例的规定，施工单位的主要负责人、项目负责人未履行安全生产管理职责的，责令限期改正；逾期未改正的，责令施工单位停业整顿；造成重大安全事故、重大伤亡事故或者其他严重后果，构成犯罪的，依照刑法有关规定追究刑事责任。

作业人员不服管理、违反规章制度和操作规程冒险作业造成重大伤亡事故或者其他严重后果，构成犯罪的，依照刑法有关规定追究刑事责任。

施工单位的主要负责人、项目负责人有前款违法行为，尚不够刑事处罚的，处2万元以上20万元以下的罚款或者按照管理权限给予撤职处分；自刑罚执行完毕或者受处分之日起，5年内不得担任任何施工单位的主要负责人、项目负责人。

第六十七条 施工单位取得资质证书后，降低安全生产条件的，责令限期改正；经整改仍未达到与其资质等级相适应的安全生产条件的，责令停业整顿，降低其资质等级直至吊销资质证书。

11.7.4 《安全生产许可证条例》

第六条 企业取得安全生产许可证，应当具备下列安全生产条件：

（一）建立、健全安全生产责任制，制定完备的安全生产规章制度和操作规程；

（二）安全投入符合安全生产要求；

（三）设置安全生产管理机构，配备专职安全生产管理人员；

（四）主要负责人和安全生产管理人员经考核合格；

（五）特种作业人员经有关业务主管部门考核合格，取得特种作业操作资格证书；

（六）从业人员经安全生产教育和培训合格；

（七）依法参加工伤保险，为从业人员缴纳保险费；

（八）厂房、作业场所和安全设施、设备、工艺符合有关安全生产法律、法规、标准和规程的要求；

（九）有职业危害防治措施，并为从业人员配备符合国家标准或者行业标准的劳动防护用品；

（十）依法进行安全评价；

（十一）有重大危险源检测、评估、监控措施和应急预案；

（十二）有生产安全事故应急救援预案、应急救援组织或者应急救援人员，配备必要的应急救援器材、设备；

（十三）法律、法规规定的其他条件。

11.7.5 《最高人民法院关于审理建设工程施工合同纠纷案件适用法律问题的解释》

第一条 建设工程施工合同具有下列情形之一的，应当根据合同法第五十二条第（五）项的规定，认定无效：
（一）承包人未取得建筑施工企业资质或者超越资质等级的；
（二）没有资质的实际施工人借用有资质的建筑施工企业名义的；
（三）建设工程必须进行招标而未招标或者中标无效的。

第二条 建设工程施工合同无效，但建设工程经竣工验收合格，承包人请求参照合同约定支付工程价款的，应予支持。

第三条 建设工程施工合同无效，且建设工程经竣工验收不合格的，按照以下情形分别处理：
（一）修复后的建设工程经竣工验收合格，发包人请求承包人承担修复费用的，应予支持；
（二）修复后的建设工程经竣工验收不合格，承包人请求支付工程价款的，不予支持。
因建设工程不合格造成的损失，发包人有过错的，也应承担相应的民事责任。

第四条 承包人非法转包、违法分包建设工程或者没有资质的实际施工人借用有资质的建筑施工企业名义与他人签订建设工程施工合同的行为无效。人民法院可以根据民法通则第一百三十四条规定，收缴当事人已经取得的非法所得。

第五条 承包人超越资质等级许可的业务范围签订建设工程施工合同，在建设工程竣工前取得相应资质等级，当事人请求按照无效合同处理的，不予支持。

第六条 当事人对垫资和垫资利息有约定，承包人请求按照约定返还垫资及其利息的，应予支持，但是约定的利息计算标准高于中国人民银行发布的同期同类贷款利率的部分除外。

当事人对垫资没有约定的，按照工程欠款处理。

当事人对垫资利息没有约定，承包人请求支付利息的，不予支持。

11.7.6 《中华人民共和国刑法修正案（六）》（2006年6月29日生效）

一、刑法第134条修改为："在生产、作业中违反有关安全管理的规定，因而发生重大伤亡事故或者造成其他严重后果的，处3年以下有期徒刑或者拘役；情节特别恶劣的，处3年以上7年以下有期徒刑。"强令他人违章冒险作业，因而发生重大伤亡事故或者造成其他严重后果的，处5年以下有期徒刑或者拘役；情节特别恶劣的，处5年以上有期徒刑。

二、刑法第135条修改为："安全生产设施或者安全生产条件不符合国家规定，因而发生重大伤亡事故或者造成其他严重后果的，对直接负责的主管人员和其他直接责任人员，处3年以下有期徒刑或者拘役；情节特别恶劣的，处3年以上7年以下有期徒刑。"

三、刑法第139条后增加一条，作为第139条之一："在安全事故发生后，负有报告职责的人员不报或者谎报事故情况，贻误事故抢救，情节严重的，处3年以下有期徒刑或者拘役；情节特别严重的，处3年以上7年以下有期徒刑。"

第 12 章 建设工程职业健康安全与环境管理体系

12.1 建设工程职业健康安全与环境管理概述

12.1.1 建设工程职业健康安全与环境管理的目的

1. 建设工程职业健康安全管理的目的

职业健康安全管理的目的是在生产活动中，通过职业健康安全生产的管理活动，进行对影响生产的具体因素的状态控制，使生产因素中的不安全行为和状态减少或消除，且不引发事故，以保证生产活动中人员的健康和安全。对于建设工程项目，职业健康安全管理的目的是防止和减少生产安全事故、保护产品生产者的健康与安全、保障人民群众的生命和财产免受损失；控制影响工作场所内员工、临时工作人员、合同方人员、访问者和其他有关部门人员健康和安全的条件和因素；考虑和避免因管理不当对员工健康和安全造成的危害。

2. 建设工程环境管理的目的

环境保护是我国的一项基本国策。对环境管理的目的是保护生态环境，使社会的经济发展与人类的生存环境相协调。对于建设工程项目，环境保护主要是指保护和改善施工现场的环境。企业应当遵照国家和地方的相关法律法规以及行业和企业自身的要求，采取措施控制施工现场的各种粉尘、废水、废气、固体废弃物以及噪声、振动对环境的污染和危害，并且要注意对资源的节约和避免资源的浪费。

12.1.2 建设工程职业健康安全与环境管理的特点

依据建设工程产品的特性，建设工程职业健康安全与环境管理有以下特点：

1. 复杂性

建设项目的职业健康安全和环境管理涉及大量的露天作业，受到气候条件、工程地质和水文地质、地理条件和地域资源等不可控因素的影响较大。

2. 多变性

一方面是项目建设现场材料、设备和工具的流动性大；另一方面由于技术进步，项目不断引入新材料、新设备和新工艺，这都加大了相应的管理难度。

3. 协调性

项目建设涉及的工种甚多，包括大量的高空作业、地下作业、用电作业、爆破作业、施工机械、起重作业等较危险的工程，并且各工种经常需要交叉或平行作业。

4. 持续性

项目建设一般具有建设周期长的特点，从设计、实施直至投产阶段，诸多工序环环相扣。前一道工序的隐患，可能在后续的工序中暴露，酿成安全事故。

5. 经济性

产品的时代性、社会性与多样性决定环境管理的经济性。

12.1.3 建设工程职业健康安全与环境管理的要求

1. 建设工程项目决策阶段

建设单位应按照有关建设工程法律法规的规定和强制性标准的要求，办理各种有关安全与环境保护方面的审批手续。对需要进行环境影响评价或安全预评价的建设工程项目，应组织或委托有相应资质的单位进行建设工程项目环境影响评价和安全预评价。

2. 工程设计阶段

设计单位应按照有关建设工程法律法规的规定和强制性标准的要求，进行环境保护设施和安全设施的设计，防止因设计考虑不周而导致生产安全事故的发生或对环境造成不良影响。

在进行工程设计时，设计单位应当考虑施工安全和防护需要，对涉及施工安全的重点部分和环节在设计文件中应进行注明，并对防范生产安全事故提出指导意见。

对于采用新结构、新材料、新工艺的建设工程和特殊结构的建设工程，设计单位应在设计中提出保障施工作业人员安全和预防生产安全事故的措施建议。

在工程总概算中，应明确工程安全环保设施费用、安全施工和环境保护措施费等。

设计单位有注册建筑师等执业人员应当对其设计负责。

3. 工程施工阶段

建设单位在申请领取施工许可证时，应当提供建设工程有关安全施工措施的资料。

对于依法批准开工报告的建设工程，建设单位应当自开工报告批准日起15日内，将保证安全施工的措施报送建设工程所在地的县级以上人民政府建设行政主管部门或者其他有关部门备案。

对于应当拆除的工程，建设单位应当在拆除工程施工15日前，将拆除施工单位资质等级证明，拟拆除建筑物、构筑物及可能涉及毗邻建筑的说明，拆除施工组织方案，堆放、清除废弃物的措施等资料报送建设工程所在地的县级以上的地方人民政府主管部门或者其他有关部门备案。

施工企业在其经营生产的活动中必须对本企业的安全生产负全面责任。企业的代表人是安全生产的第一负责人，项目经理是施工项目生产的主要负责人。施工企业应当具备安全生产的资质条件，取得安全生产许可证的施工企业应设立安全机构，配备合格的安全人员，提供必要的资源；要建立健全职业健康安全体系以及有关的安全生产责任制和各项安全生产规章制度。对项目要编制切合实际的安全生产计划，制定职业健康安全保障措施；实施安全教育培训制度，不断提高员工的安全意识和安全生产素质。

建设工程实行总承包的，由总承包单位对施工现场的安全生产负总责并自行完成工程主体结构的施工。分包单位应当接受总承包单位的安全生产管理，分包合同中应当明确各自的安全生产方面的权利、义务。分包单位不服从管理导致生产安全事故的，由分包单位承担主要责任，总承包和分包单位对分包工程的安全生产承担连带责任。

4. 项目验收试运行阶段

项目竣工后，建设单位应向审批建设工程项目环境影响报告书、环境影响报告或者环境影响登记表的环境保护行政主管部门申请，对环保设施进行竣工验收。环保行政主管部门应在收到申请环保设施竣工验收之日起 30 日内完成验收。验收合格后，才能投入生产和使用。

对于需要试生产的建设工程项目，建设单位应当在项目投入试生产之日起 3 个月内向环保行政主管部门申请对其项目配套的环保设施进行竣工验收。

12.2 建设工程安全生产管理

12.2.1 安全生产责任制度

安全生产责任制是基本的安全管理制度，是所有安全生产管理制度的核心。安全生产责任制是按照安全生产管理方针和"管生产的同时必须管安全"的原则，将各级负责人员、各职能部门及其工作人员和各岗位生产工人在安全生产方面应做的事情及应负的责任加以明确规定的一种制度。具体来说，就是将安全生产责任分解到相关单位的主要负责人、项目负责人、班组长以及每个岗位的作业人员身上。

根据《建设工程安全生产管理条例》和《建筑施工安全检查标准》的相关规定，安全生产责任制度的主要内容如下：

1. 安全生产责任制度主要包括企业主要负责人的安全责任，负责人或其他副职的安全责任，项目负责人（项目经理）的安全责任，生产、技术、材料等各职能管理负责人及其工作人员的安全责任，技术负责人（工程师）的安全责任、专职安全生产管理人员的安全责任、施工员的安全责任、班组长的安全责任和岗位人员的安全责任等。

2. 项目应对各级、各部门安全生产责任制应规定检查和考核办法，并按规定期限进行考核，对考核结果及兑现情况应有记录。

3. 项目独立承包的工程在签订承包合同中必须有安全生产工作的具体指标和要求。工程由多单位施工时，总分包单位在签订分包合同的同时要签订安全生产合同（协议），签订合同前要检查分包单位的营业执照、企业资质证、安全资格证等。分包队伍的资质应与工程要求相符，在安全合同中应明确总分包单位各自的安全职责，原则上，实行总承包的由总承包单位负责，分包单位向总包单位负责，服从总包单位对施工现场的安全管理，分包单位在其分包范围内建立施工现场安全生产管理制度，并组织实施。

4. 项目的主要工种应有相应的安全技术操作规程，一般应包括砌筑、拌灰、混凝土、木作、钢筋、机械、电气焊、起重、信号指挥、塔式起重司机、架子、水暖、油漆等工种，特殊作业应另行补充。应将安全技术操作规程列为日常安全活动和安全教育的主要内容，并应悬挂在操作岗位前。

5. 施工现场应按工程项目大小配备专（兼）职安全人员。以建筑工程为例，可按建筑面积 1 万 m^2 以下的工地至少有 1 名专职人员；1 万 m^2 以上的工地设 2~3 名专职人员；5 万 m^2 以上的大型工地，按不同专业组成安全管理组进行安全监督检查。

总之，企业实行安全生产责任制必须做到在计划、布置、检查、总结、评比生产的时候，同时计划、布置、检查、总结、评比安全工作。其内容大体分为两个方面：纵向方面是各级人员的安全生产责任制，即从最高管理者、管理者代表到项目负责人（项目经理）、技术负责人（工程师）、专职安全生产管理人员、施工员、班级长和岗位人员等各级人员的安全生产责任制，横向方面是各个部门的安全生产责任制，即各职能部门（如安全环保、设备、技术、生产、财务等部门）的安全生产责任制。只有这样，才能建立健全安全生产责任制，做到群防群治。

12.2.2 安全生产许可证制度

《安全生产许可证条例》规定国家对建筑施工企业实施安全生产许可证制度。其目的是为了严格规范安全生产条件，进一步加强安全生产监督管理，防止和减少生产安全事故。

国务院建设主管部门负责中央管理的建筑施工企业安全生产许可证的颁发和管理；其他企业由省、自治区、直辖市人民政府建设主管部门进行颁发和管理，并接受国务院建设主管部门的指导和监督。

企业取得安全生产许可证，应当具备下列安全生产条件：

1. 建立、健全安全生产责任制，制定完备的安全生产规章制度和操作规程；
2. 安全投入符合安全生产要求；
3. 设置安全生产管理机构，配备专职安全生产管理人员；
4. 主要负责人和安全生产管理人员经考核合格；
5. 特种作业人员经有关业务主管部门考核合格，取得特种作业操作资格证书；
6. 从业人员经安全生产教育和培训合格；
7. 依法参加工伤保险，为从业人员缴纳保险费；
8. 厂房、作业场所和安全设施、设备、工艺符合有关安全生产法律、法规、标准和规程的要求；
9. 有职业危害防治措施，并为从业人员配备符合国家标准或者行业标准的劳动防护用品；
10. 依法进行安全评价；
11. 有重大危险源检测、评估、监控措施和应急预案；
12. 有生产安全事故应急救援预案、应急救援组织或者应急救援人员，配备必要的应急救援器材、设备；
13. 法律、法规规定的其他条件。

企业进行生产前，应当依照该条例的规定向安全生产许可证颁发管理机关申请领取安全生产许可证，并提供该条例第六条规定的相关文件、资料。安全生产许可证颁发管理机关应当自收到申请之日起4~5日内审查完毕，经审查符合该条例规定的安全生产条件的，颁发安全生产许可证；不符合该条例规定的安全生产条件的，不予颁发安全生产许可证，书面通知企业并说明理由。

安全生产许可证的有效期为3年。安全生产许可证有效期满需要延期的，企业应当于期满前3个月向原安全生产许可证颁发管理机关办理延期手续。

企业在安全生产许可证有效期内，严格遵守有关安全生产的法律法规，未发生死亡事故的，安全生产许可证有效期届满时，经原安全生产许可证颁发管理机关同意，不再审查，安全生产许可证有效期延期3年。

企业不得转让、冒用安全生产许可证或者使用伪造的安全生产许可证。

12.2.3 政府安全生产监督检查制度

政府安全监督检查制度是指国家法律、法规授权的行政部门，代表政府对企业的安全生产过程实施监督管理。《建设工程安全生产管理条例》第五章"监督管理"对建设工程安全监督管理的规定内容如下：

1. 国务院负责安全生产监督管理的部门依照《中华人民共和国安全生产法》的规定，对全国建设工程安全生产工作实施综合监督管理。

2. 县级以上地放人民政府负责安全生产监督管理的部门依照《中华人民共和国安全生产法》的规定，对本行政区域内建设工程安全生产工作实施综合监督管理。

3. 国务院建设行政主管部门对全国的建设工程安全生产实施监督管理。国务院铁路、交通、水利等有关部门按照国务院规定的职责分工，负责有关专业建设工程安全生产的监督管理。

4. 县级以上地方人民政府建设行政主管部门对本行政区域内的建设工程安全生产实施监督管理。县级以上地方人民政府交通、水利等有关部门在各自的职责范围内，负责本行政区域内的专业建设工程安全生产的监督管理。

5. 县级以上人民政府负有建设工程安全生产监督管理职责的部门在各自的职责范围内履行安全监督检查职责时，有权纠正施工中违反安全生产要求的行为，责令立即排除检查中发现的安全事故隐患，对重大隐患可以责令暂时停止施工。建设行政主管部门或者其他有关部门可以将施工现场安全监督检查委托给建设工程安全监督机构具体实施。

12.2.4 安全生产教育培训制度

企业安全生产教育培训一般包括对管理人员、特种作业人员和企业员工的安全教育。

1. 管理人员的安全教育

1）对企业领导的安全教育

对企业法定代表人安全教育的主要内容包括：

（1）国家有关安全生产的方针、政策、法律、法规及有关规章制度；

（2）安全生产管理职责、企业安全生产管理知识及安全文化；

（3）有关事故案例及事故应急处理措施等。

2）对项目经理、技术负责人和技术干部的安全教育

对项目经理、技术负责人和技术干部安全教育的主要内容包括：

（1）安全生产方针、政策和法律、法规；

（2）项目经理部安全生产责任；

（3）典型事故案例剖析；

（4）本系统安全及其相应的安全技术知识。

3）对行政管理干部的安全教育

对行政管理干部安全教育的主要内容包括：

(1) 安全生产方针、政策和法律、法规;
(2) 基本的安全技术知识;
(3) 本职的安全生产责任。

4) 对企业安全管理人员的安全教育

对企业安全管理人员安全教育的主要内容应包括:
(1) 国家有关安全生产的方针、政策、法律、法规和安全生产标准;
(2) 企业安全生产管理、安全技术、职业病知识、安全文件;
(3) 员工伤亡事故和职业病统计报告及调查处理程序;
(4) 有关事故案例及事故应急处理措施。

5) 对班组长和安全员的安全教育

对班组长和安全员的安全教育的主要内容包括:
(1) 安全生产法律、法规、安全技术及技能、职业病和安全文化的知识;
(2) 本企业、本班组和工作岗位的危险因素、安全注意事项;
(3) 本岗位安全生产职责;
(4) 典型事故案例;
(5) 事故抢救与应急处理措施。

2. 特种作业人员的安全教育

1) 特种作业人员的定义

根据《特种作业人员安全技术培训考核管理规定》(国家安全生产监督管理总局令第30号),特种作业是指容易发生事故,对操作者本人、他人的健康及设备、设施的安全可能造成重大危害的作业。特种作业人员,是指直接从事特种作业的从业人员。

2) 特种作业的范围

根据《特种作业人员安全技术培训考核管理规定》(国家安全生产监督管理总局第30号),特种作业的范围主要有(未详细列出):
(1) 电工作业,包括高压电工作业、低压电工作业、防爆电气作业;
(2) 焊接与热切割作业,包括熔化焊接与热切割作业、压力焊接作业、钎焊作业;
(3) 高处作业,包括登高架设作业、高处安装、维护、拆除作业;
(4) 制冷与空调作业,包括制冷与空调设备运行操作作业、制冷与空调设备安装修理作业;
(5) 煤矿安全作业;
(6) 金属非金属矿山安全作业;
(7) 石油天然气安全作业;
(8) 冶金(有色)生产安全作业;
(9) 危险化学品安全作业;
(10) 烟花爆竹安全作业;
(11) 安全监管总局认定的其他作业。

特种作业人员应具备的条件是:
(1) 年满18周岁,且不超过国家法定退休年龄;
(2) 经社区或者县级以上医疗机构体检健康合格,并无妨碍从事相应特种作业的器质性心脏病、癫痫病、美尼尔氏症、眩晕症、癔症、震颤麻痹症、精神病、痴呆症以及其他疾病和生理缺陷；

（3）具有初中及以上文化程度；

（4）具备必要的安全技术知识与技能；

（5）相应特种作业规定的其他条件。

3）特种作业人员安全教育要求

特种作业人员必须经专门的安全技术培训并考核合格，取得《中华人民共和国特种作业操作证》后，方可上岗作业。

特种作业人员应当接受与其所从事的特种作业相应的安全技术理论培训和实际操作培训。已经取得职业高中、技工学校及中专以上学历的毕业生从事与其所学专业相应的特种作业，持学历证明经考核发证机关同意，可以免予相关专业的培训。

跨省、自治区、直辖市从业的特种作业人员，可以在户籍所在地或者从业所在地参加培训。

3. 企业员工的安全教育

企业员工的安全教育主要有新员工上岗前的三级安全教育、改变工艺和变换岗位安全教育、经常性安全教育三种形式。

1）新员工上岗前的三级安全教育

三级安全教育通常是指进厂、进车间、进班组三级，对建设工程来说，具体指企业（公司）、项目（或工区、工程处、施工队）、班组三级。

企业新员工上岗前必须进行三级安全教育，企业新员工须按规定通过三级安全教育和实际操作训练，并经考核合格后方可上岗。

（1）企业（公司）级安全教育由企业主管领导负责，企业职业健康安全管理部门会同有关部门组织实施，内容应包括安全生产法律、法规、通用安全技术、职业卫生和安全文化的基本知识，本企业安全生产规章制度及状况、劳动纪律和有关事故案例等内容。

（2）项目（或工区、工程处、施工队）级安全教育由项目级负责人组织实施，专职或兼职安全员协助，内容包括工程项目的概况，安全生产状况和规章制度，主要危险因素及安全事项，预防工伤事故和职业病的主要措施，典型事故案例及事故应急处理措施等。

（3）班组级安全教育由班组长组织，内容包括遵章守纪，岗位安全操作规程，岗位间工作衔接配合的安全生产事项，典型事故及发生事故后应采取的紧急措施，劳动防护用品（用具）的性能及正确使用方法等内容。

2）改变工艺和变换岗位时的安全教育

（1）企业（或工程项目）在实施新工艺、新技术或使用新设备、新材料时，必须对有关人员进行相应级别的安全教育，要按新的安全操作规程教育和培训参加操作的岗位员工和有关人员，使其了解新工艺、新设备、新产品的安全性能及安全技术，以适应新的岗位作业的安全要求。

（2）当组织内部员工发生从一个岗位调到另外一个岗位，或从某工种改变为另一工种，或因放长假离岗一年以上重新上岗的情况，企业必须进行相应的安全技术培训和教育，以使其掌握现岗位安全生产特点和要求。

3）经常性安全教育

无论何种教育都不可能是一劳永逸的,安全教育同样如此,必须坚持不懈、经常不断地进行,这就是经常性安全教育。在经常性安全教育中,安全思想、安全态度教育最重要。进行安全思想、安全态度教育,要通过采取多种多样形式的安全教育活动,激发员工搞好安全生产的热情,促使员工重视和真正实现安全生产。经常性安全教育的形式有:每天的班前班后会上说明安全注意事项;安全活动日;安全生产会议;事故现场会;张贴安全生产招贴画、宣传标语及标志等。

12.2.5 安全措施计划制度

安全措施计划制度是指企业进行生产活动时,必须编制安全措施计划,它是企业有计划地改善劳动条件和安全卫生设施,防止工伤事故和职业病的重要措施之一,对企业加强劳动保护,改善劳动条件,保障职工的安全和健康,促进企业生产经营的发展都起着积极作用。

1. 安全措施计划的范围

安全措施计划的范围应包括改善劳动条件、防止事故发生、预防职业病和职业中毒等内容,具体包括:

1）安全技术措施

安全技术措施是预防企业员工在工作过程中发生工伤事故的各项措施,包括防护装置、保险装置、信号装置和防爆炸装置等。

2）职业卫生措施

职业卫生措施是预防职业病和改善职业卫生环境的必要措施,包括防尘、防毒、防噪声、通风、照明、取暖、降温等措施。

3）辅助用房间及设施

辅助用房间及设施是为了保证生产过程安全卫生所必需的房间及一切设施,包括更衣室、休息室、沐浴室、消毒室、妇女卫生室、厕所和冬期作业取暖室等。

4）安全宣传教育措施

安全宣传教育措施是为了宣传普及有关安全生产法律、法规、基本知识所需要的措施,其主要内容包括安全生产教材、图书、资料,安全生产展览,安全生产规章制度,安全操作方法训练设施,劳动保护和安全技术的研究与实验等。

2. 编制安全措施计划的依据

1）国家发布的有关职业健康安全政策、法规和标准;
2）在安全检查中发现的尚未解决的问题;
3）造成伤亡事故和职业病的主要原因和所采取的措施;
4）生产发展需要所应采取的安全技术措施;
5）安全技术革新项目和员工提出的合理化建议。

3. 编制安全技术措施计划的一般步骤

编制安全技术措施计划可以按照下列步骤进行:

1）工作活动分类;
2）危险源识别;

3）风险确定；
4）风险评价；
5）制定安全技术措施计划；
6）评价安全技术措施计划的充分性。

12.2.6 特种作业人员持证上岗制度

《建设工程安全生产管理条例》第二十五条规定：垂直运输机械作业人员、起重机械安装拆卸工、爆破作业人员、起重信号工、登高架设作业人员等特种作业人员，必须按照国家有关规定经过专门的安全作业培训，并取得特种作业操作资格证书后，方可上岗作业。

特种作业人员必须按照国家有关规定经过专门的安全作业培训，并取得特种作业操作资格证书后，方可上岗作业。专门的安全作业培训，是指由有关主管部门组织的专门针对特种作业人员的培训，也就是特种作业人员在独立上岗作业前，必须进行与本工程相适应的、专门的安全技术理论学习和实际操作训练。经培训考核合格，取得特种作业操作资格证书后，才能上岗作业。特种作业操作资格证书在全国范围内有效，离开特种作业岗位一定时间后，应当按照规定重新进行实际操作考核，经确认合格后方可上岗作业。对于未经培训考核，即从事特种作业的，条例第六十二条规定了行政处罚；造成重大安全事故，构成犯罪的，对直接责任人员，依照刑法的有关规定追究刑事责任。

特种作业操作证由安全监管总局统一式样、标准及编号。特种作业操作证有效期为6年，在全国范围内有效。特种作业误伤证每3年复审1次。特种作业人员在特种作业操作证有效期内，连续从事本工种10年以上，严格遵守有关安全生产法律法规的，经原考核发证机关或者从业所在地考核发证机关同意，特种作业操作证的复审时间可以延长到每6年1次。特种作业操作证申请复审或者延期复审前，特种作业人员应当参加必要的安全培训并考试合格。安全培训时间不少于8个学时，主要培训法律、法规、标准、事故案例和有关新工艺、新技术、新装备等知识。

12.2.7 专项施工方案专家认证制度

依据《建设工程安全生产管理条例》第二十六条的规定：施工单位应当在施工组织设计中编制安全技术措施和施工现场临时用电方案，对下列达到一定规模的危险性较大的分部分项工程编制专项施工方案，并附具安全验算结果，经施工技术负责人、总监理工程师签字后实施，由专职安全生产管理人员进行现场监督，包括：基坑支护与降水工程，土方开挖工程，模板工程，起重吊装工程，脚手架工程，拆除、爆破工程，国务院建设行政主管部门或者其他有关部门规定的其他危险性较大的工程。

对上述所列工程中涉及深基坑、地下暗挖工程、高大模板工程的专项施工方案，施工单位还应当组织专家进行论证、审查。

12.2.8 危及施工安全工艺、设备、材料淘汰制度

严重危及施工安全的工艺、设备、材料是指不符合生产安全要求，极有可能导致生产安全事故发生，致使人民生命和财产遭受重大损失的工艺、设备和材料。

《建设工程安全生产管理条例》第四十五条规定："国家对严重危及施工安全的工艺、设备、材料实行淘汰制度。具体目录由我部会同国务院其他有关部门制定并公布。"本条明确规定，国家对严重危及施工安全的工艺、设备和材料实行淘汰制度。这一方面有利于保障安全生产；另一方面也体现了优胜劣汰的市场经济规律，有利于提高生产经营单位的工艺水平，促进设备更新。

根据第四十五条的规定，对严重危及施工安全的工艺、设备和材料，实行淘汰制度，需要国务院建设行政主管部门会同国务院其他有关部门确定哪些是严重危及施工安全的工艺、设备和材料，并且以明示的方法予以公布。对于已经公布的严重危及施工安全的工艺、设备和材料，建设单位和施工单位都应当严格遵守和执行，不得继续使用此类工艺和设备，也不得转让他人使用。

12.2.9 施工起重机械使用登记制度

《建设工程安全生产管理条例》第三十五条规定："施工单位应当自施工起重机械和整体提升脚手架、模板等自升式架设设施验收合格之日起三十日内，向建设行政主管部门或者其他有关部门登记。登记标志应当置于或者附着于该设备的显著位置。"

这是对施工起重机械的使用进行监督和管理的一项重要制度，能够有效防止不合格机械和设施投入使用；同时，还有利于监管部门及时掌握施工起重机械和整体提升脚手架、模板等自升式架设设施的使用情况，以利于监督管理。

进行登记应当提交施工起重机械有资料，包括：

（1）生产方面的资料，如设计文件、制造质量证明书、检验书、使用说明书、安装证明等；

（2）使用的有关情况资料，如施工单位对于这些机械和设施的管理制度和措施、使用情况、作业人员的情况等。

监管部门应当对登记的施工起重机械建立相关档案，及时更新，加强监管，减少生产安全事故的发生。施工单位应当将标志置于显著位置，便于使用者监督，保证施工起重机械的安全使用。

12.2.10 安全检查制度

1. 安全检查的目的

安全检查制度是清除隐患、防止事故、改善劳动条件的重要手段，是企业安全生产管理工作的一项重要内容。通过检查可以发现企业及生产过程中的危险因素，以便有计划地采取措施，保证安全生产。

2. 安全检查的方式

检查方式有企业组织的定期安全检查，各级管理人员的日常巡回检查，专业性检查，季节性检查，节假日前后的安全检查，班组自检、交接检查，不定期检查等。

3. 安全检查的内容

安全检查的主要内容包括：查思想、查管理、查隐患、查整改、查伤亡事故处理等。安全检查的重点是检查"三违"和安全责任制的落实。检查后应编写安全检查报告，报告应包括以下内容：已达标项目，未达标项目，存在问题，原因分析，纠正和预防措施。

4. 安全隐患的处理程序

对查出的安全隐患，不能立即整改的要制定整改计划，定人、定措施、定经费、定完成日期，在未消除安全隐患前，必须采取可靠的防范措施，如有危及人身安全的紧急险情，应立即停工。应按照"登记—整改—复查—销案"的程序处理安全隐患。

12.2.11 生产安全事故报告和调查处理制度

关于生产安全事故报告和调查处理制度，《安全生产法》、《建筑法》、《建设工程安全生产管理条例》、《生产安全事故报告和调查处理条例》、《特种设备安全监察条例》等法律法规都对此作了相应的规定。

《安全生产法》第七十条规定："生产经营单位发生生产安全事故后，事故现场有关人员应当立即报告本单位负责人"；"单位负责人接到事故报告后，应当迅速采取有效措施，组织抢救，防止事故扩大，减少人员伤亡和财产损失，并按照国家有关规定立即如实报告当地负有安全生产监督管理职责的部门，不得隐瞒不报、谎报或者拖延不报，不得故意破坏事故现场、毁灭有关证据。"

《建筑法》第五十一条规定："施工中发生事故时，建筑施工企业应当采取紧急措施减少人员伤亡和事故损失，并按照国家有关规定及时向有关部门报告。"

《建设工程安全生产管理条例》第五十条对建设工程生产安全事故报告制度的规定为："施工单位发生生产安全事故，应当按照国家有关伤亡事故报告和调查处理的规定，及时、如实地向负责安全生产监督管理的部门、建设行政主管部门或者其他有关部门报告；特种设备发生事故的，还应当同时向特种设备监督管理部门报告。接到报告的部门应当按照国家有关规定，如实上报。"本条是关于发生伤亡事故时的报告义务的规定。一旦发生安全事故，及时报告有关部门是及时组织抢救的基础，也是认真进行调查分清责任的基础。因此，施工单位在发生安全事故时，不能隐瞒事故情况。

《特种设备安全监察条例》第六十二条："特种设备发生事故，事故发生单位应当迅速采取有效措施，组织抢救，防止事故扩大，减少人员伤亡和财产损失，并按照国家有关规定，及时、如实地向负有安全生产监督管理职责的部门和特种设备安全监督管理部门等有关部门报告。不得隐瞒不报、谎报或者拖延不报。"条例规定在特种设备发生事故时，应当同时向特种设备安全监督管理部门报告。这是因为特种设备的事故救援和调查处理专业性、技术性更强，因此，由特种设备安全监督部门组织有关救援和调查处理更方便一些。

2007年6月1日起实施的《生产安全事故报告和调查处理条例》对生产安全事故报告和调查处理制度作了更加明确的规定。

12.2.12 "三同时"制度

"三同时"制度是指凡是我国境内新建、改建、扩建的基本建设项目（工程）、技术改建项目（工程）和引进建设项目，其安全生产设施必须符合国家规定的标准，必须与主体工程同时设计、同时施工、同时投入生产和使用。安全生产设施主要是指安全技术方面的设施、职业卫生方面的设施、生产辅助性设施。

《中华人民共和国劳动法》第五十三条规定"新建、改建、扩建工程的劳动安全卫生设施必须与主体工程同时设计、同时施工、同时投入生产和使用"。

《中华人民共和国安全生产法》第二十四条规定"生产经营单位新建、改建、扩建工程项目的安全设施，必须与主体工程同时设计、同时施工、同时投入生产和使用。安全设施投资应当纳入建设项目概算"。

新建、改建、扩建工程的初步设计要经过行业主管部门、安全生产管理部门、卫生部门和工会的审查，同意后方可进行施工；工程项目完成后，必须经过主管部门、安全生产管理行政部门、卫生部门和工会的竣工检验；建设工程项目投产后，不得将安全设施闲置不用，生产设施必须和安全设施同时使用。

12.2.13 安全预评价制度

安全预评价是在建设工程项目前期，应用安全评价的原理和方法对工程项目的危险性、危害性进行预测性评价。

开展安全预评价工作，是贯彻落实"安全第一、预防为主"方针的重要手段，是企业实施科学化、规范化安全管理的工作基础。科学、系统地开展安全评价工作，不仅直接起到了消除危险有害因素、减少事故发生的作用，有利于全面提高企业的安全管理水平，而且有利于系统地、有针对性地加强对不安全状况的治理、改造，最大限度地降低安全生产风险。

12.2.14 意外伤害保险制度

根据《中华人民共和国建筑法》第四十八条规定，建筑职工意外伤害保险是法定的强制保险。2003年5月23日建设部公布了《建设部关于加强建筑意外伤害保险工作的指导意见》（建质［2003］07号），从九个方面对加强和规范建筑意外伤害保险工作提出了较详尽的规定，明确了建筑施工企业应当为施工现场从事施工作业和管理的人员，在施工活动过程中发生的人身意外伤亡事故提供保障，办理建筑意外伤害保险、支付保险费，范围应当覆盖工程项目。同时，还对保险期限、金额、保费、投保方式、索赔、安全服务及行业自保等都提出了指导性意见。

12.3 建设工程职业健康安全事故的分类和处理

12.3.1 职业伤害事故的分类

职业健康安全事故分两大类型，即职业伤害事故与职业病。职业伤害事故是指因生产过程及工作原因或与其相关的其他原因造成的伤亡事故。

1. 按照事故发生的原因分类

按照我国《企业伤亡事故分类标准》GB 6441—1986规定，职业伤害事故分为20类，其中与建筑业有关的有以下12类：

1）物体打击：指落物、滚石、锤击、碎裂、崩块、砸伤等造成人身伤害，不包括因爆炸而引起的物体打击。

2）车辆伤害：指被车辆挤、压、撞和车辆倾覆等造成的人身伤害。

3）机械伤害：指被机械设备或工具绞、碾、碰、割、戳等造成的人身伤害，不包括车辆、起重设备引起的伤害。

4）起重伤害：指从事各种起重作业时发生的机械伤害事故，不包括上下驾驶室时发生的坠落伤害，起重设备引起的触电及检修时制动失灵造成的伤害。

5）触电：由于电流经过人体导致的生理伤害，包括雷击伤害。

6）灼烫：指火焰引起的烧伤、高温物体引起的烫伤、强酸引起的灼伤、放射线引起的皮肤损伤，不包括电烧伤及火灾事故引起的烧伤。

7）火灾：在火灾时造成的人体烧伤、窒息、中毒等。

8）高处坠落：由于危险势能差引起的伤害，包括从架子、屋架上坠落以及平地坠入坑内等。

9）坍塌：指建筑物、堆置物倒塌以及土石塌方等引起的事故伤害。

10）火药爆炸：指在火药的生产、运输、储藏过程中发生的爆炸事故。

11）中毒和窒息：指煤气、油气、沥青、化学、一氧化碳中毒等。

12）其他伤害：包括扭伤、跌伤、冻伤、野兽咬伤等。

以上12类职业伤害事故中，在建设工程领域中最常见的是高处坠落、物体打击、机械伤害、触电、坍塌、中毒、火灾7类。

2. 按事故后果严重程度分类

我国《企业职工伤亡事故分类》GB 6441—1986规定，按事故后果严重程度分类，事故分为：

1）轻伤事故，是指造成职工肢体或某些器官功能性或器质性轻度损伤，能引起劳动能力轻度或暂时丧失的伤害的事故，一般每个受伤人员休息1个工作日以上，105个工作日以下；

2）重伤事故，一般指受伤人员肢体残缺或视觉、听觉等器官受到严重损伤，能引起人体长期存在功能障碍或劳动能力有重大损失的伤害，或者造成每个受伤人损失105工作日以上的失能伤害的事故；

3）死亡事故，一次事故中死亡职工1~2人的事故；

4）重大伤亡事故，一次事故中死亡3人以上（含3人）的事故；

5）特大伤亡事故，一次死亡10人以上（含10人）的事故。

3. 按事故造成的人员伤亡或者直接经济损失分类

依据2007年6月1日起实施的《生产安全事故报告和调查处理条例》规定，按生产安全事故造成的人员伤亡或者直接经济损失，事故分为：

1）特别重大事故，是指造成30人以上死亡，或者100人以上重伤（包括急性工业中毒，下同），或者1亿元以上直接经济损失的事故；

2）重大事故，是指造成10人以上30人以下死亡，或者50人以上100人以下重伤，或者5000万元以上1亿元以下直接经济损失的事故；

3）较大事故，是指造成3人以上10人以下死亡，或者10人以上50人以下重伤，或者1000万元以上5000万元以下直接经济损失的事故；

4）一般事故，是指造成3人以下死亡，或者10人以下重伤，或者1000万元以下直接经济损失的事故。

目前，在建设工程领域中，判别事故等级较多采用的是《生产安全事故报告和调查处理条例》。

12.3.2 建设工程安全事故的处理

一旦事故发生，通过应急预案的实施，尽可能防止事态的扩大和减少事故的损失。通过事故处理程序，查明原因，制定相应的纠正和预防措施，避免类似事故的再次发生。

1. 事故处理的原则（"四不放过"原则）

国家对发生事故后的"四不放过"处理原则，其具体内容如下：

1）事故原因未查清不放过

要求在调查处理伤亡事故时，首先要把事故原因分析清楚，找出导致事故发生的真正原因，未找到真正原因决不轻易放过。并搞清各因素之间的因果关系才算达到事故原因分析的目的，避免今后类似事故的发生。

2）事故责任人未受到处理不放过

这是安全事故责任追究制的具体体现，对事故责任者要严格按照安全事故责任追究的法律法规的规定进行严肃处理；不仅要追究事故直接责任人的责任，同时要追究有关负责人的领导责任。当然，处理事故责任者必须谨慎，避免事故责任追究的扩大化。

3）事故责任人和周围群众没有受到教育不放过

使事故责任者和广大群众了解事故发生的原因及所造成的危害，并深刻认识到搞好安全生产的重要性，从事故中吸取教训，提高安全意识，改进安全管理工作。

4）事故没有制定切实可行的整改措施不放过

必须针对事故发生的原因，提出防止相同或类似事故发生的切实可行的预防措施，并督促事故发生单位加以实施。只有这样，才算达到了事故调查和处理的最终目的。

2. 建设工程安全事故处理

1）迅速抢救伤员并保护事故现场

事故发生后，事故现场有关人员应当立即向本单位负责人报告；单位负责人接到报告后，应当于1小时内向事故发生地县级以上人民政府安全生产监督管理部门和负有安全生产监督管理职责的有关部门报告。并有组织、有指挥地抢救伤员、排除险情；防止人为或自然因素的破坏，便于事故原因的调查。

由于建设行政主管部门是建设安全生产的监督管理部门，对建设安全生产实行的是统一的监督管理，因此，各个行业的建设施工中出现了安全事故，都应当向建设行政主管部门报告。对于专业工程的施工中出现生产安全事故的，由于有关的专业主管部门也承担着对建设安全生产的监督管理职能，因此，专业工程出现安全事故，还需要向有关行业主管部门报告。

（1）情况紧急时，事故现场有关人员可以直接向事故发生地县级以上人民政府安全生产监督管理部门和负有安全生产监督管理职责的有关部门报告。

（2）安全生产监督管理部门和负有安全生产监督管理职责的有关部门接到事故报告后，应当依照下列规定上报事故情况，并通知公安机关、劳动保障行政部门、工会和人民检察院。

① 特别重大事故、重大事故逐级上报至国务院安全生产监督管理部门和负有安全生

产监督管理职责的有关部门；

② 较大事故逐级上报至省、自治区、直辖市人民政府安全生产监督管理部门和负有安全生产监督管理职责的有关部门；

③ 一般事故上报至设区的市级人民政府安全生产监督管理部门和负有安全生产监督管理职责的有关部门。

安全生产监督管理部门和负有安全生产监督管理职责的有关部门依照前款规定上报事故情况，应当同时报告本级人民政府。国务院安全生产监督管理部门和负有安全生产监督管理职责的有关部门以及省级人民政府接到发生特别重大事故、重大事故的报告后，应当立即报告国务院。必要时，安全生产监督管理部门和负有安全生产监督管理职责的有关部门可以越级上报事故情况。

安全生产监督管理部门和负有安全生监督管理职责的有关部门逐级上报事故情况，每级上报的时间不得超过2小时。事故报告后出现新情况的，应当及时补报。

2）组织调查组，开展事故调查

（1）特别重大事故由国务院或者国务院授权有关部门组织事故调查组进行调查。重大事故、较大事故、一般事故分别由事故发生地省级人民政府、设区的市级人民政府、县级人民政府负责调查。省级人民政府、设区的市级人民政府、县级人民政府可以直接组织事故调查组进行调查，也可以授权或者委托有关部门组织事故调查组进行调查。未造成人员伤亡的一般事故，县级人民政府也可以委托事故发生单位组织事故调查组进行调查。

（2）事故调查组有权向有关单位和个人了解与事故有关的情况，并要求其提供相关文件、资料，有关单位和个人不得拒绝。事故发生单位的负责人和有关人员在事故调查期间不得擅离职守，并应当随时接受事故调查组的询问，如实提供有关情况。事故调查中发现涉嫌犯罪的，事故调查组应当及时将有关材料或者其复印件移交司法机关处理。

3）现场勘查

事故发生后，调查组应迅速到现场进行及时、全面、准确和客观的勘查，包括现场笔录、现场拍照和现场绘图。

4）分析事故原因

通过调查分析，查明事故经过，按受伤部位、受伤性质、起因物、致害物、伤害方法、不安全状态、不安全行为等，查清事故原因，包括人、物、生产管理和技术管理等方面的原因。通过直接和间接地分析，确定事故的直接责任者、间接责任者和主要责任者。

5）制定预防措施

根据事故原因分析，制定防止类似事故再次发生的预防措施。根据事故后果和事故责任者应负的责任提出处理意见。

6）提交事故调查报告

事故调查组应当自事故发生之日起60日内提交事故调查报告；特殊情况下，经负责事故调查的人民政府批准，提交事故调查报告的期限可以适当延长，但延长的期限最长不超过60日。事故调查报告应当包括下列内容：

（1）事故发生单位概况；

（2）事故发生经过和事故救援情况；

（3）事故造成的人员伤亡和直接经济损失；

(4) 事故发生的原因和事故性质;
(5) 事故责任的认定以及对事故责任者的处理建议;
(6) 事故防范和整改措施。
7) 事故的审理和结案

重大事故、较大事故、一般事故，负责事故调查的人民政府应当自收到事故调查报告之日起15日内作出批复；特别重大事故，30日内作出批复，特殊情况下，批复时间可以适当延长，但延长的时间最长不超过30日。

有关机关应当按照人民政府的批复，依照法律、行政法规规定的权限和程序，对事故发生单位和有关人员进行行政处罚，对负有事故责任的国家工作人员进行处分。事故发生单位应当按照负责事故调查的人民政府的批复，对本单位负有事故责任的人员进行处理。

负有事故责任的人员涉嫌犯罪的，依法追究刑事责任。

事故处理的情况由负责事故调查的人民政府或者其授权的有关部门、机构向社会公布，依法应当保密的除外。事故调查处理的文件记录应长期完整地保存。

12.3.3 安全事故统计规定

国家安全生产监督管理总局制定的《生产安全事故统计报表制度》（安监总统计[2010] 62号）有如下规定：

1. 本统计报表由各级安全生产监督管理部门、煤矿安全监察机构负责组织实施，每月对本行政区内发生的生产安全事故进行全面统计。其中：火灾、道路交通、水上交通、民航飞行、铁路交通、农业机械、渔业船舶等事故由其主管部门统计，每月抄送同级安全生产监督管理部门。

2. 省级安全生产监督管理部门和煤矿安全监察机构，在每月5日前报送上月事故统计报表。国务院有关部门在每月5日前将上月事故统计报表抄送国家安全生产监督管理总局。

3. 各部门、各单位都要严格遵守《中华人民共和国统计法》，按照本统计报表制度的规定，全面、如实填报生产安全事故统计报表。对于不报、瞒报、迟报或伪造、篡改数字的要依法追究其责任。

12.4 施工员职业能力标准

"施工员"岗位，不论是名称还是工作职责，全国各地都有较大不同。一些地方"施工员"与"技术员"的职责没有明确的界限，只设"施工员"或"技术员"岗位。而另一些地方则有"施工员"和"技术员"两个岗位，"技术员"主要从事技术管理等工作，"施工员"主要负责进度协调等工作，但各地一般都设置"技术负责人"（即"项目总工程师"）。施工员在技术负责人的主持下参与技术管理等工作。

1. 施工组织管理策划主要指施工组织管理实施规划（施工组织设计）的编制，由项目经理负责组织，技术负责人实施，施工员参与。编制完成后应经企业技术部门及技术负责人审批后，报总监理工程师批准后实施。

2. 图纸会审、技术核定、技术交底、技术复核等工作由项目技术负责人负责，施工员等参与。

施工员组织测量放线，有两方面的工作职责：一是要为测量员具体进行测量工作时提供支持和便利；二是在测量员测量工作完成后组织技术、质量等有关人员进行"验线"。

技术核定是项目技术负责人针对某个施工环节，提出具体的方案、方法、工艺、措施等建议，经发包方和有关单位共同核定并确认的一项技术管理工作。

技术交底由项目技术负责人负责实施。技术交底必须包括施工作业条件、工艺要求、质量标准、安全及环境注意事项等内容，交底对象为项目部相关管理人员和施工作业班组长等。对施工作业班级的技术交底工作应由施工员负责实施。重要或关键分项工程可由技术负责人分别进行质量、安全和环境交底，质量员、安全员协助参与。

技术复核是指技术人员对工程的重要施工环节进行检查、验收、确认的过程。主要包括工程定位放线，轴线、标高的检查与复核，混凝土与砂浆配合比的检查与复核等工作。

3. 施工员协助项目经理和技术负责人制定并调整施工进度计划，负责编制作业性进度计划，协助项目经理协调施工现场组织协调工作，落实作业计划。

施工平面布置的动态管理是指建设规范较大的项目，随着工程的进展，施工现场的面貌将不断改变。在这种情况下，应按不同阶段分别绘制不同的施工总平面图，并付诸实施，或根据工地的实际变化情况，及时对施工总平面图进行调整和修正，以便适应不同时期的需要。

4. 施工员协助技术负责人做好质量、安全与环境管理的预控工作，参与安全员或质量员的安全检查和质量检查工作，并落实预控措施和检查后提出的整改措施。

12.5　建设工程环境保护的要求和措施

12.5.1　建设工程施工现场环境保护的要求

1. 根据《中华人民共和国环境保护法》和《中华人民共和国环境影响评价法》的有关规定，建设工程项目对环境保护的基本要求如下：

（1）涉及依法划定的自然保护区、风景名胜区、生活用水水源保护区及其他需要特别保护的区域时，应当符合国家有关法律法规及该区域内建设工程项目环境管理的规定，不得建设污染环境的工业生产设施；建设的工程项目设施的污染物排放不得超过规定的排放标准。

（2）开发利用自然资源的项目，必须采取措施保护生态环境。

（3）建设工程项目选址、选线、布局应当符合区域、流域规划和城市总体规划。

（4）应满足项目所在区域环境质量、相应环境功能区划和生态功能区划标准或要求。

（5）拟采取的污染防治措施应确保污染物排放达到国家和地方规定的排放标准，满足污染物总量控制要求；涉及可能产生放射性污染的，应采取有效预防和控制放射性污染措施。

（6）建设工程应当采用节能、节水等有利于环境与资源保护的建筑设计方案、建筑材料、装修材料、建筑构配件及设备。建筑材料和装修材料必须符合国家标准。禁止生产销售和使用有毒、有害物质超过国家标准的建筑材料和装修材料。

（7）尽量减少建设工程施工中所产生的干扰周围生活环境的噪声。

（8）应采取生态保护措施，有效预防和控制生态破坏。

（9）对环境可能造成重大影响、应当编制环境影响报告书的建设工程项目，可能严重影响项目所在地居民生活环境质量的建设工程项目，以及存在重大意见分歧的建设工程项目，环保部门可以举行听证会，听取有关单位、专家和公众的意见，并公开听证结果，说明对有关意见采纳或不采纳的理由。

（10）建设工程项目中防治污染的设施，必须与主体工程同时设计、同时施工、同时投产使用。防治污染的设施必须经原审批环境影响报告书的环境保护行政主管部门验收合格后，该建设工程项目方可投入生产或者使用。

（11）禁止引进不符合我国环境保护规定要求的技术和设备。

（12）任何单位不得将产生严重污染的生产设备转移给没有污染防治能力的单位使用。

2.《中华人民共和国海洋环境保护法》规定：在进行海岸工程建设和海洋石油勘探开发时，必须依照法律的规定，防止对海洋环境的污染损害。

12.5.2 建设工程施工现场环境保护的措施

工程建设过程中的污染主要包括对施工场界内的污染和对周围环境的污染。对施工场界内的污染防治属于职业健康安全问题，而对周围环境的污染防治是环境保护的问题。

建设工程环境保护措施主要包括大气污染的防治、水污染的防治、噪声污染的防治、固体废弃物的处理以及文明施工措施等。

1. 大气污染的防治

1）大气污染物的分类

大气污染物的种类有数千种，已发现有危害作用的有100多种，其中大部分是有机物。大气污染物通常以气体状态和粒子状态存在于空气中。

2）施工现场空气污染的防治措施

（1）施工现场垃圾渣土要及时清理出现场。

（2）高大建筑物清理施工垃圾时，要使用封闭式的容器或者采取其他措施处理高空废弃物，严禁临空随意抛撒。

（3）施工现场道路应指定专人定期洒水清扫，形成制度，防止道路扬尘。

（4）对于细颗粒散体材料（如水泥、粉煤灰、白灰等）的运输、储存要注意遮盖、密封，防止和减少飞扬。

（5）车辆开出工地要做到不带泥沙，基本做到不撒土、不扬尘，减少对周围环境污染。

（6）除设有符合规定的装置外，禁止在施工现场焚烧油毡、橡胶、塑料、皮革、树叶、枯草、各种包装物等废弃物品以及其他会产生有毒、有害烟尘和恶臭气体的物质。

（7）机动车都要安装减少尾气排放的装置，确保符合国家标准。

（8）工地茶炉应尽量采用电热水器。若只能使用烧煤茶炉和锅炉时，应选用消烟除尘型茶炉和锅炉，大灶应选用消烟节能回风炉灶，使烟尘降至允许排放范围为止。

（9）大城市市区的建设工程已不容许搅拌混凝土。在容许设置搅拌站的工地，应将搅拌站封闭严密，并在进料仓上方安装除尘装置，采用可靠措施控制工地粉尘污染。

（10）拆除旧建筑物时，应适当洒水，防止扬尘。

2. 水污染的防治

1）水污染物主要来源

（1）工业污染源：指各种工业废水向自然水体的排放。

（2）生活污染源：主要有食物废渣、食油、粪便、合成洗涤剂、杀虫剂、病原微生物等。

（3）农业污染源：主要有化肥、农药等。

施工现场废水和固体废物随水流流入水体部分，包括泥浆、水泥、油漆、各种油类、混凝土添加剂、重金属、酸碱盐、非金属无机毒物等。

2）施工过程水污染的防治措施

（1）禁止将有毒有害废弃物作土方回填。

（2）施工现场搅拌站废水，现制水磨石的污水，电石（碳化钙）的污水必须经沉淀池沉淀合格后再排放，最好将沉淀水用于工地洒水降尘或采取措施回收利用。

（3）现场存放油料，必须对库房地面进行防渗处理，如采用防渗混凝土地面、铺油毡等措施。使用时，要采取防止油料跑、冒、滴、漏的措施，以免污染水体。

（4）施工现场100人以上的临时食堂，污水排放时可设置简易有效的隔油池，定期清理，防止污染。

（5）工地临时厕所、化粪池应采取防渗漏措施。中心城市施工现场的临时厕所可采用水冲式厕所，并有防蝇灭蛆措施，防止污染水体和环境。

（6）化学用品、外加剂等要妥善保管，库内存放，防止污染环境。

3. 噪声污染的防治

1）噪声的分类与危害

按噪声来源可分为交通噪声（如汽车、火车、飞机等）、工业噪声（如鼓风机、汽轮机、冲压设备等）、建筑施工的噪声（如打桩机、推土机、混凝土搅拌机等发出的声音）、社会生活噪声（如高音喇叭、收音机等）。为防止噪声扰民，应控制人为强噪声。

根据国家标准《建筑施工场界噪声限值》GB 12523—1990的要求，对不同施工作业的噪声限值见表12-1。在工程施工中，要特别注意不得超过国家标准的限值，尤其是夜间禁止打桩作业。

建筑施工场界噪声限值表　　　　　　　　　　　　　　　　表12-1

施工阶段	主要噪声源	噪声限值 [dB（A）]	
		昼间	夜间
土石方	推土机、挖掘机、装载机等	75	55
打桩	各种打桩机械等	85	禁止施工
结构	混凝土搅拌机、振动棒、电锯等	70	55
装修	吊车、升降机等	65	55

2）施工现场噪声的控制措施

噪声控制技术可从声源、传播途径、接收者防护等方面来考虑。

(1) 声源控制

① 声源上降低噪声，这是防止噪声污染的最根本的措施。

② 尽量采用低噪声设备和加工工艺代替高噪声设备与加工工艺，如低噪声振捣器、风机、电动空压机、电锯等。

③ 在声源处安装消声器消声，即在通风机、鼓风机、压缩机、燃气机、内燃机及各类排气放空装置等进出风管的适当位置设置消声器。

(2) 传播途径的控制

① 吸声：利用吸声材料（大多由多孔材料制成）或由吸声结构形成的共振结构（金属或木质薄板钻孔制成的空腔体）吸收声能，降低噪声。

② 隔声：应用隔声结构，阻碍噪声向空间传播，将接收者与噪声声源分隔。隔声结构包括隔声室、隔声罩、隔声屏障、隔声墙等。

③ 消声：利用消声器阻止传播。允许气流通过的消声降噪是防治空气动力性噪声的主要装置。如对空气压缩机、内燃机产生的噪声等。

④ 减振降噪：对来自振动引起的噪声，通过降低机械振动减小噪声，如将阻尼材料涂在振动源上，或改变振动源与其他刚性结构的连接方式等。

(3) 接收者的防护

让处于噪声环境下的人员使用耳塞、耳罩等防护用品，减少相关人员在噪声环境中的暴露时间，以减轻噪声对人体的危害。

(4) 严格控制人为噪声

① 进入施工现场不得高声喊叫、无故甩打模板、乱吹哨，限制高音喇叭的使用，最大限度地减少噪声扰民。

② 凡在人口稠密区进行强噪声作业时，须严格控制作业时间，一般晚10点到次日早6点之间停止强噪声作业。确系特殊情况必须昼夜施工时，尽量采取降低噪声措施，并会同建设单位找当地居委会、村委会或当地居民协调，出安民告示，求得群众谅解。

4. 固体废物的处理

1）建设工程施工工地上常见的固体废物

(1) 建筑渣土：包括砖瓦、碎石、渣土、混凝土碎块、废钢铁、碎玻璃、废屑、废弃装饰材料等；

(2) 废弃的散装大宗建筑材料：包括水泥、石灰等；

(3) 生活垃圾：包括炊厨废物、丢弃食品、废纸、生活用具、玻璃、陶瓷碎片、废电池、废日用品、废塑料制品、煤灰渣、废交通工具等；

(4) 设备、材料等的包装材料；

(5) 粪便。

2）固体废物的处理和处置

固体废物处理的基本思想是：采取资源化、减量化和无害化的处理，对固体废物产生的全过程进行控制。固体废物的主要处理方法如下：

(1) 回收利用

回收利用是对固体废物进行资源化、减量化的重要手段之一。粉煤灰在建设工程领域的广泛应用就是对固体废弃物进行资源化利用的典型范例。又如发达国家炼钢原料中有70%是利用回收的废钢铁，所以，钢材可以看成是可再生利用的建筑材料。

(2) 减量化处理

减量化是对已经产生的固体废物进行分选、破碎、压实浓缩、脱水等减少其最终处置量，减低处理成本，减少对环境的污染。在减量化处理的过程中，也包括和其他处理技术相关的工艺方法，如焚烧、热解、堆肥等。

(3) 焚烧

焚烧用于不适合再利用且不宜直接予以填埋处置的废物，除有符合规定的装置外，不得在施工现场熔化沥青和焚烧油毡、油漆，亦不得焚烧其他可产生有毒有害和恶臭气体的废弃物。垃圾焚烧处理应使用符合环境要求的处理装置，避免对大气的二次污染。

(4) 稳定和固化

利用水泥、沥青等胶结材料，将松散的废物胶结包裹起来，减少有害物质从废物中向外迁移、扩散，使得废物对环境的污染减少。

(5) 填埋

填埋是固体废物经过无害化、减量化处理的废物残渣集中到填埋场进行处置。禁止将有毒有害废弃物现场填埋，填埋场应利用天然或人工屏障。尽量使需处置的废物与环境隔离，并注意废物的稳定性和长期安全性。

12.6 职业健康安全管理体系与环境管理体系

12.6.1 职业健康安全体系标准与环境管理体系标准

1. 职业健康安全体系标准

职业健康安全管理体系是企业总体管理体系的一部分。作为我国推荐性标准的职业健康安全管理体系标准，目前被企业普遍采用，用以建立职业健康安全管理体系。该标准覆盖了国际上的 OHSAS 18000 体系标准。即：

《职业健康安全管理体系 规范》GB/T 28001—2011

《职业健康安全管理体系 指南》GB/T 28002—2011

根据《职业健康安全管理体系 规范》GB/T 28001—2011 定义，职业健康安全是影响或可能影响工作场所内的员工或其他工作人员（包括临时工和承包方员工）、访问者或其他人员的健康安全的条件和因素。

2. 环境管理体系标准

随着全球经济的发展，人类赖以生存的环境不断恶化，20 世纪 80 年代，联合国组建了世界环境与发展委员会，提出了"可持续发展"的观点。国际化制定的 ISO14000 体系标准，被我国等同采用。即：

《环境管理体系 要求及使用指南》GB/T 24001—2004

《环境管理体系 原则、体系和支持技术通用指南》GB/T 24004—2004

《环境管理体系 要求及使用指南》GB/T 24001—2004 中,认为环境是指"组织运行活动的外部存在,包括空气、水、土地、自然资源、植物、动物、人,以及它(他)们之间的相互关系"。这个定义是以组织运行活动为主体,其外部存在主要是指人类认识到的、直接或间接影响人类生存的各种自然因素及它(他)们之间的相互关系。

3. 职业健康安全与环境管理体系标准的比较

根据《职业健康安全管理体系 规范》GB/T 28001—2011 和《环境管理体系 要求及使用指南》GB/T 24001—2004,职业健康安全管理和环境管理都是组织管理体系的一部分,其管理的主体是组织,管理的对象是一个组织的活动、产品或服务中能与职业健康安全发生相互作用的不健康、不安全的条件和因素,以及能与环境发生相互作用的要素。两个管理体系所需要满足的对象和管理侧重点有所不同,但管理原理基本相同。

1)职业健康安全和环境管理体系的相同点

(1)管理目标基本一致

上述两个管理体系均为组织管理体系的组成部分,管理目标一致。一是分别从职业健康安全和环境方面,改进管理绩效;二是增强顾客和相关方的满意程度;三是减小风险降低成本;四是提高组织的信誉和形象。

(2)管理原理基本相同

职业健康安全和环境管理体系标准均强调了预防为主、系统管理、持续改进和 PDCA 循环原理;都强调了为制定、实施、实现、评审和保持响应的方针所需要的组织活动、策划活动、职责、程序、过程和资源。

(3)不规定具体绩效标准

这两个管理体系标准都不规定具体的绩效标准,它们只是组织实现目标的基础、条件和组织保证。

2)职业健康安全和环境管理体系的不同点

(1)需要满足的对象不同

建立职业健康安全管理体系的目的是"消除或减小因组织的活动而使员工和其他相关方可能面临的职业健康安全风险",即主要目标是使员工和相关方对职业健康安全条件满意。

建立环境管理体系的目的是"针对众多相关方和社会对环境保护的不断的需要",即主要目标是使公众和社会对环境保护满意。

(2)管理的侧重点有所不同

职业健康安全管理体系通过对危险源的辨识,评价风险,控制风险,改进职业健康安全绩效,满足员工和相关方的要求。

环境管理体系通过对环境产生不利影响的因素的分析,进行环境管理,满足相关法律法规的要求。

12.6.2 职业健康安全管理体系和环境管理体系的结构和模式

1. 职业健康安全管理体系的结构和模式

1)职业健康安全管理体系的结构

《职业健康安全管理体系 规范》GB/T 28001—2011 有关职业健康安全管理体系的结

构图如图12-1所示。从中可以看出,该标准由"范围"、"引用标准"、"定义"和"职业健康安全管理体系要素"四部分组成。

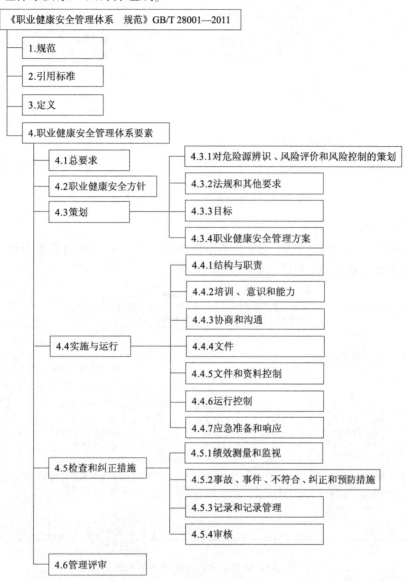

图12-1 职业健康安全管理体系总体结构图

"范围"中指出了管理体系标准中的一般要求,旨在纳入任何一个职业健康安全管理体系。其应用程度取决于组织的职业健康安全方针、活动性质、运行的风险与复杂性等因素。本标准针对的是职业健康安全,而非产品和服务安全。

"职业健康安全管理体系要素"是管理体系的具体内容。

2)职业健康安全管理体系的运行模式

为适应现代职业健康安全的需要,《职业健康安全管理体系 规范》GB/T 28001—2011在确定职业健康安全管理体系模式时,强调按系统理论管理职业健康安全及其相关事务,以达到预防和减少生产事故劳动疾病的目的。具体采用了系统化的戴明模型,即一个动态循环并螺旋上升的系统化管理模式。职业健康安全管理体系运行模式如图 12-2 所示。

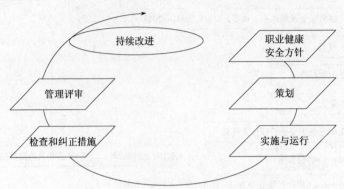

图 12-2 职业健康安全管理体系运行模式

3）各要素之间的相互关系

在职业健康安全管理体系中，17 个要素的相互关系、相互作用共同有机地构成了职业健康安全管理体系的一个整体，如图 12-3 所示。

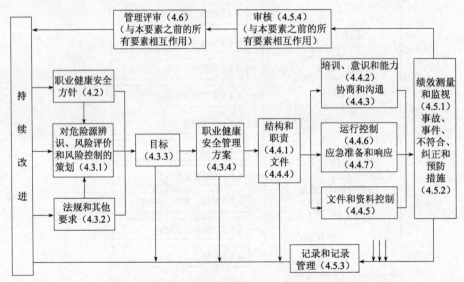

图 12-3 职业健康安全管理体系各要素的关联图

为了更好理解职业健康安全管理体系各要素间关系，可将其分为两类：一类是体现主体框架和基本功能的核心要素，另一类是支持体系主体框架和保证实现基本功能的辅助性要素。

2. 《职业健康安全管理体系 规范》GB/T 28001—2011 的模式

核心要素包括以下 10 个要素：职业健康安全方针；对危险源辨识、风险评价和风险控制的策划；法规和其他要求；目标；结构和职责；职业健康安全管理方案；运行控制；绩效测量和监视；审核；管理评审。

7 个辅助性要素包括：培训、意识和能力；协商和沟通；文件；文件和资料控制；应急准备和响应；事故；事件；不符合、纠正和预防措施；记录和记录管理。

3. 环境管理体系的结构和模式

1) 环境管理体系的结构

组织在环境管理中,应建立环境管理的方针和目标,识别与组织运行活动有关的危险源及其危险,通过环境影响评价,对可能产生重大环境影响的环境因素采取措施进行管理和控制。

根据《环境管理体系 要求及使用指南》GB/T 24001—2004,组织应根据本标准的要求建立环境管理体系,形成文件,实施、保持和持续改进环境管理体系,并确定它将如何实现这些要示。组织应确定环境管理体系覆盖的范围并形成文件。

《环境管理体系 要求及使用指南》GB/T 24001—2004 的结构图如图 12-4 所示。该标准由"范围"、"引用标准"、"定义"和"环境管理体系要求"四部分组成。

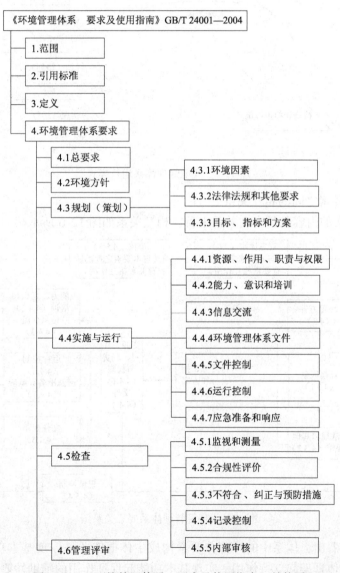

图 12-4 《环境管理体系 要求及使用指南》结构图

"范围"中指出,本标准旨在其所有的要求都能纳入任何一个环境管理体系。其应用程度取决于诸如组织的环境方针、活动、产品和服务的性质、运行场所的条件和因素。"环境管理体系要求"指出了管理体系的全部具体内容。

2) 环境管理体系的运行模式

《环境管理体系 要求及使用指南》GB/T 24001—2004 是环境管理体系系列标准的主要标准,也是在环境管理体系标准中唯一可供认证的管理标准。

图 12-5 给出了环境管理体系的运行模式,该模式为环境管理体系提供了一套系统化的方法,指导其组织合理有效地推行其环境管理工作。该模式是由"策划、实施、检查、评审和改进"构成的动态循环过程,与戴明的 PDCA 循环模式是一致的。

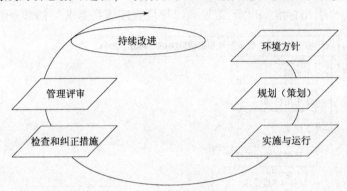

图 12-5 环境管理体系运行模式

3) 各内容要素之间的相互关系

从 17 个要素的内容及其内在关系来看,相互关系如图 12-6 所示。

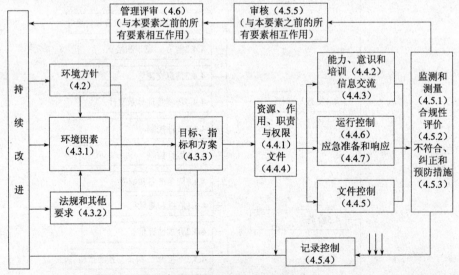

图 12-6 环境管理体系要素关系图

从图中可以看出,体系中的一部分要素构成主体框架,是体现基本功能的核心要素,另一部分是对主体框架起支持作用,实现基本功能起保证作用的辅助性要素。

核心要素是 10 个,包括:环境方针;环境因素;法律法规与其他要求;目标、指标和方案；资源、作用、职责与权限；运行控制；监测与测量；评估法规的符合性；内部审核；管理评审。其余 7 个要素为辅助性要素。

12.6.3 职业健康安全管理体系与环境管理体系的建立步骤

1. 领导决策
最高管理者亲自决策，以便获得各方面的支持和在体系建立过程中所需的资源保证。

2. 成立工作组
最高管理者或授权管理者代表成立工作小组负责建立体系。工作小组的成员要覆盖组织的主要职能部门，组长最好由管理者代表担任，以保证小组对人力、资金、信息的获得。

3. 人员培训
培训的目的是使有关人员了解建立体系的重要性，了解标准的主要思想和内容。

4. 初始状态评审
初始状态评审是对组织过去和现在的职业健康安全与环境的信息、状态进行收集、调查分析、识别和获取现在的适用的法律法规和其他要求，进行危险源辨识和风险评价、环境因素识别和重要环境因素评价。评审的结果将作为确定职业健康安全与环境方针、制定管理方案、编制体系文件的基础。初始状态评审的内容包括：

1）辨识工作场所中的危险源和环境因素；
2）明确适用的有关职业健康安全与环境法律、法规和其他要求；
3）评审组织现在的管理制度，并与标准进行对比；
4）评审过去的事故，进行分析评价，以及检查组织是否建立了处罚和预防措施；
5）了解相关方对组织在职业健康安全与环境管理工作的看法和要求。

5. 制定方针、目标、指标和管理方案
方针是组织对其职业健康安全与环境行为的原则和意图的声明，也是组织自觉承担其责任和义务的承诺。方针不仅为组织确定了总的指导方向和行动准则，而且是评价一切后续活动的依据，并为更加具体的目标和指标提供一个框架。

职业健康安全及环境目标、指标的制定是组织为了实现其在职业健康安全及环境方针中所体现出的管理理念及其对整体绩效的期许与原则，与企业的总目标相一致，目标和指标制定的依据和准则为：

1）依据并符合方针；
2）考虑法律、法规和其他要求；
3）考虑自身潜在的危险和重要环境因素；
4）考虑商业机会和竞争机遇；
5）考虑可实施性；
6）考虑监测考评的现实性；
7）考虑相关方的观点。

管理方案是实现目标、指标的行动方案。为保证职业健康安全和环境管理体系目标的实现，需结合年度管理目标和企业客观实际情况，策划制定职业健康安全和环境管理方案，方案中应明确旨在实现目标指标的相关部门的职责、方法、时间表以及资源的要求。

6. 管理体系策划与设计

体系策划与设计是依据制定的方针、目标和指标、管理方案确定组织机构职责和筹划各种运行程序。文件策划的主要工作有：

1）确定文件结构；
2）确定文件编写格式；
3）确定各层文件名称及编号；
4）制定文件编写计划；
5）安排文件的审查、审批和发布工作。

7. 体系文件编写

体系文件包括管理手册、程序文件、作业文件三个层次。

1）体系文件编写的原则

职业健康安全与环境管理体系是系统化、结构化、程序化的管理体系，是遵循PDCA管理模式并以文件支持的管理制度和管理办法。

体系文件编写应遵循以下原则：标准要求的要写到、文件写到的要做到、做到的要有有效记录。

2）管理手册的编写

管理手册是对组织整个管理体系的整体性描述，它为体系的进一步展开以及后续程序文件的制定提供了框架要求和原则规定，是管理体系的纲领性文件。手册可使组织的各级管理者明确体系概况，了解各部门的职责权限和相互关系，以便统一分工和协调管理。

管理手册除了反映了组织管理体系需要解决的问题所在，也反映出了组织的管理思路和理念。同时也向组织内外部人员提供了查询所需文件和记录的途径，相当于体系文件的索引。

其主要内容包括：

（1）方针、目标、指标、管理方案；
（2）管理、运行、审核和评审工作人员的主要职责、权限和相互关系；
（3）关于程序文件的说明和查询途径；
（4）关于管理手册的管理、评审和修订工作的规定。

3）程序文件的编写程序文件的编写应符合以下要求：

（1）程序文件要针对需要编制程序文件体系的管理要素；
（2）程序文件的内容可按"4W1H"的顺序和内容来编写，即明确程序中管理要素由谁做（who），什么时间做（when），在什么地点做（where），做什么（what），怎么做（how）；
（3）程序文件一般格式可按照目的和适用范围、引用的标准及文件、术语和定义、职责、工作程序、报告和记录的格式以及相关文件等的顺序来编写。

4）作业文件的编制

作业文件是指管理手册、程序文件之外的文件，一般包括作业指导书（操作规程）、管理规定、监测活动准则及程序文件引用的表格。其编写的内容和格式与程序文件的要求基本相同。在编写之前应对原有的作业文件进行清理，摘其有用，删除无关。

8. 文件的审查、审批和发布

文件编写完成后应进行审查，经审查、修改、汇总后进行审批，然后发布。

12.6.4 职业健康安全管理体系与环境管理体系的运行

1. 管理体系的运行

体系运行是指按照已建立体系的要求实施，其实施的重点围绕培训意识和能力，信息交流，文件管理，执行控制程序，监测，不符合、纠正和预防措施，记录等活动推进体系的运行工作。上述运行活动简述如下：

1）培训意识和能力

由主管培训的部门根据体系、体系文件（培训意识和能力程序文件）的要求，制定详细的培训计划，明确培训的组织部门、时间、内容、方法和考核要求。

2）信息交流

信息交流是确保要素构成一个完整的、动态的、持续改进的体系和基础，应关注信息交流的内容和方式。

3）文件管理

（1）对现有有效文件进行整理编号，方便查询索引；

（2）对适用的规范、规程等行业标准应及时购买补充，对适用的表格要及时发放；

（3）对在内容上有抵触的文件和过期的文件要及时作废并妥善处理。

4）执行控制程序文件的规定

体系的运行离不开程序文件的指导，程序文件及其相关的作业文件在组织内部都具有法定效力，必须严格执行，才能保证体系正确运行。

5）监测

为保证体系正确有效地运行，必须严格监测体系的运行情况。监测中应明确监测的对象和监测的方法。

6）不符合、纠正和预防措施

体系在运行过程中，不符合的出现是不可避免的，包括事故也难免要发生，关键是相应的纠正和预防措施是否及时有效。

7）记录

在体系运行过程中及时按文件要求进行记录，如实反映体系运行情况。

2. 管理体系的维持

1）内部审核

内部审核是组织对其自身的管理体系进行的审核，是对体系是否正常进行以及是否达到了规定的目标所作的独立的检查和评价，是管理体系自我保证和自我监督的一种机制。

内部审核要明确提出审核的方式方法和步骤，形成审核日程计划，并发到相关部门。

2）管理评审

管理评审是由组织的最高管理者对管理体系的系统评价，判断组织的管理体系面对内部情况的变化和外部环境是否充分适应有效，由此决定是否对管理体系作出调整，包括方针、目标、机构和程序等。

管理评审中应注意以下问题：

（1）信息输入的充分性和有效性；

（2）评审过程充分严谨，应明确评审的内容和对相关信息的收集、整理，并进行充分的讨论和分析；

（3）评审结论应该清楚明了，表述准确；

（4）评审中提出的问题应认真进行整改，不断持续改进。

3）合规性评价

为了改造对合规性承诺，合规性评价分公司级和项目组级评价两个层次进行。

项目组级评价，由项目经理组织有关人员对施工中应遵守的法律法规和其他要求的执行情况进行一次合规性评价。当某个阶段施工时间超过半年时，合规性评价不少于一次。项目工程结束时应针对整个项目工程进行系统的合规性评价。

公司级评价每年进行一次，制订计划后由管理者代表组织企业相关部门和项目组，对公司应遵守的法律法规和其他要求的执行情况进行合规性评价。

各级合规性评价后，对不能充分满足要求的相关活动或行为，通过管理方案或纠正措施等方式进行逐步改进。上述评价和改进的结果，应形成必要的记录和证据，作为管理评审的输入。

管理评审时，最高管理者应结合上述合规性评价的结果、企业的客观实际、相关法律法规和其他要求，系统评价体系运行过程中对适用法律法规和其他要求的遵守执行情况，并由相关部门或最高管理者提出改进要求。

第 13 章 职 业 道 德

13.1 概 述

13.1.1 基本概念

道德是以善恶为标准，通过社会舆论、内心信念和传统习惯来评价人的行为，调整人与人之间以及个人与社会之间相互关系的行为规范的总和。只涉及个人、个人之间、家庭等的私人关系的道德，称为私德；涉及社会公共部分的道德，称为社会公德。一个社会一般有社会公认的道德规范，不过，不同的时代，不同的社会，往往有一些不同的道德观念；不同的文化中，所重视的道德元素以及优先性、所持的道德标准也常常会有所差异。

1. 道德与法纪的区别和联系

遵守道德是指按照社会道德规范行事，不做损害他人的事。遵守法纪是指遵守纪律和法律，按照规定行事，不违背纪律和法律的规定条文。法纪与道德既有区别也有联系。它们是两种重要的社会调控手段，自人类进入文明社会以来，任何社会在建立与维持秩序时，都必须借助于这两种手段。遵守道德与遵守法纪是这两种规范的实现形式，两者是相辅相成、相互促进、相互推动的。

1) 法纪属于制度范畴，而道德属于社会意识形态范畴

道德侧重于自我约束，是行为主体"应当"的选择，依靠人们的内心信念、传统习惯和社会舆论发挥其作用和功能，不具有强制力；而法纪则侧重于国家或组织的强制，是国家或组织制定和颁布，用以调整、约束和规范人们行为的权威性规则。

2) 遵守法纪是遵守道德的最低要求

道德可分为两类：第一类是社会有序化要求的道德，是维系社会稳定所必不可少的最低限度的道德，如不得暴力伤害他人、不得用欺诈手段谋取利益、不得危害公共安全等；第二类是那些有助于提高生活质量、增进人与人之间紧密关系的原则，如博爱、无私、乐于助人、不损人利己等。第一类道德通常会上升为法纪，通过制裁、处分或奖励的方法得以推行。而第二类道德是对人性较高要求的道德，一般不宜转化为法纪，需要通过教育、宣传和引导等手段来推行。法纪是道德的演化产物，其内容是道德范畴中最基本的要求，因此遵纪守法是遵守道德的最低要求。

3) 遵守道德是遵守法纪的坚强后盾

首先，法纪应包含最低限度的道德，没有道德基础的法纪，是一种"恶法"，是无法获得人们的尊重和自觉遵守的。其次，道德对法纪的实施有保障作用，"徒善不足以为政，徒法不足以自行"，执法者职业道德的提高，守法者的法律意识、道德观念的加强，都对

法纪的实施起着推动的作用。再者，道德对法纪有补充作用，有些不宜由法纪调整的，或本应由法纪调整但因立法的滞后而尚"无法可依"的，道德约束往往起到了补充作用。

2. 公民道德的主要内容

公民道德主要包括社会公德、职业道德和家庭美德三个方面。

1）社会公德

社会公德是全体公民在社会交往和公共生活中应该遵循的行为准则，涵盖了人与人、人与社会、人与自然之间的关系。在现代社会，公共生活领域不断扩大，人们相互交往日益频繁，社会公德在维护公众利益、公共秩序和保持社会稳定方面的作用更加突出，成为公民个人道德修养和社会文明程度的重要表现。以文明礼貌、助人为乐、爱护公物、保护环境、遵纪守法为主要内容的社会公德，旨在鼓励人们在社会上做一个好公民。

2）职业道德

职业道德是所有从业人员在职业活动中应该遵循的行为准则，涵盖了从业人员与服务对象、职业与职工、职业与职业之间的关系。随着现代社会分工的发展和专业化程度的增强，市场竞争日趋激烈，整个社会对从业人员职业观念、职业态度、职业技能、职业纪律和职业作风的要求越来越高。以爱岗敬业、诚实守信、办事公道、服务群众、奉献社会为主要内容的职业道德，旨在鼓励人们在工作中做一个好建设者。

3）家庭美德

家庭美德是每个公民在家庭生活中应该遵循的行为准则，涵盖了夫妻、长幼、邻里之间的关系。家庭生活与社会生活有着密切的联系，正确对待和处理家庭问题，共同培养和发展夫妻爱情、长幼亲情、邻里友情，不仅关系到每个家庭的美满幸福，也有利于社会的安定和谐。以尊老爱幼、男女平等、夫妻和睦、勤俭持家、邻里团结为主要内容的家庭美德，旨在鼓励人们在家庭里做一个好成员。

党的十八大对未来我国道德建设也作出了重要部署。强调要坚持依法治国和以德治国相结合，加强社会公德、职业道德、家庭美德、个人品德教育，弘扬中华传统美德，弘扬时代新风，指出了道德修养的"四位一体"性。"十八大"报告中"推进公民道德建设工程，弘扬真善美、贬斥假恶丑，引导人们自觉履行法定义务、社会责任、家庭责任，营造劳动光荣、创造伟大的社会氛围，培育知荣辱、讲正气、作奉献、促和谐的良好风尚"，强调了社会氛围和社会风尚对公民道德品质的塑造；"深入开展道德领域突出问题专项教育和治理，加强政务诚信、商务诚信、社会诚信和司法公信建设"，突出了"诚信"这个道德建设的核心。

3. 职业道德的概念

所谓职业道德，是指从事一定职业的人们在其特定职业活动中所应遵循的符合职业特点所要求的道德准则、行为规范、道德情操与道德品质的总和。职业道德是对从事这个职业所有人员的普遍要求，它不仅是所有从业人员在其职业活动中行为的具体表现，同时也是本职业对社会所负的道德责任与义务，是社会公德在职业生活中的具体化。每个从业人员，不论是从事哪种职业，在职业活动中都要遵守职业道德，如教师要遵守教书育人、为人师表的职业道德；医生要遵守救死扶伤的职业道德；企业经营者要遵守诚实守信、公平竞争、合法经营职业道德等。具体来讲，职业道德的涵义主要包括以下八个方面：
1）职业道德是一种职业规范，受社会普遍的认可。
2）职业道德是长期以来自然形成的。
3）职业道德没有确定形式，通常体现为观念、习惯、信念等。
4）职业道德依靠文化、内心信念和习惯，通过职工的自律来实现。
5）职业道德大多没有实质的约束力和强制力。
6）职业道德的主要内容是对职业人员义务的要求。
7）职业道德标准多元化，代表了不同企业可能具有不同的价值观。
8）职业道德承载着企业文化和凝聚力，影响深远。

13.1.2 职业道德的基本特征

职业道德是从业人员在一定的职业活动中应遵循的、具有自身职业特征的道德要求和行为规范。根据《中华人民共和国公民道德建设实施纲要》，我国现阶段各行各业普遍使用的职业道德的基本内容包括"爱岗敬业、诚实守信、办事公道、服务群众、奉献社会"。上述职业道德内容具有以下基本特征：

1. 职业性

职业道德的内容与职业实践活动紧密相连，反映着特定职业活动对从业人员行为的道德要求。每一种职业道德都只能规范本行业从业人员的执业行为，在特定的职业范围内发挥作用。由于职业分工的不同，各行各业都有各自不同特点的职业道德要求。如医护人员有以"救死扶伤"为主要内容的职业道德，营业员有以"优质服务"为主要内容的职业道德。建设领域特种作业人员的职业道德则集中体现在"遵章守纪，安全第一"上。职业道德总是要鲜明地表达职业义务、职业责任以及职业行为上的道德准则，反映职业、行业以至产业特殊利益的要求；它往往表现为某一职业特有的道德传统和道德习惯，表现为从事某一职业的人们所特有的道德心理和道德品质。甚至形成从事不同职业的人们在道德品貌上的差异。如人们常说，某人有"军人作风"、"工人性格"等。

2. 继承性

在长期实践过程中形成的职业道德内容，会被作为经验和传统继承下来。即使在不同的社会经济发展阶段，同样一种职业，虽然服务对象、服务手段、职业利益、职业责任有所变化，但是职业道德基本内容仍保持相对稳定，与职业行为有关的道德要求的核心内容将被继承和发扬，从而形成了被不同社会发展阶段普遍认同的职业道德规范。如"有教无类"、"学而不厌，诲人不倦"，从古至今都是教师的职业道德。

3. 多样性

不同的行业和不同的职业，有不同的职业道德标准，且表现形式灵活，涉及范围广泛。职业道德的表现形式总是从本职业的交流活动实际出发，采用制度、守则、公约、承诺、誓言、条例，以至标语口号之类来加以体现，既易于为从业人员所接受和实行，而且便于形成一种职业的道德习惯。

4. 纪律性

纪律也是一种行为规范，但它是介于法律和道德之间的一种特殊的规范。它既要求人们能自觉遵守，又带有一定的强制性。就前者而言，它具有道德色彩；就对后者而言，又带有一定的法律色彩。就是说，一方面遵守纪律是一种美德，另一方面，遵守纪律又带有强制性，具有法令的要求。例如，工人必须执行操作规程和安全规定；军人要有严明的纪律等。因此，职业道德有时又以制度、章程、条例的形式表达，让从业人员认识到职业道德又具有纪律的约束性。

13.1.3　职业道德建设的必要性和意义

在现代社会里，人人都是服务对象，人人又都为他人服务。社会对人的关心、社会的安宁和人们之间关系的和谐，是同各个岗位上的服务态度、服务质量密切相关的。在构建和谐社会的新形势下，大力加强社会主义的职业道德建设，具有十分重要的意义，一个人对社会贡献的大小，主要体现在职业实践中。

1. 加强职业道德建设，是提高职业人员责任心的重要途径

行业、企业的发展有赖于好的经济效益，而好的经济效益源于好的员工素质。员工素质主要包含知识、能力、责任心三个方面，其中责任心即是职业道德的体现。职业道德水平高的从业人员其责任心必然很强，因此，职业道德能促进行业企业的发展。职业道德建设要把共同理想同各行各业、各个单位的发展目标结合起来，同个人的职业理想和岗位职责结合起来，这样才能增强员工的职业观念、职业事业心和职业责任感。职业道德要求员工在本职工作中不怕艰苦，勤奋工作，既讲团结协作，又争个人贡献，既讲经济效益，又讲社会效益。

在现代社会里，各行各业都有它的地位和作用，也都有自己的责任和权力。有些人凭借职权钻空子，谋私利，这是缺乏职业道德的表现。加强职业道德建设，就要紧密联系本行业本单位的实际，有针对性地解决存在的问题。比如，建筑行业要针对高估多算、转包工程从中渔利等不正之风，重点解决好提高质量、降低消耗、缩短工期、杜绝敲诈勒索和拖欠农民工工资等问题；商业系统要针对经营商品以次充好、以假乱真和虚假广告等不正之风，重点解决好全心全意为顾客服务的问题；运输行业要针对野蛮装卸、以车谋私和违章超载等不正之风，重点解决好人民交通为人民的问题。当职业人员的职业道德修养提升了，就能做到干一行、爱一行，脚踏实地工作，尽心尽责地为企业为单位创造效益。

2. 加强职业道德建设，是促进企业和谐发展的迫切要求

职业道德的基本职能是调节职能。它一方面可以调节从业人员内部的关系，即运用职业道德规范约束职业内部人员的行为，促进职业内部人员的团结与合作，加强职业、行业内部人员的凝聚力。如职业道德规范要求各行各业的从业人员，都要团结、互助、爱岗、敬业、齐心协力地为发展本行业、本职业服务。另一方面，职业道德又可以调节从业人员和服务对象之间的关系，用来塑造本职业从业人员的社会形象。

企业是具有社会性的经济组织，在企业内部存在着各种复杂的关系。这些关系既有相互协调的一面，也有矛盾冲突的一面，如果解决不好，将会影响企业的凝聚力。这就要求企业所有的员工都应从大局出发，光明磊落、相互谅解、相互宽容、相互信赖、同舟共济，而不能意气用事、互相拆台。总之，要求职工必须具有较高的职业道德觉悟。

现在，各行各业从宏观到微观都建立了经济责任制，并与企业、个人的经济利益挂钩，从业者的竞争观念、效益观念、信息观念、时间观念、物质利益观念、效率观念都很强,这使得各行各业产生了新的生机和活力。但另一方面,由于社会观念的相对转弱,又往往会产生只顾小集体利益,不顾大集体利益;只顾本企业利益,不顾国家利益;只顾个人利益,不顾他人利益;只顾眼前利益,不顾长远利益等问题。因此,加强职业道德建设,教育员工顾大局、识大体,正确处理国家、集体和个人三者之间的关系,防止各种旧思想、旧道德对员工的腐蚀就显得尤为重要。要促进企业内部党政之间、上下级之间、干群之间团结协作,使企业真正成为一个具有社会主义精神风貌的和谐集体。

3. 加强职业道德建设,是提高企业竞争力的必要措施

当前市场竞争激烈,各行各业都讲经济效益,这就促使企业的经营者在竞争中不断开拓创新。但行业之间为了自身的利益,会产生很多新的矛盾,形成自我力量的抵消,使一些企业的经营者在竞争中单纯追求利润、产值,不求质量,或者以次充好、以假乱真,不顾社会效益,损害国家、人民和消费者的利益。这只能给企业带来短暂的收益,当企业失去了消费者的信任,也就失去了生存和发展的源泉,难以在竞争的激流中不倒。在企业中加强职业道德建设,可使企业在追求自身利润的同时,创造社会效益,从而提升企业形象,赢得持久而稳定的市场份额;同时,可使企业内部员工之间相互尊重、相互信任、相互合作,从而提高企业凝聚力。如此,企业方能在竞争中稳步发展。

现阶段的企业,在人财物、产供销方面都有极大的自主权。但粗放型经济增长方式在建设、生产、流通等各个领域,突出表现为管理水平低、物资消耗高、科技含量低、资金周转慢、经济效益差,新旧经济体制的转变已进入了交替的胶着状态,旧经济体制在许多方面失去了效应,而新经济体制还没有完全建立起来。同时,人们在认识上缺乏科学的发展观念。解决这些问题,当然要坚定不移地推进改革,进一步完善经济、法制、行政的调节机制,但运用道德手段来调节和规范企业及员工的经济行为也是合乎民心的极其重要的工作。因此,随着改革的深入,人们的道德责任感应当加强而不是削弱。

4. 加强职业道德建设,是个人健康发展的基本保障

市场经济对于职业道德建设有其积极一面,也有消极的一面,它的自发性、自由性、注重经济效益的特性,诱惑一些人"一切向钱看",唯利是图,不择手段追求经济效益,从而走上不归路,断送前程。通过加强职业道德建设,提高从业人员的道德素质,使其树立职业理想,增强职业责任感,形成良好的职业行为。当从业人员具备职业道德精神,将职业道德作为行为准则时,就能抵抗物欲诱惑,而不被利益所熏心,脚踏实地在本行业中追求进步。在社会主义市场经济条件下,弄虚作假、以权谋私、损人利己的人不但给社会、国家利益造成损害,自身发展也会受到影响,只有具备"爱岗敬业、诚实守信、办事公道、服务群众、奉献社会"职业道德精神的从业人员,才能在社会中站稳脚跟,成为社会的栋梁之材,在为社会创造效益的同时,也保障了自身的健康发展。

5. 加强职业道德建设,是提高全社会道德水平的重要手段

职业道德是整个社会道德的主要内容,它一方面涉及每个从业者如何对待职业,如何对待工作,同时也是一个从业人员的生活态度、价值观念的表现,是一个人的道德意识和道德行为发展到成熟阶段的体现,具有较强的稳定性和连续性。另一方面,职业道德也是一个职业集体甚至一个行业全体人员的行为表现,如果每个行业、每个职业集体都具备优良的道德,那么对整个社会道德水平的提高就会发挥重要作用。

13.2 建设行业从业人员的职业道德

对于建设行业从业人员来说，一般职业道德要求主要有忠于职守、热爱本职，质量第一、信誉至上，遵纪守法、安全生产，文明施工、勤俭节约，钻研业务、提高技能等内容，这些都需要全体人员共同遵守。对于建设行业不同专业、不同岗位从业人员，还有更加具有针对性和更加具体的职业道德要求。

13.2.1 一般职业道德要求

1. 忠于职守、热爱本职

一个从业人员不能尽职尽责、忠于职守，就会影响整个企业或单位的工作进程。严重的还会给企业和国家带来损失，甚至还会在国际上造成不良影响。因此，应当培养高度的职业责任感，以主人翁的态度对待自己的工作，从认识上、情感上、信念上、意志上乃至习惯上养成"忠于职守"的自觉性。

1) 忠实履行岗位职责，认真做好本职工作

岗位责任一般包括：岗位的职能范围与工作内容；在规定的时间内完成的工作数量和质量。忠实履行岗位职责是国家对每个从业人员的基本要求，也是职工对国家、对企业必须履行的义务。

2) 反对玩忽职守的渎职行为

玩忽职守、渎职失责的行为，不仅影响企事业单位的正常活动，还会使公共财产、国家和人民的利益遭受损失，严重的将构成渎职罪、玩忽职守罪、重大责任事故罪，而受到法律的制裁。作为一个建设行业从业人员，就要从一砖一瓦做起，忠实履行自己的岗位职责。

2. 质量第一、信誉至上

"质量第一"就是在施工时要对建设单位（用户）负责，从每个人做起，严把质量关，做到所承建的工程不出次品，更不能出废品，争创全优工程。建筑工程的质量问题不仅是建筑企业生产经营管理的核心问题，也是企业职业道德建设中的一个重大课题。

1) 建筑工程的质量是建筑企业的生命

建筑企业要向企业全体职工，特别是第一线职工反复地进行"百年大计，质量第一"的宣传教育，增强执行"质量第一"的自觉性，同时要"奖优罚劣"，严格制度，检查考核。

2) 诚实守信、实践合同

信誉，是信用和名誉两者在职业活动中的统一。一旦签订合同，就要严格认真履行，不能"见利忘义"，"取财无道"，不守信用。"信招天下客，誉从信中来"，企业生产经营要真诚待客，服务周到，产品上乘，质量良好，以获得社会肯定。

建设行业职工应该从我做起，抓职业道德建设，抓诚信教育，使诚实守信成为每个建筑企业的精神，成为每个建筑职工进行职业活动的灵魂。

3. 遵纪守法、安全生产

遵纪守法，是一种高尚的道德行为，作为一个建筑业的从业人员，更应强调在日常施

工生产中遵守劳动纪律。自觉遵守劳动纪律，维护生产秩序，不仅是企业规章制度的要求，也是建筑行业职业道德的要求。

严格遵守劳动纪律，要求做到：听从指挥，服从调配，按时、按质、按量完成上级交给的生产劳动任务；保证劳动时间，不迟到、不早退、不旷工，遵守考勤制度；认真执行岗位责任制和承包责任制，坚守工作岗位，不玩忽职守，在施工劳动中精力要集中，不"磨洋工"，不干私活，不拉扯闲谈开玩笑，不做与本职工作无关的事；要文明施工、安全生产，严格遵守操作规程，不违章指挥、违章作业；做遵纪守法、维护生产秩序的模范。

4. 文明施工、勤俭节约

文明施工就是坚持合理的施工程序，按既定的施工组织设计，科学地组织施工，严格地执行现场管理制度，做到经常性的监督检查，保证现场整洁，工完场清，材料堆放整齐，施工秩序良好。

勤俭就是勤劳俭朴，节约就是把不必使用的节省下来。换句话说，一方面要多劳动、多学习、多开拓、多创造社会财富；另一方面又要俭朴办企业，合理使用人力、物力、财力，精打细算，节省开支、减少消耗，降低成本、提高劳动生产率，提高资金利用率，严格执行各项规章制度，避免浪费和无谓的损失。

5. 钻研业务、提高技能

当前，我国建立了社会主义市场经济体制，建筑企业要在优胜劣汰的竞争中立于不败之地，并保持蓬勃的生机和活力，从内因来看，很大程度上取决于企业是否拥有现代化建设所需要的各种适用人才。企业要实现技术先进、管理科学、产品优良，关键是要有人才优势。企业的职工素质优劣（包括文化、科学、技术、业务水平的高低，政治思想、职业道德品质的好坏）往往决定了企业的兴衰。科学技术越进步，人才在生产力发展中的作用也就越大，作为建设行业从业人员，要努力学习先进技术和专门知识，了解行业发展方向，适应新的时代要求。

13.2.2　个性化职业道德要求

在遵守一般职业道德要求的基础上，建设行业从业人员还应遵守各自的特殊、详细职业道德要求。为进一步加强建筑业社会主义精神文明建设，提高全行业的整体素质，树立良好的行业形象，一九九七年九月，中华人民共和国建设部建筑业司组织起草了《建筑业从业人员职业道德规范（试行）》，并下发施行。其中，重点对项目经理、工程技术人员、管理人员、工程质量监督人员、工程招标投标管理人员、建筑施工安全监督人员、施工作业人员的职业道德规范提出了要求。

对于项目经理，重点要求有：强化管理，争创效益，对项目的人财物进行科学管理；加强成本核算，实行成本否决，厉行节约，精打细算，努力降低物资和人工消耗。讲求质量，重视安全，加强劳动保护措施，对国家财产和施工人员的生命安全负责，不违章指挥，及时发现并坚决制止违章作业，检查和消除各类事故隐患。关心职工，平等待人，不拖欠工资，不敲诈用户，不索要回扣，不多签或少签工程量或工资，搞好职工的生活，保障职工的身心健康。发扬民主，主动接受监督，不利用职务之便谋取私利，不用公款请客送礼。用户至上，诚信服务，积极采纳用户的合理要求和建议，建设用户满意工程，坚持保修回访制度，为用户排忧解难，维护企业的信誉。

对于工程技术人员，重点要求有：热爱科技，献身事业，不断更新业务知识，勤奋钻研，掌握新技术、新工艺。深入实际，勇于攻关，不断解决施工生产中的技术难题提高生产效率和经济效益。一丝不苟，精益求精，严格执行建筑技术规范，认真编制施工组织设计，积极推广和运用新技术、新工艺、新材料、新设备，不断提高建筑科学技术水平。以身作则，培育新人，既当好科学技术带头人，又做好施工科技知识在职工中的普及工作。严谨求实，坚持真理，在参与可行性研究时，协助领导进行科学决策；在参与投标时，以合理造价和合理工期进行投标；在施工中，严格执行施工程序、技术规范、操作规程和质量安全标准。

对于管理人员，重点要求有：遵纪守法，为人表率，自觉遵守法律、法规和企业的规章制度，办事公道。钻研业务，爱岗敬业，努力学习业务知识，精通本职业务，不断提高工作效率和工作能力。深入现场，服务基层，积极主动为基层单位服务，为工程项目服务。团结协作，互相配合，树立全局观念和整体意识，遇事多商量、多通气，互相配合，互相支持，不推、不扯皮，不搞本位主义。廉洁奉公，不谋私利，不利用工作和职务之便吃拿卡要。

对于工程质量监督人员，重点要求有：遵纪守法，秉公办事，贯彻执行国家有关工程质量监督管理的方针、政策和法规，依法监督，秉公办事，树立良好的信誉和职业形象。敬业爱岗，严格监督，严格按照有关技术标准规范实行监督，严格按照标准核定工程质量等级。提高效率，热情服务，严格履行工作程序，提高办事效率，监督工作及时到位。公正严明，接受监督，公开办事程序，接受社会监督、群众监督和上级主管部门监督，提高质量监督、检测工作的透明度，保证监督、检测结果的公正性、准确性。严格自律，不谋私利，严格执行监督、检测人员工作守则，不在建筑业企业和监理企业中兼职，不利用工作之便介绍工程进行有偿咨询活动。

对于工程招标投标管理人员，重点要求有：遵纪守法，秉公办事，在招标投标各个环节要依法管理、依法监督，保证招标投标工作的公开、公平、公正。敬业爱岗，优质服务，以服务带管理，以服务促管理，寓管理于服务之中。接受监督，保守秘密，公开办事程序和办事结果，接受社会监督、群众监督及上级主管部门的监督，维护建筑市场各方的合法权益。廉洁奉公，不谋私利，不吃宴请，不收礼金，不指定投标队伍，不准泄露标底，不参加有妨碍公务的各种活动。

对于建筑施工安全监督人员，重点要求有：依法监督，坚持原则，宣传和贯彻"安全第一，预防为主"的方针，认真执行有关安全生产的法律、法规、标准和规范。敬业爱岗、忠于职守，以减少伤亡事故为本，大胆管理。实事求是，调查研究，深入施工现场，提出安全生产工作的改进措施和意见，保障广大职工群众的安全和健康。努力钻研，提高水平，学习安全专业技术知识，积累和丰富工作经验，推动安全生产技术工作的不断发展和完善。

对于施工作业人员，重点要求有：苦练硬功，扎实工作，刻苦钻研技术，熟练掌握本工作的基本技能，努力学习和运用先进的施工方法，练就过硬本领，立志岗位成才。热爱本职工作，不怕苦、不怕累，认认真真，精心操作。精心施工，确保质量，严格按照设计图纸和技术规范操作，坚持自检、互检、交接检制度，确保工程质量。安全生产，文明施工，树立安全生产意识，严格执行安全操作规程，杜绝一切违章作业现象。维护施工现场整洁，不乱倒垃圾，做到工完场清。不断提高文化素质和道德修养。遵守各项规章制度，发扬劳动者的主人翁精神，维护国家利益和集体荣誉，服从上级领导和有关部门的管理，争做文明职工。

13.3 建设行业职业道德的核心内容

13.3.1 爱岗敬业

爱岗敬业，顾名思义就是认真对待自己的岗位，对自己的岗位职责负责到底，无论在任何时候，都尊重自己的岗位职责，对自己的岗位勤奋有加。

爱岗敬业是人类社会最为普遍的奉献精神，它看似平凡，实则伟大。一份职业，一个工作岗位，都是一个人赖以生存和发展的基本保障。同时，一个工作岗位的存在，往往也是人类社会存在和发展的需要。所以，爱岗敬业不仅是个人生存和发展的需要，也是社会存在和发展的需要。爱岗敬业是一种普遍的奉献精神。只有爱岗敬业的人，才会在自己的工作岗位上勤勤恳恳，不断地钻研学习，一丝不苟，精益求精，才有可能为社会为国家做出崇高而伟大的奉献。

热爱本职工作、热爱自己的单位。职工要做到爱岗敬业，首先应该热爱单位，树立坚定的事业心。只有真正做到甘愿为实现自己的社会价值而自觉投身这种平凡，对事业心存敬重，甚至可以以苦为乐、以苦为趣才能产生巨大的拼搏奋斗的动力。我们的劳动是平凡的，但要求是很高的。人的一生应该有明确的工作和生活目标，为理想而奋斗虽苦然乐在其中，热爱事业，关心单位事业发展，这是每个职工都应具备的。

爱岗敬业需要有强烈的责任心。责任心是指对事情能敢于负责、主动负责的态度；责任心，是一种舍己为人的态度。一个人的责任心如何，决定着他在工作中的态度，决定着其工作的好坏和成败。如果一个人没有责任心，即使他有再大的能耐，也不一定能做出好的成绩来。有了责任心，才会认真地思考，勤奋地工作，细致踏实，实事求是；才会按时、按质、按量完成任务，圆满解决问题；才能主动处理好分内与分外的相关工作，从事业出发，以工作为重，有人监督与无人监督都能主动承担责任而不推卸责任。

13.3.2 诚实守信

诚实守信就是指言行一致，表里如一，真实无欺，相互信任，遵守诺言，信守约定，践行规约，注重信用，忠实地履行自己应当承担的责任和义务。诚实守信作为社会主义职业道德的基本规范，是和谐社会发展的必然要求，对推进社会主义市场经济体制建立和发展具有十分重要的作用。它不仅是建筑行业职工安身立命的基础，也是企业赖以生存和发展的基石。

在公民道德建设中，把"诚实守信"融入职业道德的各个领域和各个方面，使各行各业的从业人员，都能在各自的职业中，培养诚实守信的观念，忠诚于自己从事的职业，信守自己的承诺。对一个人来说，"诚实守信"既是一种道德品质和道德信念，也是每个公民的道德责任，更是一种崇高的"人格力量"，因此"诚实守信"是做人的"立足点"。对一个团体来说，它是一种"形象"，一种品牌，一种信誉，一个使企业兴旺发达的基础。对一个国家和政府来说，"诚实守信"是"国格"的体现，对国内，它是人民拥护政府、支持政府、赞成政府的一个重要的支撑；对国际，它是显示国家地位和国家尊严的象征，是国家自立自强于世界民族之林的重要力量，也是良好"国际形象"和"国际信誉"的标志。

"以诚实守信为荣，以见利忘义为耻"，是社会主义荣辱观的重要内容。市场经济是交换经济、竞争经济，又是一种契约经济。保证契约双方履行自己的义务，是维护市场经济秩序的关键。而"诚实守信"对保证市场经济沿着社会主义道路向前发展，有着特殊的指向作用。一些企业之所以能兴旺发达，在世界市场占有重要地位，尽管原因很多，但"以诚信为本"，是其中的一个决定的因素；相反，如果为了追求最大利润而弄虚作假、以次充好、假冒伪劣和不讲信用，尽管也可能得利于一时，但最终必将身败名裂、自食其果。在前一段时期，我国的一些地方、企业和个人，曾以失去"诚实守信"而导致"信誉扫地"，在经济上、形象上蒙受了重大损失。一些地方和企业，"痛定思痛"，不得不以更大的代价，重新铸造自己"诚实守信"形象，这个沉痛教训，是值得认真吸取的。

一个行业、一个企业的信誉，也就是它们的形象、信用和声誉，是指企业及其产品与服务在社会公众中的信任程度，提高企业的信誉主要靠产品的质量和服务质量，而从业人员职业道德水平高是产品质量和服务质量的有效保证。如江苏省的建筑队伍，由于素质过硬、吃苦耐劳、能征善战、狠抓工程质量、工程进度和安全生产，在全国建造了众多荣获鲁班奖的地标建筑，被誉为江苏建筑铁军。这支队伍在世博会的建设上再展风采，江苏建筑铁军凭借过硬的质量、创新的科技、可靠的信誉和一流的素质，成为世博会场馆建设的主力军。江苏建筑企业承接完成了英国馆、比利时馆、奥地利馆、阿曼馆、俄罗斯馆、沙特馆、爱尔兰馆、意大利馆和震旦馆、万科馆、气象馆、航空馆、H1世博村酒店等14个世博会展馆和附属工程的总包项目，63个分包项目，合同额计28.8亿元。江苏是除上海以外，承担场馆建设项目最多、工程科技含量最大、施工技术要求最高的省份，江苏铁军为国家再立新功。

13.3.3 安全生产

近年来，建筑工程领域对工程的要求由原来的"三控"（质量，工期，成本）变成"四控"（质量，工期，成本，安全），特别增加了对安全的控制，可见安全越来越成为建筑业一个不可忽视的要素。

安全，通常是指各种（指天然的或人为的）事物对人不产生危害、不导致危险、不造成损失、不发生事故、运行正常、进展顺利等状态。近年来，随着安全科学（技术）学科的创立及其研究领域的扩展，安全科学（技术）所研究的问题已不再仅局限于生产过程中的狭义安全内容，而是包括人们从事生产、生活以及可能活动的一切领域、场所中的所有安全问题，即称为广义的安全。这是因为，在人的各种活动领域或场所中，发生事故或产生危害的潜在危险和外部环境有害因素始终是存在的，即事故发生的普遍性不受时空的限制，只要有人和危害人身心安全与健康的外部因素同时存在的地方，就始终存在着安全与否的问题。换句话说，安全问题存在于人的一切活动领域中，伤亡事故发生的可能性始终存在，人类遭受意外伤害的风险也永远存在。

虽然目前我国已经建立了一套较为完整的建筑安全管理组织体系，建筑安全管理工作也取得了较为显著的成绩，但整体形势依然严峻。近十年来我国建筑业百亿元产值死亡率一直呈下降趋势，然而从绝对数上看死亡人数和事故发生数却一直居高不下。因此安全第一、预防为主、综合治理就成了建设行业一项十分重要的工作。

文明生产是指以高尚的道德规范为准则，按现代化生产的客观要求进行生产活动的行为，具体表现为物质文明和精神文明两个方面。在这里物质文明是指为社会生产出优质的符合要求的建筑或为住户提供优质的服务。精神文明体现出来的是建筑员工的思想道德素质和精神面貌。安全施工就是在施工过程中强调安全第一，没有安全的施工，随时都会给生命带来危害、给财产造成损失。文明生产、安全施工是社会主义文明社会对建筑行业的要求，也是建筑行业员工的岗位规范要求。

要达到文明生产、安全施工的要求，一些最基本的要求首先必须做到：

1）相互协作，默契配合。在生产施工中；各工序、工种之间、员工与领导之间要发扬协作精神，互相学习，互相支援。处理好工地上土建与水电施工之间经常会出现的进度不一、各不相让的局面，使工程能够按时按质的完成。

2）严格遵守操作规程。从业人员在施工中要强化安全意识，认真执行有关安全生产的法律、法规、标准和规范，严格遵守操作规程和施工程序，进入工地要戴安全帽，不违章作业，不野蛮施工，不乱堆乱扔。

3）讲究施工环境优美，做到优质、高效、低耗。做到不乱排污水，不乱倒垃圾，不遗撒渣土，不影响交通，不扰民施工。

13.3.4 勤俭节约

勤俭节约是指在施工、生产中严格履行节省的方针，爱惜公共财物和社会财物以及生产资料。降低企业成本是指企业在日常工作中将成本降低，通过技术、提高效率、减少人员投入、降低人员工资或提高设备性能或批量生产等方法，将成本降低。作为建筑施工企业的施工员，必须要做到杜绝资源的浪费。资源是有限的，但人类利用资源的潜力是无限的，我们应该杜绝不合理的浪费资源现象的发生。在当今建筑施工企业竞争日益激烈的局面中，勤俭节约，降低成本是每一个从业人员都应该努力做到的。我们与公司的关系实质上是同舟共济，并肩前进的关系，只有每个员工都从自身做起，严格要求自己，我们的建筑施工企业才能不断发展壮大。

人才也是重要的社会资源，建筑企业要充分发挥员工的才能，让员工在合适的岗位上做出相应的业绩。企业更应当采取各种措施培养人才，留住人才，避免人才流动频繁。每一个员工也都应该关心本企业的发展，以积极向上的精神奉献社会。

13.3.5 钻研技术

技术、技巧、能力和知识是为职业服务的最基本的"工具"，是提高工作效率的客观需要，同时也是搞好各项工作的必要前提。从业人员要努力学习科学文化知识，刻苦钻研专业技术，精通本岗位业务。创新是人类发展之本，从业人员应该在实际中不断探索适于本职工作的新知识，掌握新本领，才能更好地获得人生最大的价值。

13.4 建设行业职业道德建设的现状、特点与措施

13.4.1 建设行业职业道德建设现状

1)质量安全问题频发,敲响职业道德建设警钟。从目前我国建筑业总的发展形势来看,总体上各方面还是好的,无论是工程规模、业绩、质量、效益、技术等都取得了很大突破。虽然行业的主流是好的,但出现的一些问题必须引起人们的高度重视。因为,作为百年大计的建筑物产品,如果质量差,则损失和危害无法估量。例如5·12汶川大地震中某些倒塌的问题房屋,杭州地铁坍塌、上海、石家庄在建楼房倒楼事件,以及由于其他一些因为房屋质量、施工技术问题引发的工程事故频发,对建设行业敲响了职业道德建设警钟。

2)营造市场经济良好环境,急切呼唤职业道德。众所周知,一座建筑物的诞生需要有良好的设计、周密的施工、合格的建筑材料和严格的检验与监督。然而,在一段时间内许多设计不仅结构不合理、计算偏差,而且根本不考虑相关因素,埋下很大隐患;施工过程中秩序混乱;建筑材料伪劣产品层出不穷,人情关系和金钱等因素严重干扰建筑工程监督的严肃性。这一系列环节中的问题,使我国近几年的建筑工程质量事故屡见不鲜。影响建筑工程质量的因素很多,但是道德因素是重要因素之一,所以,新形势下的社会主义市场经济急切呼唤职业道德。

面对市场经济大潮,建筑企业逐渐从传统的计划经济体制中走了出来。面对市场竞争,人们要追求经济效益,要讲竞争手段。我国的建筑市场竞争激烈,特别是我国各省市发展不平衡,建筑行业的法规不够健全,在竞争中引发出一些职业道德病。每当我国大规模建设高潮到来时,总伴随着工程质量问题的增加。一些建筑企业为了拿到工程项目,使用各种手段,其中手段之一就是盲目压价,用根本无法完成工程的价格去投标。中标后就在设计、施工、材料等方面做文章,启用非法设计人员搞黑设计;施工中偷工减料;材料上买低价伪劣产品,最终,使建筑物的"百年大计"大大打了折扣。

搞社会主义市场经济,不仅要重视经济效益,也要重视社会效益,并且,这两种效益密不可分。一个建筑企业如果只重视经济效益,而不重视社会效益,最终必然垮台。实践证明,许多企业并不是垮在技术方面,而是垮在思想道德方面。我国的建筑业要振兴,必须大力加强建筑行业职业道德建设。否则,有可能给中华大地留下一堆堆建筑垃圾,建筑业的发展和繁荣最终成为一句空话。一个企业不仅要在施工技术和经营管理方面有发展,在企业员工职业道德建设方面也不可忽视。两个品牌建设都要创。我国的建筑业要振兴,必须大力加强建筑行业职业道德建设。否则,将会严重影响我们国家的社会主义经济建设的发展。

13.4.2 建设行业职业道德建设的特点

开展建设行业职业道德建设,要注意结合行业自身的特点。以建筑行业为例,职业道德建设具有以下几个方面特点:

1. 人员多、专业多、岗位多、工种多

我国建筑行业有着逾千万人员，40多个专业，30多个岗位，100多个职业工种。且众多工种的从业人员中，80%左右来自广大农村，全国各地都有，语言不一，普遍文化程度较低，基本上从业前没有受过专门专业的岗位培训教育，综合素质相对不高。对这些员工来讲应该积极参加各类教育培训、认真学习文化、专业知识、努力提高职业技能和道德素质。

2. 条件艰苦，工作任务繁重

建筑行业大部分属于露天作业、高空作业，有些工地差不多在人烟荒芜地带，工人常年日晒雨淋，生产生活场所条件艰苦，作业人员缺乏必要的安全作业生产培训，安全作业存在隐患，安全设施落后和不足，安全事故频发。随着经济社会的不断发展和国家社会越来越注重以人为本的理念，经济发达地区的企业对于现场工地人员的生活条件有了明显改善。同时对建筑行业中房屋的质量、工期、人员安全要求也更高，加强职业道德建设成为一项必要的内容。

3. 施工面大，人员流动性大

建筑行业从业人员的工作地点很难长期固定在一个地方，人员来自全国各地又流向全国各地，随着一个施工项目的完工，建设者又会转移到别的地方，可以说这些人是四海为家，随处奔波。很难长期定点接受一定的职业道德教育培训教育。

4. 各工种之间联系紧密

建筑行业职业的各专业、岗位和工种之间有一种承前启后的紧密联系。所有工程的建设，都是由多个专业、岗位、工种共同来完成的。每个职业所完成的每项任务，既是对上一个岗位的承接，也是对下一个岗位的延续，直到工程竣工验收。

5. 社会性

一座建筑物的完工，凝聚了多方面的努力，体现了其社会价值和经济价值。同时，建筑行业随着国民经济的发展，其行业地位和作用也越来越重要，行业发展关乎国计民生。建筑工程项目生产过程中，几乎与国民经济中所有部门都有协作关系，而且一旦建成为商品，其功能应满足社会的需要，满足国民经济发展的需要。建筑物只有在体现出自身的社会价值之后才能体现出自身的经济价值。

因此，开展建筑行业的职业道德建设，一定要联系上述特点，因地制宜地实施行业的职业道德建设。要以人为本，遵守职业道德规范，一切为了社会广大人民和子孙后代的利益，坚持社会主义、集体主义原则，发挥行业人员优秀品质，严谨务实，艰苦奋斗、团结协作，多出精品优质工程，体现其社会价值和经济价值。

13.4.3 加强建设行业职业道德建设的措施

职业道德建设是塑造建筑行业员工行业风貌的一个窗口，也是提高行业竞争力和发展势头的重要保证。职业道德建设涉及政府部门、行业企业、职工队伍等方方面面，需要齐抓共管，共同参与，各司其职，各负其责。

1) 发挥政府职能作用，加强监督监管和引导指导。政府各级建设主管部门要加强监督和引导，要重视对建设行业职业道德标准的建立完善，在行政立法上约束那些不守职业道德规范的员工，建立健全建设行业职业道德规范和制度。坚持"教育是基础"，编制相关教材，开展骨干培训，积极采用广播电视网络开展宣传教育。不但要努力贯彻实施建设部制定颁布的行业职业道德准则，有条件的可以下企业了解并制定和健全不同行业、工种、岗位的职业道德规范，并把企业的职业道德建设作为企业年度评优的重要参考内容。

2）发挥企业主体作用，抓好工作落实和服务保障。企业要把员工职业道德建设作为自身发展的重要工作来抓，领导班子和管理者首先要有对职业道德建设重要性的充分认识，要起模范带头作用。企业领导应关注职业道德建设的具体工作落实情况，企业的相关部门要各负其责，抓好和布置具体活动计划，使企业的职业道德建设工作有序开展。

3）改进教学手段，创新方式方法。由于目前建设行业特别是建筑行业自身的特点，建筑队伍素质整体上文化水平不是很高，大部分职工在接受文化教育能力有限。因此，在教育时要改进教学手段，创新方式方法，尽量采用一些通俗易懂的方法，防止生硬、呆板、枯燥的教学方式，努力营造良好的学习教育氛围，增加职工对职业道德学习的兴趣。可以采用报纸、讲演、座谈、黑板报、企业报、网络新闻电视传媒等多种有效的宣传教育形式，使职工队伍学习到更多的施工技术、科学文化、道德法律等方面知识。可以充分利用工地民工学校这样的便捷教育场地，在时间和教育安排上利用员工工作的业余时间或集中专门培训；岗位业务培训和职业道德教育培训相结合；班前班后上岗针对性安全技术教育培训等。使广大员工受到全面有效的职业技能和职业道德教育学习，从而为行业员工队伍建设打好坚实基础。

4）结合项目现场管理，突出职业道德建设效果。项目部等施工现场作为建设行业的第一线，是反映建设行业职业道德建设的窗口，在开展职业道德建设中要认真做好施工现场管理工作，做到现场道路畅通，材料堆放整齐，防护设备完备，周围环境整洁，努力创建安全文明样板工地，充分展示建设工地新形象。把提高项目工程质量目标、信守合同作为职业道德建设的一个重要一环，高度注重：施工前为用户着想；施工中对用户负责；完工后使用户满意。把它作为建设企业职业道德建设工作实践的重要环节来抓。

5）开展典型性教育，发挥奖惩激励机制作用。在职业道德教育中，应当大力宣传身边的先进典型，用先进人物的精神、品质和风格去激发职工的工作热情。此外，应当在项目建设中建立奖惩激励机制。一个品质项目的诞生，离不开那些有着特别贡献的员工，要充分调动广大员工的积极性和主动性，激发其创新潜能和发挥其奉献精神，对优秀施工班组和先进个人实行物质精神奖励，作为其他员工的学习榜样。同时，对于不遵章守规、作风不良的应该曝光、批评，指出缺点错误，使其在接受教育中逐步改变原来的陈规陋习，得到正确的职业道德教育。

6）倡导以人为本理念，改善职工工作生活环境。随着经济社会的发展，政府和社会对人的关心、关怀变的更加重视，确保广大职工有一个良好的工作生活环境，为他们解决生产生活方面的困难，如夏季的降温解暑工作，冬天供热保暖工作，每年春节、中秋等节假日的慰问、团拜工作，以及其他一些业余文化活动，使广大职工感觉到企业和社会对他们的关爱，更加热爱这份职业，更能在实现自身价值中充分展现职业道德风貌。

参 考 文 献

[1] 黄国雄. 安装工程图识读. 北京：机械工业出版社，2007
[2] 蒋秀根. 工程力学. 北京：中国建筑工业出版社，2009
[3] 李祥平、闫增峰. 建筑设备. 北京：中国建筑工业出版社，2008
[4] 丁士昭、商丽萍. 建设工程经济. 北京：中国建筑工业出版社，2011
[5] 丁士昭、商丽萍. 机电工程管理与实务. 北京：中国建筑工业出版社，2011
[6] 单辉祖. 材料力学. 北京：高等教育出版社，2010
[7] 王东方. 机电工程施工技术与管理. 南京：河海大学出版社，2011
[8] 纪迅. 施工员专业基础知识. 南京：河海大学出版社，2011
[9] 国家标准房屋建筑制图统一标准（GB/T 50001—2001）
[10] 国家标准建筑节能工程施工质量验收规范（GB 50411—2007）
[11] 国家标准建筑与市政工程施工现场专业人员职业标准（JGJ/T 250—2011）
[12] 缪长江. 建设工程项目管理. 北京：中国建筑工业出版社，2011
[13] 国家标准建筑工程分类标准（GB/T 50841—2013）. 北京：中国建筑工业出版社，2013
[14] 国家标准建设工程施工合同（示范文本）（GF—2013—0201）
[15] 国家标准民用建筑设计通则（GB 50352—2005）. 北京：中国建筑工业出版社，2005
[16] 国家标准职业健康安全管理体系（GB/T 28001—2011）. 北京：中国标准出版社，2011
[17] 国家标准职业健康安全管理体系 实施指南（GB/T 28002—2011）. 北京：中国标准出版社，2011